TRAITÉ

DE

TEINTURE DES SOIES

PRÉCÉDÉ DE

L'HISTOIRE CHIMIQUE DE LA SOIE

ET DE

L'HISTOIRE DE LA TEINTURE DE LA SOIE

PAR

Marius MOYRET

ÉLÈVE DE M. LE DOCTEUR LOUIS-LÉOPOLD LEMBERT
PROFESSEUR DE CHIMIE A LYON

LYON
IMPRIMERIE H. STORCK
RUE DE L'HOTEL-DE-VILLE, 78

1877

N° 1.

TEINTURE DES SOIES

TRAITÉ

DE

TEINTURE DES SOIES

PRÉCÉDÉ DE

L'HISTOIRE CHIMIQUE DE LA SOIE

ET DE

L'HISTOIRE DE LA TEINTURE DE LA SOIE

PAR

Marius MOYRET

ÉLÈVE DE M. LE DOCTEUR LOUIS-LÉOPOLD LEMBERT
PROFESSEUR DE CHIMIE A LYON

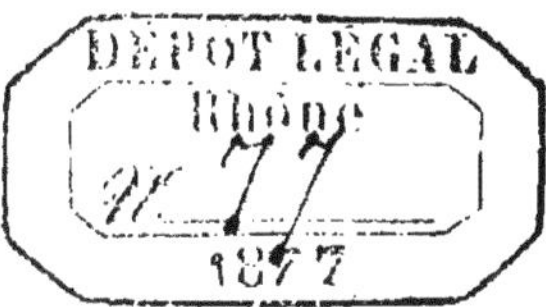

LYON
IMPRIMERIE H STORCK
RUE DE L'HOTEL-DE-VILLE, 78

1877

A M. LE Dr L.-L. LEMBERT

Hommage de reconnaissance

de son Elève

en souvenir du Laboratoire de la place Gerson

à Lyon, 1857-1858

INTRODUCTION

A MM. les Membres
de la Société des Sciences industrielles de Lyon

MESSIEURS,

En vous présentant une série de travaux chimiques sur la soie et la teinture de la soie, j'ai voulu combler une lacune, et créer le premier ouvrage technique complet sur un pareil sujet; et j'espère être arrivé, après de longues années de travaux, à vous présenter un travail digne de vous.

En vous offrant, messieurs les Sociétaires, la première lecture de cette préface, et en vous développant le but et les moyens de l'ouvrage, je viens d'ailleurs me soumettre sans réserve à vos critiques, dans l'intérêt même de mon travail.

Vous savez tous quelle est la grande importance au point de vue commercial et scientifique de la teinture de la soie. Au

Lu à la Société des Sciences industrielles de Lyon, séance du mois de mai, (voir les Annales du 1er semestre 1876).

point de vue commercial, c'est par millions qu'il faut compter le mouvement d'affaires qu'elle engendre et ce, dans la seule ville de Lyon, notre chère cité, qui, espérons-le, tiendra toujours la tête de cette industrie, laissant à distance, loin derrière elle, toute ville rivale.

Au point de vue scientifique, son importance n'est pas moins grande. Vous savez tous également, Messieurs, que les travaux provoqués par la teinture des soies ont été immenses et les résultats non moins considérables. On peut affirmer que, par ses demandes incessantes de couleurs éclatantes, la teinture de la soie a provoqué et stimulé les innombrables travaux de la chimie organique sur les bases artificielles, et a été la cause de ces nombreuses découvertes des matières colorantes dérivées du goudron de houille qui donnent lieu, aujourd'hui, à un chiffre d'affaires annuelles d'environ cent millions.

L'Europe, après avoir été longtemps tributaire de l'Asie, de l'Afrique, et de l'Amérique pour les matières colorantes naturelles, Indigo, Curcuma, Orseille, Cochenille, etc., peut aujourd'hui, se passer non complétement d'elles, mais réduire considérablement leur emploi, et exporter à son tour, en payement des matières colorantes naturelles, les riches couleurs artificielles dont le berceau est Lyon.

Oui, Messieurs, tous ces riches dérivés colorants de la houille, enfantés par la science, sont dus en grande partie à l'initiative de la ville de Lyon, ou mieux sont la suite de travaux provoqués par les demandes incessantes des teinturiers, nos contemporains, la plupart membres de notre Société

Permettez-moi ici, messieurs les Sociétaires, de vous démontrer quelle a été l'importance de la teinture de la soie dans la découverte des matières colorantes artificielles.

En 1834, Runge, le célèbre chimiste de la manufacture des poudres d'Oranienbourg (Prusse) étudiant le goudron de houille, avait bien jeté, mais, disons-le, d'une manière stérile, les premiers jalons pour le développement des matières colorantes artificielles. Ses études sur l'acide carbolique (Phénique) avaient bien montré la propension de cet acide à devenir, sous des influences oxydantes, rose ou brun : acide rosolique, acide brunolique (*Annales de Poggendorff* 31, *p*. 70, 1834). Celles sur le Kyanol ou aniline avaient bien montré la tendance de cette base à devenir bleu violet sous diverses influences (*Annales de Poggendorff* 31, *p*. 65 ; 32, *p*. 331, 1834-1835), mais toutes les observations de Runge devaient longtemps rester, comme je l'ai dit, stériles. Cependant il eut le plaisir de son vivant de voir couronner de succès ses travaux précurseurs des riches couleurs artificielles.

En 1862, la Société de Mulhouse couronnait simultanément Runge, Hoffmann et Verguin pour leurs travaux sur les matières colorantes artificielles, et Runge dans sa retraite s'écriait à ce propos : « Il est heureux pour moi que la nouvelle de mon succès m'ait encore trouvé de ce monde. »

Plus tard, Laurent, étudiant également les dérivés du goudron de houille, et, en particulier, l'acide phénique, obtenait l'acide trinitrophénique, identique à l'acide picrique, ou amer de Welter, et cette première matière colorante artificielle jaune était appliquée pour la première fois dans les ateliers de M. Guinon aîné. Pendant longtemps, Lyon eut le monopole de la fabrication de l'acide picrique, et c'est de là que sont partis les progrès dans cette industrie, dus, en grande partie, à M. le docteur L.-L. Lembert (1859-1860). Depuis, disons-le, de nouveaux et sérieux progrès ont été apportés par l'Allemagne dans cette fabrication.

L'application de l'acide picrique avait déjà jeté dans la teinture lyonnaise une certaine passion pour l'étude des matières colorantes, et fait concevoir l'espoir d'arriver à de nouvelles couleurs par les seules ressources de la science.

Il me semble encore, Messieurs, être au laboratoire de la place Gerson, sous les ordres de mon cher maître en chimie, ici présent, étudiant l'acide phénique, en 1858-1859, et sous l'influence des travaux de Runge, qui commençaient à être commentés et discutés sérieusement. Il me semble être à cette période fiévreuse. L'acide picrique avait pris rang de bourgeoisie, et toute l'attention des teinturiers lyonnais était concentrée sur les matières colorantes pourpres et violettes. Une grande lutte était engagée entre les diverses maisons de Lyon. La murexide était abandonnée, malgré sa beauté, à cause des difficultés et des dangers qu'offrait la présence des sels de mercure nécessaires pour fixer les nuances.

L'orcanette, patronnée par Vidallin, était aussi délaissée, par suite du prix élevé des teintures exigeant emploi de l'alcool.

La pourpre française fut accueillie comme un bienfait et eut un grand succès. Elle avait la beauté de l'orseille et en plus la solidité dont ne jouit pas celle-ci.

La préparation de cette magnifique matière colorante fut d'abord tenue secrète par ses inventeurs, MM. Guinon, Marnas et Bonnet. Elle intrigua vivement, et ce n'est qu'après la prise du brevet que l'on apprit que cette couleur, bien qu'obtenue avec les mêmes matières premières que l'Orseille, devait sa grande fixité à la seule différence du traitement; ce traitement devant, après la disparition de la pourpre, faire école pour celui des matières colorantes naturelles.

La pourpre eut son grand moment de splendeur et de prospérité, mais de sa splendeur même devait naître sa décadence. Outre que ce produit, tout en excitant l'admiration, excitait les envieux, par suite du brevet et du monopole y afférents, il coûtait fort cher aux autres teinturiers qui se concertèrent pour étudier s'il ne serait pas possible de tourner la difficulté du prix du revient, et de l'affranchissement du monopole de MM. Guinon, Marnas et Bonnet, leurs collègues, par l'emploi d'une autre matière colorante violette.

C'est de cette époque que datent les premiers travaux sur l'aniline. L'acide picrique avait montré la possibilité de retirer du goudron de houille, ce vil produit, jadis l'embarras des usines à gaz, une riche matière colorante jaune, et de plus avait fait souvenir des travaux oubliés de Runge sur l'aniline ou Kyanol et spécialement de la réaction du chlorure de chaux sur cette base. Tous les travaux des chimistes tendirent donc vers l'aniline pour trouver un mode d'obtention économique de cette matière première et la régularisation de la réaction de Runge.

Bref, Messieurs, une superbe matière colorante violette faisait son apparition d'abord timidement, puis l'aniline étant obtenue du goudron de houille en passant par la benzine, son prix s'abaissa rapidement, par suite des perfectionnements apportés aux procédés d'extraction, et tombait de 150 à 200 fr. le kilog., qu'il était primitivement à 35 ou 40 (de nos jours, il n'est plus que de 3 à 4 fr.) C'est alors que la première matière colorante dérivée de l'aniline apparut comme un coup de foudre sous le nom d'Harmaline principalement. La date officielle de l'entrée du violet produit d'aniline par oxydation et par voie humide est du 20 février 1858 (Patente Anglaise numéro 36,140 délivrée à Perkins, élève d'Hoffmann). J'ai dit la date officielle car, avant cette date, de timides applications avaient déjà été faites du violet d'aniline. Il y eut une série de brevets pris un peu partout pour la même matière colorante sous divers noms, violine, indisine, etc., etc.

L'harmaline durant quelques années eut une très-grande vogue à Lyon, et un de nos collègues, un des fondateurs de la Société, M. Monnet, était arrivé à la production de quantités considérables de cette belle matière colorante qui devait avoir à son tour une rivale et disparaître de la scène ou à peu près.

A dater de la découverte de l'harmaline, ce fut une véritable fièvre parmi les chimistes, et même parmi ceux qui ne l'étaient pas. Le goudron de houille et spécialement l'aniline, furent traités de mille manières rationnelles ou non. De tout cela il est résulté une armée de matières colorantes artificielles dans tous les tons possibles de l'arc-en-ciel, voire même dans les nuances fausses, bref, toute la gamme y passe, du gris au noir le plus foncé.

Le cadre de cet ouvrage n'étant pas, Messieurs, de faire l'historique des couleurs de la houille, je termine par la découverte du rouge d'aniline. Vous le savez tous, Messieurs, c'est à un enfant de Lyon, feu Verguin, que l'on doit la découverte du rouge d'aniline ou fuchsine, dont, dès le début, l'importance fut moins comprise que celle du violet d'aniline par les teinturiers lyonnais.

Verguin eut ses admirateurs et ses détracteurs, les derniers dominant comme toujours. Trop porté aux nues par les uns, trop décrié par les autres, ceux-ci voulurent absolument voir dans la découverte par Verguin de cette matière colorante, qui fit tant de bruit, un plagiat des travaux d'Hoffmann, et avec le temps se persuadèrent que la fuchsine était indiquée dans les ouvrages de Berzélius et Natanson. La contrefaçon s'établit et de nombreux procès eurent lieu, qui furent tous perdus par les contrefacteurs. Les réactions de Natanson et d'autres antérieures, y compris celle brevetée par Rocquencourt et Dorot (Brevet du 1er décembre 1858, action de l'acide chromique sur l'aniline, couleur rouge pour fleurs) n'ayant rien de commun avec celle de la fuchsine ; et fait étrange, tous ceux qui invoquaient entre autres la réaction de Rocquencourt et Dorot ne se doutaient pas, qu'un jour viendrait, où par la régularisation de cette réaction, l'on obtiendrait une nouvelle et superbe matière colorante rouge moins vineuse que la fuchsine et qui la remplacerait presque complètement pour l'obtention du rouge sous le nom de safranine.

Qu'il me soit permis ici, Messieurs, de placer une version que je tiens pour bonne, la tenant de feu Verguin lui-même sur l'origine de la découverte de la fuchsine. Cette version il me l'a répétée à diverses reprises, dans les nombreuses soirées que j'ai eu l'honneur de passer avec lui, à l'hôtel du Péage-de-Roussillon en 1860. Je dirigeais à cette époque l'usine de Givray près le Péage-de-Roussillon, ayant pris la suite de Verguin. (Usine Louis Raffard et Cie).

Je l'ai dit plus haut, trop élevé par les uns, trop abaissé par les autres. Verguin ne méritait ni les trop gands éloges, ni d'être traité de plagiaire. En résumé, la plus belle découverte des temps modernes est due un peu à la science, un peu au hasard, cette providence des inventeurs.

Verguin venait de quitter la maison Louis Raffard et Cie, et dans une position peu fortunée, travaillait dans son laboratoire de la rue du Garet à Lyon, (comme tous les chimistes à cette époque) à la recherche de couleurs tirées du goudron de houille. (Un des nombreux brevets sur le violet d'aniline avait même été pris par lui (2 février 1858, numéro 32,927), brevet qui n'eut d'ailleurs comme tous les autres que peu de succès. Perkins les primait tous par sa patente anglaise, et avait laissé tomber le premier violet d'aniline dans le domaine public en France.) Voulant dans ses études s'assurer si l'aniline tenait réellement de l'ammoniaque comme constitution et réaction, il essaya si le bichlorure d'étain se combinait avec l'aniline, comme avec l'ammoniaque, pour former des chlorures doubles, nettement définis.

D'après Verguin lui-même, pour opérer cette réaction, il eut l'heureuse chance d'avoir à sa portée un flacon de bichlorure d'étain anhydre (liqueur de Libavius). Au contact de l'aniline et du bichlorure anhydre, il se produit un sifflement comme par le contact d'un fer rouge et de l'eau, et du rouge apparait immédialement, et se développe à la chaleur C'est d'ailleurs la seule réaction qui donne de suite le rouge ; par tout autre moyen, il faut chauffer plus ou moins longtemps.

Après cession à MM. Renard frères, teinturiers à Lyon, ceux-ci introduisaient officiellement le rouge d'aniline dans le monde tinctorial. (Brevet numéro 40,635, 8 avril 1859). Il sera toujours impossible de savoir si Verguin avait connaissance des travaux de Aug. W. Hoffmann, professeur à l'Université de Londres, sur l'aniline, et imprimé dans les comptes-rendus, (t. XLVII, p. 492, 8 octobre 1858). Dans tous les cas, Hoffmann, dans sa réaction du bichlorure de carbone sur l'aniline, relatée pour la première fois dans *Procedings of the royal society* (t. IX, p. 284,) a complètement laissé de côté la question industrielle, et tous les chimistes savent qu'il ne suffit pas qu'une matière soit très-riche en couleur, comme la matière cramoisi magnifique, indiquée par Hoffmann, pour être une matière colorante. D'une matière colorée à une matière colorante il y a une grande différence. Les matières colorées, telles surtout que les composés métalliques, ne sont pas nécessairement des matières colorantes.

De ce qu'Hoffmann a indiqué dans les produits de l'action du bichlorure de carbone anhydre sur l'aniline anhydre, une matière cramoisi magnifique, cela n'implique pas qu'il ait réellement trouvé la fuchsine. Et malgré que Verguin ait, selon ma conviction basée sur les faits cités, trouvé la fuchsine moitié théoriquement, moitié par hasard, il n'en est pas moins vrai qu'il est le premier qui ait compris le grand avenir tinctorial de cette riche substance.

J'achève ici, Messieurs les Sociétaires, cette digression, que j'ai faite pour vous démontrer quelle a été l'influence de la teinture des soies à Lyon, sur le mouvement scientifique et industriel des matières colorantes artificielles, dont le berceau est en quelque sorte cette ville. Malheureusement grâce à une législation, celle des brevets d'invention, législation, qui ne sera juste que le jour où elle s'étendra uniforme chez tous les peuples civilisés, cette industrie qui aurait dû rester lyonnaise, ou tout au moins française, est presque exclusivement devenue l'apanage de nos voisins, (sauf la maison Poirier et Cie à Paris et Saint-Denis, cessionnaire des brevets de la fuchsine, il n'existe aucune fabrique en France de couleurs artificielles), qui les uns tels que la Suisse, prennent bien avec toute facilité des brevets chez nous, mais, n'en accordent point chez eux ; d'autres tels que la Prusse, l'Angleterre, y mettent assez d'obstacles pour éloigner nos inventeurs, tout en trouvant chez nous les plus grandes commodités pour garantir leurs découvertes.

Les contrefacteurs ont donc pu prospérer librement en Suisse, favorisés encore par les plus bas prix de main-d'œuvre, l'absence de droit sur les alcools, qui souvent jouent un grand rôle dans l'obtention de ces produits. Espérons, messieurs les Sociétaires, qu'un jour viendra où la loi des brevets d'invention sera comme une foule d'autres lois commerciales, modifiée et uniformisée parmi les nations au moins de l'Europe. Sinon cette loi est appelée à éloigner de plus en plus la fabrication des matières colorantes artificielles de France. Souhaitons aussi que certains droits sur des produits indispensables comme matières premières disparaissent complètement ; car nos voisins, plus favorisés que nous, sous ce rapport, peuvent, grâce à l'absence chez eux de ces mêmes droits, nous faire une concurrence redoutable, et même ruiner notre commerce.

Il vous semblera étrange qu'une industrie aussi importante que la teinture des soies, capable de provoquer, pour ses besoins, d'immenses travaux scientifiques et industriels n'ait pas eu, jusqu'à ce jour, un ouvrage sérieux qui lui soit consacré spécialement.

Il n'existe en effet qu'un traité complet sur cette industrie : c'est l'*Art de la teinture en soie*, par Macquer, qui date de 1763. Mais si cet ouvrage écrit avec soin, comme tout ce qu'écrivait Macquer, était très-bon pour son époque, il n'en est pas de même aujourd'hui. La teinture depuis 1763, a fait d'immenses progrès et s'est transformée sous tous les rapports, comme procédés et matériel. De petite industrie, au milieu du dernier siècle, elle est devenue la grande et puissante industrie avec les riches maisons que vous connaissez tous à Lyon, Saint-Etienne, Saint-Chamond, Roanne, Miribel, sans compter celles de l'étranger, à Bâle, à Zurich, à Crefeld, Elberfeld, etc., etc.

Si nul ouvrage complet n'a été publié à son intention, dans le genre de ce qu'a écrit Persoz en 1844, sur l'impression des toiles peintes, le motif en est que les industriels à tort ou à raison, se sont toujours renfermés dans le plus grand secret pour leurs opérations et même ont donné de faux renseignements aux auteurs qui ont voulu s'occuper d'un sujet aussi important. J'ai dit, à tort ou à raison, je dirai même à tort, car, les industries mécaniques ont-elles souffert d'avoir de bons manuels, de bons ouvrages théoriques ? Au contraire, plus d'une fois elles ont dû y trouver bien des avantages. Et un traité du genre de celui que je vous présente, Messieurs, pour répondre par avance à une objection qui, me sera faite sans doute, comme elle l'a été à Persoz, ne peut rien pour enlever l'industrie d'un pays.

Des circonstances heureuses, m'ont permis de suivre longtemps dans les ateliers même la teinture de la soie, comme jadis Persoz put étudier l'impression des tissus, et ainsi que je vous le disais antérieurement, c'est après de longues années d'étude que je viens faire hommage de cet ouvrage à la Société des Sciences Industrielles de Lyon.

Pour le plan de l'ouvrage, après avoir mûrement réfléchi, j'ai écarté toute forme dite manuel : reproduction de procédés plus ou moins authentiques, qui, en admettant même qu'ils sont bons aujourd'hui, ne le seront plus demain. J'ai donc préféré une forme scientifique et analytique, allant du plus simple au plus composé. J'ai banni toute formule empirique pour présenter et discuter successivement les diverses opérations de la teinture des soies, en blancs, couleurs et noirs, dont quelques-unes sont et demeureront les clefs de voûte de la teinture de la soie.

Dans le courant de l'ouvrage je décris seulement les produits chimiques, ne rentrant pas dans le plan des traités élémentaires de chimie et spécialement ceux qui, tels que le rouil, le pyrolignite de fer, ont été mieux étudiés par les industriels appelés à en consommer journellement d'énormes quantités, que par les savants.

Tous les faits relatés dans l'ouvrage sont classés en 16 chapitres dont voici les exposés :

Le chapitre I, dans la première partie, est consacré à l'histoire des travaux chimiques faits sur la soie, travaux bien faibles jusqu'à l'époque du concours ouvert par l'Académie des arts, sciences et belles-lettres de Lyon au milieu du siècle dernier, en 1762. Jusqu'à cette époque, la soie avait été dédaignée par les auteurs comme étant d'un usage trop restreint ; mais depuis cette époque les travaux des Rigaut de Saint-Quentin, Collomb, Poivre, Berthollet, Beaumé, Macquer, continués dans notre siècle par les Roard, Dumas, Mulder, Sobrero, etc., ont agrandi considérablement le champ de nos connaissances.

Dans le deuxième paragraphe, le chapitre I présente un aperçu de la teinture au commencement de ce siècle, l'état des ateliers et les ressources mécaniques et colorantes à la disposition des teinturiers. Puis ces mêmes ressources grandissant peu à peu, je présente successivement les transformations de toutes natures, qu'elles ont subies jusqu'à nos jours.

Le chapitre II est entièrement consacré à montrer les diverses phases que subit la soie depuis le cocon parfait jusqu'à sa mise en teinture, établissant nettement la valeur des divers termes qui se répèteront fréquemment dans le courant de l'ouvrage, tels que grège, trame, poil, organsin, grenadine, marabout, crêpe, floche, cordonnet, soie à coudre, fantaisie, shappes, floches et cordonnets fantaisie. Je termine ce chapitre par diverses études spéciales sur l'hygrométricité et le conditionnement des soies, la pureté commerciale des soies, l'essai et titrage de la grosseur ou denier des soies, les compteurs de torsion ou compteurs d'apprêts des soies montées, l'élasticité et la force des soies, et l'emploi des sérimètres. Enfin, je termine le chapitre par l'opération dite flambage ou gazage des soies fantaisies.

Le chapitre III est consacré à l'étude physique et chimique de la soie. Étudiant successivement la constitution physique et les travaux micrographiques qui ont été faits à cet égard par divers auteurs, entre autres par notre collègue, M. le docteur Lembert, puis les propriétés physiques et chimiques de la soie brute et de ses constituants, isolés, (matière colorante, grès et fibroïne), je continue par l'étude de la soie pure des chimistes et la soie pure des industriels, la cuite de la soie, et la description de l'opération importante de l'étirage sur la cuite, et je termine par la description et l'étude de l'assouplissage de la soie et les influences diverses, telles que celles de l'eau pouvant, dès le début, jeter le trouble ou modifier les opérations ultérieures de la teinture.

Le chapitre IV est entièrement consacré à l'étude des diverses théories émises sur la teinture. Hellot, le Pileur d'Apligny, Walter-Crum, Persoz, etc., ont donné des théories générales sur le mode de fixation des couleurs sur les fibres. Ils ont été souvent trop exclusifs, et il y a lieu d'appliquer les diverses théories selon les cas. C'est ce que je fais en discutant successivement les teintures directes, l'emploi des mordants et les travaux micrographiques sur les soies teintes faits par M. le docteur L. L. Lembert.

Dans le chapitre V, je traite de l'importante question de la charge de la soie qui, depuis longtemps, a été une opération spéciale à ce textile, provoquée par le haut prix de cette substance et son aptitude à se saturer de grandes quantités de produits, relativement à bas prix, qu'elle s'assimile néanmoins plus ou moins bien. Dans certains cas la charge bien faite et avec modération, peut être considérée comme un art et un véritable progrès. Gonflant dans ce cas le brin de la soie, au lieu de lui donner simplement du poids, elle permet d'abaisser le prix de revient des étoffes fabriquées et de les mettre à la portée de toutes les bourses. La charge est d'ailleurs tellement passée dans les mœurs du commerce des soies, que l'on peut dire, messieurs les Sociétaires, qu'elle fait partie intégrante de la teinture. Néanmoins si les pays d'origines de la soie continuent à inonder nos marchés soyeux de l'Europe de leurs produits à bas prix, la charge est appelée à perdre beaucoup de son importance, ce dont la fabrication des produits chimiques de Lyon souffrirait beaucoup, car pour la fixation d'un peu de matière utile sur le brin de soie, il faut employer des quantités beaucoup plus considérables de matières très-variées, dont l'excédant est ensuite versé à la rivière. J'étudie dans ce chapitre successivement la charge des couleurs claires et blanches ; l'emploi du sucre et des sels de magnésie, de barytes, du bichlorure d'étain ; l'action des divers tannins à froid ; la charge des couleurs foncées, et l'emploi des divers tannins à chaud : Sumac, Galle, Dividivi, Cachou, etc., et je termine par la théorie du tannage de la soie, que je compare, avec faits à l'appui, au tannage des peaux.

Le chapitre VI est consacré à la charge des couleurs foncées et noires.

C'est dans la charge des couleurs foncées et noires que cette opération a été portée à sa plus grande expression, jusqu'à doubler et même tripler le poids primitif de la soie. Dans des augmentations modérées, c'est également pour les couleurs foncées et noires qu'elle est la plus rationnelle ; et après avoir montré la charge des noirs anciens, au siècle dernier, par les tannins et le pied de fer ou acétate de fer impur, je continue par la charge faite avec le pyrolignite de fer remplaçant le pied ancien, et une description de ce produit si mal défini dans les auteurs modernes. Puis j'étudie ce produit si important appelé le *Rouil*, dont il s'emploie journellement à Lyon, de 20 à 25,000 kilog., et après avoir démontré le mode de fixation du Rouil sur la soie écrue et cuite, je termine par le bleutage des soies rouillées sur soie écrue et cuite, et la théorie différente du bleutage dans les deux cas.

Le chapitre VII est consacré exclusivement à étudier l'action des divers tannins sur un fond métallique à base de fer, sur la soie rouillée ou passée au pied, à froid et à chaud, puis l'action des mêmes tannins sur une soie bleutée à froid et à chaud, et enfin l'action des mêmes tannins avec addition de protochlorure d'étain ou sel d'étain, dont l'emploi, venu dit-on d'Allemagne, a permis de porter la charge à son maximum.

Ici, messieurs les Sociétaires, s'arrêtent avec le chapitre VII, les considérations générales qui nous serviront toutes dans l'avenir, et avec le chapitre VIII, j'aborde la teinture proprement dite, en commençant par les blancs, auxquels ce chapitre est exclusivement consacré.

Pour beaucoup, non initiés aux secrets de la teinture de la soie, il paraît étrange de dire que la teinture du blanc n'est pas obtenue par le blanchiment pur et simple de la fibre soyeuse. Quel que soit le mode de blanchiment de la soie, elle garde toujours une teinte jaunâtre qu'il faut lui faire perdre par une teinture, avec la couleur complémentaire du jaune, soit un violet, pour lui laisser plutôt un œil d'azur.

La teinture des blancs constitue même une opération très-délicate, et demande surtout de grands soins de propreté. J'étudie successivement, dans ce chapitre, la teinture des blancs écrus, les divers modes de blanchiments, à l'acide sulfureux, à l'eau régale, au sulfate d'acide azoteux, le blanchiment Beaumé, la teinture des blancs souples et l'assouplissage, et je termine par les blancs cuits, la cuite des soies pour blanc, les précautions à prendre, le soufrage, l'azurage et des considérations générales sur le toucher et la charge.

L'étude des couleurs claires vient naturellement après celle des blancs dans le chapitre suivant. L'ordre suivi pour ce chapitre est le même que pour le précédent, il commence par les soies écrues et continue par les soies souples et cuites ; quant aux couleurs, j'ai adopté l'ordre de l'arc-en-ciel, soit celui des couleurs spectrales : violet, bleu, vert, jaune, orange, rouge, en intercalant toutes les nuances dites intermédiaires ; ce chapitre ne traite absolument que des couleurs dites franches, c'est-à-dire non rabattues par du gris ou par du noir. J'ai fait figurer dans ce chapitre des descriptions rapides des matières colorantes précédant toujours leur emploi. Ce chapitre enfin, se termine aussi par des considérations générales sur le toucher et la charge de ce genre de teinture.

Dans le chapitre X, qui est celui qui montre vraiment le talent du teinturier, je traite des couleurs foncées et rabattues, mélanges binaires et ternaires de couleurs non franches par elles-mêmes, et donnant ces teintes impossibles, aux noms capricieux, rappelant quelquefois, comme havane, cuir botte, vert crapaud, bleu marine, etc., des points de comparaison naturels ; d'autres fois baptisés d'une façon fantaisiste, comme les brun Bismark, vert Metternich, etc., etc.

Comme précédemment je termine ce chapitre par des considérations générales.

Les noirs fins que je considère comme de véritables couleurs, sont l'objet du chapitre XI, après l'étude de la préparation de la soie pour noirs crus, souples ou cuits ; je décris quelques noirs types de ces noirs non chargés : Noirs anglais, noirs pour peluches, noirs velours.

Ce chapitre se termine par la description de quelques nouvelles opérations qui sont :

L'avivage pour toucher craquant.

L'avivage pour toucher mou, dit avivage aux deux huiles et le lustrage des soies.

Le chapitre XII commence par la description des noirs primitifs tels qu'ils se faisaient le siècle dernier, noirs dits noirs à la galle, terminés par un adoucissage au savon et un avivage. Ces noirs qui se font encore aujourd'hui ont reçu un perfectionnement considérable par l'introduction de l'extrait de châtaignier, dit gallique, dans le commencement de ce siècle, en 1818, par M. Michel, teinturier à la Quarantaine, Lyon.

Après avoir décrit la teinture de ces noirs qui se font surtout pour les genres dits noirs, gros noirs, sur floches, cordonnets, schappes auxquels ils donnent des rendements de poids énormes, (jusqu'à 300 %) et qui nécessitent des manipulations spéciales pour les terminer, telles que le terrage, si l'on veut des touchers moëlleux, un passage dans un bain de sous-acétate plombique pour toucher doux, ou un avivage très-fort, si l'on veut un toucher craquant ; et enfin, c'est pour ces noirs sur fantaisie que le flambage ou gazage se pratique, afin de brûler le duvet et donner le lustre qui sera encore augmenté par une dernière manipulation mécanique, celle dite du pliage.

Le chapitre XIII est exclusivement consacré aux noirs sur soie cuite, et faites d'après les nouvelles méthodes qui sont complètement le résultat des travaux de ce siècle.

Je décris successivement dans ce chapitre :

Les noirs fins rouillés, terminés comme les noirs anglais que nous avons vus précédemment ;

Les noirs rouillés bleutés, terminés avec introduction de mordants divers après le bleu, alun, verdet, etc., terminés avec teinture au campêche ; ces noirs sont généralement peu chargés et constituent les plus beaux noirs sous tous les rapports, nuance, toucher, beauté et durée de l'étoffe fabriquée ;

Les noirs rouillés, bleutés, terminés par un cachou et un savon avec campêche, dits noirs minéraux ;

Les noirs rouillés, bleutés, terminés comme précédemment, mais avec une addition en plus de pyrolignite de fer donnée entre deux cachous avant la teinture ;

Les noirs rouillés, bleutés et cachoutés avec addition de sel d'étain, qui permet dans les soies fines d'arriver au maximum de la charge. Ces noirs se terminent comme ceux qui précèdent par un passage au pyrolignite de fer entre deux cachous et une teinture au savon avec addition de campêche.

De nos jours, les dernières opérations de ces noirs, qui viennent après le cachou additionné de sel d'étain, sont quelquefois réitérées dans leur ensemble et donnent de très-beaux noirs dits noirs à plusieurs teintures.

L'introduction des violets artificiels, d'aniline, a permis également d'améliorer la beauté de ces noirs.

Ces divers noirs se terminent d'ailleurs tous de même par un avivage spécial lorsqu'il s'agit de touchers mous, et l'avivage ordinaire lorsqu'il s'agit de touchers craquants, et ensuite par le lustrage, qui joue un très-grand rôle et doit se faire avec beaucoup de soin.

Ce chapitre le plus considérable de l'ouvrage, est terminé par des considérarions générales très-importantes sur les précautions à prendre en vue de préserver la soie, qui reste un temps fort long en teinture, à travers des opérations multipliées, et sur les accidents à prévoir une fois sortie des mains du teinturier, et les moyens de les combattre. Ces accidents sont les suivants : inflammation spontanée, taches, mousses, rancissage.

Le chapitre XIV traite spécialement des noirs prenant la soie sur le bleu de Prusse, pour la suivre sur l'assouplissage avec un astringent, galle, dividivi, cachou, etc., avec ou sans sel d'étain, et sur les opérations finales qui diffèrent considérablement de celles usitées pour les noirs précédents, dans le mode d'opérer, quoique employant les mêmes matières, astringents, pyrolignite, savon, campêche, etc.

Il se termine par la description du chevillage.

Le chapitre XV traite spécialement de la teinture de la soie en pièces, qui diffère considérablement par le matériel et les précautions à prendre de celle des soies en flottes. Elle devient surtout difficile lorsqu'il s'agit de teindre des tissus mixtes, soie et coton, soie et laine. Par ce chapitre, la teinture de la soie donne la main à l'impression des étoffes proprement dites, qui ne diffère de la teinture de la soie unie que par la production de dessins variés, provoqués par une application *ad hoc* de mordant.

Me voici, messieurs les Sociétaires, arrivé au bout de l'analyse de l'ouvrage que j'ai l'honneur de vous soumettre, par l'exposé du chapitre XVI et dernier, qui résume l'ouvrage, dans quelques considérations générales, puis donne des méthodes générales pour les analyses qualitatives et quantitatives d'une soie teinte, et suit la soie chez l'ouvrière dévideuse, ourdisseuse, et après le tissage, chez l'apprêteur. Je termine par l'exposé de la solidarité qui existe entre tous les manipulateurs de la soie depuis le cocon, jusqu'à sa mise sur la banque du fabricant. C'est de cette solidarité bien comprise de tous, que dépend la beauté de l'étoffe fabriquée et sa durée. Ainsi comme exemple, à quoi servirait d'avoir de bons teinturiers, si les apprêteurs n'étaient pas à la hauteur de leur mission, si l'emploi inconsidéré de certains sels dans les apprêts, venait troubler la couleur de l'étoffe qui leur est confiée? Chez le fabricant même une fois tissée, de grandes précautions sont à prendre pour assurer aussi longtemps que possible la durée des belles propriétés qui font de la soie la reine des matières textiles pour tout ce qui touche à la beauté.

Maintenant, messieurs les Sociétaires, qu'il me soit permis de vous remercier de l'attention que vous avez bien voulu me prêter durant cette lecture. Dans la prochaine séance, selon la demande qui m'en a été faite, j'aurai l'honneur de vous lire le chapitre I de l'ouvrage.

CHAPITRE I

SOMMAIRE. — Histoire chimique de la Soie. — Histoire de la Teinture de la Soie.

§ 1. — HISTOIRE CHIMIQUE DE LA SOIE

Avant 1706, il n'existe aucun travail sur la teinture de la soie. Quoique déjà, à cette époque, cette industrie fût florissante, les procédés étaient tenus secrets. Inutile de parler des connaissances chimiques sur la soie, quelques ouvrages de pharmacie parlent cependant de son application pharmaceutique, et, fait étrange, malgré son origine franchement animale, la soie est rangée parmi les matières végétales. Ne dit-on pas encore de nos jours, et cela très-improprement, la graine de vers à soie pour les œufs de vers à soie. Dans les pharmacopées de l'époque, en ces temps où les produits de la distillation de toutes sortes de substances, depuis la corne de cerf, l'huile de brique, etc., jouaient un grand rôle, on trouve recommandé l'emploi du sel volatil de la soie, obtenu par distillation (carbonate d'ammoniaque).

L'opération sur laquelle j'aurai souvent l'occasion de revenir, et qui a le plus préoccupé jadis les travailleurs, est celle dite cuite ou décreusage des soies, et quant à la teinture de la soie même, dans les ouvrages anciens, tels que le *Teinturier parfait*, publié par ordre de Colbert, en 1716, elle ne joue qu'un rôle secondaire.

Dans le *Teinturier parfait*, à travers de nombreuses formules, plus ou moins fantaisistes, on trouve cependant quelques bonnes notions sur la cuite des soies au savon bouillant, le soufrage pour les blanchir, l'alunage pour aider à fixer les matières colorantes et sur la propriété qu'ont les soies de prendre du poids par l'engallage. La charge des soies en teinture n'est donc pas précisément nouvelle. Elle a été seulement considérablement perfectionnée et augmentée de nos jours.

Dans le même ouvrage (vol. 1, p. 394) la cuite est la seule note que je citerai textuellement :

« Secret pour blanchir la soye écrue. Ayez un chaudron et met-
« tez de belle eau claire, posez-y le feu et mettez dedans pour
« trois livres de soye, une livre de savon noir; cela fait, prenez un
« bâton qui soit net, remuez jusqu'à ce que votre savon soit dis-
« sout, puis laissez bouillir; ayez ensuite un sac de toile dans
« lequel mettez-y votre soye et cousez votre sac, mettez ce sac
« ainsi cousu dans le chaudron ou petite chaudière et laissez le
« bouillir une heure. »

Même vol. p. 462, l'auteur indique l'addition du nitre fixe ou sel de tartre (carbonate de potasse), mais il craint et à juste titre la diminution du poids de la soie.

Quoique la soie ait été introduite en Europe longtemps avant cette époque, il y a donc fort peu de travaux connus, et vers le milieu du XVIIIe siècle, Michel de Grubens, voyageur ayant longtemps habité la Chine, a donné de faux renseignements sur la cuite dite Chinoise à laquelle on attribuait la supériorité des étoffes fabriquées dans ce pays, renseignements qui ont égaré l'opinion publique.

Michel de Grubens, a décrit un mode de cuite chinoise par *fermentation* qu'il a pris sur de fausses données. Cette fermentation s'obtenait en plongeant les soies écrues au milieu d'un mélange de farine, son et autres matières fermentescibles. Tous ceux qui d'après Michel de Grubens ont voulu essayer ce mode de cuite ont échoué complètement. Il est d'ailleurs reconnu que les Chinois cuisent au carbonate de potasse, méthode qui donne de bons résultats à la condition d'opérer en petit et de bien surveiller l'opération.

En 1760, l'Académie des belles-lettres arts et sciences de Lyon se basant sur un point reconnu faux depuis, mit au concours la question suivante :

« Trouver une nouvelle manière de décreuser la soie sans sa-
« von et sans altérer ni son lustre, ni sa qualité. »

De cette époque date une ère nouvelle, et de nombreux travaux vont avoir lieu pour la soie.

Dès l'année 1761, qui suivit l'ouverture du concours, plusieurs mémoires furent envoyés, et dans la séance publique du 31 août 1762, l'abbé Collomb, directeur de l'Académie, décerna le prix à Rigaut de Saint-Quentin, auteur du mémoire numéro 2, après avoir, dans le discours préliminaire, reconnu que le savon altère par son corps gras le lustre de la soie, point de vue reconnu aujourd'hui complètement erroné.

Le mémoire de Rigaut de Saint-Quentin, annexé aux archives de l'Académie des arts, belles-lettres et sciences de Lyon, est le premier travail sérieux fait sur la soie. Il est donc digne d'une analyse approfondie, car les expériences de l'auteur sont pour l'époque d'une précision remarquable.

D'après l'action de la chaleur sèche, l'auteur établit :

1° La nature végéto-animale de la soie.

2° Que la soie écrue, est plus animale que la soie cuite, qu'elle donne plus de sel volatil à la distillation et conséquemment que la matière gommeuse, qui enveloppe la soie écrue est de nature végétale et animale, et il l'assimile à une gomme résine. Cette

déduction est complètement fausse pour notre époque, et cependant elle se retrouve dans les meilleurs ouvrages. L'enduit des soies écrues ne tient pas des gommes et encore moins des résines; il est purement animal. Après l'action de la chaleur sèche, il essaya l'action de l'eau. « De la soie n'ayant rien subi par le sé-
« jour dans l'eau froide, je la mis dans l'eau presque bouillante
« un demi jour, elle s'y amollit, perdit une certaine quantité de
« sa gomme, mais pour m'assurer de cette gomme, je fis évapo-
« rer l'eau aux trois quarts; en se réduisant, elle s'épaissit à peu
« près comme la colle que les peintres font avec des morceaux de
« peaux, et en la faisant évaporer à sec il se dégagea comme
« une odeur de parties animales brûlées. La soie était un peu
« décreusée, elle était plus souple qu'avant, mais il lui restait un
« enduit résineux, complètement insoluble dans l'eau, le propre
« des résines étant de ne se dissoudre que dans l'esprit de vin

« Je traitai cette même soie un peu décreusée, par l'esprit de
« vin, comme les gommes résines, il se chargea seulement d'un
« peu de couleur et la soie devint plus dure qu'avant. »

Après avoir échoué dans ce traitement à l'esprit de vin concentré et étendu, l'auteur considérant que les liqueurs spiritueuses raccornissent les matières animales, et que la soie est très-animale, il mit dans l'esprit de vin de l'alcali fixe, qui ramollit l'enduit et fut ainsi conduit à proposer l'alcali fixe (carbonate de potasse) pour décreuser les soies industriellement.

Cette méthode est celle que nous avons vu employer par les teinturiers chinois, et qui n'a pas été adoptée par les teinturiers de Lyon, à cause des difficultés pratiques. Le point de départ de l'Académie était d'ailleurs faux, et si quelque chose altère la soie dans la cuite au savon, c'est l'alcali et non les corps gras, qui adoucissent les propriétés trop actives de l'alcali, tout en lui communiquant une grande propriété détersive et émulsive.

De ce mémoire datent les premières notions exactes sur la soie, l'analogie à la colle de peau (Gélatine) d'une partie du grès et la constitution animale de celui-ci dans son entier. Cependant le grès a continué longtemps à être considéré comme une gomme résine, et l'est encore de nos jours.

Dans ce mémoire, l'auteur a touché, sans s'en douter, à une question importante, à l'assouplissage des soies, qui devait, dans le commencement du XIXe siècle se développer, et prendre une très-grande importance, en créant un troisième genre intermédiaire entre les soies crues et cuites. Ce genre devait résulter de l'action de l'eau bouillante sur la soie écrue, avec ou sans addition d'acide. Ce genre est celui dit souple, introduit, dit-on, en 1820.

Les faits constatés par Rigaut de Saint-Quentin, sont d'ailleurs exacts.

Depuis les travaux de l'auteur couronné, nombre de liqueurs alcalines, ont été successivement proposées, brevetées ou non, telles que sulfure alcalin, soude caustique, silicate de soude, borax, ammoniaque, et presque aussi vite abandonnées que proposées.

La soude caustique seule est restée pour cuire les grosses soies dites floches, cordonnets ; surtout dans les genres fantaisie, employée avec précaution, elle brûle le duvet, tout en cuisant, ce que ne fait pas le savon.

Plus tard, dans des travaux consignés dans le *Journal de Physique*, en août 1785, l'abbé Collomb, étudiant l'action de l'eau pure à la pression ordinaire, après 8 heures d'action sur la soie écrue, reconnut que le vernis se dissolvait plus rapidement par une élévation de pression. Dans le premier cas, la soie quoique privée de son grès, n'était pas complètement cuite, elle était dure et colorée, dans le deuxième cas, l'élévation de pression, augmentant également la température, altérait la force.

Le célèbre chimiste Beaumé dans des recherches lues en 1793, 10 avril, Académie des Sciences (*Annales de Chimie*, T. XVII, p. 157), s'est occupé spécialement de la matière colorante jaune des soies écrues jaunes.

Il existe des soies écrues naturellement jaunes et des soies écrues naturellement blanches.

A cette époque on attribuait aux soies écrues blanches originaires de la Chine, et connues sous les noms de *soie sina*, *soie Nankin*, une grande importance. Poivre qui s'était occupé de la question (*Journal de Physique*, janvier 1777) expliquait la différence des soies écrues jaunes et blanches, par une action du soleil, fait reconnu depuis pour être inexact et provenir de la race.

Beaumé, de même que l'agronome Poivre, ne croit pas à l'influence de la race, et, dans son mémoire, traite de préjugés l'opinion sur les races différentes, selon les cocons jaunes ou blancs, et ce, malgré l'essai de Trudaine, intendant du commerce, qui, à cette époque fit venir de la graine de ver à soie de la Chine, et obtint des cocons blancs. Tant il est vrai qu'il est difficile de convaincre celui qui ne veut pas l'être.

Beaumé parvint à décolorer complètement, sans la cuire, la soie écrue jaune, par une méthode qui fut quelque temps industrielle, et connue sous le nom de nankinage.

Le procédé décrit par Beaumé consiste :

1° A ramollir quelque temps dans l'eau tiède à 25°, et dessécher ensuite les soies.

2° Pour 6 livres soie jaune lavée et séchée prendre :

48 livres alcool à 30° additionnées de

12 onces acide marin très-pur, titrant 15° Beaumé.

Après une digestion de 24 heures, on remplaçait le liquide par un liquide frais de même nature, jusqu'à ce que la soie fût blanchie, après quoi il ne restait plus qu'à rincer, égoutter et sécher.

Ce procédé a disparu de l'industrie dès que les soies écrues blanches furent reconnues de même nature que les autres et n'en différer que par la race. Leur introduction beaucoup plus abondante dans le commerce en fit baisser le prix, même au-dessous de celui des jaunes, et surtout de nos jours où les belles races jaunes de pays décimées par la maladie sont beaucoup plus considérées que les races blanches et autres.

Beaumé, dans son travail, a constaté qu'il faut :

1° Que l'acide muriatique soit bien exempt de gaz nitreux qui roussit la soie ;

2° Que l'alcool pur ne blanchit pas aussi bien qu'additionné d'acide.

On a voulu croire que, dans l'opération de Beaumé, il se formait un peu d'éther chlorhydrique, qui dissolvait mieux la matière jaune, mais cette opinion est complètement erronée. L'acide chlorhydrique agit purement en détruisant des combinaisons calcaires et alors la matière colorante devient plus soluble ; on peut, d'ailleurs, arriver au même résultat que Beaumé, en traitant la soie par l'eau acidulée, par l'acide chlorhydrique pur, puis par l'alcool pur.

Berthollet, dans ses *Éléments de l'art de la teinture*, publiés en 1793, après avoir décrit avec soin le décreusage des soies, donne une étude qu'il a faite de la gomme de la soie, obtenue dans l'expérience de l'abbé Collomb. Il reconnaît qu'elle précipite, par la galle, comme la gélatine ; sauf cette réaction, Berthollet ne fait que résumer ses prédécesseurs, et la teinture des soies ne joue qu'un rôle secondaire dans son ouvrage.

Macquer, dont j'ai déjà eu l'occasion de parler, est le premier qui ait écrit un ouvrage spécial consacré à la teinture des soies. L'ouvrage, comme d'ailleurs tous les travaux de Macquer, est clair, concis et résume assez bien la teinture à son époque. Après avoir décrit les procédés qu'il a vu employer, il termine par quelques procédés communiqués par Hellot sur le cramoisi de Damas et de Diarbequir, le cramoisi de Gênes, le violet-cramoisi d'Italie, le demi-violet de 1743, le noir de Gênes pour le velours de 1740, et enfin par un glossaire des termes de l'époque, dont presque tous sont restés en pratique.

Roard, directeur des Gobelins en 1801, dans des travaux reproduits par M. Chevreul. (*Leçons de chimie appliquées à la teinture*, XXXe leçon) a fait la première analyse qualitative de la soie.

Sa méthode consiste à traiter la soie écrue comme l'abbé Collomb, par l'eau bouillante durant 8 heures, et de l'analyse du résidu de cette eau évaporée à sec, Roard a déduit la composition du vernis de la soie, qu'il trouve composé comme suit :

1° D'une matière azotée soluble dans l'eau froide (gomme de Roard).

2° D'une matière colorante jaune, dans les soies écrues jaunes, et soluble dans l'alcool froid.

3° D'une matière soluble dans l'alcool bouillant, cire de la soie.

Les trois matières indiquées par Roard sont évidemment des produits de transformation de la matière première, transformations opérées par les huit heures d'ébullition auxquelles elle a été soumise. On sait, en effet, que les substances analogues à celles du vernis de la soie sont profondément altérées par l'ébullition prolongée, même dans l'eau pure, comme, par exemple, l'osséine qui sous cette influence se transforme en gélatine.

Mulder de Rotterdam, a repris les travaux de Roard, et dans son mémoire relaté dans la *Chimie appliquée aux arts*, par M. Dumas (t. VIII, p. 291), il donne la première définition exacte de la soie écrue.

D'après lui elle renferme plusieurs principes, qu'il désigne sous les noms de fibroïne, d'albumine et de gélatine, la fibroïne qui constitue la fibre même de la soie, correspond à la fibre animale dont elle diffère néanmoins par la composition. L'albumine et la gélatine sont analogues à l'albumine du blanc d'œuf et du sérum, et à la gélatine des os.

La méthode d'analyse suivie par Mulder, consiste à traiter la soie écrue par l'acide acétique concentré et bouillant. Le résidu insoluble est de la fibroïne pure qu'on lave soigneusement à l'eau pure.

Les eaux de lavage sont réunies et évaporées, privées de leur acide acétique qui dissout en même temps des matières graisseuses et résineuses, qui peuvent être séparées de l'alcool, par évaporation à siccité.

Le résidu du traitement alcoolique contenant l'albumine et la gélatine est repris par l'eau bouillante qui dissout cette dernière et l'albumine reste sous la modification insoluble.

Mulder a trouvé pour ces trois matières les compositions suivantes :

	Gélatine	Albumine	Fibroïne
Carbone	49.18	54.00	49.49
Hydrogène	6.51	7.27	6.36
Azote	17.60	15.46	19.19
Oxygène	26.71	23.27	24.96
	100.00	100.00	100.00

Bouillie pendant 48 heures avec de l'eau, la gélatine de la soie s'altère et prend la composition suivante :

Carbone	57.57
Hydrogène	5.91
Oxygène	16.96
Azote	19.56
	100.00

Mulder a de plus donné dans les *Annales de Poggendoff*, en 1836, deux analyses de soies écrues ci-contre :

	Soie écrue jaune napolitaine	Soie écrue blanche du Levant
Matière fibreuse, soie pure, fibroïne . .	53.87	54.04
Gélatine, matière azotée soluble de Roard	20.66	19.08
Albumine insoluble.	24.43	25.47
Cire	1.39	1.11
Matière colorante	0.05	» »
» grasse et résineuse.	0.10	0.80
Traces d'un acide et de quelques sels particuliers	» »	» »
	100.00	100.00

Comme remarque sur ces analyses de Mulder, il ne faut pas confondre la soie cuite industriellement au savon bouillant, avec la fibroïne des chimistes; qui l'ont admise d'après Mulder.

La soie perd beaucoup moins dans la cuite industrielle que dans le traitement à l'acide acétique bouillant. De plus la soie cuite des teinturiers est douce, soyeuse, brillante et tenace, la fibroïne des chimistes est blanche, terne et cassante.

Gerhardt dans son *Traité de chimie organique*, (vol. IV, p. 499), (1856) a repris en sous-œuvre les travaux de Mulder, mais à un point de vue tout à fait scientifique et il les a confirmés ; mais de même, sa fibroïne obtenue par l'action ménagée de la soude caustique ne correspond nullement à la soie cuite commerciale.

Un fait remarquable, c'est que nul parmi ceux qui se sont occupés de l'étude des soies écrues, ne se sont préoccupés de la présence des matières minérales; qui paraissent cependant jouer un grand rôle, dans la constitution de la soie écrue.

Sobrero, chimiste italien est le premier qui ait insisté sur la présence des matières minérales contenues dans la soie écrue et surtout sur la présence de la chaux ; dans un mémoire lu à l'Académie de Turin. (*Moniteur scientifique* 1860).

Sobrero après avoir fait cinq essais pour doser l'hygrométricité de la soie, qu'il a fixée de 9 à 11 °/°, a trouvé à l'incinération des échantillons lavés à l'eau bouillante, au savon bouillant, puis avec soin à l'eau bouillante, soit la soie cuite des industriels, un résidu fixe de 0.7 à 1 °/° composé pour les 2/3 de chaux et le reste magnésie, de fer et d'alumine.

Les études de Sobrero confirmées, je crois, par un travail de M. Guinon aîné, à propos des taches graisseuses après la cuite, provenant d'un savon calcaire, reprises et développées avec soin ; jetteraient peut être un grand jour sur les études relatives à la physiologie du cocon, à ses maladies. etc.

Pour terminer la première partie du chapitre I, relatons en passant l'introduction de l'assouplissage de la soie écrue, genre intermédiaire entre le cuit et le cru, autour de 1820, par un nommé Pons, dit-on, car le souple a pris rang insensiblement ; citons encore le blanchiment à l'eau régale, ainsi que le blanchiment au sulfate d'acide nitreux, introduit par M. Marnas.

§ II. — HISTOIRE DE LA TEINTURE DE LA SOIE

Relativement aux connaissances chimiques sur la soie, on peut dire que la teinture de la soie était plus avancée au commencement de ce siècle, et de même que pour beaucoup d'industries, la pratique a devancé la théorie.

Les ateliers à la fin du siècle dernier, régis encore par la législation des corporations et des jurandes, établie par Colbert et abolie par la Révolution, étaient loin d'avoir l'importance de nos magnifiques ateliers actuels. Tout s'y faisait à la main de l'homme et l'emploi de la vapeur y était complètement inconnu.

Les relations entre patrons et ouvriers avaient un caractère de relations de famille, qui s'est perdu de plus en plus, depuis le commencement de ce siècle, à mesure que les ateliers ont grandi, et aussi avec l'introduction des *grèves*, dont le premier résultat est d'aigrir les rapports entre ouvriers et patrons au lieu de les adoucir. Quand donc les ouvriers comprendront-ils que le système des grèves est loin de pouvoir procurer les résultats qu'ils en attendent, et quelquefois, ne conduit qu'à déplacer l'industrie d'un pays, soit en irritant les acheteurs qui vont demander à d'autres places ce qu'ils ne peuvent se procurer momentanément, dans un endroit qui leur est familier, soit en augmentant le prix de revient par l'élévation subite de la main-d'œuvre.

J'ai cependant eu l'occasion dans mes voyages de retrouver de petits ateliers dans des localités perdues, où les anciens rapports se sont maintenus, et ce par la difficulté d'avoir à volonté des ouvriers.

La soie qui s'est introduite par la Morée, vers le milieu du XIVe siècle de notre ère, a profité des connaissances acquises pour les autres fibres textiles, sans compter celles qui ont été amenées des pays d'origine de la soie, de la Chine, entre autres, où les ateliers, ont encore le cachet de nos anciens.

Les teinturiers se sont établis naturellement sur les cours d'eau, dont la qualité était très-recherchée et très-appréciée. Avignon, Gênes, Tours, puis Lyon ont vu fleurir la teinture de la soie qui devait de nos jours s'étendre un peu partout, à Saint-Etienne, Saint-Chamond, Paris, et à l'étranger, à Bâle, Zurich, Elberfeld, Crefeld, etc., pour garder cependant Lyon, comme tête de cette belle industrie.

Tout se faisait donc à la main, l'emploi des machines était complètement inconnu, et le chauffage des appareils, tout à feu nu, ce qui rendait les opérations beaucoup plus longues et dispendieuses. Néanmoins il se faisait de belles teintures, et quoique la charge des soies fût déjà connue, mais employée avec plus de modération que de nos jours, l'étoffe en général avait plus de durée. Cela venait également de la qualité supérieure des soies employées, qui étaient toutes tirées de nos belles races jaunes, de pays ou du levant. Aujourd'hui, par suite de la maladie de nos races indigènes, l'introduction des soies plus faibles du Japon, contribue bien un peu à la moins longue durée de l'étoffe fabriquée; si on joint encore à cela, l'emploi du coton, dans beaucoup de cas ou un tissage trop serré, on aura des étoffes inférieures, comme qualité, aux anciennes.

L'étirage de la soie était inconnu sur la cuite; il ne date que de notre siècle. Le matteau de soie sortant du bain de teinture était toujours lavé à la rivière et à la main. Les nombreuses laveuses mécaniques qui de nos jours pour les noirs surtout rendent de si grands services ne datent guère que de 1850. La soie était ensuite égouttée à la cheville, en opérant une torsion du matteau fixé à la partie supérieure à une grosse barre de bois ronde, dite cheville (bien polie et cramponnée dans le mur ou à un bâtis de bois, accompagnant le mur pour donner l'élasticité) avec une petite barre dite chevillon; par une série de torsions et en faisant courir le matteau sur la cheville dite aussi *espars*, la soie arrivait bien à être égouttée, mais au détriment de la solidité, et avec une grande perte de temps.

Le plus beau progrès mécanique dans la teinture de la soie, consiste sans nul doute dans l'introduction de l'hydro-extracteur que vous connaissez tous, pour le séchage de la soie. Au début, les hydro-extracteurs, reçurent le nom de diables, pour rappeler le bruit assourdissant qu'ils faisaient. Le mouvement de transmission par engrenages était la cause de ce bruit. Aujourd'hui les appareils, à cônes de frictions, perfectionnés par MM. Buffaud frères, nos collègues, ne méritent plus ce nom. Grâce à ces appareils, la soie est vite essorée, et bien mieux qu'à la cheville, ce qui est un grand avantage tant pour le séchage que pour les opérations qui suivent, en bien la dégorgeant de l'eau qu'elle renferme elle abaissera moins le degré de bains permanents que l'on conserve. De nos jours, l'on a poussé la hardiesse jusque'à construire des diables pouvant tenir 100 kilog. de soie et d'autres genres, où la soie peut être mise avec les bâtons, dits lisoirs, qui servent à soutenir la soie et à la promener sur les bains de teinture contenus dans des caisses, dites *barques*, en cuivre, bois etc.. selon les bains, plus ou moins longues. Par le fait le lisage des soies n'a pas fait de progrès mécaniques, quoique de nombreuses tentatives aient été faites mais sans grand succès pour obtenir des lisages mécaniques de la soie.

Quelquefois la soie pour bien la dégorger, surtout pour les noirs et les grosses soies ou fantaisies, doit être battue sur une pierre polie, jusqu'à ce qu'elle dégorge très-peu dans l'eau, après une *batture*. Vers la même époque de l'introduction des laveuses mécaniques, on a essayé mais sans beaucoup de succès des laveuses et batteuses tout à la fois. Il est des opérations pour lesquelles la main de l'ouvrier intelligent peut difficilement être remplacée.

Parmi les appareils dont la mécanique a encore enrichi la teinture de la soie, il faut citer les lustreuses et les chevilleuses. Jadis le lustrage et le chevillage des soies une fois teintes, qui a pour but de donner aux soies une fois teintes et sèches le brillant nécessaire, avait lieu à la cheville et à la main, aujourd'hui ces opérations analogues comme manipulations à celle de l'égouttage à la cheville, se font par des mécaniques très-remarquables. Dans l'opération du lustrage, la soie en matteau une fois teinte et séchée, quelquefois un peu humide, est soumise à un faible étirage, par deux rouleaux en fer ou acier poli, tournant dans le même sens, et un échappement de vapeur plus ou moins fort agit sur la soie pendant qu'elle est entraînée dans la rotation des cylindres, vient achever l'opération du lustrage. Cette opération est surtout très-importante pour les noirs.

Autrefois, le chevillage des soies avait surtout pour but, de dresser et égaliser les brins de soie d'un matteau pour qu'ils soient bien unis. Aujourd'hui il a pris plus d'importance par suite de la fabrication des souples, où le chevillage achève l'assouplissage, et la mécanique est venue en aide aux teinturiers et a créé des appareils où 8 à 16 matteaux peuvent être chevillés ensemble. La soie est maintenue très-tendue, verticalement entre deux cylindres, dont le supérieur fixe, tourne sur lui-même autour de son axe, et l'inférieur tourne également, mais sur un pivot perpendiculaire à l'axe de manière à imiter l'action du chevillage à la cheville.

Le cylindre inférieur, qui se relève facilement pour qu'on puisse garnir l'appareil, est soumis, dès qu'il est garni, à l'action d'un contre-poids qui rend le matteau fortement tendu. Il exécute une rotation complète sur son pivot, imitant l'action du chevillon, puis revient à son état normal; à ce moment le cylindre supérieur exécute une demi révolution sur son axe, qui change le matteau de place, et ainsi de suite jusqu'à ce que l'ouvrier trouve les matteaux assez chevillés.

Si le matériel était des plus primitifs pour la teinture, il en était de même pour les appareils de chauffage et d'extraction des couleurs, des racines et bois colorés. Ce n'est que de notre siècle que l'application de la vapeur a permis d'accélérer le chauffage, soit par des appareils à plongeur persillés, dits rameaux ou barbotteurs, où la vapeur se mêle au liquide ou bain qu'elle doit échauffer, soit par des appareils à double fond ou à serpentin, où le chauffage s'effectue avec pression, et où l'eau ne se mêle pas au liquide qu'elle doit échauffer.

De même pour l'extraction de la matière colorante des racines et bois colorés, de puissantes machines à découper les bois colorants, en faibles copeaux, sont venues remplacer le coin et la hache; la vapeur est également venue accélérer cette extraction, en permettant de faire traverser par des filets d'eau bouillante les bois menus découpés et placés dans des appareils d'extraction, avec ou sans pression.

Après avoir vu les progrès mécaniques et matériels de la teinture, il reste pour terminer ce chapitre à voir ceux que l'on a faits dans l'emploi des matières colorantes.

La teinture des soies a dû naturellement commencer par la soie écrue; puis la teinture sur soie cuite, quoique l'origine en soit inconnue, a dû la suivre de près. Les ouvrages les plus anciens parlent de la cuite de la soie, comme elle s'exécute de nos jours, pour ainsi dire (*Teinturier parfait*, publié sous Colbert). Cette opération s'exécutant sous l'influence du savon bouillant, a dû être trouvée par hasard et sans grandes recherches, en savonnant à chaud, quelque étoffe de soie écrue pour la nettoyer.

La cuite n'a pas fait de grands progrès, l'historique précédent a montré les tentatives, aussitôt abandonnées que proposées, faites pour remplacer la cuite au savon par n'importe quel autre genre de cuite.

Dans tous les cas, celle qui s'éloigne le plus de la cuite au savon est sans contredit la cuite par certains acides, tels que l'acide arsénique, phosphorique, ou sels acides biarséniates, biphosphates, que j'ai proposée en 1864, qui a dû être également abandonnée après de nombreuses tentatives dans les ateliers de MM. Gillet et Pierron, à Lyon, à qui la teinture des noirs doit tant de progrès remarquables.

Les soies écrues étaient triées, les soies naturellement blanches étaient seules employées pour des blancs ou couleurs claires sur soie écrue, et les soies jaunes réservées pour les couleurs foncées ou pour être cuites. Les soies naturellement blanches avaient même une importance relativement beaucoup plus considérable que les soies jaunes.

Le blanchiment Beaumé pour les soies à teindre en écru, vu précédemment, remplacé aujourd'hui par l'eau régale ou le sulfate d'acide nitreux, (blanchiment de MM. Guinon aîné et Marnas) permet désormais d'employer indistinctement des soies écrues jaunes,aussi bien que des blanches pour les teintures en blanc et couleurs claires écrues.

Quant au troisième état des soies teintes, soit la teinture des soies souples, état intermédiaire entre la soie écrue et la soie cuite, il est tout à fait moderne, et quoique entrevu par Rigaut de Saint-Quentin, ce n'est que depuis environ 1820, qu'il fut introduit par Pons, de Saint-Chamond, comme il a été dit précédemment.

Les blancs sur soie cuite, se faisaient comme de nos jours, les précautions étaient les mêmes, l'acide sulfureux, gazeux, employé à diverses reprises, achevait l'œuvre de la cuite. Et pour couvrir la teinte de la soie restant faiblement jaunâtre, on azurait à peu près comme aujourd'hui l'on azure le linge avec le bleu Guimet ou le bleu de Prusse. La couleur bleue en poudre très-fine, tenue en suspension dans un savon bien clair, était le bleu d'azur ou le bleu de cobalt. Ce n'est que de ce siècle que l'azurage s'est fait avec le carmin fin d'Indigo et la cochenille ammoniacale, remplacés récemment par les violets d'aniline.

L'eau jouait pour les teinturiers anciens un très-grand rôle dans la teinture des blancs, et les meilleurs teinturiers avaient en général à leur disposition des eaux de source dans l'atelier même.

La supériorité de l'eau de source vient simplement de leur constance dans la limpidité et la température, supérieure en cela aux eaux de rivière à température et limpidité, voir même compositions variables, selon les saisons.

Pour la production des couleurs, la palette du teinturier était peu garnie, et l'emploi des mordants et surtout de l'alun, pour faire virer et tirer les couleurs naturelles, était très-fréquent. De nos jours les brillantes matières artificielles répondant presque à toutes les demandes, et tirant directement, ont singulièrement restreint cet emploi.

L'alunage opération fondamentale à cette époque se pratiquait comme de nos jours. Les soies bien rincées sur la cuite, étaient lisées et mises voltées au fond de la barque un certain temps. Le bain d'alun était permanent tant qu'il ne prenait pas de l'odeur, on l'entretenait, en le reponchonnant de temps en temps d'alun. Les soies sorties du bain étaient bien égouttées sur les bâtons de lises et rincées, puis mises en teinture.

Les bleus ont été faits longtemps par l'Indigo et les bois de Campêche. Ils étaient divisés en deux grandes classes, les bleus grands teints et les bleus faux teints, et il y avait une assez grande variété de bleus, mais tous rabattus.

Les bleus grands teints s'obtenaient par la cuve d'Indigo complétement abandonnée de nos jours pour la soie ; on variait un peu la teinte monotone de l'indigo, et on avivait par un passage avant la cuve en orseille, ou cochenille, soit un pied d'orseille ou de cochenille. On pouvait également terminer sur la cuve en rehaussant par le bleu faux teint. Ce qui diminuait la quantité d'indigo.

Les bleus faux teints étaient obtenus par la décoction de campêche virée par l'action d'un sel de cuivre, le verdet (à cette époque c'était uniquement le verdet raffiné en boules de Montpellier, que l'on employait; le verdet raffiné en grains de Mollerat, est d'introduction plus récente) ou le vitriol bleu.

Le bleu obtenu par la dissolution d'Indigo, dans l'acide sulfurique, quoique connu et employé depuis 1740, pour les laines, sous le nom de Bleu de Saxe, ne parait pas avoir été employé avant notre siècle, cela tient sans doute à ce qu'il était trop acide, et ce n'est que lorsque le teinturier a eu à sa disposition, sous le nom de carmin d'Indigo, un produit épuré de son acide et des impuretés, qu'il en a fait usage.

Le haut prix de l'Indigo allant toujours en augmentant à l'époque du blocus continental établi par Napoléon Ier, l'Académie de Lyon, voulant venir en aide à la teinture lyonnaise, ouvrit en 1811, un concours avec prix pour l'auteur d'une nouvelle manière de teindre la soie en bleu sans passer par l'Indigo et en 1812, Raymond, professeur de chimie à Lyon, faisait connaître les bleus au prussiate de fer, sur soie, qui eurent une très-grande vogue, sous les noms divers de bleu Napoléon, bleu Marie-Louise, bleu Raymond; ces bleus s'obtenaient en passant successivement la soie dans un bain de sel de fer, puis après aérage, rinçage dans un bain de prussiate jaune faiblement acidulé. L'addition du sel d'étain dans leur composition en avivant leur nuance, vint encore augmenter leur vogue, mais s'ils ont été les premiers beaux bleus, ne tirant pas trop sur le vert comme le carmin d'Indigo, ils avaient le très-grand inconvénient de durcir la soie, et étaient un peu l'effroi des ouvrières dévideuses.

En 1860, un inventeur M. Teissié essaya bien de faire un progrès qui aurait pu sauver ces bleus, qui commençaient à redouter les produits d'aniline. Le procédé de M. Teissié essayé en grand, comme production, chez MM. Guinon jeune et Cie de Lyon, et comme essai de teinture, chez MM. Guinon aîné, Marnas et Bonnet de Lyon, consistait, au lieu de produire le bleu sur la soie même, à le produire sous une forme soluble (bleu de Prusse soluble). Malheureusement le produit de M. Teissié, qui avait l'apparence du carmin d'Indigo devenait facilement insoluble et teignait mal. Les essais furent d'ailleurs complètement abandonnés dès l'apparition de l'azuline à la fin de 1860, lancée dans le monde tinctorial par MM. Guinon aîné, Marnas et Bonnet. La préparation en fut tenue très-secrète, et ce n'est qu'après la prise du brevet de ces Messieurs, en 1862 (21 juillet, numéro 54 910) brevet qui précéda d'ailleurs de peu sa disparition à peu près complète devant d'autres bleus, que l'on sut que la belle couleur dite azuline, provenait de la réaction de l'aniline sur l'acide rosolique.

L'azuline offrait des difficultés très-sérieuses pour la teinture, aussi fut-elle assez vite évincée par le bleu de Lyon, qui fut breveté dès l'époque de sa découverte par MM. Girard et Delaire (2 janvier 1861, numéro 48 060) et cédé à MM. Renard et Franck. Ce bleu obtenu par l'action de l'aniline sur la fuchsine devait après des modifications apportées surpasser l'azuline en beauté, et quoique insoluble dans l'eau comme elle, il était d'une plus commode application et aujourd'hui, ce bleu rendu soluble comme l'Indigo par l'action de l'acide sulfurique concentré, est d'un emploi très-répandu. Le teinturier a d'ailleurs avec ce bleu toute les teintes, depuis des teintes violettes, dites bleus marine, jusques aux teintes bleues les plus pures connues sous les noms de bleus lumière ou bleus de nuit.

D'autres bleus artificiels dits bleus directs, ou bleus de méthylaniline sont bien venus encore enrichir le coloriste mais les bleus de Lyon sont acquis et resteront.

Si le teinturier jadis avait peu de ressources pour le bleu, on peut dire qu'il en avait encore bien moins pour le vert, et longtemps l'on a pu croire que cette couleur se ferait toujours par un mélange de bleu et de jaune.

Les verts les plus fins s'obtenaient en passant les soies, ayant reçu un pied de gaude dans un bain de cuve d'Indigo, par des combinaisons du bleu au campêche de rocou, du bois jaune, de la sarette : on obtenait une très-grande variété de verts plus ou moins rabattus de tons. Le vert proprement dit, vert lumière, identique au vert de l'arc-en-ciel était donc inconnu.

Par l'emploi au commencement de ce siècle du carmin d'Indigo, et du bleu Raymond, marié avec la gaude, puis avec l'acide picrique la teinture des verts commença à progresser.

Mais c'est de l'apparition du vert de Chine, vert lumière, rapporté sous le nom de Lo-Kao par le R. P. Hellot missionnaire, que datent les vrais progrès sur le vert. Le vert de Chine, fut introduit en France vers environ 1850, et fut l'objet de grands travaux de la part de Persoz, de MM. Michel, de la Quarantaine, et Guinon aîné.

Son haut prix, environ 500 fr. le kilog., était déjà un obstacle à son emploi et d'après les indications du P. Hellot, sachant qu'il provenait d'un Nerprun, la Chambre de Commerce de Lyon, proposa en 1857 un prix de 6,000 fr., qui fut remporté en 1858 par M. Chervin, pour l'extraction du vert Lo-Kao de nos nerpruns indigènes.

Les difficultés pour l'emploi du vert de Chine, qui était splendide à la lumière artificielle, semblaient donc s'aplanir, mais le hasard devait anéantir tous ces travaux, et aujourd'hui le vert de Chine complètement laissé de côté, n'a qu'un intérêt historique. (La couleur de nos nerpruns indigènes est cependant employée, préparée d'une manière spéciale sous le nom de vert de vessie par les peintres. Au XVIIe siècle les nerpruns étaient également employés de nos teinturiers, mais exclusivement pour la toile, de même qu'en Chine de nos jours).

En 1862, M. Cherpin père, contre-maître de la fabrique de

M. Usèbe, fabricant de produits chimiques à Saint-Ouen, étudiant la réaction de Lauth, soit l'action de l'aldhéhyde sur la dissolution de la rosaniline dans l'acide sulfurique concentré, qui donne un violet assez beau, mais non stable, ne crut pouvoir mieux faire pour la fixer, que de prendre conseil d'un ami photographe, qui naturellement lui conseilla le grand fixateur de la photographie, soit, l'hyposulfite de soude; en suivant les prescriptions de son ami, Cherpin fut très-étonné de voir le violet se changer en un vert magnifique, et après quelques travaux, et cession à M. Usèbe, le vert artificiel faisait son apparition et était breveté le 28 octobre 1862, numéro 56 109.

Ce vert, connu aussi sous le nom de vert d'adhéhyde, eut un très-grand succès dans la teinture, néanmoins il devait perdre beaucoup de son importance par les découvertes successives des verts d'éthyle, de méthyle, dont la première indication remonte à la patente anglaise du 14 août 1866, et le brevet français de même date numéro 72 280, procédé de James Alfred Wanklin et Alfred Paraf.

Pour les jaunes le teinturier était bien mieux partagé et cette teinture a fait très-peu de progrès. Il avait à sa disposition les produits naturels encore tous employés de nos jours, et qui directement comme le curcuma, ou par l'emploi des mordants comme la gaude, la graine de Perse, la graine d'Avignon, l'épine-vinette, donnent des jaunes magnifiques plus ou moins dorés.

Le quercitron, importé de Philadelphie par Bancroft, en 1775, n'a commencé à être utilisé sous forme d'extraits et surtout de préparations spéciales, dites flavines, venues des États-Unis, que bien plus tard, lorsque sa matière colorante put être dépouillée de ses impuretés; puis sous une forme spéciale, connue sous le le nom de chryséine, fabriquée par la maison Rubsamen et Remps de Lyon, qui valut à son auteur, notre ancien secrétaire général, M. Seeligmann, le prix Lebrun de l'Académie de Lyon, en 1864.

L'acide picrique a rendu également de grands services depuis son introduction ; quant aux autres jaunes artificiels dérivés de l'aniline, ils n'ont pas, jusqu'à présent, joué un grand rôle. La question de prix y est d'ailleurs pour beaucoup.

Quant aux bois dits : bois jaunes, fustet, ils servent surtout dans les couleurs complexes pour apporter, selon les mordants employés, des jaunes bruns ou des verts olive.

Le rocou pour les couleurs orangées, aurores, n'a pas subi de progrès dans sa fabrication, dans les colonies de la Guyane ou de la Guadeloupe, et s'emploie toujours pour les mêmes usages et de la même manière ; sa couleur riche et éclatante lui fait défier les produits artificiels modernes.

Trois matières colorantes, la cochenille, le safranum et le bois de Brésil ou Sainte-Marthe, donnaient tous les tons possibles, les deux premières en beaux et grands teints, la troisième, en imitation et faux teints, en rose, rouge, cerise, cramoisi, ponceau, nacarat, écarlate, avec l'adjonction du rocou. Sous le rapport de la beauté, la teinture n'a pas fait, à cet égard, de progrès sérieux, mais sous le rapport de la commodité et de l'économie, ces trois matières colorantes ont dû disparaître ou à peu près devant l'invasion de la fuchsine, de la safranine, du rose de naphtylamine ou de Magdala, de l'éosine ou de la coralline. L'on peut dire que la science s'est surpassée à cet égard.

La fuchsine, en 1859, et surtout la safranine (nom donné pour rappeler le safranum) dont il faut voir l'origine dans la réaction de Roquencourt et Dorot, furent longtemps laissées de côté, comme empruntées du violet d'harmaline, car ce n'est qu'en 1868 environ, qu'elles furent lancées par diverses maisons à la fois, et portèrent un rude coup au safranum que devait achever, pour les nuances roses claires, le rose de Magdala de la maison Durand et Huguenin de Bâle.

Dans les couleurs moins solides, mais bien moins coûteuses, les travaux de Runge de 1834, repris par Persoz fils, en 1859, et développés industriellement par la maison Guinon aîné, Marnas et Bonnet, aujourd'hui représentée pour la production par la maison Guinon fils et Cie, ont produit la coralline jaune donnant des tons orangés très-riches, et la coralline rouge, et cette dernière connue sous le nom de péonine au début, pour rappeler sa nuance analogue à celle des fleurs de pivoine (Peonia) l'est aujourd'hui exclusivement sous celui de coralline, pour rappeler les tons si riches du corail rouge.

Jusqu'à ce jour la cochenille semblait résister à l'invasion des produits artificiels, mais l'éosine, dérivé récent de la fluorescéine, dite aussi *Nopaline*, pour rappeler son analogie avec la couleur de la cochenille, insecte qui vit sur les nopals, menace non-seulement de la remplacer sur soie par ses tons ponceaux se mariant bien avec ceux de la fuchsine, mais encore sur laine où cependant la cochenille était considérée jusqu'à ce jour comme la reine des couleurs.

Pour terminer la teinture en rouge, il reste à parler de l'emploi de la garance, qui donne, par l'emploi sur soie alunée, des tons ponceaux assez beaux. Aujourd'hui cette nuance se fait encore quelquefois, pour obtenir des tons très-solides, et demande de grands soins. La garance est remplacée par l'extrait de garance, ou l'alizarine artificielle.

Les nuances rouges conduisent naturellement aux nuances violettes en suivant l'ordre spectral, en passant par les nuances dites pourpres ou rouges violettés. La pourpre a toujours été une nuance recherchée, et dès la plus haute antiquité un symbole de la puissance ; jadis, la pourpre romaine jouait un grand rôle, et était le produit d'un coquillage, le murex. A diverses reprises plusieurs matières colorantes ont reçu le nom de pourpre ; cependant leurs nuances ne sont rien moins qu'identiques.

La pourpre des anciens n'a jamais été employée pour la soie, mais avant les couleurs d'aniline, autour surtout de 1866, le purpurate d'ammoniaque ou *Murexide*, dérivé de l'acide urique, en passant par la dialuramide, étudiée déjà par Proust, 1818. (*Ann. de chimie et de physique* XI-48), et popularisée surtout après que le guano du Pérou eut permis de considérer l'acide urique comme un produit facile à obtenir et à bas prix. Cette matière colorante qui est, après l'acide picrique, la première matière colorante artificielle, fit beaucoup de bruit et eut quelque succès, mais la nécessité d'introduire de fortes doses de sels de mercure dans les bains et les dangers qu'ils faisaient courir aux ouvriers, en restreignit immédiatement l'emploi. Déjà, dans la préface, il en a été question.

Plus tard, le 2 mai 1864, M. Guinon jeune, par le brevet numéro 62 894, a fait breveter une réaction assez curieuse, difficile d'ailleurs à régulariser, celle du cyanure de potassium sur l'acide picrique, et qui donne des produits assez irréguliers, étudiés successivement par MM. Carey, Le Bœyer, Niklès, Kopp, Dolfus, etc., rappelant en apparence la murexide, et connus sous les noms de picrocyanate, isopurpurate, etc., de potasse. En réalité ces produits n'ont pu faire revivre la murexide déjà abandonnée, et tout au plus sont restés comme application pour donner des tons grenats à la laine.

Les couleurs violettes, comme les bleus et les verts, ont subi de grands progrès au point de vue de la beauté. A la fin du siècle dernier, il se faisait deux genres de violets : les violets grands teints et les violets faux teints.

Les violets fins s'obtenaient, comme les verts, à l'aide de l'indigo, le jaune étant ici, selon l'harmonie des couleurs, remplacé par le rouge. Un pied de rouge cochenille était terminé par un passage de bleu de cuve. Ces violets, s'ils n'étaient pas très-éclatants, étaient du moins très-solides. Cependant l'orseille était employée également, quoique très-fugace pour rendre la couleur plus vive, plus éclatante.

Les violets faux s'obtenaient en remplaçant le pied de cochenille par un pied d'orseille, terminé au bleu de cuve. La beauté était en raison directe de la quantité d'orseille, et la solidité en raison inverse. L'emploi du campêche donnait également des violets dont le ton était varié par l'addition du brésil.

L'orseille seule donnait des violets très-beaux mais très-fugaces. En résumé, comme pour les verts, il était presque impossible jadis de faire des violets éclatants.

L'apparition de bleus, plus purs que le bleu de cuve, permit, comme pour les verts, de faire de plus beaux violets, tels que par l'emploi du bleu Raymond, du carmin d'indigo, puis la cochenille, virée à la teinte violette, sous l'influence de l'ammoniaque, et dite cochenille ammoniacale, permit encore quelques progrès.

Comme il est dit dans la préface, quelque temps avant l'emploi de la murexide, une matière colorante, tinctoriale, violette, très-riche, l'anchusine, fut tirée de la racine d'une borraginée, qui croît spontanément aux environs de Lyon — l'auteur en a ramassé derrière les fossés du fort La Mothe, entre autres lieux. — *L'anchusa tinctoria*, connue sous le nom d'orcanette, avait reçu une certaine application sous l'influence d'un de nos teinturiers, Vidallin, dont le fils dirige aujourd'hui les ateliers de teinture de MM. Montessuy et Chomer. Mais la nécessité de dissoudre et teindre dans des bains alcooliques augmentait beaucoup le prix de revient de cette couleur qui est cependant très-belle et très-solide, et les nuances de l'orcanette, de la murexide, devaient disparaître successivement devant la pourpre française de MM. Guinon aîné, Marnas et Bonnet et l'harmaline de M. Perkins. Aujourd'hui il ne reste à peu près rien comme emploi de ces couleurs, seule l'orseille, virée au grenat par les acides et alors très-solide, est employée comme couleur de combinaison dans la production des tons rabattus binaires et secondaires.

Les progrès des matières colorantes artificielles continuant, le violet d'aniline, obtenu par le procédé Girard et de Laire (brevet du 2 janvier 1861, numéro 48,033, soit par l'action de l'aniline sur le rouge de fuchsine, laquelle réaction donne à volonté du violet passant du rouge au bleu selon la durée de la réaction) fut une nouvelle révolution accueillie favorablement par la teinture et en 1863, de nouveaux violets, dits violets d'ethyle ou violets Hoffmann (patentes anglaises du 22 mai 1863, brevet français du 11 juillet 1863, numéro 59,309) vinrent causer une nouvelle sensation. Sauf des modifications dans les procédés, on peut dire que ces violets, perfectionnés surtout par la maison Poirrier, de Paris, sont restés sous les noms de violets d'éthyle ou de méthyle, dans la pratique, donnant aux teinturiers, à volonté et selon son désir, des violets variant du rouge au bleu et solubles à l'eau.

La teinture des couleurs rabattues ou fausses a fait beaucoup moins de progrès, et est aujourd'hui un peu le refuge des vieilles matières colorantes, racines, bois, etc.

Dans les bleus foncés et à tons mêlés de noir, le bleu de Prusse foncé et l'emploi de bleus d'aniline secondaires ont cependant complétement remplacé le bleu de cuve, trop cher et trop difficile à employer.

Pour les verts foncés et bruns, il n'y a pas grand progrès non plus, ainsi que pour les nuances qui s'y rattachent, telles qu'olive, pistache, etc.

Pour les jaunes bruns tournant avec l'addition de rouge aux marrons, havanes, etc., le cachou, après avoir été déjà employé en 1830 par l'impression de Mulhouse, n'est venu que plus tard prêter son concours pour l'obtention de marrons très-solides et susceptibles de prendre du poids à la teinture.

Depuis 1864 une série de travaux ont donné des couleurs brunes dérivées de la houille et connues on ne sait trop pourquoi sous le nom de Bismark, mais leur emploi a été restreint jusqu'à ce jour, de même que celui des produits de couleurs secondaires, tels que le grenat d'aniline, le grenat ou isopurpurate de potasse pour l'obtention de couleurs rouges rabattues. Dans ce cas, l'orseille virée aux acides reste encore.

Dans les nuances violettes rabattues, les violets et les bleus secondaires d'aniline, jouent maintenant un grand rôle et sont très-employés.

La charge sérieuse des couleurs claires et foncées ne date réellement que de ce siècle; nous avons les engallages faits à froid et avec soin; puis vient la charge au sucre, les cachoutages et les charges métalliques.

L'historique de la teinture des couleurs, est suivi de celui des noirs. Mais il faudrait entrer à cet égard dans tant de détails que l'auteur est obligé de l'esquisser légèrement. Si le teinturier en noir du siècle dernier pouvait revenir, il est probable, qu'il ne s'y reconnaîtrait pas la plupart du temps.

Jadis toutes les ressources du teinturier en noir consistaient dans la noix de galle et quelques autres astringents, sumac, gallons ou avelanèdes et le pied de fer où entraient tous les ingrédients possibles, dont une bonne moitié inutile sinon pernicieuse.

Aujourd'hui ces ressources se sont enrichies, outre des méthodes complétement nouvelles, de sels métalliques mieux définis, tels que le pyrolignite de fer remplaçant le pied, le rouil pour la charge, le sel d'étain, le verdet raffiné en grains au lieu du verdet raffiné en boules, le prussiate, etc.; de nouveaux astringents tels que le gallique, introduits vers 1818 par M. Michel, de la Quarantaine, et dont la préparation fut tenue longtemps secrète et était le résultat moitié du hasard, moitié de l'observation (M. Michel observa que des têtes de clous, sous l'influence de l'humidité, avaient produit des taches noires très-intenses sur une main courante en bois de châtaignier) ; puis est venu le cachou qui a réellement bouleversé la teinture des noirs, la galle de Chine, le dividivi ou libidibi, le henné, etc., et comme ressource finale l'application du violet campêche comme couverture finale. De plus, des outillages mécaniques spéciaux ont surtout modifié, comme il est dit précédemment, la physionomie des ateliers de teinture en noir. Il n'est possible de faire l'historique des noirs qu'en décrivant successivement les procédés.

Les noirs sont d'ailleurs l'objet de l'étude la plus importante, car eux seuls ils constituent environ la moitié de l'importance commerciale de la teinture. Actuellement, l'on peut dire que la fabrication des étoffes noires est la plus suivie et la moins sujette aux caprices de la mode.

CHAPITRE II

SOMMAIRE. — Préparation mécanique de la Soie avant sa mise en Teinture — Du Cocon parfait. — Dévidage du Cocon parfait. — Soie grège — Moulinage de la Soie grège. — Trame. — Poil-Organsin. — Grenadine. — Marabout. — Crêpe. — Floche. — Cordonnet. — Soies à coudre. — Filage des résidus de cocon et déchets de soie. — Fantaisie. — Schappes. — Floches et Cordonnets fantaisie. — Hygrométricité des Soies. — Conditionnement. — Pureté commerciale des Soies. — Compteurs d'apprêts. Elasticité et force des Soies. — Sérimètre. — Gazage des Soies fantaisies. — Exposé des manipulations mécaniques et des termes employés dans les ateliers de teinture (1).

§ 3. — PREPARATION MÉCANIQUE DE LA SOIE

Avant d'aborder la teinture de la soie dans tous ses détails, il est indispensable d'avoir une notion exacte de la valeur de tous les termes énoncés dans le sommaire et qui se répètent fréquemment. C'est le but de ce chapitre. L'auteur a cherché pour éviter de tomber dans des digressions trop longues, à être aussi bref que possible sans en exclure néanmoins la clarté, par trop de concision, en procédant du plus simple au plus composé, et partant du cocon parfait.

(1) Depuis la lecture de la Préface à la Société des Sciences industrielles de Lyon, nous avons jugé convenable d'ajouter un paragraphe à ce chapitre, intitulé : *Exposé des Manipulations mécaniques et des termes employés dans la Teinture.*

§ 4. — DU COCON PARFAIT

Le brin de soie tel qu'il est secrété par le vers, n'offre d'analogie avec nulle autre fibre textile, on ne saurait mieux le comparer, qu'à un fil de verre plein, tiré à la lampe d'émailleur, sans solution de continuité dans tout l'enroulement du cocon.

Il est donc continu, plein, lisse à sa surface, n'offrant par conséquent pas d'imbrications, comme la laine, ou des poils à sa surface, ni de canal central, comme toutes les autres fibres textiles. C'est cet ensemble de qualités, qui fait que la soie à section égale, est la plus résistante de toutes les fibres textiles, et la plus brillante également.

Cette constitution conduit également à des modes différents de filage pour l'obtention de fil développé. L'expression de filage dans le cas du cocon, pourrait même être remplacée par celle de devidage. Ce sont les déchets du cocon, ou de soie, qui par des méthodes analogues à celles usitées pour le coton et la laine son filés.

La chenille du ver à soie, arrivée à sa période, éprouve le besoin de se débarrasser de la quantité de soie formée et accumulée dans ses deux réservoirs, et par deux filières situées à la lèvre inférieure, elle secrète deux baves demi-fluides à la sortie et qui vont se souder immédiatement en durcissant, dès qu'elles échappent à l'influence vitale, de même que la fibrine, tirée du sang de la veine. D'ailleurs, la soie proprement dite est une véritable fibrine. Malgré la sécrétion par deux baves, il n'y a en réalité qu'un seul fil de produit, et pour le cocon parfait un seul insecte doit travailler à la formation du cocon. Les premières longueurs du fil secreté, forment d'abord, en s'attachant aux points d'appuis offerts par l'éducateur à l'insecte, une première enveloppe externe légère, un abri de forme ovoïde, déprimé vers le petit axe, et dont la section longitudinale rappelle un huit.

Après avoir formé cette première enveloppe légère, la chenille continue son travail, et se fait une enveloppe plus résistante qui est le cocon proprement dit. L'enroulement du fil du dehors en dedans n'est pas un enroulement régulier, comme celui d'un peloton de fil fait à la mécanique, mais au contraire très-irrégulier. L'insecte fait des petits paquets en forme de huit et saute sur un autre point de la périphérie et ainsi de suite. Le fil encore un peu fluide s'agglomère sur lui-même en durcissant. Le travail est d'ailleurs de plus en plus serré vers le centre, et à la fin il devient indévidable et constitue la coste ou frison.

Le fil de soie formant le cocon parfait sans solution de continuité a de 400 à 500 mètres de longueur environ, et sa grosseur va en diminuant dans la proportion de 1/4 à 1/3 de la circonférence au centre.

Quant aux cocons pointus, ils offrent des difficultés au dévidage de même les cocalons, qui sont de très-gros cocons, mais à tissus lâches et peu serrés, ces cocons prennent encore le nom de soufflons lorsqu'ils sont tellement peu serrés, qu'ils sont transparents.

Les duppions, ou multiples, sont produits par le travail de plusieurs vers, surtout depuis l'introduction des nouvelles races (par suite de la maladie de nos belles et fortes races de pays) et qui sont encore peu acclimatées. Ces cocons offrent de très-grandes difficultés par suite des fils qui se chevauchent au dévidage, dans tous les cas ils ne peuvent donner que des soies de qualités inférieures et irrégulières.

Les chaquettes et les cocons calcinés sont des cocons dans lesquels l'insecte est mort avant la fin de son ouvrage ou tombé malade, ils sont quelquefois tachés et la soie en est moins brillante.

Enfin les cocons percés sont ceux desquels l'insecte est sorti en perforant un bout, à l'aide d'une bave acide, qu'il secrète et qui en dissolvant une partie du cocon, a tout rempli le travail de solutions de continuité et rendu le cocon indévidable.

La récolte des cocons ayant lieu sensiblement à la même époque, il est impossible de tous les dévider, avant que le vers devenu chrysalide, sortant de sa nouvelle transformation, ne se réveille pour se transformer encore et sortir à l'état de papillon après avoir, comme il est dit, perforé le cocon à l'aide d'une bave acide.

On ne laisse opérer cette nouvelle métaphormose, qu'aux cocons reconnus assez beaux et assez sains, pour la reproduction de l'espèce. Il est donc nécessaire d'opérer la destruction de la chrysalide.

Jusqu'à présent le mode d'étouffement qui consiste à laisser environ 1 heure les cocons parfaits dans un four à une température d'environ 100°, produite par l'air chaud ou la vapeur, est celui qui a le mieux réussi.

Il est évident que cette température élevée, nécessaire pour la destruction de la chrysalide, modifie un peu le caractère de la soie, mais nulle autre méthode n'a donné des résultats sérieux. L'emploi d'agents gazeux tels que l'acide sulfureux, reste sans résultats, l'insecte étant préservé par sa coque. Il faut éviter l'emploi d'agents mécaniques tels que la pression, l'extravasement des liquides du corps de l'insecte abîme profondément la soie. Nous avons soumis dans le temps des cocons, sous la cloche pneumatique, à une diminution de pression lente jusques à 0.08 de mercure, et été très-surpris huit jours après de voir tous ces cocons donner de beaux papillons, malgré un assez long séjour sous la cloche. Les insectes résistent d'ailleurs assez bien au vide pneumatique.

Plus tard, peut-être, trouvera-t-on un moyen différeut de détruire l'insecte, mais pour le moment, l'opération de l'étouffage est la seule pratiquée.

§ 5. — DÉVIDAGE DU COCON PARFAIT — SOIE GRÈGE

Les cocons étant triés avec soin, en les diverses qualités vues précédemment, les plus beaux sont mis à part pour être dévidés séparément, ils sont même divisés en deux classes : les cocons blancs pour obtenir les soies dites sina et les cocons colorés. L'ouvrière chargée de trier les cocons enlève en même temps la première bourre ou duvet du cocon.

Le cadre de l'ouvrage n'étant pas de faire la description des procédés mécaniques, mais bien de familiariser le lecteur avec la valeur réelle des divers termes techniques employés couramment dans la suite, il suffira de donner une idée de la constitution des divers brins de soie mis en teinture à commencer par le brin primitif, brin de soie grège qui est la base de tous les autres. En effet rarement le brin grège, s'emploie tel quel, il n'aurait ni la force ni la qualité voulue, en place on peut dire que la belle qualité des soies qui dériveront de ce brin dépendront de sa bonne fabrication et d'une bonne filature.

Le brin grège n'est pas lui-même un brin provenant d'un seul cocon, il résulte de la torsion, légère, et d'une espèce de soudure au filage de plusieurs brins de cocon variant selon la grège que l'on désire obtenir de 3 à 15 et même 20 brins.

Ce résultat s'obtient à l'aide d'appareils dits tours à filer (que l'on trouve plus amplement décrits dans les ouvrages spéciaux) composés d'une bassine, contenant de l'eau chaude, la température variant selon les qualités de cocon. Cette eau renferme les principes gommeux d'opérations précédentes, et sous l'influence de la température le brin de cocon se dévide plus facilement, si l'eau est gommeuse; dans chaque bassine l'ouvrière a deux lots de cocons destinés chacun à former un brin grège. Les fils de chaque lot réunis ensemble, marchant parallèlement, passent d'abord par deux filières, puis se croisent l'un sur l'autre, afin d'achever, par la légère pression qui résulte de cette croisure, le collage des fils du cocon les uns avec les autres et dans chaque brin grège, travail déjà commencé par les filières. Après la croisure, les fils se séparent de nouveau et vont, après le passage sur deux guides, animés d'un mouvement de va et vient horizontal et perpendiculaire à la direction du fil, s'enrouler sur un grand tour dit *asple*, pour former les flottes de soie grége. Les appareils doivent être calculés de manière que la soie arrive sèche sur le tour; si la rotation était trop rapide, elle n'en aurait pas le temps, et les fils humides se colleraient ensemble. D'une bonne fileuse dépend d'ailleurs la qualité d'une soie grége, malgré les appareils les plus perfectionnés. De plus, la fileuse pour obtenir des soies partout égales doit, sachant que le brin de cocon va en diminuant constamment, s'arranger pour que les cocons ne finissent pas tous ensemble.

La soie grége n'a pas d'emploi, sauf dans quelques cas restreints, pour obtenir, par l'emploi de gréges fortes, les articles pour chapellerie dits gazes de Chambéry, ou pour la fabrication des tamis de soie. Dans tous les cas, pour les emplois cités, elle doit être employée à l'état écru, ne pouvant snpporter la cuite, et pour l'obtention des couleurs claires, les grèges blanches devront être préférées. Nous avons été consulté, il y a environ 10 ans, par un filateur pour teindre pour l'emploi de la grége colorée en filant; le résultat fut obtenu, en faisant passer le brin sortant de la bassine avant de passer aux filières dans un bain concentré de couleurs. Rien n'était changé au restant. Les couleurs d'aniline donnèrent les meilleurs résultats.

Le brin grége pour recevoir des applications sérieuses, doit donc recevoir de nouvelles préparations mécaniques qui lui donnent la force et les qualités requises pour les divers emplois ultérieurs. Ce résultat s'obtient à l'aide de nouveaux appareils dits *moulins*, d'où l'expression de soie *moulinée* et de mouliniers appliquée aux industriels qui s'en occupent, on dit également soie ouvrée pour soie qui a reçu une ouvraison.

Quelle que soit la qualité de la soie que l'on désire obtenir, la soie grége est dévidée avec soin, d'écheveaux ou flottes telle qu'elle sort des mains du filateur en bobines. Cette opération comporte également une purification mécanique du brin grége, avant d'aller s'enrouler sur les bobines, il est obligé de passer entre deux lames rapprochées, qui en écartent tous les bouchons ou nœuds, et si le fil casse, l'attention de l'ouvrière est immédiatement appelée.

§ 7. — MOULINAGE DE LA SOIE. — POIL, TRAME, OVALE, ORGANSIN

Dans le paragraphe précédent l'on a vu que la première opération, celle du dévidage du cocon était d'une importance capitale, que d'elle dépendait la bonne qualité des soies qui devaient être obtenues par de nouvelles manipulations mécaniques.

Dans l'opération du filage, la soie du cocon, subit un léger étirage par les efforts de l'asple, attirant les brins du cocon, gênés dans leur passage à travers la filière par la croisure et par le guide de va et vient.

Dans les opérations qui vont suivre, la soie grége soumise à des torsions simples ou multiples subit, au contraire, un léger raccourcissement variable selon l'importance des torsions; à cet égard disons que le mot organsin, vient de l'italien et signifie tordu; on appelle même quelquefois les mouliniers organsiniers.

Le moulinage de la soie a donc pour but de lui donner des

qualités de résistance en vue de l'emploi du tissage auquel elle est destinée, et par conséquent des moulinages ou apprêts lui seront donnés différemment selon les besoins. Si une torsion convenable est nécessaire pour lui donner de la force, une torsion poussée trop loin, lui enlève de son brillant. Ainsi l'organsin à plusieurs apprêts conviendra pour la chaîne du tissu qui supporte constamment l'effort de la fabrication, mais en retour, la trame à un seul apprêt, suffit pour son emploi qui demande plus de brillant. Comme on le verra plus loin, le montage ou les apprêts poussés très-loin, tendent même à donner à la soie un grain convenable, recherché dans certains articles au détriment du brillant.

C'est donc au fabricant à demander les apprêts qui lui conviennent et au teinturier à prendre les précautions convenables en teinture selon les divers types qu lui sont confiés. Ainsi pour la trame, les taches ou plaques auront bien plus d'importance que pour l'organsin, quoiqu'elles en aient pour les deux cas, et le traitement pour l'organsin devra être tout à fait soigné.

Le poil constitue l'ouvraison la plus simple de la grége. Celle-ci étant dévidée en bobines, reçoit en se redévidant un tors sur elle-même plus ou moins considérable qui lui donne de la force, l'empêche de se défiler, et lui permet de supporter la cuite et les opérations de teinture. Ce genre est destiné pour certains tissus, où le poil ne supporte aucun effort du battage au métier, il marche parallélement à une chaîne plus solide avec laquelle il se lie constamment, tels que dans les genres velours et peluches ; il est destiné après le coupage, à faire à l'endroit du tissu l'effet d'un poil, soit perpendiculaire à l'étoffe, velours; soit couché sur elle, peluche; dans ces deux cas la longueur de la chaîne de poil est beaucoup plus longue que celle avec laquelle il se marie et qui constitue la toile du tissu.

Il est bien évident que le poil, formé d'un seul brin grége, malgré cette torsion sur lui-même, ne peut supporter que de faibles opérations de teinture, et de faibles charges.

La trame vient comme travail après le poil dont elle ne diffère qu'en ce que deux ou plusieurs brins gréges sont dévidés des bobines, réunis ensemble, reçoivent un tors ou apprêt et vont se dévider sur des bobines pour être ensuite mis en flotte.

L'ovale n'est autre chose qu'une trame composée d'un grand nombre de brins, faiblement tordus, et destinée à des usages spéciaux tels que la fabrique des lacets de Saint-Chamond. Le nom d'ovalistes a même été donné aux ouvrières qui travaillent spécialement à cette fabrication.

La contexture de la trame et son emploi permettent, le traitement étant moins à redouter, de plus fortes charges, et même comme on le verra plus loin, un genre spécial, qui date, comme on l'a déjà vu, du commencement de ce siècle : le genre souple, dans lequel, en ménageant la plus forte partie du grès, le teinturier arrive à obtenir des effets aussi beaux que par la cuite.

Pour terminer, la trame joue un rôle d'autant plus grand, et réclame par conséquent d'autant mieux les soins du teinturier, qu'elle est destinée à des étoffes sans envers, comme les taffetas, où la chaine ne domine pas, tandis que dans les étoffes à envers, tels que les satins, les velours, les peluches, où le côté de l'endroit est couvert par un flotté de la chaine (satin), ou un poil coupé (velours, peluche), la trame a un rôle bien moins important, et de nos jours, souvent même on remplace la soie par du coton.

L'organsin diffère de la trame par une double torsion ou deuxième apprêt qui lui donnera toute la force de résistance voulue. Pour l'obtenir, plusieurs brins simples (poil) ou brins composés (trame), ayant subi des torsions convenables, dévidés sur des bobines, sont réunis ensemble, pour subir une nouvelle torsion dans le sens inverse. Les deux apprêts sont calculés selon les tissus auxquels sont destinés les organsins, qui constituent les soies du prix le plus élevé, et qui doivent être faites avec les plus belles soies grèges, surtout pour les organsins de satin, où la beauté de l'étoffe, comme coloris, brillant, est toute due à l'effet de la chaîne, tandis que dans le taffetas, la trame y contribue pour beaucoup. Les soins à prendre pour le traitement ont déjà été indiqués, quant à la charge, il est évident que, par suite de ces deux torsions, à force égale, l'organsin la supportera moins facilement que la trame. Le brillant étant également affaibli par les deux torsions, il demandera plus de ménagement pour les noirs principalement, et l'opération finale du lustrage devra être faite avec beaucoup de soin.

Ici se termine la définition des soies les plus courantes, il reste à voir, dans le paragraphe suivant les soies d'un montage spécial.

§ 6. — GRENADINE, MARABOUT, CRÊPE

La grenadine n'est autre chose qu'un organsin à deux bouts, forts et très-fortement montés, elle a toujours une tendance à se replier sur elle-même, par suite de ces deux torsions considérables. Elle ne peut même être cuite qu'avec des appareils spéciaux, qui tiennent la soie tendue durant toute la cuite.

Cette soie, ayant déjà une apparence grenée et peu de brillant, demande à être bien rincée chaque fois, et par suite de sa contexture, à être battue sur une pierre, pour bien la dégorger à chaque lavage, sinon elle serait exposée à sortir poudreuse des opérations de teinture, surtout pour les noirs.

Cette variété de soie est employée pour la passementerie, la ab rication des dentelles.

Le marabout est une soie à deux torsions tellement considérables, la deuxième principalement, qu'il serait impossible de la teindre ; on teint le fil sur la première torsion et on donne la deuxième après ; la soie est dévidée en bobines et non remise en flottes.

Le crêpe est formé par deux à trois bouts de grége recevant un seul apprêt très-fort. De même que le marabout il ne peut se devider qu'en bobines et se teint toujours en pièce.

Dans les tissus dits crêpes de Chine, plusieurs bouts sont montés comme il est dit plus haut, et d'autres aussi mais avec une torsion inverse, et le tissu est fait avec moitié de l'un et de l'autre. Les teintures comme précédemment ne peuvent se faire qu'en pièce.

Comme appendice aux soies fortement montées il reste à parler des soies ondées, obtenues par quatre ou cinq brins grèges réunis ensemble et ayant reçu un fort apprêt dans un sens ; ce fil monté est dévidé avec un brin grège dit âme et l'on donne au tout un tors dans le sens inverse. Le fil grège isolé se tord plus que le fil composé qui a reçu une torsion et semble alors être dans une enveloppe. Cette soie convient à la passementerie.

§ 7. — SOIES DITES GROSSES, SOIES PLATES, FLOCHES, CORDONNETS

Les divers genres vus précédemment, connus sous le nom de *soies fines*, sont destinés essentiellement à la fabrication des étoffes, tout au plus la grenadine est-elle employée dans d'autres cas. Les genres qui vont suivre et qui, par opposition aux précédents et en raison de leur force, ont reçu le surnom de *grosses*, terme sous lequel ils sont connus et dénommés couramment dans les ateliers, servent à la broderie, à la couture, à la fabrication des dentelles, des résilles, de la passementerie, des franges, etc.

Les soies dites plates consistent simplement dans la réunion de

20 à 25 brins de cocons réunis ensemble pour former une grége très-forte destinée spécialement aux travaux de la broderie.

Les floches sont des organsins à deux bouts mais très-forts. La qualité des floches est indiquée par leur degré de finesse. Les plus fines, prennent même le nom de filets, elles sont consacrées spécialement dans ce cas à la fabrication des résilles pour retenir les cheveux des dames.

Les cordonnets sont montés comme les floches, mais avec trois ou quatre bouts, et, comme pour celles-ci, les plus fins sont les plus estimés. Le cordonnet sert surtout pour la passementerie.

La teinture de ces diverses soies a été longtemps le monopole de la ville de Paris, mais aujourd'hui, Lyon fait pour ces genres une rude concurrence. Les tentatives d'introduction de la teinture des grosses à Lyon ont d'ailleurs reçu une très-grande impulsion pendant la période des deux siéges 1870-1871 de Paris, et actuellement pour ces teintures Lyon rivalise, s'il ne tient la tête, avec les maisons parisiennes.

Il y a d'ailleurs une très-grande différence dans les teintures des grosses et des fines, les effets et les résultats que l'on veut obtenir étant tout à fait d'ordres différents.

Ainsi les soies destinées à la coûture devront avoir des nuances moins profondes, des touchers très-doux pour faciliter à la couture le passage du fil dans des tissus quelquefois très-épais, et une charge modérée pour ménager toute la force du brin. Pour les floches pour résilles la nuance devra être pleine, foncée, le grain un peu arrondi par une charge appropriée et le toucher craquant.

Pour les cordonnets destinés à produire des effets de torsade dans des franges, la passementerie etc., par une charge appropriée, le grain devra être plein, gonflé. Dans ces derniers temps la charge *poussée à outrance* a fini par éloigner les acheteurs de ces sortes, qui ont pour les noirs reçu le surnom de *brûlées.*

Les précautions à prendre, communes aux grosses, demandent, dans les rinçages, de grands soins de la part du teinturier ; des battages ou des battures sont même nécessaires, sur chaque opération de teinture pour bien dégorger le brin, sinon le résultat final serait très-mauvais. De même elles veulent traîner plus que les fines sur les bains, pour que la teinture ne soit pas un placage à la surface. En compensation, elles craignent moins de subir des atteintes aux traitements, étant beaucoup plus fortes.

§ 8. — DES RÉSIDUS DU COCON ET DÉCHETS DE SOIE, FANTAISIE FLEURETS, SCHAPPES, FLOCHES, CORDONNETS

Les déchets de cocons provenant de la filature des cocons parfaits, de ceux qui, comme les cocons percés, malades, etc., ne peuvent être dévidés régulièrement, les déchets de soie de toute nature, sont utilisés, comme les autres fibres textiles, laine et coton, à filaments discontinus, et ils sont cardés et filés par des méthodes analogues, et vont enrichir l'industrie de divers produits similaires de la soie, qui, sans en avoir la beauté, ont cependant une très-grande importance.

La fantaisie est le nom générique, consacré à ces genres qui sont ainsi dénommés dans le commerce. L'on dit, par exemple : cordonnet fantaisie, cependant la fantaisie proprement dite constitue un type dans le genre. C'est le correspondant des soies fines. Le brin de fantaisie provient plus spécialement du cardage et filage des déchets des cocons percés, malades etc., indévidables, à la filature. Avant les opérations de cordage et filage les matières premières doivent subir une désagrégation par l'action prolongée de l'eau bouillante, qui fait d'ailleurs perdre déjà un certain poids à la soie, perte qu'elle éprouvera en moins à la cuite. Après l'ébullition ces matières sont soumises à la dessication et à un battage énergique avant de les envoyer au cardage, ce battage a pour but d'éloigner toutes les impuretés.

La fantaisie montée comme une trame s'emploie pour le même usage et produit, avec une chaîne soie, le tissu dit *foulard*, qui est d'un usage très-courant. Montée à plusieurs bouts comme un organsin, elle imite un peu la grenadine et peut servir de chaîne. La fantaisie est encore employée comme fibre textile pour la bonneterie, la fabrication des châles de laine.

Sauf la cuite, qui demande plus de ménagements que celle des soies fines, la fantaisie se teint comme celle-ci ; son prix étant de beaucoup plus bas, lorsque la fantaisie se teint avant le tissage, ce qui est le cas le moins fréquent, la charge a peu d'importance ; pour le foulard surtout, la teinture se fait en pièces.

D'autres genres dits : fleuret ou galette, bourrette ou filoselle, proviennent également de l'utilisation des déchets de soie, surtout de la bourre de soie qui s'attache aux bruyères et du premier duvet du cocon.

Le fleuret ou galette est fortement monté, et sert surtout à la passementerie, la fabrication des lacets, des galons dorés ou argentés. Dans ce cas, la teinture ne joue pas un grand rôle, car il est recouvert d'un fil métallique, ou d'un fil de soie très-fin, métallisé lui-même.

La bourette ou filoselle, n'est plus du domaine de la grande industrie. Elle est obtenue par les éducateurs eux-mêmes, qui filent la bourre du cocon, comme de la laine, et obtiennent ainsi un fil grossier, presque toujours teint par les petits teinturiers de campagne, dits chiffonniers, et ce généralement, grâce à la force du fil, sans grandes précautions, ni sans se préoccuper de donner de la charge. Les couleurs éclatantes sont d'ailleurs les plus recherchées. La bourrette est utilisée pour la fabrication des bas, ou mêlée avec du coton, pour obtenir des tissus, qui sont comme les bas inusables.

Les schappes ne sont autre chose que des fantaisies très-fortes; montées à un seul bout, elles servent comme trames, et montées à deux ou plusieurs bouts, elles servent comme organsin. Leur emploi spécial est dans la fabrication des lacets, et alliées au caoutchouc dans la fabrication d'articles dits élastiques pour chaussure.

Les floches et cordonnets fantaisies, sont de même constitution, que les floches et cordonnets soie et les mêmes observations peuvent s'y appliquer sauf que les matières fantaisies servent à des emplois plus vulgaires, et que malgré cela la charge y est poussée aux mêmes limites, car ici l'on a en vue de donner au brin mou et flasque, un tors serré et arrondi par la charge.

§ 9. — DU GAZAGE DES FANTAISIES

Le gazage ou flambage des fils ou tissus dans lesquels il entre de la soie fantaisie a pour but de les débarrasser du duvet inhérent à cette matière. Comme il est dit à l'article de la filature, la soie est une matière unique comme matière textile, et en raison même de sa contexture jouit de ce merveilleux brillant qui en est l'apanage. Il n'en est pas de même des soies fantaisies obtenues par le cardage et filage des déchets, qui tiennent sous ce rapport du coton et de la laine surtout de cette dernière et sont ternes et duveteuses.

L'opération du gazage ou flambage, a pour but, par le passage rapide d'une étoffe dans laquelle il entre de la fantaisie, ou d'un fil fantaisie, dans une flamme, autrefois produite par la combustion de l'alcool, actuellement par le gaz d'éclairage, le grillage et la destruction de ce duvet; afin de donner aux produits dérivés de la fantaisie, un brillant comparable à celui de la soie.

Dans les tissus destinés comme les foulards à des impressions délicates, et pour les fils pour les couleurs claires, l'opération du flambage doit se faire avant toute autre, mais dans les fils comme les schappes floches et cordonnets noirs, devant être soumis à de nombreuses manipulations mécaniques et chimiques qui ouvrent de nouveau le brin et le rendent duveteux, le flambage doit se faire en dernier lieu et dans ce cas le teinturier devra toujours tenir compte de l'action possible qu'exercera le grillage sur la nuance, en général les noirs tendent à jaunir.

Au chapitre XII, où il sera parlé du gazage, il sera en même temps traité de la question du tordage et pliage des soies, qui s'appliquent aux soies dites grosses, principalement pour les soies à coudre afin de leur donner autant de lustre que possible.

§ 10. — HYGROMÉTRICITÉ DES SOIES

La soie est une substance, comme les poils et la laine, très-hygrométrique; elle est même susceptible d'absorber jusqu'à 0,30 d'humidité, soit près d'un tiers de son poids dans les temps très-humides. Cette question sera d'ailleurs revue dans le chapitre suivant, ici elle est étudiée purement au point de vue commercial. En effet la soie étant une matière qui en certains temps vient se ranger presque à côté des métaux précieux pour la valeur, il importe à l'acheteur de savoir avec précision ce qu'il achète et de ne pas payer de l'humidité au prix de la soie ; c'est pour lui venir en aide que le conditionnement des soies a été établi.

§ 11. — CONDITIONNEMENT DES SOIES

En 1750, la ville de Turin établissait un séchoir, où les soies étaient amenées à un degré uniforme de dessication. Des maisons privées de Lyon et Saint-Etienne, suivirent cet exemple, mais ce n'est qu'en 1805, qu'un décret institua des établissements uniques pour chacune de ces deux villes. Les administrations locales furent chargées de la surveillance ainsi que de la perception des revenus de ces établissements qui reçurent le nom de *conditions*.

On ne tarda pas à s'apercevoir dès le début que le mode d'opérer était des plus défectueux. En effet, il fallait opérer sur le ballot entier exposé 24 heures si c'était de l'organsin, 48 heures si c'était une trame, sur des toiles grillées dans une pièce chauffée à 25 °/₀ Réaumur et selon le temps plus ou moins sec, le plus ou moins d'aération, l'opération donnait des résultats variables, de plus elle était fort longue, et somme toute, laissait à désirer sous tous les rapports, et rassurait fort peu les acheteurs.

En 1843, M. Léon Talabot, chargé par la Chambre de Commerce de Lyon d'étudier cette question, après douze années d'étude, changea complètement le mode d'opérer, et institua celui qui fonctionne encore de nos jours et qui, outre sa commodité, est d'une très-grande précision.

Le procédé de M. Talabot consiste à prendre au hasard dans le ballot, après en avoir relevé le poids net exact, trois petits lots de soie, ces trois lots sont pesés avec la plus grande précision et deux lots seulement (le troisième restant pour contrôle, en cas d'erreur) sont soumis à la dessication dans deux appareils différents et dans les conditions suivantes :

Le petit paquet ou matteau de soie est suspendu au plateau d'une balance de précision par un fil métallique, dans l'autre plateau sont des poids équilibrant le matteau au départ. Le matteau est plongé dans une atmosphère close d'air sec chauffé de 105 à 110 °/₀ température à laquelle la soie perd complètemeut son humidité et devient par conséquent anhydre ou très-sèche. Au début la soie perd rapidement de l'humidité et il faut modifier les poids pour maintenir l'équilibre entre les deux plateaux, puis elle perd moins rapidement, et enfin quand au bout d'un certain temps la perte est nulle, l'opérateur arrête l'opération. Une règle de trois, connaissant le poids primitif et le poids sec donne le tant pour cent de soie sèche absolue. Si les deux essais, faits isolément concordent, l'opérateur en reste là, mais s'ils discordent quelque peu, le troisième lot est employé afin d'avoir une moyenne plus exacte.

Puis la condition par un bulletin apposé au ballot indique la valeur commerciale, degré d'humidité déduit. Néanmoins la transaction ne se fait pas pour le poids rigoureusement sec, pour les conditions de vente l'on ajoute 11 % d'humidité à la soie anhydre, ce qui représente sensiblement soie 90 % et eau 10 %.

Le seul reproche à faire à ce système, qui d'ailleurs s'est répandu dans un grand nombre de villes de soierie, c'est que la température élevée et nécessaire, altère légèrement la force des soies formant les lots d'essais.

Pour terminer ce paragraphe, les revenus prélevés par l'établissement modèle de Lyon, plus que suffisants pour payer les frais, quoiqu'ils soient très-faibles, vont, par leur excédant, augmenter la caisse de secours des ouvriers en soie de Lyon, et aujourd'hui nulle transaction sérieuse ne se fait sans le secours de la condition des soies.

§ 12. — PURETÉ COMMERCIALE DES SOIES

La pureté commerciale joue évidemment un grand rôle dans les rapports d'acheteurs et de vendeurs de la soie. Les établissements de conditionnement des soies s'en sont préoccupés vivement, mais jusqu'à présent, la principale opération qu'ils aient faite pour s'en rendre compte consiste dans la cuite, et l'examen de la perte provoquée, si elle est en rapport avec la qualité de la soie. Dans le chapitre XVI cette question sera d'ailleurs reprise avec soin au paragraphe intitulé : analyse qualitative et quantitative de la soie. La pureté commerciale de la soie intéresse également le teinturier pour les rendements à rendre au fabricant, et même quelquefois au point de vue de la beauté de la teinture, car les matières employées, pourraient avoir altéré le brin de la soie dans sa constitution physique et chimique.

§ 13. — ESSAIS ET TITRAGE DU DENIER DES SOIES

Quoique cette opération regarde plus spécialement le fabricant que le teinturier, il est néanmoins de l'intérêt de celui-ci de connaître, avant la mise en teinture, le denier exact des soies, car selon les finesses indiquées par le titre des soies, il saura s'il peut impunément leur faire subir de nombreuses opérations de teinture.

Le titrage des soies, ou détermination du poids absolu d'une longueur uniforme s'obtient par le dévidage de la soie à essayer sur des asples ou guindres d'une circonférence déterminée et dont les tours sont comptés à l'avance ; à quatre cents tours une sonnerie avertit l'ouvrière chargée de l'essai qu'il faut arrêter ; les quatre cents tours représentent une longueur de 480 mètres, longueur uniforme pour tous les essais, le poids de ces 480 mètres est rapporté aux anciennes mesures, aux deniers. Il existe d'aillleurs actuellement un grand mouvement pour le rapporter dans tous les pays à un système uniforme dérivé du système métrique. La soierie offre peut-être un rare exemple où le système métrique ne fasse pas force de loi pour les rapports de la longueur et du poids. Plus le denier d'une soie est faible, plus elle est fine. Dans les soies fines, 20 deniers, soit le poids d'un fil de 480 mètres de long, est un denier moyen.

Dans les grosses soies, les titres ne sont pas comptés de la même manière, les titres les plus élevés indiquent les soies les plus fines, c'est-à-dire celles dont il faut la plus grande longueur pour obtenir un poids primitif uniforme.

§ — 14. COMPTEURS D'APPRÊTS

Ces appareils ont pour but de détordre, en enregistrant le nombre de tours au mètre, les divers tors d'une soie montée.

Ces appareils ne sont ici cités que pour mémoire ils sont plus à consulter par le fabricant que par le teinturier, quoiqu'ils puissent cependant dans certains cas lui rendre des services, lui indiquer par exemple que des soies trop fortement montées supporteront difficilement la charge. En général plus une soie est montée, plus, après avoir passé les limites convenables, elle tend à devenir terne, et même à perdre de sa force, voici quelques chiffres indiquant diverses torsions.

Le poil et la trame reçoivent une torsion de droite à gauche de 150 à 200 tours par mètre.

Organsins pour le premier.

Tors de droite à gauche 300 à 600 tours selon le genre.

Pour le deuxième.

Tors de gauche à droite 300 à 600 tours.

Les grenadines très-fortement montées reçoivent pour le premier tors droite à gauche 1200 à 1300 tours.

Et pour le deuxième tors gauche à droite 1100 à 1200 tours.

§ 15. — ÉLASTICITÉ ET FORCE DES SOIES. — SÉRIMÈTRE

La soie est la matière textile la plus forte et la plus élastique et ce, comme il a été déjà dit, en raison de sa contexture qui en fait un véritable corps analogue plutôt au crin qu'à nulle autre matière textile.

En général les opérations mécaniques du filage et de l'ouvraison modifient peu ces propriétés, et il serait à souhaiter qu'il en fût de même des nombreuses manipulations de la teinture.

L'élasticité et la force varient d'ailleurs avec les qualités de soie, avec le degré d'ouvraison et la grosseur du brin. Le teinturier prévoyant ne saurait donc trop se préoccuper de ces deux propriétés, et s'en rendre compte au moyen d'appareils dits *sérimètres*, au moins pour les fortes parties mises en teinture et destinées à de fortes charges et de nombreuses manipulations.

Le sérimètre (comme son nom l'indique, sert à mesurer les soies) est donc un appareil indispensable au laboratoire de toute teinture sérieuse, il donne des indications très-utiles. Dans sa plus grande simplicité il se compose d'un montant de bois rectangulaire, comme les montants de baromètre, et pouvant s'accrocher à un mur suivant le fil à plomb ; sur ce montant de bois à l'état de repos sont deux crochets mobiles, espacés de 0^{m}50, l'un à la partie supérieure du cadre, l'autre à la partie moyenne. Au début le brin de soie à essayer (ou les brins de soie, si un seul est trop faible pour être essayé isolément) est accroché, sans faire tirer, avec soin aux deux crochets; puis poussant un petit ressort l'on rend mobile le crochet inférieur qui soumis à un contre-poids assez fort et supérieur au poids nécessaire pour la rupture des soies à essayer, descend toujours guidé par un curseur jusqu'à ce que la limite de l'élasticité de la soie soit atteinte et que le fil casse. A ce moment un déclic part et arrête le crochet inférieur et sur un des côtés du curseur on lit sur une échelle le nombre de centimètres dont la soie s'est allongée ; comme cette quantité est celle obtenue pour 0^{m}50, en multipliant par 2 l'on a l'allongement pour 100. Les meilleures soies de pays atteignent jusqu'à 0^{m}20 et 0^{m}22, soit 1/5 à près de 1/4 d'élasticité.

Quant à la force elle est indiquée par le crochet supérieur qui subit un mouvement très-minime, et agit sur un dynamomètre; lequel agit sur une aiguille, indiquant sur un cadran tracé avec soin le nombre de grammes qui ont été nécessaires pour obtenir la rupture du brin de soie essayé.

Après chaque opération, le crochet inférieur et son contre-poids sont remontés au point primitif où les maintient un ressort à déclic.

Il existe des sérimètres de divers numéros pour les soies fines et les grosses soies. Les premiers ne pourraient faire pour les deuxièmes, et les seconds seraient peu sensibles pour les fines; les contre-poids étant en raison, pour la précision, des qualités de soie à essayer.

L'élasticité est surtout la propriété qu'il faut toujours le mieux ménager dans les opérations de teinture surtout pour les fils de chaine. Les soies sont presque toujours assez fortes, mais après leur sortie de chez le teinturier souvent elles pêchent par l'élasticité.

En général les soies perdent 10 à 20 et même 30 % de force et 1/4 à 1/3 d'élasticité, de la soie écrue à la soie teinte.

§ 16. — EXPOSÉ
DES MANIPULATIONS SUBIES PAR LA SOIE ET DES TERMES TECHNIQUES EMPLOYÉS DANS LES ATELIERS DE TEINTURE

La soie telle qu'elle sort de chez le fabricant, où mieux de chez le moulinier pour être mise en teinture est en petite flottes du poids de 8 à 15 grammes. La réunion d'un nombre variable de flottes constitue une plus grosse flotte du poids de 40 à 60 grammes dite *pantime*. Les flottes sont toutes closes par une fermeture, dite *capillure* et les pantimes enveloppées par un petit cordon de coton ordinairement appelé *pantimure*.

Les soies arrivent ordinairement chez le teinturier toutes pantimées à l'atelier préparatoire et le plus souvent réunies par quatre pantimes sous le nom de *mains*, là elles sont confiées à des femmes dites *metteuses en main*, dont le travail consiste à reconnaître les soies, puis à les préparer pour le travail.

Pour les parties importantes (de plus d'une ou deux pantimes dans ce cas, ces petites parties sont destinées pour des fins de pièce, et sont toujours des trames dont l'ouvrier tisseur manque pour finir son travail), le travail des metteuses en main consiste à grouper plusieurs pantimes qui prennent en teinture le nom de *quart*, par trois ou quatre, et de les relier ensemble par un fil fort où une chevellière, dite *envergure* ou *traverse*, et former un *matteau* de soie destiné à aller en teinture.

En général le nombre de pantimes ou quart formant un matteau varie selon la grosseur des quarts et des charges qui doivent être données.

Si les quarts sont petits et la teinture non chargée comme dans les couleurs fines, le nombre est porté jusque à 5 et même 6. Pour les noirs chargés, grossissant considérablement dans le travail le nombre est de 4 et même quelquefois de 3 seulement.

Le travail de la metteuse en main consiste à vérifier si les soies confiées sont d'égales dimmensions, d'égales qualités, afin de les grouper et de les choisir, mettre les mêmes longueurs et qualités ensemble, puis après avoir dressé devant elle les quarts sur une barre de bois (reposant sur deux chevalets, afin de la rendre susceptible d'une certaine élasticité), les grouper ensemble en matteaux, avec des contremarques spéciales afin de pouvoir constamment les suivre en teinture.

Pour les couleurs claires, les contremarques peuvent se faire avec des chevellières marquées de numéros au nitrate d'argent pour les couleurs foncées et les noirs, la metteuse en main relie les matteaux par des cordons présentant des nœuds dans diverses positions, et selon que le cordon sera simple, double ou triple avec des nœuds situés en dedans, ou au dehors du nœud d'attache (dans ce cas le nœud prend le nom de *groupe*), l'on arrivera à une multiplication considérable avec quelques éléments très-simples, et chaque fabricant sera marqué sur un tableau spécial, afin d'avoir toujours les mêmes combinaisons de nœuds groupés pour le reconnaître.

Toutes ces contremarques indispensables pour reconnaître les soies, ont un très-grave inconvénient c'est de provoquer la formation d'une multitude de bouts, si elles ne sont pas faites avec beaucoup de soin. Malheureusement jusqu'à présent il a été impossible de contremarquer différemment.

La soie étant préparée, contremarquée, les matteaux sont roulés sur eux-mêmes, étant encore sur la barre. Cette opération prend le nom de *voltage* avant d'être mis dans des sacs, dits poches, par partie et par fabricant, pour être confiés aux ouvriers teinturiers et le poids reconnu définitivement.

La soie subit alors des manipulations qui peuvent varier, mais généralement à l'atelier de teinture, les soies sont sorties de la poche, puis passées en bâtons; c'est-à-dire traversées par deux ou quatre matteaux par un bâton de bois dit *bâton de lise*, destiné à les soutenir sur les bains de teinture. Les bâtons de lise sont en bois dur, aussi peu noueux que possible, très-lisses et ont une longueur d'environ 1 mètre ; depuis quelque quinze ans, l'emploi du bambou sans nœud tend à se répandre de plus en plus. Les soies embâtonnées sont mises sur des grilles pouvant supporter un certain nombre de bâtons, et les grilles portées sur des airs destinées à contenir les bains, et connus sous le nom de *barques*. Les barques sont de bois, cuivre, rarement maintenant en pierre où en grès, les plus communes sont celles en bois. Elles sont de longueur variant de 0m50 à 10 et 15m, selon l'importance des parties que l'on veut teindre et de l'outillage.

Les bains peuvent être chauffés à vapeur nue, au moyen de tubes plongeurs percillés de trous dits *rameaux* ou *plongeurs*, par où la vapeur s'échappe et se mêle au bain qu'elle doit chauffer. Quand l'on veut chauffer les bains sans y introduire l'eau condensée de la vapeur, les appareils de cuivre sont à double fond, et les barques de bois chauffées par des serpentins. Il y a de plus une autre considération qui force quelquefois à préférer le serpentin, c'est lorsque l'on veut obtenir 100° bouillant. Les rameaux malgré l'ébullition ne donnent jamais plus de 95° par suite du mouvement provoqué par l'échappement de la vapeur. Les serpentins sont égalementindispensables, lorsque l'on veut, pour des teintures très-longues, maintenir une température constante; ce qui nécessite avec l'emploi des rameaux, le relevage des soies pour chauffer à nouveau le bain. La généralisation de l'emploi des serpentins, constitue d'ailleurs un très-grand progrès dans la teinture.

La largeur des barques est d'environ 0m80, la profondeur de même.

Le bain étant préparé, et mêlé avec soin, par un brassage énergique, les soies sont abattues des grilles, les bâtons de lise reposant par les deux bouts sur les bords longitudinaux de la barque, et des ouvriers de chaque côté font aller et venir rapidement au début, puis retournent la soie sur les bâtons, opération qui s'appelle *liser* ou *lisage*.

Pour la cuite, après une première opération pour mouiller les soies, elles sont relevées avec les bâtons sur les grilles, les matteaux, tordus à la main pour les égoutter, sont voltés sur eux-mêmes, puis une série de matteaux sont reliés par une grosse corde, c'est-à-dire encordés, plusieurs cordes sont mises ensemble avec soin dans une poche de toile à tissu large, la poche est cousue et les soies, ainsi préparées, peuvent impunément supporter, sans se brouiller, une violente ébullition dans les chaudières dites de *cuite*.

Après un temps convenable elles sont sorties du bain, abandonnées un moment pour les laisser égoutter sur le carreau de l'usine, puis les poches ouvertes on les laisse complétement refroidir, opération que l'on facilite en les éventant; elles sont ensuite portées au dressage sur des chevilles décrites dans le chapitre I, page 39, puis elles suivent diverses opérations de teinture.

Lorsque les opérations sont très-multipliées, les soies veulent être dressées fréquemment, afin d'éviter la formation des bouts; sur les bains, les soies sont constamment, menées et lisées, cependant quelquefois elles sont abandonnées au repos, plongées au fond de la barque, de manière à être couvertes par le liquide; pour cette opération les soies sont fixées à un bout du bâton de lise par une corde qui les enlace faiblement et maintenues par ce bout du bâton contre une des parois longitudinales de la barque. Cette opération est dite mettre les soies en *sotte*.

Quelquefois le bain s'affaiblit trop dans le courant de la teinture et il est convenable d'y faire une addition de matière, dite *reponchon*; reponchonner un bain c'est donc, après en avoir relevé les soies, y faire une addition. Les expressions de *vieux bain*, ou *bain neuf* s'expliquent d'elles-mêmes.

De vaines tentatives pour liser les soies à la mécanique ont été faites, le principal obstacle vient de ce que, pour ménager le bain et l'espace, il est indispensable de liser à bâtons très-serrés, se touchant presque tous, tandis que les machines jusqu'à présent prennent beaucoup de place.

Le rinçage des soies s'est fait longtemps à la main, mais aujourd'hui il tend de plus en plus à se faire à l'aide de machines à laver, variables selon les genres et d'une très-grande perfection.

En général le rinçage à la mécanique permet de faire cette opération dans l'atelier même, demandant beaucoup moins d'eau que le rinçage à la main. Il sera d'ailleurs question ultérieurement des divers genres de rinçage appliqués aux divers genres de bains. Les laveuses appliquées dans le courant d'une rivière donnent cependant les meilleurs résultats.

Les expressions de *battage* et de *battures* ont été vues dans le chapitre I page 40.

L'*essorage* ou *diablage* a été également décrit même chapitre, page 40.

Les soies arrivées à la fin des opérations de teinture sont essorées très-fort et portées aux étendages pour être soumises à une dessication aussi complète que possible.

Dans quelques cas, elles sont après le séchage soumises soit au *chevillage* qui a été décrit chapitre I, page 39, soit au *lustrage*, opération qui sera décrite avec soin en traitant des noirs.

Elles sont enfin ramenées de nouveau au mettage en mains, où après avoir reconnu le rendement, le nombre des matteaux avec l'aide des contremarques, elles sont parées avec soin par les metteuses en main pour être rendues au fabricant.

Pour cela les traverses, formant les matteaux, sont brisées et jetées ; chaque quart est dressé avec soin, les bouts rentrés et voltés ; la réunion de quatre quarts en un seul paquet constitue une main à nouveau.

Ici s'arrête la description des termes très-communs et usités couramment en teinture. Il en existe nombre d'autres, mais qui seront vus au fur et à mesure des applications.

CHAPITRE III

SOMMAIRE. — Propriétés physiques de la Soie écrue. — Propriétés chimiques de la Soie écrue. — Sa constitution physique. — Etudes micrographiques. — De la matière colorante des Soies colorées. — Du grès de la Soie écrue. — De la fibroïne des chimistes. — De la Soie pure des industriels. — Cuite de la Soie écrue. — Etirage sur la cuite, ses inconvénients, ses qualités. — Chevillage des souples. — Du toucher des Soies crues, cuites, souples. — Influences qui le modifient. — Du choix des eaux employées. — Soie sauvage (1).

§ 17. — PROPRIÉTÉS PHYSIQUES DE LA SOIE ÉCRUE

Le brin de soie, tel qu'il est sécrété par la chenille, et dont la réunion en plus ou moins grande quantité constitue les divers brins vus dans le chapitre précédent, est un fil plein, sans solution de continuité ; sa section vue au microscope est celle d'un triangle irrégulier, il est impossible d'apercevoir trace de soudure des deux baves dont la réunion forme ce brin ; vu dans le sens de la longueur, il n'offre ni rugosité, ni imbrication. Ce brin est très-brillant, il est relativement le plus fort à section égale de toutes les fibres textiles connues. Son élasticité susceptible d'atteindre avant

(1) Depuis la lecture de la Préface à la Société des Sciences industrielles de Lyon, nous avons jugé convenable de joindre l'étude de la Soie sauvage introduite depuis quelques années, quoique les travaux faits à son égard n'aient pas donné, jusqu'à présent, de grands résultats.

le point de rupture jusqu'à 20 ou 22 °/. sans se défiler, est également considérable.

Elle varie d'ailleurs comme la force, avec les races : nos belles races de pays sont les plus fortes et les plus élastiques. En résumé l'on peut compter sur une force de 6 à 8 gr. pour la rupture d'un brin grège et sur une élasticité de 18 à 22 °/..

Quant à la force elle s'accroît sensiblement par le montage ; pour l'élasticité, c'est l'inverse.

Plusieurs causes modifient profondément ces propriétés : ainsi une des premières est le degré d'humidité. Par un temps très-sec les soies sont cassantes non seulement à l'état écru, mais encore, sous les formes cuites, teintes ; par une forte bise qui déssèche tout sur son passage, les teinturiers savent tous que les plaintes des fabricants sont plus nombreuses que par les temps humides. Il arrive même à l'ouvrier tisseur, de voir ses fils casser comme du verre sur le métier. Le moyen le plus simple d'y remédier est de maintenir de l'humidité dans la pièce.

Les ouvriers tisseurs en *coton* ou en *fil* ont des inconvénients du même ordre, mais ils ont la ressource des *parements*, destinés à maintenir le fil dans un état hygrométrique convenable. Les parements, pour la soie, employés clandestinement par l'ouvrier, ont reçus le nom d'*encollage*. Quelquefois ils sont conseillés par le fabricant lui-même, et consistent simplement en une dissolution ou émulsion faible d'un mucilage, tel que le psilium, la graine de lin, la mousse perlée, etc., avec une très-faible addition d'un sel de magnésie, le chlorure. C'est surtout pour les noirs fortement chargés que ces pratiques s'emploient, clandestinement ou non.

La cuite modifie profondément les propriétés de la soie, et surtout l'élasticité qui tombe brusquement de 1/4; la force est moins modifiée, de 19 à 15 °/. seulement.

Les teintures légères modifient peu l'élasticité et la force de la soie, mais les teintures réitérées les modifient sensiblement. Les charges ont une grande influence : si un précipité mal fixé s'est formé dans les brins de soie, la modification est considérable et il est arrivé plus d'une fois que des soies laissées pour compte par le fabricant comme *brûlées*, expression le plus souvent impropre, reprenaient leur force et leur élasticité, après un savonnage ou un lavage, ou une batture convenable.

Pour les autres propriétés physiques, le brin de soie est sans saveur appréciable ; il a une légère odeur *sui generis ;* selon les provenances, il est incolore, ou fortement coloré en jaune. Les soies de Chine et du Japon sont très-blanches, en général les soies de pays sont foncées en couleur, les reproductions du Japon dans nos pays donnent des cocons jaune-vert clair.

Quoique le brin de soie écrue soit plein, il est néanmoins très-poreux puisqu'il est susceptible, à la manière du charbon de bois, d'absorber des gaz en assez grande quantité, tels que l'ammoniaque, l'acide sulfureux, et d'autres en moindre quantité.

La soie écrue est très-hygrométrique, comme il a été dit à propos du conditionnement, elle peut absorber jusqu'à 30 % d'humidité qu'elle ne perd complètement que difficilement ; ses propriétés physiques sont alors modifiées au point de vue de la force et de la ténacité ; de plus, à cet état, la soie est susceptible de s'électriser facilement et fortement. Tous les teinturiers sont familiers avec ce phénomène : ils savent parfaitement que la soie bien sèche, crue ou cuite, étalée sur les chevilles, s'électrise par le moindre frottement et que tous les fils possédant la même électricité s'écartent les uns des autres, et deviennent très-difficiles à manier. Il suffit d'ailleurs d'un peu d'humidité pour faire disparaître instantanément cet état. Quant au genre d'électricité que prend la soie, il est variable ; selon les conditions elle est susceptible de prendre les deux électricités, même par le frottement des soies entre elles. Ainsi un ruban de soie noire prendra l'électricité résineuse par le frottement d'un ruban de soie blanche et celui-ci prendra l'électricité vitreuse.

Quoique la soie soit susceptible de s'électriser facilement, elle conduit néanmoins fort mal l'électricité, cette propriété a d'ailleurs été mise à profit pour isoler les fils des bobines Rumkorff, enveloppés, comme on sait, d'un fil de soie, qui les isole complètement les uns des autres.

Il est regrettable que la soie conduise fort mal l'électricité, car les nombreuses tentatives faites pour appliquer les ressources de la galvanoplastie à la teinture sont restées sans résultats jusqu'à ce jour.

La soie conduit également mal la chaleur, autour de 200°, elle commence à se décomposer, et comme toutes les matières animales, elle fond, se boursouffle, donne des produits volatils très-odorants, analogues à ceux de la corne ou des os brûlés. Elle laisse un charbon spongieux qui brûle difficilement.

Elle a une densité assez considérable, environ 1,500, ce qui lui permet de ne pas flotter sur des bains très-concentrés titrant même 40° à l'aréomètre Beaumé.

Enfin pour terminer les propriétés physiques de la soie, il n'existe aucun dissolvant qui la dissolve sans altérer profondément ses propriétés. Sécrétée sous une forme fluide par la chenille, une fois soustraite à l'influence vitale, elle ne peut plus, ou du moins, on ne sait pas encore actuellement la ramener à cet état fluide. Le papillon sur le point de percer sa prison sécrète bien une bave acide qui la dissout, mais en dehors l'on ne connait aucun solvant proprement dit, qui permette d'en retirer ensuite la soie avec ses propriétés premières. Les solvants qui ont le plus excité l'attention en dehors des dissolvants violents ; sont les oxydes ammoniaco-cuprique, ammoniaco-nickélique et le chlorure de zinc concentré. Un moment même on a pu concevoir l'espoir de dissoudre la soie, ou mieux les débris de soie par le chlorure de zinc, et d'obtenir des vernis soyeux, sinon de nouveaux fils, de véritables feuilles ou lames de soie, comme celles de caoutchouc ; mais la difficulté consiste à éloigner le chlorure de zinc, et la soie que l'on parvient à en retirer a complètement perdu ses propriétés. Quant à la réaction cupro-ammoniacale, où nickelo-ammoniacale, elle doit simplement être considérée comme un écueil à redouter par le teinturier, qui devra éviter le séjour de la soie dans des bains fortement ammoniacaux, et au contact du cuivre. Il pourrait dans ce cas se produire des réactions secondaires qui affaibliraient fortement le brin.

§ 18. — PROPRIÉTÉS CHIMIQUES DE LA SOIE ÉCRUE

La soie écrue par sa provenance et par sa constitution est une substance purement animale. Elle est formée par l'agrégation de plusieurs principes, la soie proprement dite, le grès et la matière colorante, dont les dispositions physiques et les propriétés seront étudiées dans les paragraphes qui suivent.

La soie écrue, appartient essentiellement par sa constitution à la famille des matières protéiques, cependant de même qu'elle ne ressemble à aucune des fibres textiles par sa constitution physique, de même elle ne ressemble réellement à aucune des matières protéiques, et la différence la plus notable consiste dans l'absence de soufre dans la soie, qui se trouve constamment dans les autres principes protéiques. On constate la présence d'une quantité notable de chaux dans la soie écrue qui paraît y jouer un rôle considérable. Dans les études faites jusques à ce jour, on n'a pas assez attaché d'importance à ces deux faits.

Soumise à l'action de la chaleur, elle se boursouffle, donne des produits volatils, analogues à ceux des matières animales, moins les produits sulfurés, et où domine le carbonate d'ammoniaque, connu sous le nom de sel volatil de la soie, quand il avait cette origine et constituait un des remèdes des anciennes pharmacopées. Elle laisse, avons-nous dit, un charbon poreux, fortement boursoufflé, qui s'incinère difficilement, lentement, comme celui de toutes les matières animales et donne de 1 à 1,50 °/₀ de résidu constitué principalement par de la chaux, de la magnésie et du fer ; la chaux constitue à elle seule les 3/4 du résidu.

Selon nous, la chaux joue un rôle capital dans la soie écrue indispensable pour lui donner, dans la formation du cocon, la propriété de se durcir après la sortie des filières de l'insecte, et la préserver dans les opérations mécaniques, pour l'obtention du brin simple ou composé, elle devient ensuite très-pernicieuse dans les diverses opérations tinctoriales, et quels que soient les genres de teinture qui doivent suivre, elle doit être écartée immédiatement en grande partie en mettant à profit la propriété qu'elle a de se dissoudre dans un bain acidulé à l'acide chlorhydrique et tiède.

Il faut ensuite éviter toute formation calcaire à nouveau sur le brin de la soie.

Tandis que l'on admet que toutes les matières protéiques végétales ou animales sont en combinaison avec la potasse où la soude, il faut admettre que celles de la soie écrue sont en combinaison calcaire. La chaux fait donc partie intégrante de la constitution chimique de la soie ; il est même impossible de l'enlever complètement. Il est probable même que si on y arrivait les propriétés seraient modifiées considérablement et c'est sans nul doute à son action sur la chaux, qu'il faut attribuer les propriétés pernicieuses de l'acide oxalique, réagissant sur la soie. Tous les teinturiers savent avec quelles précautions il faut employer cet acide dans les cas où il est indispensable.

Pour terminer ce qui a rapport à la chaux, nous croyons également que les mêmes considérations appliquées dans la dégénérescence de nos races de pays pourraient peut-être rendre de grands services en remontant à la source du mal. Selon nous, le mûrier trop sollicité dans sa production de feuilles, qu'il se voit arracher chaque année, non seulement au printemps pour l'éducation des vers à soie, mais encore à l'automne pour servir de fourrage sec d'hiver, ne doit donner que des sucs insuffisamment nourriciers et trop pauvres en matières calcaires.

Le chlore gazeux, l'iode, le brôme, attaquent violemment la soie. Il n'en est pas de même de l'acide sulfureux qui est sans action.

Les solvants neutres, l'alcool, l'éther, le sulfure de carbone, etc., sont sans action chimique sur la soie écrue tout au plus entraînent-ils quelques corps gras, étrangers à sa constitution intime.

L'action de l'eau bouillante, est des plus remarquables, il en a été déjà question dans le chapitre I, en parlant des travaux de l'abbé Collomb, il en sera reparlé à l'article assouplissage des soies.

L'action des alcalis caustiques, (sauf l'ammoniaque qui est à peu près sans action) est très-pernicieuse, la soie se dissout, en perdant ses propriétés, s'ils sont concentrés, affaiblis par l'eau, l'action est moins violente, une partie seulement se dissout.

L'action des alcalis tempérés par un acide faible, tels que les carbonates, les sulfures, les savons, est comme celle de l'eau très-remarquable, et sera décrite avec soin dans le paragraphe traitant de la cuite.

L'action des acides minéraux concentrés altère profondément la soie écrue.

L'acide sulfurique la dissout à froid complètement; le liquide étendu d'eau précipite par la neutralisation avec un alcali, ou par la noix de galle.

L'acide chlorhydrique concentré la dissout à l'ébullition en brunissant, comme avec toutes les matières protéiques.

L'acide nitrique concentré la dissout, et par l'ébullition donne de l'acide oxalique et de l'acide picrique.

Les acides arsénique et phosphorique concentrés la dissolvent également à un faible degré de concentration, ils ont une action spéciale dont il sera parlé au paragraphe de la cuite.

Les acides organiques n'agissent que faiblement sur la soie écrue, l'acide acétique concentré et bouillant exerce seul une action digne d'intérêt. Il dissout une grande partie de la soie écrue, et laisse un résidu fibreux, très-blanc, dit fibroïne des chimistes. Cette action sera également revue avec celle des acides phosphorique et arsénique.

Parmi les sels métalliques, ceux d'alumine, de fer, d'étain et de mercure, offrent seuls de l'intérêt. Ils abandonnent avec assez de facilité une certaine quantité de leur base, qui sert alors de mordant pour fixer les matières colorantes ne tirant pas directement. Quelquefois même, dans le cas des sels de peroxyde de fer et de bioxyde d'étain, la quantité fixée est assez importante pour servir comme charge. Les sels de mercure sont complètement abandonnés aujourd'hui ; ils n'ont, d'ailleurs, servi que pour la murexide. Le bichlorure de mercure et les sels mercuriques en général colorent la soie à l'ébullition en rouge amaranthe intense.

La soie écrue se combine seulement avec toutes les matières astringentes, dont elle est susceptible d'absorber jusqu'à 28 %. Elle a également une grande facilité d'absorption pour toutes les matières colorantes, et, sous ce rapport, se place à côté de la laine. De toutes les fibres textiles, elle est, d'ailleurs, la seule capable d'absorber de grandes quantités de certaines substances, telles que l'oxyde de fer et les tannins, propriété précieuse, qui a permis la charge, impossible sur le coton et la laine.

§ 19. — CONSTITUTION PHYSIQUE DE LA SOIE ÉCRUE SON ÉTUDE MICROGRAPHIQUE

La constitution physique, intime de la soie écrue ne peut être étudiée qu'à l'aide du microscope. Vue au microscope, elle se présente en longs filaments sans solution de continuité, chaque filament représentant un brin du cocon. L'étude des filaments, dans le sens de la longueur, n'offre, d'ailleurs, rien de bien intéressant; il n'en est pas de même de la coupe ou section du filament.

Pour obtenir l'étude, facile au microscope, d'une série de coupes des brins de soie, il faut, suivant la méthode de M. le docteur Lembert, prendre une petite flotte de soie, dont tous les bouts soient bien dressés, puis cette flotte, munie de deux attaches que l'on tient à la main, est plongée dans un bain de cire jaune, additionnée, selon la saison, de quantités variables de résine et de térébenthine, pour pouvoir être coupée facilement avec un instrument incisif. La flotte, bien imprégnée de cire, ou mieux du mélange fondu, est retirée; puis, rapidement, l'on suspend la flotte par une attache, et l'autre, supportant un poids, force la flotte à prendre une direction rectiligne, puis, après refroidissement complet, il sera facile, en coupant des tranches très-minces dans ce cylindre de cire, d'étudier, sur le porte-objet du microscope, les sections de la soie écrue ou autre.

La section de la soie écrue, on l'a déjà vu, offre au miscrocope la forme d'un triangle irrégulier, et, dans ce triangle, on distingue trois couches dans les soies écrues colorées, soit une mince couche ou auréole colorée, constituant la matière colorante, puis une deuxième couche un peu terne, le grès proprement dit et enfin un noyau central plus brillant, la soie proprement dite. Dans les soies écrues blanches, on ne distingue que ces deux dernières couches. Plus loin, l'on verra que l'étude micrographique des soies teintes offre beaucoup d'intérêt.

La matière colorante des soies écrues jaunes est donc purement externe et ne teint nullement l'intérieur. Comme constitution chimique, d'après nos expériences, elle offre beaucoup d'intérêt; elle rappelle, en effet, la chlorophylle ou matière colorante verte du feuillage. En effet, après quelques travaux sur cette matière colorante, et frappé de certaines analogies, nous avons repris les travaux de MM. Frémy et Cloetz, qui ont démontré que la substance verte des végétaux n'est pas un principe immédiat à couleur propre, mais bien la réunion de deux principes colorés, l'un bleu et l'autre jaune.

Au premier principe, ils ont donné le nom de *Phyllocyanine* (phyllon feuille, cyanos bleu); au deuxième, le nom de *Phylloxanthine* (phyllon feuilles, xanthos jaune).

La phylloxanthine est très-stable: elle apparaît la première dans les feuilles des végétaux, et persiste après l'étiolement dans l'obscurité et après la chute des feuilles.

Le principe bleu, au contraire, la phyllocyanine, est peu stable et susceptible de modifications profondes. La phyllocyanine peut passer à l'état incolore ou jaune et devenir *phylloxanthéine.*

La modification incolore de la phyllocyanine, ou la modification jaune, existe dans les jeunes feuilles, celles étiolées à l'obscurité; mais la phyllocyanine et ses dérivés disparaissent complètement après la chute des feuilles.

Le verdissement des jeunes feuilles, ou des feuilles étiolées, n'est pas dû à un virement de la phylloxanthine, mais bien à sa transformation.

MM. Frémy et Cloetz l'ont démontré par une belle expérience, qui ne réussit qu'avec les feuilles jaunes ou étiolées et non avec les feuilles mortes.

Dans cette expérience remarquable, les feuilles étiolées ou nouvelles, ou vertes, traitées et agitées avec un volume d'acide chlorhydrique pur et concentré et deux volumes d'éther, présentent une réaction bien remarquable ; après repos d'un instant il se forme deux couches, l'une acide inférieure, colorée en bleu plus ou moins intense, qui est une dissolution acide de phyllocyanine.

Une couche éthérée supérieure, colorée en jaune plus ou moins intense, est une dissolution éthérée de phylloxanthine.

Dans ces conditions, la chlorophylle, ou sa modification dite phylloxanthéine, s'est donc dédoublée en deux parties qui, mélangées, reconstituent la matière verte des feuilles.

La soie écrue jaune, traitée de la même manière et avec les mêmes précautions, donne les mêmes résultats. Il se forme, après agitation et repos, deux couches, l'une bleue, l'autre jaune. Cette réaction appartient bien évidemment à la matière colorante, car la soie écrue blanche ne donne absolument rien, traitée dans les mêmes conditions.

Outre cette réaction, la matière colorante jaune des soies présente encore quelques caractères communs avec la chlorophylle. Le verdissement, analogue à celui des feuilles étiolées, sous certaines influences, telles que celles de l'acide chlorhydrique concentré, de l'eau régale, des sels de fer.

La matière colorante, isolée de la soie écrue par des lavages à l'alcool ou à l'éther, dans lesquels elle est soluble, présente les caractères suivants :

Substance d'aspect cireux, fusible à 30°,
Rouge brun en masse, d'un beau jaune verdâtre à l'état divisé,
Odeur faible, *sui generis*,
Décomposable par la chaleur,
Insoluble dans l'eau,
Soluble dans l'alcool et l'éther,

Les solutions sont décolorées par la lumière,

Soluble dans les alcalis caustiques à froid, plus soluble à chaud.

La solution aqueuse et bouillante de savon l'émulsionne facilement; par le refroidissement, elle monte à la surface,

Les corps réducteurs énergiques, tels que l'acide sulfureux, le chlorure stanneux, la décolorent.

Les corps oxydants énergiques, tels que l'eau régale étendue, le sulfate d'acide azoteux, également très-dilué, la décolorent. Le premier la fait d'abord verdir avant de la décolorer,

L'acide sulfurique concentré la charbonne.

Comme constitution chimique, la difficulté de l'obtenir pure rend impossible toute analyse délicate. Elle doit évidemment tenir à la constitution de la chlorophylle, peut-être même l'aspect cireux qu'elle a tient-il à son union intime avec une matière cireuse étrangère dont il est impossible de la séparer, se dissolvant toutes les deux dans les mêmes véhicules.

Il est probable que sur la soie la matière colorante, pure ou non, est en combinaison calcaire. Le blanchiment Beaumé, dont il a été déjà question, en est la preuve. Les soies macérées, d'ailleurs, dans l'acide chlorhydrique très-étendu et tiède, perdent beaucoup plus facilement leur matière colorante dans les dissolvants neutres.

§ 20. — DU GRÈS

Le grès est l'enveloppe ou fourreau qui accompagne constamment et sans solution de continuité le brin de la soie; il constitue de 18 à 25 et même 27 °/. du poids total, et son étude est des plus intéressantes.

Son but est de préserver ce fil soyeux si fin, si brillant, de lui donner plus de force et de lui permettre de se souder légèrement dans la formation du cocon. Sans le grès, la chenille ne pourrait construire que de véritables toiles d'araignées. Fluide comme la fibroïne, à la sortie des filières, le grès conserve encore une certaine mollesse, arrivé aux bruyères, et les fils s'agglutinent pour former une enveloppe solide, qui ne pourra être désagrégée plus tard que par l'action de l'eau chaude.

Le grès est une substance purement animale, et il est étonnant de trouver dans plus d'un ouvrage moderne les expressions de gomme et de résine, pour le désigner, expressions tout à fait impropres.

Dans le chapitre Ier, l'historique des nombreux travaux faits sur la soie depuis 1762 a déjà montré quelques propriétés du grès; pour résumer, il reste à dire que cette matière est composée de deux principes protéiques qui se rattachent l'un à l'osséine et l'autre à l'albumine, mais s'en éloignent cependant par l'absence du soufre, qui, jusqu'à présent, a été considéré comme partie intégrante desdits principes.

L'osséine et l'albumine de la soie sont toutes deux sous forme de combinaison calcaire, pour les extraire le premier travail consiste à bien priver de chaux la soie par un lavage à l'acide chlorhydrique pur très-étendu et tiède, puis après sa dessication, à la traiter par l'alcool et l'éther pour enlever les matières colorantes et les traces de matières grasses qui peuvent la souiller.

Par une ébullition prolongée dans l'eau, répétition de l'opération de l'abbé Collomb, l'osséine de la soie est modifiée comme celle de la peau ou des os, et donne une liqueur gélatineuse, qui évaporée avec soin donne un produit ayant des propriétés complètement analogues à celles de la gélatine des os. L'ébullition doit être prolongée de 6 à 8 heures. En la faisant sous pression l'opération est grandement accélérée, mais la soie est fortement altérée.

La quantité d'osséine perdue par la soie grège est variable avec les qualités de la matière première, et la conduite de l'opération; c'est d'ailleurs une opération des plus délicates de la chimie organique, que l'analyse de principes immédiats, qu'il faut modifier pour pouvoir les extraire. En général, la perte varie de 10 à 15 % par l'eau bouillante. La quantité indiquée par Roard de 20 % est un peu trop élevée.

La formule de la gélatine de la soie est également très-variable elle est susceptible d'altération par l'action prolongée de l'eau bouillante; une analyse de Mulder lui assigne.

Carbone.	49,18
Hydrogène	6,51
Azote.	17.60
Oxygène	26,71
	100,00

Comme la gélatine ordinaire, celle provenant de la soie, a des propriétés fortement agglutinantes, elle se décompose facilement par l'humidité en se putréfiant, tandis qu'avant, elle était presque imputrescible, sous forme de grès.

Par la chaleur, elle se décompose également, et donne les mêmes produits que la soie écrue.

L'alcool la coagule comme la gélatine.

Les acides concentrés la décomposent, étendus ils sont sans action.

Les alcalis concentrés agissent comme les acides.

Le tannin la précipite très-fortement.

Par l'action de l'eau bouillante pure, le grès n'est pas complètement extrait de la soie écrue, puisqu'il reste encore l'albumine. Pour tout extraire le grès, deux marches sont suivies, celle consistant à mettre à profit l'action des alcalis faibles, à froid, ou mieux des alcalis saturés par un acide faible, tels que le savon.

La soie perd alors jusqu'à 28 °/₀. Cette opération est celle de la cuite et sera vue plus loin. L'autre marche, suivie en général par les chimistes, depuis Mulder de Rotterdam, consiste, après avoir épuisé la soie par l'eau bouillante, à la traiter par l'acide acétique bouillant. Il se fait une nouvelle dissolution de la matière dite albumine, que l'on sépare de l'acide acétique par une ébullition ménagée ; puis en ajoutant un grand excès d'alcool, pour écarter toute trace acétique, et laisser l'albumine sous forme insoluble.

Les analyses déjà vues de Mulder de Rotterdam (chapitre I page 36) donnent des chiffres plus forts que ceux obtenus par les industriels dans l'opération de la cuite ou décreusage ; ainsi l'on a pour deux analyses de soie écrue :

	1er exemple : Soie colorée.	2e exemple : Soie blanche
Fibroïne	53,87	54,04
Gélatine	20,66	19,08
Albumine	24,43	25,47
Impureté, cire, couleur.	1.04	1,41
	100,00	100,00

La perte moyenne est de 46 °/₀ tandis que dans l'industrie elle ne dépasse jamais pour les soies les plus riches en grès 27 à 28 °/₀.

Sous l'influence de l'acide acétique concentré et bouillant la fibroïne elle-même de la soie doit être modifiée et se dissoudre en partie. Quant aux propriétés de cette albumine, elles rappellent celles de l'albumine d'œuf, coagulée, et n'offrent d'ailleurs pas grand intérêt, puisque en réalité, ce produit doit s'écarter considérablement de celui qui préexistait sur la soie. La formule d'après Mulder serait en composition centésimale.

Carbone	54,00
Hydrogène	7,27
Azote	15,46
Oxygène	23,27
	100,00

§ 21. — DE LA FIBROÏNE DES CHIMISTES

La fibroïne des chimistes obtenue par les procédés précédents, ou par l'action prolongée de la soude caustique étendue et froide, ne constitue donc qu'environ les 55 % du poids de la soie écrue.

Sa formule d'après Gerhardt serait comme composition centésimale.

Carbone	48,53
Hydrogène	6.50
Azote	17,35
Oxygène	27,62
	100,00

Déduction faite des cendres, qui sont encore en quantité notable et où la chaux domine encore, puis la magnésie, l'oxyde de fer des traces de manganèse, de soude, de sulfate, phosphate, chlorure et silicate.

La fibroïne est très-blanche, très-douce au toucher, sans éclat, et elle est, surtout celle obtenue par les alcalis caustiques étendus, peu élastique. La fibroïne des chimistes a donc perdu en grande partie les propriétés les plus remarquables de la soie.

Ses propriétés en général rappellent cependant celles de la soie écrue, dans les diverses réactions physiques et chimiques, et son nom de fibroïne est un diminutif de fibrine, mais en réalité il vaut mieux, comme le fait Gerhardt, la rattacher aux produits cornés, dont elle se rapproche davantage par ses propriétés.

§ 22. — DE LA SOIE PURE DES INDUSTRIELS

La soie pure, telle qu'elle est obtenue par l'industrie, d'après les procédés décrits dans le paragraphe qui suit, diffère notablement de la fibroïne des chimistes.

Le rendement est plus considérable, et le produit, sans être aussi blanc que la fibroïne, a conservé les propriétés précieuses qui font rechercher la soie. Soit un grand brillant, un toucher moins doux que la fibroïne, mais ayant ce craquant, connu de tous, et surtout une grande force et une grande élasticité.

Quant à ses propriétés en général, elles rappellent celles de la soie écrue, un peu affaiblies cependant, sauf l'éclat et le brillant qui sont au contraire considérablement augmentés et c'est surtout la soie cuite qui est recherchée pour la fabrication des étoffes de soie destinées à beaucoup d'apparat, la soie écrue, est réservée au contraire pour former le fond ou envers d'étoffes, dans ce cas, la solidité et l'élasticité sont les propriétés principales que l'on réclame.

§ 23. — DE LA CUITE OU DÉCREUSAGE DES SOIES.

DE L'ÉTIRAGE SUR LA CUITE, INCONVÉNIENTS ET QUALITÉS

La cuite ou décreusage de la soie écrue constitue l'opération qui a le plus sollicité l'attention des chercheurs, comme on l'a vu dans le chapitre I, et cependant malgré tous les travaux faits, l'on est toujours revenu insensiblement à la cuite, telle qu'elle se faisait de temps immémorial.

La cuite a pour but de priver la soie de son grès sans cependant aller si loin que les chimistes dans la préparation de la fibroïne. De cette opération bien exécutée dépend en grande partie le succès des opérations qui suivront. Aussi ne saurait-elle trop appeler l'attention du teinturier.

Elle peut s'effectuer de beaucoup de manières et pour faciliter son étude, les divers procédés seront étudiés successivement soit :

1° La cuite aux alcalis caustiques faibles;

2° La cuite aux alcalis carbonatés, sulfurés ou silicatés;

3° La cuite au savon;

4° La cuite aux acides.

La cuite aux alcalis caustiques, potasse ou soude (l'ammoniaque n'ayant pas d'action) est la plus active, mais en même temps la plus dangereuse; elle est presque impraticable pour les soies fines, et pour peu que l'action soit trop prolongée, la fibre elle-même est profondément attaquée, et il reste la fibroïne des chimistes, dont, on l'a vu dans le paragraphe précédent, la soie industrielle diffère notablement.

Ce mode de cuite est cependant employé et même avec grand succès pour cuire les grosses soies, surtout celles dites fantaisies; 3 à 4 °/° de potasse ou de soude en plaques suffisent: le bain en quantité suffisante (environ trente fois le poids de la soie) est porté à la température de 60°; les soies y sont manœuvrées demi-heure environ.

Cette cuite, pour les grosses soies, dites fantaisies, a un grand avantage sur toutes les autres, c'est celui de brûler le duvet.

A l'article fantaisie, l'on a vu que, pour obtenir un cardage fait des débris de cocons, ou mauvais cocons, on les soumettait à une ébullition prolongée, pour en faciliter la désagrégation. Or, cette ébullition prolongée ayant déjà privé la soie de son osséine, qui s'est transformée en gélatine, il s'ensuit que les grosses soies fantaisie perdent peu à la cuite, environ 10 à 12 °/°, tandis que les grosses soies perdent, comme les fines, de 25 à 28 °/° environ.

En traitant des noirs sur fantaisie, cordonnets, floches, etc., l'on verra, d'ailleurs, un autre mode de cuite, dit *cuite à la galle*, qui est plutôt un procédé de teinture qu'une cuite.

Les soies cuites à la soude caustique veulent ensuite être lavées avec beaucoup de soin et recevoir une petite batture sur la pierre pour les bien dégorger, puis après un fort essorage ou diablage, elles peuvent suivre les opérations de teinture.

Dans le chapitre Ier, *la cuite aux alcalis carbonatés*, résultant des travaux de Rigaut, de Saint-Quentin (1761-1762), a déjà été étudiée.

Cette cuite, qui est encore pratiquée dans les ateliers chinois, ne peut bien s'exécuter qu'en petit. Il faut beaucoup de soins de la part de l'ouvrier qui la dirige, et elle est à peu près laissée de côté dans les ateliers d'Europe, malgré son côté économique.

Le bain est préparé avec 10 à 12 °/o cristaux de soude du poids de la soie.

Le bain est chauffé à 80°, et les soies sont manœuvrées une heure à une heure et demie. Les soies, fines ou grosses, peuvent être cuites par ce procédé. Elles deviennent d'abord poisseuses, sont gonflées, puis, peu à peu, le grès se dissout dans le bain, les soies diminuent de volume, deviennent brillantes, fines, et elles sont cuites lorsqu'elles font entendre sous le frottement de l'ongle un petit cri et présentent de la dureté.

Elles sont ensuite levées, puis, après refroidissement, rincées à deux ou trois eaux : la première tiède dans la même barque qui a servi à les cuire, puis égouttées, tordues et diablées fort, avant de suivre les opérations de teinture.

Outre la délicatesse de ce genre de cuite, il y a un grand inconvénient, c'est de ne pouvoir atteindre l'ébullition sans dangers. Or, la pratique a démontré que, dans bien des cas, les soies qui ont été cuites à l'ébullition sont supérieures et se comportent mieux, à la teinture, surtout pour les opérations de charge.

Divers succédanés ont été proposés, au carbonate de soude, dans les alcalis faiblement saturés, comme les sulfures alcalins, les silicates, etc. De tous, le silicate est celui qui a donné les meilleurs résultats.

En général, ceux qui proposent de nouvelles cuites, pour remplacer la cuite classique, au savon, ont en vue surtout l'économie, qui joue un faible rôle, surtout lorsqu'il s'agit d'une matière aussi précieuse que la soie, et, de plus, gens étrangers à la partie, ils ignorent que les savons de cuite sont utilisés et quelquefois même bien supérieurement au savon neuf, pour certains emplois.

La perte varie,selon les soies, de 18 à 28 %.

La cuite au savon, se pratique encore de nos jours, sensiblement comme elle a dû se pratiquer dès le début. Rien d'essentiel n'a été changé. On peut dire que la soie aime le savon, comme on dit de la laine dans les ateliers, qu'elle aime l'acide tartrique. Le savon, est le corps le plus apte, à exalter les belles propriétés de la soie; toucher, brillant, etc.

Le choix d'un bon savon est de toute nécessité; la qualité varie avec les pays. Dans le nord de l'Europe, le savon mou, ou savon vert à base de potasse, est presque exclusivement employé pour la cuite ou autres opérations de teinture. Dans le midi, le savon dur à base de soude, est au contraire adopté.

La formule d'un bon savon noir est en général.

Corps gras	45,00
Potasse KO	7,50
Eau	47,50
	100.00

La formule d'un bon savon dur est à peu près constante.

Corps gras	60,00	à	64,00
Soude NaO	10,50	à	11,00
Eau	29,50	à	25,00
	100,00		100,00

Nos fabricants de savon, sont d'ailleurs arrivés à livrer des savons, épinés et liquidés au point de correspondre aux formules chimiques des stéarates, margarates et oléates.

La nature du corps gras joue un grand rôle. Jadis le savon pur d'olive, à la couleur verdâtre, laissant une odeur agréable, régnait en souverain, mais, si les savonniers de Marseille sont arrivés à la perfection comme travail, ils sont arrivés également à varier les corps gras à l'infini, par l'introduction des huiles de sésame, d'arachide, de palmiste, des saindoux et suifs avariés. Un moment même en 1850-1855, le savon fait avec l'huile ou beurre de palme, a joui d'ue grande vogue.

A partir de 1860-1861, l'emploi du savon dit d'*oléine*, ou savon d'acide oléique, a joué un rôle de plus en plus grand, dû à l'initiative de M. le docteur Lembert; et sa fabrication, dont Lyon est un des principaux centres, s'est de cette époque considérablement améliorée. Quant aux corps gras des savons mous du nord, ce sont en général des huiles de chenevis ou d'œillette.

Outre la bonne fabrication, le teinturier doit s'inquiéter de la facilité de rinçage que présente le savon, et de l'odeur qu'il laisse après lui. C'est un fait connu, que tout ce qui a été savonné, linge, etc., ne sent rien sur le moment, mais malgré les meilleurs rinçages tend à la longue à prendre une odeur, rappelant l'odeur primitive du corps gras.

Au point de vue du rinçage, les corps gras, riches en acide oléique, ou linoléique, formant des savons peu fermes soit : les savons mous du nord (huile d'œillette, de chanvre, de lin), les savons d'oléine, sont ceux qui se rincent le mieux, puis les savons d'olive avec sésame et arachide, et les savons riches en corps gras durs (acide stéarique, margarique) comme les savons de suifs et graisses avariés, se rincent moins bien; enfin les savons produits par les beurres végétaux, savon de palmiste, de palme, se rincent très-mal. C'est ce qui a fait à peu près abandonner le savon de palme malgré l'odeur agréable de violette qu'il laissait à la soie.

Au point de vue de l'odeur, que laisse le savon, le teinturier ne saurait trop s'en préoccuper. Lorsque la cuite doit être, comme dans les noirs chargés, suivie d'une foule d'opérations, et de nombreux savonnages, l'odeur laissée n'a pas d'importance, le dernier savonnage seul devra être fait avec un bon savon d'olive, le teinturier pourra donc employer le savon qui se rince le mieux, soit aujourd'hui le savon d'oléine.

Mais s'il s'agit de cuire pour blancs ou couleurs claires, le savon employé devra être un beau savon d'olive, à la couleur verdâtre, le grain est moins lisse que lorsqu'il y a de fortes additions de sésame et d'arachide, surtout de graisses animales. Le choix du savon étant fait avec soin, selon l'emploi, découpé à la machine dans les grands ateliers, qui en consomment plusieurs tonnes par jour, il est dissous dans une quantité convenable d'eau bouillante, la solution est passée sur un tamis de toile pour écarter toute impureté possible ou les grumeaux de savon non fondus.

Le savon étant préparé, la cuite exige des précautions différentes selon qu'elle est destinée aux blancs et couleurs très-claires, aux couleurs foncées ou aux noirs.

La cuite pour blanc et couleurs très-claires, la plus délicate, s'effectue toujours par deux opérations et deux savons successifs. La première opération prend le nom de *dégommage*, la deuxième est la cuite proprement dite.

Le dégommage a pour but de faire tomber la masse du grès (et son nom vient de l'expression impropre de gomme appliquée à cet enduit de la soie) et la matière colorante, quand les soies sont colorées.

Pour l'opérer, les soies passées en bâton, sont abattues dans une barque contenant un bain de savon blanc à 33 °/. du poids de la soie, chauffé à 100° puis elles sont promenées et lisées 1/2 heure à 3/4 d'heure. (Les soies peuvent avoir, au préalable, reçu une eau tiède de cristaux de soude, pour les mouiller, ou mieux un très-léger bain d'acide chlorhydrique étendu pour écarter la chaux, dans ce cas, elles doivent être rincées pour écarter l'acide, avant la mise au dégommage). Comme dans les cuites precédentes, elles gonflent d'abord, puis le grès tombant, entraînant la couleur, elles cessent d'être gluantes pour devenir fines, soyeuses, à ce degré elles sont dégommées, mais non cuites.

Pour les cuire il faudrait les porter à l'ébullition dans le même bain. Seulement pour de beaux blancs et clairs il est indispensable de les cuire avec un savon neuf, surtout pour les soies écrues jaunes, car dans ce cas, comme l'a démontré M. Guinon aîné, de Lyon, la matière colorante tombée au dégommage, se fixe de nouveau sur la soie, et la teint d'une manière très-solide.

Les soies sont donc relevées de dessus le bain de dégommage, égouttées, tordues, et mises en poche pour être cuites en chaudière avec 17 % de savon neuf, à l'ébullition, au feu nu ou au double fonds, durant deux à trois heures selon les qualités, elles sont alors véritablement cuites, quelquefois même, au sortir de la cuite, on leur donne encore un petit savon chaud en barque.

Le premier savon de dégommage très-chargé ne peut plus resservir pour la cuite, mais le savon de cuite reponchonné de savon neuf, peut servir pour un dégommage suivant.

Depuis l'introduction des soies d'origine Japon, qui sont très-tendres, la deuxième opération, pour les deniers fins, se fait également en barques pour ménager le fil, surtout lorsqu'il s'agit d'organsins.

Si les soies sur la cuite présentent des plaques non cuites, dites biscuits, il faut les soumettre de nouveau à l'action du savon bouillant.

Le rinçage demande de grandes précautions sur tous les savons quels qu'ils soient en teintures. En général, il est convenable de donner une première eau alcalisée par les cristaux de soude, et tiède pour éviter la formation de sous-sels gras, sur la soie, puis après ce bain, les soies peuvent-être rincées en rivière, ou à l'aide de machines qui seront vues à l'article Rouil, chapitre VI.

Les soies sur la cuite ont toujours un toucher très-craquant, mais qu'elles perdent à la longue. Quant à l'action du savon il agit non seulement par ses propriétés faiblement alcalines, mais encore par sa propriété émulsive, que nulle substance ne possède au même degré que lui. C'est ce que les cristaux de soude n'ont pas, et quant aux additions qui ont été proposées pour rendre la solution de cristaux de soude émulsive, mucilages végétaux, psilium, etc., elles n'ont jamais pu remplacer le corps gras du savon.

La cuite pour couleurs foncées et noirs demande moins de soins. L'opération a lieu comme précédemment, avec la différence que le bain de dégommage sert pour les deux opérations, dégommage et cuite en poche. Quelquefois la cuite s'effectue complètement en barques en faisant traîner plusieurs heures et maintenant le bain à 100° à l'aide d'un serpentin sans cependant faire bouillir, car les fils se mêleraient.

Un mode de cuite, dite cuite au *piano*, abandonné depuis 1855, a été usité quelque temps. Il consistait à dégommer les soies dans un savon très-gras, puis à les suspendre après égouttage dans une caisse (d'où vient le nom de piano), fermer la caisse par dessus et y introduire la vapeur avec une faible pression. Les soies étaient bien ménagées et vite cuites. Cette méthode ayant occasionné des explosions, a été abandonnée.

Pour résumer ce paragraphe si important de la cuite au savon, elle comprend donc deux temps, soit d'abord le dégommage; mais elle n'est réellement cuite et n'a pris toutes ses propriétés qu'après une ébullition soutenue dans le savon, et quant à la perte, elle s'éloigne de celle des chimistes pour l'obtention de la fibroïne; elle est de 18 à 22 °/₀ pour les soies Japon et Chine, 25 à 27 °/₀ pour les soies pays, et, malgré la supériorité de la perte de nos soies de pays, elles sont encore supérieures et rendent encore plus à la charge en teinture.

Il convient de placer ici la description de l'opération si intéressante de *l'étirage* de la soie, qui ne peut réellement se pratiquer convenablement que dans la cuite au savon, à un instant donné du dégommage. Avant que le grès ne soit tombé, les soies sont susceptibles de s'allonger ou de s'étirer. Un étirage convenable, 2 à 3 °/₀, donne beaucoup de brillant et de lustre, sans énerver le brin, mais un étirage plus considérable en compromet la solidité.

L'opération s'exécute en dressant les matteaux pris sur le dégommage sur deux cylindres d'acier très-poli, susceptibles de s'écarter soit par un mouvement communiqué à bras d'homme, soit à l'aide de la presse hydraulique, lorsque plusieurs paires de cylindres sont accouplés. Ces appareils, mus à bras d'homme ou à la mécanique, prennent le nom d'*étireuses*.

En 1865, en étudiant, avec M. Lembert, chez MM. Gillet et Pierron, à Lyon, les travaux de Michel de Grubens et de l'abbé Collomb, nous fûmes conduits à étudier l'action de certains acides et sels acides additionnés à l'eau pour compléter l'action de l'eau bouillante et cuire la soie sans passer par les liqueurs alcalines.

Partant de la constitution albumineuse du grès, l'acide phosphorique, arsénique, les biarséniates, biphosphates furent reconnus exercer une action analogue à celle des alcalis.

Avec 5 °/₀ d'acide phosphorique ou arsénique, additionnés à l'eau du bain, la soie préalablement mouillée à l'acide chlorhydrique étendu et tiède, pour la dépouiller de sa chaux, se dégomme et se cuit après trois heures d'ébullition en poche. La matière colorante est seulement refixée sur la soie cuite, et un petit savonnage pour les couleurs claires et blanches est nécessaire pour la faire tomber.

Cette cuite n'a eu, d'ailleurs, jusqu'à ce jour, qu'un caractère d'étude. Elle diffère totalement de toutes celles proposées jusqu'à cette époque, et qui ne sont pas sorties des liqueurs alcalines. De plus, elle est très-économique ; mais, comme il a été dit, ce point de vue est peu important, les savons de cuite resservant presque toujours. Les deux inconvénients qui l'ont fait abandonner sont, outre le caractère toxique de l'acide arsénique mis à part : 1° la moins grande blancheur de la soie, et 2° ce fait constaté par de nombreuses expériences, que la soie ainsi cuite prend toujours moins bien la charge, ce qui est un inconvénient capital, surtout dans les noirs où elle aurait eu le plus de chance de succès.

Peut-être qu'un jour, perfectionnée, elle pourra rendre des services.

En additionnant, le bain de cuite d'une quantité convenable de craie, on précipite l'acide, et il reste une solution de grès que l'on peut obtenir pure par évaporation, ou précipiter par l'addition d'un sel ferrique qui forme, avec les matières azotées, un précipité très-riche en azote, pouvant convenir à la fabrication du prussiate de potasse.

§ 24. — ASSOUPLISSAGE DES SOIES CRUES
SON BUT
INCONVÉNIENTS ET QUALITÉS

Antérieurement, l'on a vu, à diverses reprises, que l'action de l'eau bouillante modifiait profondément la soie écrue, sans cependant arriver à la cuire complètement.

Cette action de l'eau bouillante, convenablement régularisée, devait conduire à un genre très-remarquable, dit *souple*, introduit, en 1820 environ, par un nommé Pons, et l'opération prend le nom d'*assouplissage*.

Le but de l'assouplissage est de donner à la soie écrue les qualités de la soie cuite, sans tant lui faire perdre, comme par l'opération du décreusage au savon; et cette opération est arrivée aujourd'hui à un tel degré de perfectionnement, que les souples imitent presque les cuits, et, par conséquent, le rendement est beaucoup plus considérable, surtout si la soie doit être chargée; le grès, au lieu de figurer en moins dans le rendement, apparaît, au contraire, non-seulement pour son propre poids, mais encore pour celui qu'il prend en plus à la charge.

Quant à l'emploi, dans les manipulations après teinture, le souple tend toujours à se défiler et supporte moins la résistance que le cuit. Essayée au sérimètre, la soie teinte sur souple n'a pas un point de rupture franc; elle se défile aussi dans le tissage, et le souple ne peut être employé que pour trame. Si les chaînes, qui supportent constamment l'effet du battage, étaient faites avec des organsins souples, elles ne pourraient résister.

Il y a plusieurs méthodes pour assouplir les soies pour trames. L'assouplissage est fait ou sur soie écrue ou sur soie ayant déjà reçu des opérations comme dans les noirs souples, où l'assouplissage se fait au milieu des opérations sur celle de l'engallage et sera étudiée avec soin dans le chapitre XIV. Dans ce chapitre, il est seulement question de l'assouplissage sur soie écrue.

La soie écrue, après avoir reçu une eau légèrement alcaline et tiède pour la débarrasser des matières grasses qui la souillent, est soumise à l'action de l'eau à 90° de température, faiblement acidulée par la crême de tartre, ou de l'eau de soufre (produite par la dissolution de l'acide sulfureux dans des vases pleins d'eau que l'on expose dans les chambres à soufrer les soies). Une faible quantité d'acide facilite l'assouplissage

Après un temps variable, selon la qualité des soies, l'aspect des trames varie, le brin s'ouvre et la soie tirée s'effile au lieu de casser franc. L'assouplissage est d'ailleurs une opération des plus délicates, qui demande des ouvriers très-exercés, et quelquefois, si elle est mal conduite, le temps étant trop prolongé, quatre à cinq heures, par exemple, le bain étant trop chaud, le grès des soies trop tendre, il arrive qu'il y a une forte perte quand même, au lieu de 4 à 5 °/ₒ, perte normale d'un bon assouplissage.

Il peut arriver aussi que la soie ne soit dans aucun état convenable et à peu près perdue, mais ce cas est rare; d'autres fois, l'assouplissage manqué peut être réparé par la cuite.

Les soies assouplies pourront supporter les bains acides chauds, mais non les bains alcalins, même au savon, au delà de 50 à 60°, sinon elles éprouveraient un commencement de cuite, et ne seraient plus bonnes à rien.

Quant au blanchiment de la matière colorante jaune dans les soies écrues colorées, que l'opération de l'assouplissage ne peut faire tomber, il doit la précéder. Cette opération sera, d'ailleurs traitée au chapitre VIII, pour les blancs sur souple.

Le souple est donc une véritable contrefaçon du cuit, et pour mieux y arriver, la teinture étant finie, l'on termine par l'opération mécanique dite du chevillage, qui achève celle commencée par l'eau bouillante.

§ 25. — DU CHEVILLAGE DES SOUPLES

Cette opération s'exécute toujours sur les soies foncées et complètement sèches, elle demande également, comme l'assouplissage beaucoup de soins et d'attention. Cette opération a d'ailleurs été décrite dans le chapitre I page 41, il est donc inutile de revenir sur ce sujet soit que le chevillage s'exécute à la main ou à la mécanique.

§ 26. — DU TOUCHER DES SOIES ÉCRUES, SOUPLES ET CUITES

Le toucher des diverses qualités de soie, joue un très-grand rôle. En général, la soie a un toucher craquant, et produit ce cri particulier ou frou-frou, qu'il suffit d'avoir entendu une seule fois pour se le rappeler.

La soie écrue, telle qu'elle sort des diverses manipulations mécaniques avant teinture, a un toucher dur, rêche ; pour les soies qui restent écrues, quoique amélioré par la teinture, ce toucher reste sensiblement le même.

Pour les soies souples, ce toucher est notablement modifié il est plus doux, plus craquant.

Enfin, pour les soies cuites, ce toucher est porté à son maximum, avec lequel nulle autre fibre textile ne peut rivaliser, et l'on dit en prenant ce toucher pour type : toucher soyeux, pour parler d'un toucher doux et craquant.

§ 27. — DES INFLUENCES QUI MODIFIENT LE TOUCHER DES SOIES

Quel que soit l'état d'une soie écrue, souple ou cuite, les mêmes causes modifient toujours le toucher dans le même sens.

En général, les acides tendent à exalter le toucher craquant, doux et soyeux, les alcalis à produire l'effet inverse à donner un toucher mou, sans consistance, excepté le savon qui agit dans ces cas, comme un véritable acide.

Les acides donnent donc à faible dose un toucher craquant à la soie, et les acides fixes, tels que les acides citrique, tartrique, entre autres, sont les plus recherchés du teinturier, eux, ou les composés naturels qui les renferment tels que le jus de citron, la crême de tartre.

Les acides volatils tels que l'acide acétique, ou vinaigre Mollerat donnent un toucher plus fugace

Quant aux acides minéraux, leur emploi est indiqué avec beaucoup de précautions : se concentrant sur le brin de la soie, à la longue ils peuvent en altérer, non seulement la nuance, mais encore la fibre.

Le passage d'une soie, en dernier ressort, dans un bain acide, prend le nom d'avivage, pour augmenter encore la douceur du toucher, on ajoute ordinairement, dans le bain d'avivage, un peu d'huile d'olive surfine, fortement émulsionnée, avec un peu de carbonate de potasse ou de soude, de manière à faire une dissolution laiteuse. Le bain d'acide étant préparé, l'huile émulsionnée y estversée ; le mélange est fait très-rapidement, et les soies sont abattues et lisées vivement cinq ou six fois, au bout de ce temps l'avivage est terminé, le bain écoulé au canal, par une soupape placée dans le fonds de la barque. Les soies sont alors prêtes à être séchées. Selon les circonstances qui seront vues plus loin, l'avivage est donné à l'acide seul, à l'acide avec huile émulsionnée, à l'acide avec huile émulsionnée et dissolution de colle forte. Cette dernière addition se fait surtout pour les fantaisies, dans les genres dits : grosses.

Il y a cependant un cas où l'acide donne un toucher mou, c'est dans l'avivage dit avivage aux deux huiles. Pour l'obtenir, on bat avec soin de l'acide sulfurique pour dissolution d'indigo avec de l'huile d'olive, en évitant l'échauffement ; dans ce but, le mélange s'opère dans un vase de cuivre, baignant dans l'eau froide. Il se forme dans ces conditions divers produits, des acides sulfo-conjugués, acides sulfo-oléique, sulfo-margarique solubles dans l'eau, et ce sont ces acides qui, versés et brassés vivement dans une barque d'eau tiède, communiqueront à la soie un toucher mou spécial, recherché pour les étoffes de soie, destinées à l'opération d'apprêtage, dite moirage, où un toucher dur serait tout à fait contraire.

Seul parmi les alcalins, le savon agit comme un véritable acide. La cause de cette action est qu'il se forme sur la soie, dans les rinçages un savon acide, qui se fixe, et communique le toucher craquant, ce toucher disparaît d'ailleurs à la longue, peut-être sous l'influence de l'acide carbonique, qui s'empare complètement de l'alcali et fait un carbonate. Bref, il est un fait connu de tous les teinturiers, c'est que les soies, qui, rincées sur la cuite, ont un merveilleux toucher, abandonnées à elles-mêmes, perdent de plus en plus ce toucher et finissent par devenir molles.

Quant aux soies finies sur un bain de savon, opération indispensable pour certains genres, comme le poil de velours, elles ont immédiatement ce toucher mou, différent cependant de celui des soies pour noirs.

Pour donner aux soies leur maximum de douceur, sans craquant le teinturier a à sa disposition quelques procédés usités surtout pour des genres spéciaux : pour soies à coudre et pour passementerie. Ces procédés connus sous le nom de *passage au plomb* et *terrage*, sont des exceptions et seront vus en détail au chapitre XII.

Après avoir étudié les procédés divers que le teinturier a à sa disposition pour modifier le toucher des soies, il reste à voir les écueils qu'il a à redouter, et qui pourraient malgré ses soins, causer des modifications.

La manipulation par des ouvriers inexpérimentés, dans les opérations de lisage, dressage, chevillage, et les transitions brusques de température, sont les premières causes d'insuccès à éviter. La soie peut, dans ce cas, tendre à se feutrer. Puis des rinçages mal pratiqués, pouvant donner lieu, par l'emploi de bains successifs, à des précipités déposés mécaniquement sur la soie, mais non combinés, des bains trop actifs, acides où alcalins altérant le nerf de la soie ont de nombreux effets, qu'il faut bien connaître pour bien les éviter, ces effets qui ne peuvent être démontrés que par une longue pratique seront examinés successivement. Il suffira ici pour terminer ce paragraphe de signaler l'emploi de certains sels métalliques, comme modifiant profondément le toucher des soies, entre autres l'emploi des composés, pouvant laisser, sur la soie, de l'alumine ou du bioxyde d'étain. Les soies qui sont séchées sur l'alun ou autre composé d'alumine ont même de la peine à se mouiller à l'eau pure, il faut, pour y arriver, les remouiller dans un bain d'alun, ou un autre sel d'alumine, les tordre sur ce bain et les rincer.

En général, quand le toucher est modifié, les autres propriétés, brillant et élasticité, le sont également souvent pour toutes les ramener, il suffit selon les circonstances, d'un savon plus ou moins fort, ou d'un bon rinçage avec battage.

§ 28. — DU CHOIX DES EAUX EMPLOYÉES

Le choix de l'eau joue un très-grand rôle, et malheureusement, il n'est pas toujours au pouvoir du teinturier de faire comme il veut, et alors ne pouvant modifier à sa guise les eaux qu'il emploie, il doit se spécialiser dans les genres pour lesquels les eaux sont propices.

Il en est de la question des eaux comme de celle du savon, elle est capitale. Le teinturier doit autant que possible, s'établir sur des cours d'eau importants, ou avoir à sa disposition des magasins suffisants pour faire fonction de réserve, il ne doit jamais être pris par l'eau, car souvent, il importe de finir une opération au plus tôt, par un rinçage qui arrête toute action ultérieure, et il doit bien se pénétrer que les rinçages doivent être faits autant que possible *à grande eau.*

Sous ce rapport les teinturiers de Lyon sont privilégiés, mais il n'en est pas de même de ceux de Saint-Etienne, Saint-Chamond, qui aujourd'hui sont cependant moins gênés que jadis, depuis l'établissement de barrages importants établis par les municipalités de ces deux villes.

Pour la régularité des opérations, le teinturier doit toujours chercher l'emploi de l'eau claire et à température constante, comme ces conditions sont impossibles à remplir, avec les rivières et les fleuves comme la Saône et le Rhône, pour les périodes des grandes crues et des eaux bourbeuses, pour les périodes de grand froid où l'eau se rapproche de zéro, et pour les grandes chaleurs où l'eau est presque tiède, pour se rapprocher des conditions des eaux de source, il devra avoir à son service des puits et des pompes pour lui donner la quantité d'eau voulue, pour les bains et les rinçages.

Voici pour les conditions physiques de l'eau; pour les conditions chimiques, elles jouent un rôle encore plus considérable et font la fortune de telle ou telle localité pour une spécialité plutôt qu'une autre.

En général, la soie veut des eaux aussi pures que possible, cependant la pureté absolue ne convient pas pour tous les genres. Sous le rapport de la pureté, il faut classer les eaux en deux catégories.

1° Les eaux pures, se rapprochant de l'eau distillée.

2° Les eaux moyennement calcaires, comme celles de la Saône et du Rhône.

Les eaux fortement calcaires, comme la Bièvre à Paris, ne valent rien pour la teinture de la soie.

Les eaux pures, sont celles qui émergent de pâtés de montagnes granitiques, comme la Loire et ses affluents dans le Forez (y compris le Furand de Saint-Etienne, le Gier qui traverse Saint-Chamond, le Doux à Tournon, Ardèche, l'Azergue et son affluent la Brévenne près Villefranche, etc.)

Ces eaux, sauf de petites quantités de silicate de potasse arraché aux montagnes granitiques, sont exemptes de sels calcaires et surtout de bicarbonate de chaux, et presque chimiquent pures, elles sont même plus pures que de l'eau distillée, n'ayant subi qu'une distillation. Elles ne laissent aucun dépôt par l'évaporation, elles sont très-aptes à bien dissoudre le savon avec la moindre quantité duquel elles moussent par l'agitation. Malheureusement, ces eaux qui sont excellentes pour toutes les opérations à finir au savon sont peu abondantes dans nos régions, et le teinturier de Saint-Etienne, Saint-Chamond, malgré les réservoirs artificiels créés récemment, sera toujours limité dans ses ressources.

En dehors de cette pénurie, comme quantité, les eaux douces ou granitiques ne peuvent servir pour tous les genres de teinture. Si elles conviennent admirablement pour finir les soies sur le savon, et pour le genre dit souple qu'il est impossible de faire aussi bien avec d'autres eaux, et en cela elles ont fait la fortune de Saint-Etienne, Saint-Chamond, elles ne peuvent rivaliser avec celles moyennement calcaire du Rhône et de la Saône pour d'autres genres. Comme il sera vu plus loin, un peu de bicarbonate de chaux est indispensable dans les eaux pour fixer et développer avec succès les bois, les charges métalliques, surtout sur la soie cuite. En général, les charges se font moins bien à Saint-Etienne, à Saint-Chamond qu'à Lyon. Une teinture qui serait établie dans des conditions modèles devrait être à même de disposer de deux eaux : une granitique pour les savons et les avivages et une calcaire pour les bois, les charges métalliques, etc. Plusieurs maisons de Lyon, pour se rapprocher de ces conditions ont d'ailleurs établi des succursales à Saint-Chamond, où les soies commencées avec les eaux calcaires vont se finir avec les eaux granitiques, mais tout cela entraîne à de grands frais d'allées et venues, à des lenteurs, et à des risques provoqués par ces lenteurs, car les teintures peuvent se modifier à l'insu du teinturier pendant le trajet.

Une eau moyennement calcaire est donc indispensable pour une teinture moderne et sérieuse. La quantité de bicarbonate de chaux a des limites renfermées dans les eaux de Lyon, quant aux autres sels de chaux et de magnésie qui les accompagnent constamment, ils n'ont qu'une influence nulle, voire même fâcheuse, il faut les subir.

L'examen d'une eau au point de vue de sa valeur, comme pureté, se fait avec facilité, au moyen de la méthode d'analyse dite hydrotimétrique de Boutron et Boudet, et sa connaissance est indispensable à tout teinturier jaloux de faire progresser son art.

La méthode hydrotimétrique de Boutron et Boudet est basée sur ce fait bien connu des chimistes que tous les sels, autres que ceux de potasse, de soude ou d'ammoniaque, contenus dans les eaux, exercent une action de décomposition sur le savon par suite d'une double réaction, l'acide gras du savon de potasse ou de soude se porte sur la base du sel contenu dans l'eau, pour former un savon insoluble, généralement calcaire ou magnésien, tandis que l'acide du sel contenu dans l'eau, se porte sur l'alcali du savon pour former un sel qui reste en dissolution.

La méthode de Boutron et Boudet consiste à essayer l'eau, que l'on en a vue, à l'aide d'une solution alcoolique titrée de savon, afin de voir quelle sera la quantité de savon qui sera décomposée par les sels terreux, et de là déduire d'après Clarke, l'auteur de ce moyen, le degré de pureté.

Pour opérer convenablement, on fait dissoudre à l'ébullition 100 gr. de savon de Marseille, bonne fabrication contenant 60 °/. corps gras dans 1,600 gr. alcool, 90° on filtre après refroidissement et on ajoute 1,000 gr. d'eau pure.

A l'aide d'un tube gradué de 12 c. c et divisé en 112°, on verse peu à peu ce liquide dans 40 c. c. de l'eau à essayer et on agite vivement. Dans l'eau distillée, 1 degré suffit pour produire après agitation une mousse persistante de 0m01 environ. Dans une eau calcaire, il se produira tant qu'il y aura des sels de chaux, un trouble laiteux et la mousse n'apparaitra qu'après toute décomposition du sel de chaux de l'eau.

Si l'eau est peu calcaire, l'essai est direct, mais si l'eau est très-calcaire, ce qu'indique un premier essai pour avoir quelque précision, il faudra opérer seulement sur 20 c. c. dédoublés avec 20 c. c. d'eau distillée et même plus, autrement l'essai est rendu difficile et incertain, par la formation trop abondante de savon calcaire ou magnésien, au sein de l'essai.

Du résultat obtenu il faut toujours déduire 1 degré pour le savon nécessaire à la mousse.

Cette méthode d'analyse, si remarquable par sa simplicité et sa valeur au point de vue industriel, se trouve d'ailleurs très-bien décrite dans tous les ouvrages de chimie moderne.

En résumé, pour le teinturier elle indique le savon qui sera décomposé en pure perte par les sels terreux de l'eau, peu importe, magnésiens ou calcaires, le degré correspond à 100 gr. de savon blanc par mètre cube de l'eau essayée. Ainsi une eau ayant exigé 16° à l'essai hydrotimétrique exigera 1,500 gr. de savon par mètre cube avant de pouvoir mousser par l'agitation, c'est-à-dire d'avoir dissout du savon sans le décomposer, (de 16° il faut déduire 1° nécessaire pour la mousse).

Voici d'ailleurs quelques exemples d'essais d'eaux :

Eau distillée 1 fois (provenant d'eaux calcaires).	1°
« 2 fois.	0°
Eau du Gier, Furand, Doux.	0 à 1/2°
Allier	3° 5
Loire à Nantes.	5° 5
Dordogne, Garonne.	4 à 5°
Puits de Grenelle (selon les saisons).	9 à 15°
Sources de la Dhuys à Paris.	20° 5
« Vannes.	18° 5
Rhône et Saône à Lyon.	15 à 17°
Seine avant Paris.	15 à 17°
« Paris.	17 à 19°
Bièvre à Paris	128 à 155°

La Bièvre offre l'exemple d'une eau extrêmement calcaire, séléniteuse, elle ne vaut absolument rien pour la teinture des soies. La limite de 20° hydrotimétrique ne peut d'ailleurs être dépassée pour des teintures dans de bonnes conditions. A ce degré il y aurait déjà 1,900 gr. de savon inutilement décomposé par mètre cube d'eau. Les sels de chaux et de magnésie qui dominent dans les eaux dures sont surtout les sulfates, les chlorures et les nitrates; les bicarbonates sont en quantités relativement très-faibles, et ce sont pourtant eux qui jouent le plus grand rôle, les autres étant plus nuisibles qu'utiles.

Le bicarbonate de chaux, qui manque complètement dans les eaux granitiques, développe énormément la couleur de tous les bois et, comme alcali, fixe les mordants d'alumine et de fer. En dehors d'une méthode d'analyse complète d'eau, que l'on trouvera dans tous les auteurs de chimie, sa présence est indiquée par les réactions suivantes :

1° L'addition d'eau de chaux à l'eau essayée fait naitre un trouble permanent, en s'emparant de l'acide carbonique du bicarbonate; il se fait du carbonate de chaux neutre insoluble.

2° En portant l'eau à l'ébullition, le dégagement de l'excès d'acide carbonique, laisse déposer le carbonate de chaux neutre, et l'eau se trouble.

3° L'addition d'une teinture alcoolique de campêche dans l'eau distillée donne une coloration jaune ordinaire, mais dans une eau bicarbonatée, la coloration vire au violet. La teinture alcoolique de bois de Brésil donne une couleur jaune dans l'eau distillée, rose dans l'eau bicarbonatée.

Cette réaction est, d'ailleurs, bien connue des liquoristes pour les liqueurs qui, comme le curaçao, sont colorées au Brésil. Ils savent parfaitement que l'eau distillée ne développe pas, avec leur liqueur ainsi colorée, la couleur rose développée par les eaux calcaires.

En dehors de ces deux grandes classifications d'eaux connues, les teinturiers s'établissent toujours sur des cours d'eau importants, les autres catégories d'eau importent peu, et ce n'est qu'accidentellement que les eaux pourront être profondément troublées dans leur constitution, soit par l'établissement d'un autre teinturier installé en amont, soit par d'autres causes.

Les souillures organiques seront indiquées par l'aspect des eaux et par l'action de l'hypermanganate de potasse ou du perchlorure d'or, et rentreront dans les méthodes d'analyse générale. Les souillures les plus à redouter sont les impuretés métalliques, comme la présence de sels d'alumine, de fer, qui, dans les rinçages, pourraient considérablement modifier les teintes, le toucher, etc. Dans de grands cours d'eau, comme le Rhône, la Saône, cela n'est pas à redouter; mais dans de petits ruisseaux ou rivières, comme le Gier, de Saint-Chamond, et le Furand, de Saint-Etienne, cela peut se produire.

Dans le cas de rinçage dans un lavoir, au milieu de l'atelier, il va sans dire qu'il est indispensable de ne jamais rincer qu'un genre de teinture à la fois, et même de rincer en deux temps, dégrossir les soies au bas du lavoir et les finir à l'entrée de l'eau. De même, après chaque genre de rinçage, il est indispensable de laisser égoutter le lavoir et de le rincer avec un passage d'eau, avant d'y faire d'autre lavage.

Beaucoup de teinturiers ne disposent que d'eaux calcaires, et, partant de ce principe que les sels de chaux ou magnésie décomposent en pure perte une certaine quantité de savon, qui vient former, sous forme de savon terreux, des grumeaux nuisibles à la surface du bain, font subir une purification aux eaux, dans de vastes réservoirs en maçonnerie ou en fer.

Pour être complète, elle doit comprendre deux décompositions :

1° Celle du bicarbonate de chaux;

2° Celle des sels terreux.

Le sel de soude du commerce, à 80 ou 85°, toujours un peu caustique, convient pour les deux cas.

Dans une grande quantité d'eau, soit 60 m. c., une quantité de sel de soude, calculée d'après le degré hydrotimétrique, environ 20 k. pour les eaux de Lyon, dissoute, est additionnée, le mélange est vivement brassé.

La soude caustique, en s'emparant de l'acide carbonique, détruit les bicarbonates, rend le carbonate insoluble, qui se précipite avec le carbonate produit par double décomposition sur le sel terreux. Au bout de vingt-quatre heures, l'eau est suffisamment claire pour pouvoir être décantée. Avec un jeu de trois bassins, le teinturier a, à sa disposition journalière, au minimum, 60 m. c. d'eau purifiée titrant 1°, apte à dissoudre le savon, et, outre la beauté du travail, l'économie est réelle. Ainsi, à Lyon, les 60 m. c. auraient détruit 90 à 100 k. de savon, valant au plus bas prix 70 francs, au lieu de 20 k. de sel, valant 6 francs.

L'eau purifiée ainsi sert d'ailleurs exclusivement pour dissoudre les savons, et pour les opérations délicates.

L'opération inverse, consistant à saturer de bicarbonate de chaux de grands volumes d'eaux douces, a été vainement tentée par divers teinturiers.

§ 29. — SOIE SAUVAGE

Pour terminer le chapitre III, depuis la lecture de la préface, nous avons jugé convenable de parler de la soie sauvage, qui, un moment vers 1860, a vivement passionné l'opinion publique, et qui, sans avoir tenu ce que l'on avait promis pour elle, rend néanmoins quelques services.

A un moment où la maladie de nos races de pays, est venue jeter l'effroi dans les pays séricicoles, les travaux de divers auteurs, entre autre M. Guérin-Menéville, appelèrent l'attention sur des produits similaires de la soie, obtenus par des insectes du même genre, et susceptibles de vivre sur d'autres arbres que le mûrier, tels que sur l'ailante ou vernis du Japon, sur les chênes etc. Une foule d'essais et de tentatives furent faits, mais toujours infructueusement, et ne dépassèrent pas les limites du jardin d'acclimatation.

Un seul produit tout fabriqué est resté ; il nous vient de la Cochinchine et des pays environnants sous le nom de soie Tussah ou soie sauvage.

La soie Tussah, n'a que des rapports éloignés avec la soie du Bombyx. Elle arrive toute montée, ordinairement sous forme de trame, la plupart du temps très-irrégulièrement montée.

Elle a un aspect terne, une couleur brunâtre, une odeur *sui generis* repoussante, elle ne contient pas du grès comme la soie, mais des doses variables d'impuretés de 10, 20 et 30 %. Elle se décreuse mal au savon, il faut la cuire avec ménagement à la soude caustique, les impuretés tombent dans le bain, où, étant insolubles, elles se précipitent en partie. Cette soie bien cuite ou mieux dépouillée de ses impuretés, prend alors un aspect se rapprochant de celui de la soie ordinaire.

Elle est brillante, mais a conservé une nuance grisâtre, qu'elle ne perd jamais complètement. Son brillant n'est d'ailleurs pas celui de la soie. Vue au microscope, sa section est celle de la soie, mais plus grosse, son tissu paraît plus serré.

Elle est d'ailleurs assez rebelle aux opérations de teinture et surtout de la charge. Les nuances faites sur cette matière n'ont pas de plein, manquent de profondeur, paraissent écorchées, surtout les noirs. Pour les difficultés à la teinture, elle se rapproche du lin et du chanvre. Cependant on est arrivé aujourd'hui à mieux la manier qu'au début, elle ne sert d'ailleurs que pour des emplois secondaires comme trame, dans des articles où l'organsin ou le poil font tout l'effet recherché : velours, satins ; cas où l'on peut même employer du coton, surtout si celui-ci a été lustré et glacé, par des opérations chimiques et mécaniques qui ne rentrent pas dans le cadre de cet ouvrage.

CHAPITRE IV

Sommaire. — De la Teinture. — Teinture directe. — Théorie. — Teinture indirecte. — Emploi des mordants. — Théorie. — Mordants d'alumine, d'étain, de fer, de cuivre. — Mordants divers : chrôme, manganèse, mercure. — Etudes micrographiques sur les Soies teintes.

§ 30. — DE LA TEINTURE

Dès la plus haute antiquité, tous les peuples et de nos jours encore les plus sauvages ont éprouvé et éprouvent le besoin de colorer les fibres textiles et d'embellir, par des dessins variés les tissus destinés à leurs vêtements ou à l'ornementation.

L'histoire ancienne nous parle même de certaines couleurs très-renommées, comme la pourpre, qui était l'apanage du commandement et de la puissance. La soie n'a pas échappé à ces besoins ; et les Chinois peuples stationnaires, et d'une civilisation très-ancienne, nous montrent encore de nos jours la teinture de la soie, telle qu'elle a dû s'effectuer il y a deux mille ans, et probablement beaucoup plus.

La teinture bien faite a non seulement pour résultat l'embellissement des tissus, mais encore leur amélioration. Dans nos grandes villes, des vêtements complètement blancs seraient bientôt hors d'usage. De la teinture dépend donc non seulement l'embellissement, mais encore la conservation des étoffes appropriées aux besoins les plus multipliés.

Pour expliquer les divers phénomènes de la teinture, à la fin du siècle dernier, Hellot, le Pileur d'Apligny, Macquer, et de nos jours, Persoz, Walter-Crum, ont émis diverses théories opposées les unes aux autres. En résumé, après l'étude de ces diverses théories, il faut reconnaître qu'aucune ne suffit pour tout expliquer et qu'il faut toutes les appliquer selon les divers cas.

Il faut d'ailleurs diviser la teinture en général en deux parties, soit :

1° La teinture directe,

2° La teinture indirecte,

Lesquelles vont être étudiées et discutées dans les paragraphes suivants.

§ 31. — TEINTURE DIRECTE

Les teintures directes sont celles dans lesquelles les matières mises en présence de la soie se combinent ou se fixent directement sans aucun intermédiaire.

Les teintures directes peuvent se diviser en trois classes.

1° Celles (ou mieux la teinture en bleu de cuve, car il n'existe que ce type), où la couleur se développe sur la fibre.

2° Celles où la matière colorante mise en présence est absorbée par la soie, mais sans combinaison réelle.

3° Celles où les matières colorantes se fixent profondément sur la soie, ou mieux s'y combinent au point de perdre réciproquement leurs propriétés en parties.

Dans la première classe, qui est celle de la cuve d'Indigo, le brin de soie, étant saturé d'une solution alcaline soluble et incolore d'indigo, par l'aération, l'indigo blanc soluble se transforme en indigo bleu insoluble sur la fibre même. Il se fait ici un précipité mécanique au sein même de soie.

CHAPITRE VI

SOMMAIRE. — De la charge des Soies (suite et fin). — Couleurs foncées et noires. — Charge métallique à base de fer. — Du pied de fer ancien. — Du pyrolignite de fer. — Emploi du pied et du pyrolignite de fer. — Du rouil. — Rouil sulfate. — Rouil nitrate. — Rouil acétate. — Rouil acéto-nitrate. — Rouil chlorure. — Rouillage des soies écrues, cuites. — Théorie. — Du prussiate de potasse et du bleutage des soies rouillées. — Théorie du bleutage sur soie écrue et cuite. — Action des tannins sur une soie rouillée. — Théorie. — Action des tannins sur une soie bleutée, avec ou sans sel d'étain (1).

§ 64. — DE LA CHARGE DES SOIES EN COULEURS FONCÉES ET NOIRES. — CHARGE MÉTALLIQUE A BASE DE FER.

C'est dans les couleurs foncées et les noirs, que le teinturier a à sa disposition le plus de ressources, et qu'il peut arriver aux plus grandes limites. Il y a déjà fort longtemps que la charge du noir est connue, mais c'est de nos jours que les plus grands progrès ont été accomplis, et il faut espérer néanmoins que tout en progressant pour améliorer la qualité des soies chargées, l'on s'en tiendra aux résultats maintenant acquis. Dans lechapitre précédent, on a vu le teinturier ne pouvant dépasser certaines limites, et

(1) Depuis la lecture de le préface à la Société des Sciences industrielles de Lyon, j'ai fondu les chapitres VI et VII en un seul, pour consacrer entièrement le chapitre VII à l'étude des matières colorantes.

encore pour les faibles poids obtenus, ne pouvant enfreindre certaines précautions. Les charges obtenues précédemment, ou sont solubles dans l'eau, ou rendent la soie terne, poudreuse, ne pouvant supporter l'action du savon chaud, quelquefois indispensable pour terminer une bonne teinture, etc. Il n'en sera pas de même pour celles qui seront étudiées dans ce chapitre, elles font un corps intime avec la soie, n'en changent pas les propriétés d'une manière apparente, et surtout peuvent pour la plupart supporter impunément l'action du savon, même bouillant, qui ne fait alors que les embellir et les fixer. Cette dernière propriété est surtout capitale, le savon ramenant la douceur compromise par la charge.

Ces nouvelles propriétés données à la charge sont dues à l'emploi avec précaution des sels de fer, ce sont donc des charges métalliques à base de fer. Depuis fort longtemps, le hasard a dû conduire, comme pour l'encre au fer et à la galle, à la teinture en noir, la réaction est d'ailleurs la même et ce n'est que de ce siècle que cette réaction a été mieux comprise et agrandie. Les auteurs les plus anciens en teinture sur soie, parlent du pied de fer, objet du paragraphe suivant.

§ 65. — PIED DE FER. — TONNE AU NOIR.

Le pied de fer des anciens, peut se résumer, d'après les connaissances de nos jours, en une dissolution de sel ferreux, plus ou moins gommeuse ou mucilagineuse. Rien d'aussi compliqué que les formules du siècle passé et l'on peut sans inconvénient, de l'aveu même des auteurs, retrancher une bonne partie des ingrédients indiqués.

Le pied de fer des anciens ou brevet pour noir, diffère essentiellement du pied de fer moderne, en ce qu'il contient tous les éléments pour charger et faire du noir tout à la fois, tandis que de nos jours, le pied de fer ne contient absolument qu'un principe ferreux, comme principe actif et nécessite un autre passage en principe astringent pour agir d'une manière efficace.

Au commencement de ce siècle le pied de fer consistait déjà en acétate ferreux, obtenu avec du vinaigre ordinaire de basse qualité, agissant sur du fer très-divisé, de plus la solution était gommée par l'addition de gomme ou d'une matière mucilagineuse, telle que la graine de lin, le psillium etc. Cette dissolution d'acétate ferreux, ainsi préparée, reçut le nom de *tonne au noir*, car elle servait spécialement pour les noirs. Mais plus tard la tonne au noir, et les acétates de fer préparés avec le vinaigre ordinaire, devaient disparaître devant le pyrolignite de fer, sel obtenu en grand de nos jours par l'action de l'acide acétique brut, provenant de la distillation du bois ou acide pyroligneux, sur de vieilles ferrailles, ce sel objet du paragraphe suivant a fait une véritable révolution, dans la teinture des noirs surtout. Les pieds de fer anciens et modernes sont d'ailleurs revus au chapitre XI.

§ 66. — DU PYROLIGNITE DE FER.

Le bois soumis à la distillation en vases clos, dans des conditions convenables, donne environ de 30 à 33 °/., outre les produits gazeux et goudronneux, d'un liquide acide aqueux, connu dans les arts sous le nom d'acide pyroligneux. Ce liquide, soumis à une nouvelle distillation, donne un produit débarrassé de la majeure partie du goudron qu'il tenait en dissolution, qui constitue un acide pyroligneux rectifié, relativement assez pur. C'est ce produit qui sert à la fabrication, aujourd'hui considérable, du pyrolignite de fer, ou acétate impur de fer, car il n'est autre chose qu'une dissolution d'acétate de fer, souillée par des impuretés.

La fabrication du pyrolignite de fer se fait de deux manières :

1° Par double décomposition ;

2° Par saturation de l'acide pyroligneux avec la ferraille, aidée par le temps et le contact de l'air.

Dans la première méthode, l'acide pyroligneux est neutralisé par de la chaux en excès. La liqueur, tirée à clair, est précipitée par une solution calculée, concentrée, de couperose ou sulfate ferreux ; il se fait par double décomposition du sulfate de chaux insoluble qui se précipite et du pyrolignite ferreux qui reste en solution, d'après la réaction suivante :

$$\underset{\text{Acétate de chaux}}{CaO, C^4H^3O^3} + \underset{\text{Couperose}}{FeO, SO^3} = \underset{\text{Sulfate de chaux}}{CaO, SO^3} + \underset{\text{Acétate ferreux}}{FeO, C^4H^3O^3}$$

Cette méthode est très-expéditive, très-commode, mais elle donne un produit inférieur à celui qui suit.

Par la deuxième méthode, on sature de fer l'acide pyroligneux, qui titre de 3 à 5° Beaumé, en le passant et repassant sur de la ferraille en feuilles minces, contenue dans de grandes cuves, jusqu'à ce que le liquide noirâtre qui s'écoule atteigne de 14 à 16° Beaumé. Dans cette opération, le fer se charge de matières goudronneuses, et il est indispensable de le flamber de temps en temps avec de la paille, pour brûler le goudron, sinon ce produit, agissant comme vernis, le préserverait de toute action de l'acide. Quelle que soit la méthode employée, le pyrolignite de fer est un liquide noir, titrant de 15 à 16° Beaumé, d'une saveur fortement métallique, d'une odeur *sui generis* et de fumée de bois. Versé à la dose de quelques gouttes dans l'eau, il la colore en vert bleuâtre, qui fonce constamment, et la solution forme, comme le pyrolignite, une écume à la surface, ou mieux une pellicule.

Le pyrolignite de fer a été considéré longtemps comme le modèle des sels ferreux, et pouvant de plus se garder longtemps en cet état à l'air sans se peroxyder, grâce à une matière groudronneuse en dissolution, cette opinion est complètement erronée.

Dans des notes que j'ai lues à la *Société des Sciences industrielles de Lyon*, le 21 juillet 1865 et le 7 novembre 1866, j'ai établi que le pyrolignite de fer n'était pas un sel rigoureusement ferreux d'abord, puis que ses propriétés ne tenaient pas à la présence d'une matière goudronneuse, expression d'ailleurs vague et sans signification précise. Le pyrolignite de fer est un mélange de sel de protoxyde et d'oxyde 4/3, et c'est à ce dernier et à sa formation toujours lente qu'il doit ses propriétés, qui le font tant rechercher des teinturiers et des imprimeurs. Le pyrolignite de fer ne contient donc pas de goudron proprement dit, mais bien divers produits pyrogénés parmi lesquels un acide de même origine, l'acide oxyphénique, auquel il doit toutes ses qualités.

C'est à la faveur de cet acide qu'il ne se peroxyde que très-lentement et en petite quantité. En masse, il se garde presque indéfiniment à l'air, tandis que l'acétate ferreux ordinaire se peroxyde et se trouble rapidement. C'est également à l'acide oxyphénique, ou mieux à l'oxyphénate d'oxyde de fer 4/3 en petite quantité, que le pyrolignite doit sa couleur noire.

L'acide oxyphénique, qui répond à la formule $C^{12} H^6 O^4$ est un produit de la distillation des matières astringentes, et, conséquemment, de la distillation des bois, toujours plus ou moins riches, en ces matières. Cet acide, étudié par Ch. Gerhardt (*Chimie organique*, t. III, 1864), s'obtient avec facilité en distillant soit du cachou ou de la catéchine, de là le nom d'acide pyrocachétique, soit du morin ou bois jaune, de là le nom d'acide pyro-morintannique, etc. C'est par ces dernières méthodes, que je me suis procuré, autrefois, des quantités assez importantes d'acide oxyphénique pour en étudier les propriétés, en dehors de celles décrites dans les grands ouvrages de chimie ; j'ai constaté d'abord, par synthèse, sa présence réelle et son importance dans le pyrolignite de fer.

Après diverses considérations, et voulant rectifier l'expression impropre de goudron pour désigner la matière organique du pyrolignite de fer, je mis dans deux vases plats, au contact de l'air :

1° Une solution très-récemment préparée d'acétate ferreux, vert clair ;

2° Une solution comme ci-dessus, mais additionnée d'acide oxyphénique. En agitant à l'air, dans ces conditions, les deux vases, les résultats ne tardent pas à diverger, et en répétant l'expérience, toujours dans le même sens :

Le n° 1 se trouble et se rouille par un dépôt de sous-acétate ferrique ;

Le n° 2 se maintient limpide et prend une couleur vert noirâtre, analogue à celle du pyrolignite ferreux, et, lorsque la couleur est arrivée au maximum d'intensité, comme celle du produit commercial, le sel n'est plus réellement un sel ferreux, mais un mélange, et, d'après les lois de saturation et d'ordre d'affinité, d'acétate ferreux et d'oxyphénate d'oxyde magnétique en petite quantité. L'oxyphénate est bien un sel magnétique ou 4/3, car, comme les tannins, cet acide ne colore pas les sels ferreux et réduit les sels ferriques; la coloration n'a lieu qu'avec les sels intermédiaires ou 4/3.

Cette réaction n'a, d'ailleurs, donné de bons résultats qu'avec les sels ferreux à acide végétal, mais non à acide minéral, tels que le sulfate, le chlorure, etc. Dans ce cas, il suffit d'ajouter de l'acétate de soude pour que la coloration commence immédiatement.

Le pyrolignite de fer, naturel ou factice, précipite de l'oxyde ferreux par l'ammoniaque, et il passe, en filtrant, une liqueur rougeâtre.

Traité par les acides énergiques très-purs, comme l'acide sulfurique, l'acide chlorhydrique, etc, le pyrolignite se décolore par la destruction de la combinaison de l'oxyphénate 4/3, et, dans la liqueur ainsi décolorée, étendue d'eau, les réactifs permettront de constater que ce sel n'est pas aussi ferreux que la couperose.

Le cyanure jaune y donne un précipité plus bleuâtre.

Le sulfocyanure de potassium, une coloration rouge assez intense, ce qui indique la présence d'une quantité notable de peroxyde de fer, provenant de l'oxyde magnétique.

Par voie d'analyse, les propriétés du pyrolignite ferreux sont bien reconnues également pour venir de l'acide oxyphénique et, à cet égard, il y a une différence énorme entre les propriétés des divers pyrolignites. Ainsi, ceux de chaux et de plomb sont des acétates presque purs; en effet, dans la préparation, on détruit par la chaleur l'oxyphénate pour le premier, et pour le second, l'oxyphénate de plomb étant insoluble est séparé par le repos.

L'acétate et encore mieux le sous-acétate de plomb, ajouté à du pyrolignite du commerce, donne un précipité blanc grisâtre d'oxyphénate de plomb; et le sel se décolore en grande partie.

Le pyrolignite de fer tient donc, par ses propriétés, tout à la fois des sels ferreux magnétiques et de l'acide oxyphénique. Ce dernier corps est un réducteur énergique, qui réduit les sels d'argent, d'or et de platine, ainsi que les sels de peroxyde de fer.

Pour terminer, le pyrolignite de fer, à 15 ou 16° Beaumé, titre exigé dans les arts, contient 8 °/₀ de protoxyde de fer. Il ne doit pas précipiter, par le chlorure de baryum, ce qui indiquerait la présence d'un sulfate ou une mauvaise préparation. Sa solution, décolorée par un peu d'acide nitrique très-pur et étendu d'eau, ne doit pas troubler par le nitrate d'argent, ce qui indiquerait la présence d'un chlorure; il est nécessaire d'additionner d'acide nitrique et d'étendre d'eau distillée, sinon l'acide oxyphénique pourrait réduire le sel d'argent, et, d'ailleurs, les acétates concentrés précipitent les sels d'argent.

§ 67. — EMPLOI DU PIED ET DU PYROLIGNITE DE FER.

Le pied et le pyrolignite de fer, qui sont sensiblement les mêmes préparations, ne s'emploient jamais directement sur la soie, dans ce cas, ils donneraient de très-mauvais résultats, se fixeraient mal, marbreraient, etc. Ils s'emploient toujours sur une soie passée précédemment en astringent. Comme on l'a vu dans le chapitre précédent, les astringents ont la propriété de se combiner directement à la soie, et en assez grande quantité. Si l'on passe une soie ainsi engallée ou cachoutée, selon le tannin, dans un bain de pied au pyrolignite à un autre sel ferreux, et à une température ménagée, elle s'imprégnera de ce sel, et si, après l'avoir égouttée fortement, ou diablée, on la promène dans l'air en la lisant sur deux grandes barres de bois, dites *vergues*, par l'oxydation, il se formera sur la soie une combinaison du principe astringent avec de l'oxyde de fer 4/3, emprunté au pied de fer qui mouille la soie. Le tannin, qui était fixé et combiné à la soie, entrant dans une nouvelle combinaison, la soie sera redevenue apte à tirer et à se combiner à nouveau, avec un astringent, en même temps qu'elle se teindra en noir par des passages réitérés en astringent et en pied, et se chargera de plus en plus. Quelquefois le pyrolignite de fer s'emploie, très-étendu entre deux astringents, simplement pour embellir la nuance sans se préoccuper du poids.

Dans tous les cas, le pied et le pyrolignite de fer s'emploient surtout dans la teinture en noir, et les bains, lorsqu'ils sont concentrés, sont gardés d'une manière permanente ; or comme à chaque passage ils s'appauvrissent en fer qui est tiré par le tannin de la soie, il est utile de maintenir la saturation en tenant de la ferraille dans le fond de la barque, qui prend elle-même le nom de *barque de pied* ou *pied* tout court (1). Il est utile également de réchauffer de temps en temps les barques de pied, à l'aide d'un serpentin en cuivre, à une température voisine de l'ébullition pour bien les saturer de fer. On les écume en même temps pour enlever les dépôts boueux qui viennent alors flotter à la surface, afin de tenir le pied dans un état de propreté convenable.

Dans le chapitre XI, au paragraphe des noirs anciens au pied et à la galle, il sera de nouveau question des applications du pyrolignite, ainsi que dans les chapitres XII, XIII et XIV.

§ 68. — DU ROUIL.

Ce produit dont l'application est due indirectement aux travaux de Raymond pour l'obtention de son bleu, aujourd'hui l'objet d'un commerce considérable à Lyon, qui, d'ailleurs en est le plus grand centre de production du globe entier (2), n'est autre chose qu'un

(1) La ferraille, au fond de la barque, présente plusieurs inconvénients; d'une part, elle rend difficile le brassage à fond du liquide ainsi que le chauffage, soit à feu nu, comme il se faisait anciennement, soit par la vapeur, à l'aide d'un serpentin de cuivre. D'autre part, le fer ainsi placé, agit seulement sur la partie inférieure du liquide, dont la presque totalité échappe alors à l'influence du métal, et par contre subit l'action de l'oxygène atmosphérique dont rien ne le préserve.

Depuis longtemps déjà, et d'après le conseil de M. Lembert, la plupart des teinturiers lyonnais qui emploient le pied de noir proprement dit, maintiennent de la ferraille, non pas au fond, mais bien à la surface du bain ; pour cela, cette ferraille est placée sur une claie, dont les dimensions sont à peu près celles de la surface du liquide, et qui y plonge, de manière à ce que le fer soit seulement submergé. Elle est maintenue dans cette position, au moyen d'une corde passant sur une poulie fixée au-dessus de la cuve. Quand on veut se servir du bain, on remonte la claie à une hauteur suffisante pour ne pas gêner le travail.

(2) Lyon fabrique journellement environ 25 tonnes au minimum de ce produit représentant une consommation journalière de 3 tonnes de vieilles ferrailles.

sous-sulfate ferrique. Depuis Raymond les travaux ont donc tendu à produire de plus en plus ce sous-sel au lieu du sulfate ferrique neutre.

Comme constitution chimique , la base est invariablement le fer peroxydé aussi exactement que possible. L'acide dans le plus grand nombre de cas, est l'acide sulfurique. Dans un petit nombre de cas, on emploie les rouils à acide nitrique, ou acétique dits rouils nitrates, rouils acétates, ou rouils acéto-nitrates. Ces produits beaucoup plus chers que les rouils à acide sulfurique tendent à disparaître de plus en plus ; leur prix de revient plus élevé n'étant pas compensé par la qualité. Les rouils à acide chlorhydrique dits : rouils chlorures, qui ont été souvent préconisés à cause du prix de revient sont complétement laissés de côté et la présence de l'acide chlorhydrique dans les rouils du commerce doit être évitée avec soin.

Ce produit quoique très-important, n'est décrit dans aucun ouvrage de chimie. Le sel ferrique qui s'en rapproche le plus et le sel dit de Mos, répondant à la formule :

$$2\ Fe^2O^3,\ 4\ SO^3$$

Les sels ferriques neutres, c'est-à-dire répondant à la formule générale $Fe^2\ O^3,\ 3\ MO$, sont tous des sels formant des dissolutions très-concentrées, cristallisant difficilement, d'une couleur jaune rougeâtre, sauf l'acétate ferrique neutre qui est rouge intense, ainsi que le sulfocyanure, et quelques autres sels à acide organique.

Tous les sels ferriques, mis en digestion avec de l'hydrate ou du sous-carbonate ferrique récemment précipités sont susceptibles d'en dissoudre des quantités pouvant, pour les chlorures, par exemple, devenir considérables, et former ainsi des sels de plus en plus basiques en prenant une nuance rouge foncée, au lieu de jaune rougeâtre.

Ces produits ainsi obtenus sont analogues aux rouils du commerce obtenus par d'autres méthodes plus commodes et plus économiques qui vont être examinées successivement pour divers rouils.

§ 69. — ROUIL SULFATE.

Le rouil sulfate, le plus important de tous, puisqu'à lui seul il forme les 99 °/₀ de la consommation, se trouve dans le commerce sous forme d'un liquide rouge foncé titrant 40 à 45° Beaumé. Autrefois, il existait deux types, le type rouil pour noir incomplètement peroxydé et le rouil pour bleu qui l'était complètement. Aujourd'hui, par suite du perfectionnement des méthodes, le commerce ne livre plus que du rouil à 45° complètement peroxydé dans les prix de 10 à 11 fr. les 100 kilog. franco, Lyon.

Soumis à l'analyse, un bon rouil ne doit pas précipiter par le nitrate d'argent, sinon il contiendrait du chlorure ferrique, dont l'effet est à peu près nul.

Par le cyanure rouge, étendu de beaucoup d'eau, il ne doit donner qu'une coloration sans précipité bleu; un précipité indiquerait la présence d'une quantité plus ou moins notable de sel de fer non peroxydé.

Soumis à la calcination dans un creuset de platine, il laisse environ 17 °/₀ d'oxyde ferrique, et d'après de nombreuses analyses que nous avons faites en commun avec M. le docteur Lembert, sa formule correspond à l'expression suivante :

$$2\,Fe^2O^3, 5\,SO^3$$

D'après des expériences non moins nombreuses, faites avec M. Lembert pour le même sujet nous avons reconnu que le rouil correspondant à cette formule répondait le mieux à tous les besoins. Se rapprochant plus par sa formule du sulfate ferrique neutre, il donnait de moins bons résultats en teinture ; s'éloignant au contraire de cette formule, il n'acquérait pas en valeur pour le teinturier; et devenant de plus en plus basique, il était sujet à déposer facilement des sous-sels insolubles par le repos, surtout si on l'abandonnait un certain temps.

La propriété la plus remarquable du rouil, celle qui intéresse le teinturier à un haut degré, est sans contredit la décomposition qu'il subit sous l'influence d'un grand excès d'eau, même à froid. Si l'on ajoute quelques gouttes d'un sel ferrique, soit du rouil, dans un excès d'eau distillée, il se produit, comme pour les sels d'étain, vus dans le chapitre IV, une décomposition donnant naissance à un sous-sel ferrique insoluble qui se dépose et un sel ferrique très-acide qui reste en dissolution. Si au lieu d'eau distillée l'eau employée est calcaire, la réaction est bien plus prononcée et tout l'oxyde ferrique est précipité sous forme de sous-sel par le bicarbonate de chaux de l'eau. Cette propriété est d'ailleurs mise à profit dans le rouillage des soies, et c'est sur elle qu'est basée la fixation de l'oxyde ferrique sur la fibre.

Dans nos essais avec M. Lembert pour nous procurer des rouils de formule déterminée depuis la formule du sulfate ferrique neutre $Fe^2O^3, 3SO^3$ jusqu'à la formule basique $Fe^2O^3, 2SO^3$ correspondant à la couperose plus de l'oxygène, au lieu de faire dissoudre du sous-carbonate ou de l'hydrate ferrique, dans le sel neutre; nous avons mis à profit la propriété du bioxyde de mercure, de céder facilement son oxygène même à froid.

Si l'on agite de la couperose bien cristallisée avec du bioxyde de mercure et de l'eau, peu à peu la couperose se dissout, il se forme du mercure métallique, qui se rassemble au fond du vase et il reste un liquide rouge foncé qui répond à la formule $Fe^2O^3, 2SO^3$ d'après la réaction suivante :

$$2(FeO, SO^3) + HgO = Fe^2O^3, 2SO^3 + Hg$$

Ce sel qui correspond à la couperose plus de l'oxygène a été étudié par Mos, qui l'a obtenu par saturation du sulfate neutre avec de l'hydrate de peroxyde. Il est rouge très-foncé, forme facilement des sous-sels, même par le simple abandon, il se décompose alors en sous-sel insoluble et en sel acide qui surnage.

En ajoutant dans la même réaction des doses calculées d'acide sulfurique, on obtient tous les sels intermédiaires jusqu'au sulfate neutre, en passant par la formule du rouil commercial soit $2\,Fe^2O^3, 5\,SO^3$ de laquelle, fabricants et consommateurs, soucieux de leurs intérêts, ne devront pas trop s'écarter.

Dans l'industrie, le rouil s'obtient toujours par l'oxydation de la couperose produite par l'acide nitrique, avec l'addition d'une petite quantité d'acide sulfurique. Cette fabrication quoique très-courante demande beaucoup de soins et d'habitude, pour éviter la production des sous-sulfates ferriques insolubles, elle s'effectue de la manière suivante :

Dans de grands vases en fonte ou même en bois, fermant exactement et munis : d'un gros tube pour le dégagement des gaz, d'un petit tube pour l'introduction des acides et d'une troisième ouverture pour l'introduction d'une barre de bois, afin d'opérer le brassage, on introduit de la couperose à raison de 80 kil. pour 100 kil. de rouil à obtenir. La théorie indique 72 de couperose pour 100 de rouil à 45°, mais le chiffre de 80 kil. est nécessité par l'excès d'humidité qu'elle contient.

On emploie pour cette opération les mêmes cristaux d'une fabrication annexe de couperose, les gros cristaux étant réservés pour la vente. Le vase étant fermé, on verse peu à peu sur cette couperose un mélange étendu d'un peu d'eau, contenant 10 à 15 % d'acide azotique à 36°, 6 à 7 % d'acide sulfurique à 66°, et on remue le mélange au moyen d'une barre de bois disposée à ce effet. On laisse épuiser la réaction à froid, c'est-à-dire sans chauffer, puis on introduit la vapeur pour terminer. Dans cette réaction, il se produit des torrents de vapeurs nitreuses que l'on fait passer dans une série de bombonnes contenant de l'eau, à l'aide d'une cheminée d'appel communiquant avec la dernière. Par ce moyen, la majeure partie de l'acide azotique est reconstituée, d'où résulte une économie qui a permis de livrer le rouil à un prix presque égal à celui de la couperose.

La réaction est terminée quand il ne se dégage plus de gaz rutilants, le liquide est alors conduit dans de vastes réservoirs en ciment pour l'y laisser refroidir et le décanter ensuite.

A plusieurs reprises, il a été fait des tentatives infructueuses pour préparer le rouil à l'aide des minerais de fer, tels que l'oligiste, que l'on trouve assez pur. Le minerai, réduit en poudre impalpable, est malaxé avec de l'acide sulfurique, de manière à former une pâte très-épaisse, que l'on introduit dans un four à reverbère. On soumet cette pâte à une calcination très-ménagée, sous cette influence, il se forme du sulfate ferrique et l'excès de l'acide est évaporé. Par la lixivation dans l'eau, on obtient bien une dissolution de sulfate ferrique, mais ce sel ainsi produit est trop acide et n'a jamais pu remplacer le rouil. Pour utiliser ce produit, il faudrait le neutraliser avec du peroxyde hydraté.

Pour terminer ce qui a rapport au rouil sulfate, disons que longtemps les praticiens ont cru qu'il était indispensable que le rouil retînt un peu de couperose et d'acide nitrique pour être de bonne qualité pour noir. La pratique a démontré qu'un rouil était bon pour tous les emplois, lors même qu'il ne contenait plus de couperose, de là est venu la disparition des deux variétés, rouil pour bleu et rouil pour noir; elle a démontré également que la présence de l'acide nitrique n'était nullement indispensable.

§ 70. — ROUIL NITRATE.

Le rouil nitrate est un produit liquide comme le rouil sulfate, sa couleur rouge est plus intense, le commerce le livre au même degré que le rouil ordinaire, mais généralement ce rouil dont l'emploi, sauf en impression, tend à disparaître de plus en plus, est fabriqué par le consommateur lui-même, au fur et à mesure, de ses besoins.

On introduit lentement, et par fragments, du fer métallique dans une tourie contenant de l'acide nitrique et placée sous un tirage ; on cesse d'ajouter du fer dès qu'il se forme un dépôt sensible de sous-nitrate ferrique de couleur ocracée, la réaction est alors achevée. Le liquide tiré à clair a la formule suivante analogue à celle du rouil sulfate :

$$2\,Fe^2O^3, 5\,AzO^5$$

Il ne donne pas de meilleurs résultats que le précédent et coûte beaucoup plus cher. Sauf pour les noirs d'impression et quelques rares emplois de teinture, il est presque complètement abandonné.

§ 71. — ROUIL ACÉTATE.

Le rouil acétate est un liquide rouge foncé titrant 20° Beaumé. Il a joué un grand rôle autrefois pour la fabrication de certains noirs fins, mais aujourd'hui son emploi est à peu près abandonné, ainsi que celui du rouil qui suit.

Le rouil acétate s'obtient par double décomposition en précipitant le rouil ordinaire par une dissolution d'acétate de plomb. Il se forme du sulfate insoluble de plomb et de l'acétate ferrique qui reste en dissolution et que l'on sépare par décantation. Au début du rouillage des soies, les rouils étant souvent très-acides, on les neutralisait soit par du carbonate de soude, soit en ajoutant de l'acétate de plomb qui remplaçait, par double décomposition, le sulfate acide de fer, par de l'acétate acide; or, l'acide acétique étant un acide faible, l'acétate acide, donnait quand même de bons résultats. Cette pratique d'ailleurs très-coûteuse a disparu devant le perfectionnement des rouils.

Avant de quitter l'acétate ferrique, il faut parler de l'oxyde de fer colloïdal. Si l'on soumet l'acétate ferrique étendu à la dialyse d'après les expériences de Graham, peu à peu l'acide acétique est éliminé et il reste un oxyde ferrique soluble dans l'eau, mais qui n'a plus comme tous les corps colloïdaux, ses affinités ordinaires et est sans action sur la fibre.

§ 72. ROUIL ACÉTO-NITRATE.

Ce produit qui a joué un rôle considérable, est encore employé dans la teinture et la charge des noirs pour peluche. Sa préparation quoique des plus simples, a été tenue longtemps secrète. Elle se divise en deux temps.

Dans le premier temps, du fer est ajouté à de l'acide nitrique comme dans la fabrication du nitrate ferrique, mais l'on continue les additions jusqu'à ce que le tout soit pris en une pâte ferme, de sous-nitrate ferrique, insoluble dans l'eau.

Dans le deuxième temps, le sous-nitrate ferrique est traité par l'acide acétique à chaud, dans des bassines en fonte émaillée. Il faut toujours maintenir un excès de sous-nitrate. L'acide acétique dissout le sous-sel et il se forme un acéto-nitrate ou nitro-acétate ferrique, qui après dépôt et décantation forme une liqueur rouge foncée, titrant 23 à 24° Beaumé. Ce rouil paraît surtout ménager la force des soies employées pour peluche, lesquelles sont fines et peu montées. C'est d'ailleurs son seul emploi.

§ 73. — ROUIL CHLORURE.

Le rouil chlorure ou perchlorure de fer, souvent proposé et abandonné, depuis les travaux de Raymond, s'obtient en traitant le fer métallique par l'eau régale, et évaporant pour chasser l'excès d'acide. C'est un sel formant avec l'eau des dissolutions jaunes rougeâtres très-concentrées, susceptible de dissoudre des quantitités considérables de peroxyde de fer hydraté et de former par conséquent des sels très-basiques.

Malgré cela, le rouil chlorure n'a jamais obtenu un grand succès en teinture, cela tient à ce qu'il forme moins facilement des sous-sels insolubles au contact d'un grand excès d'eau. Aussi malgré les nombreuses tentives, il est à peu près complètement abandonné.

Si ce sel prenait jamais un emploi important en teinture il pourrait être livré à très-bas prix par les fabriques d'acide sulfurique et de sel de soude, en traitant, ainsi que je l'ai indiqué par mon brevet pris le 2 octobre 1869, n° 87-200, l'oxyde ferrique résultant du grillage des pyrites pour l'obtention de l'acide sulfurique, par l'acide chlorhydrique résidu encombrant des fabriques de sel de soude.

§ 74. — ROUILLAGE DES SOIES ÉCRUES ET CUITES.

Le rouillage des soies ou passage dans un bain de rouil, s'effectue indistinctement pour les soies écrues et cuites avec quelques légères variantes. Le rouil comme pour le bain d'alunage constitue un bain permanent, contenu dans de grandes barques en bois (les barques en cuivre seraient rapidement détruites par l'action oxydante du sel ferrique). L'opération a toujours lieu à froid, il faut cependant que dans l'hiver la pièce soit chauffée, et comme le rouillage est une opération des plus malpropres de la teinture, généralement les ouvriers y affectés ne font pas autre chose, de même, le local doit être isolé du restant de l'atelier. Le rouil peut-être vidé directement du tonneau venant de la fabrique dans la barque ou vidé dans des fosses pour le laisser clarifier. Dans ce cas, pour le premier il faut des pompes en grès, ou en alliage de caractère d'impression qui résiste assez bien a son action.

Comme précautions générales le bain de rouil doit toujours avoir le même degré aréométrique et comme les soies crues on cuites que l'on y introduit chaque fois sont toujours humides (elles sortent des essoreuses ou diables), chaque passage affaiblit le degré du bain que l'on remonte par une addition de rouil neuf concentré.

Au sortir du bain de rouil les soies sont laissées à égoutter le plus possible au bout de la barque sur les grilles, puis elles sont sorties des bâtons et tordues fortement à la main, toujours sur la barque pour recueillir le plus possible le liquide qui les imprégne, qui malgré son bas prix finit, vu les quantités employées, par faire des sommes importantes. Divers procédés ont été essayés, mais sans succès pour extraire mécaniquement l'excès de rouil qui imprégne les soies ; le plus ancien consiste à les diabler dans des diables doublés de gutta-percha pour préserver le panier. Le deuxième prend les soies, matteau par matteau, et les lamine sur une lame inclinée de caoutchouc, entre deux cylindres doublés de caoutchouc. A la suite d'inconvénients divers l'on est toujours revenu au tordage à la main.

Pour le rouillage de la soie écrue, celle-ci est simplement dégraissée dans une eau tiède de carbonate de soude, rincée et fortement essorée, puis mise en bâton; elle est lisée dans un bain de rouil à 10° Beaumé. Au bout d'un temps variable, selon l'importance de la partie de 1/2 heure à 1 heure, les soies sont relevées, égouttées et tordues, puis elles sont rincées vivement et à grande eau, soumises à une batture, si elles sont très-fortement montées comme les grenadines pour bien les dégorger; sortant du rinçage, elles sont tordues à la main, dressées et mises en bâton à nouveau pour être abattues et lisées dans un bain tiède de carbonate de soude (la chaleur ne doit pas dépasser 40 à 50°). La nuance qui était rouillée en sortant du bain monte au rinçage et devient plus intense encore à l'opération dite du *soudage.* Après un passage d'environ 30 minutes, les soies sont levées de dessus le bain de soude, ou mieux le bain est vidé par les soupapes du fond et la barque remplie d'eau; on donne quelques lises à froid, puis les soies sont levées, égouttées, tordues et diablées fortement. L'ensemble de ces opérations, depuis la mise dans le bain de rouil, constitue un premier passage en rouil. Si cet ensemble est réitéré dans le même ordre et avec les mêmes dispositions, deux, trois, quatre fois, cela s'appelle donner deux, trois, quatre rouils. En effet, la soie après chaque passage en soude est devenue apte à se resaturer de rouil comme si elle n'en avait point pris, propriété bien précieuse et mise à profit dans les charges de certaines couleurs foncées et des noirs.

Le rouillage des soies cuites, en dehors des précautions générales, diffère notablement du rouillage des soies écrues. La pratique a démontré que, si, pour les soies écrues, un bain à 10° aérométriques suffisait, pour les soies cuites il faut que le bain de rouil ait 30° environ. Les soies, bien rincées sur la cuite et fortement essorées, sont passées en bâtons puis lisées une demi-heure à une heure sur le bain de rouil. Elles sont ensuite enlevées, tordues, rincées à grande eau, tordues et diablées; elles sont de nouveau mises en bâton et lisées sur un bain de savon bouillant pour fixer le rouil. Pour la soie écrue, un bain faible de carbonate de soude, à 40, 45 ou 50° au plus, suffit pour fixer le rouil ; ici il faut atteindre l'ébullition dans un savon gras additionné d'un peu de carbonate de soude pour neutraliser l'acide du sous-sel fixé sur la soie. Le savon employé pour fixer les rouils est ordinairement le savon provenant de la cuite additionné par chaque 100 kilog. de soie rouillée de 12 % de savon d'oléine, 2 % cristaux de soude. Le savonnage doit se faire à 100° durant une heure afin d'obtenir le maximum de fixation. Ce résultat est obtenu en lisant les soies dans une barque contenant un serpentin chauffé à la vapeur avec pression, on maintient une *très-faible* ébullition afin d'être certain d'avoir 100°. Les soies sorties du savonnage sont mises à égoutter sur des grilles aux bouts de la barque pour recueillir le savon qui sert indéfiniment avec addition chaque fois pour remplacer les pertes de 10 à 12 % savon et 2 % cristaux de soude. Avant chaque passage de soie rouillée nouvelle, on fait bouillir un instant le savon de savonnage pour faire monter à la surface les savons gras métalliques, qui viennent sous forme cireuse et que l'on enlève avec des tamis formés par un calicot entourant un cercle.

Les soies égouttées, sont rincées une première fois en barque en les lisant sur une eau tiède de carbonate de soude pour bien les dégorger du savon qu'elles retiennent, puis elles sont rincées à grande eau, tordues et diablées fortement ; l'ensemble de ces opérations constitue un rouillage pour soie, et celle-ci qui était sortie jaune pâle du bain de rouil, devenue plus foncée au rinçage et au fixage est devenue apte à se rouiller de nouveau. L'on peut répéter et dans le même ordre et avec mêmes précautions cet ensemble d'opérations qui constitue un rouil pour cuit jusqu'à 7 et même 8 fois dans certains cas.

Le rouil à froid est sans action sur la soie crue ou cuite si elle est entièrement plongée dans le bain, mais la partie au contact de l'air peut s'altérer par dessication. Si les soies doivent rester sur le rouil il vaut mieux les laisser en *sotte* au fond de la barque, si elles doivent rester sur le rinçage du rouil il faut les tenir dans des couvertures humides. Quant à l'action sur la soie du rouil ou peroxyde de fer fixé, elle est nuisible à la longue, comme pour toutes les fibres textiles, dont cette matière finit par causer la combustion lente. Les soies ne sont d'ailleurs jamais laissées sur le rouil, fixé ou non, car celui-ci n'est que le début d'opérations multipliées devant donner des verts, des marrons ou des noirs chargés.

§ 75. — THÉORIE DES SOIES ROUILLÉES ÉCRUES ET CUITES.

Le mode de fixation du rouil bien différent en pratique pour les soies écrues et pour les soies cuites, l'est également en théorie.

Pour les soies écrues l'on peut admettre qu'il y a une véritable affinité entre la soie et le sel ferrique ou mieux entre le grès et celui-ci. En effet, il suffit de bains étendus de rouil pour obtenir un effet utile convenable; puis au rinçage qui doit fixer le rouil, il y a moins de précautions à prendre. En réalité le sous-sel ferrique est combiné à la soie ou au grès et le rinçage n'a ici pour but que d'écarter le sel acide qui l'imprégne avant d'aborder le soudage qui le fixera définitivement.

Pour les soies cuites la question est plus délicate, il n'y a pas affinité réelle de la soie, modifiée dans ses propriétés chimiques, pour le rouil, mais en suite des propriétés endosmiques, la soie humide plongée dans un bain concentré de rouil se saturera de ce sel sans le décomposer, et, ce n'est qu'au rinçage à grande eau que se produira le dédoublement dont il a été question, en sous-sel ferrique insoluble se fixant sur la soie et sel très-acide restant en dissolution dans l'eau.

Cela est tellement vrai que M. Lembert par des lavages méthodiques de soie cuite rouillée est arrivé à la dérouiller à peu près complètement. Donc dans le premier cas, il y a affinité réelle de la soie pour le rouil et dans le deuxième, celui de la soie cuite, la fixation a lieu en suite d'actions physiques et chimiques successives : action physique pour l'imprégnation de la fibre, action chimique au rinçage sous l'influence de la masse d'eau dans laquelle est immergée la soie rouillée. Cette action de dédoublement sera d'ailleurs complétée et facilitée par la présence du bicarbonate de chaux dans les eaux, et les eaux douces et granitiques, exemptes, comme celles de Saint-Etienne et de Saint-Chamond, de tout principe calcaire, conviendront peu pour fixer les rouils sur la soie cuite, à l'inverse de celle du Rhône et de la Saône, à Lyon, qui conviennent bien dans ce cas. Pour obtenir avec les premières les mêmes résultats qu'avec les secondes, il faudra, par exemple, cinq rouils au lieu de trois en soie cuite, tandis que, sur la soie écrue, la qualité calcaire des eaux n'a pas d'influence. Ce fait explique pourquoi les noirs sur la soie cuite et chargés se font mieux à Lyon qu'à Saint-Etienne et Saint-Chamond, tandis que les noirs souples se sont localisés dans ces dernières villes où les poids partant du rouillage sur la soie s'obtiennent aussi facilement qu'avec les eaux calcaires.

Nous avons fait autrefois des expériences pour faciliter le fixage du rouil sur la soie écrue ou cuite en exposant celles-ci rouillées, étendues sur des bâtons, à l'action du gaz ammoniac qui, en s'emparant de l'acide, fixe de suite l'oxyde. Le résultat a été bon comme rendement, mais la soie devenait terne, pondreuse, prenait un très-mauvais toucher, et à la suite d'expériences infructueuses, les essais furent abandonnés.

Dans un rouil bien fait, la soie écrue ou cuite prend 4 % en poids et cette prise se répète sensiblement à chaque rouil. C'est de l'oxyde de fer hydraté qui reste finalement sur la soie, car à l'énumération on ne trouve guère que 2 % environ d'oxyde de fer anhydre fixé par rouil. Ainsi dans une soie ayant perdu 25 % à la cuite, après 6 rouils on rattrape le poids perdu, et si l'on donne 7 à 8 rouils comme cela a lieu quelquefois, on dépasse sur le rouil seulement de 8 % le poids confié. Les soies sont devenues alors d'une couleur rouillée très-foncée, mais n'ont rien perdu de leur brillant.

Pour une soie écrue, l'oxyde de fer étant combiné au grès et à la soie, un soudage à 40 ou 50° de chaleur suffit, mais pour une soie cuite, l'oxyde, n'étant déposé que mécaniquement, tendrait à se redissoudre dans le bain de rouil suivant et c'est pour cela qu'il est indispensable de savonner au bouillant et pendant un temps assez long, durant lequel, sous l'influence de la température de 100°, l'oxyde ferrique tend à se modifier et à devenir moins soluble dans les acides et insoluble dans les sels ferriques.

Dans l'action du savon bouillant sur une soie rouillée, on a cru qu'il se formait un peu de savon de fer, mais il n'en est rien. De la soie rouillée et savonnée plusieurs fois ne cède presque rien à l'essence de térébenthine bouillante qui dissout le savon de fer.

Les soies engallées comme il a été dit dans le chapitre précédent ont perdu de leurs propriétés endosmiques, et ne peuvent plus se rouiller. Ainsi une soie ayant subi l'action d'un tannin à froid et surtout à chaud, mise dans un bain de rouil, ne prend rien ; mais le tannin qui s'était fixé est détruit et la soie perd en poids ce que lui avait donné l'engallage ou cachoutage. Le rouil veut donc pour produire son effet, commencer la série des opérations.

Pour terminer ce qui a rapport au rouillage des soies, il reste à dire quelques mots des machines à laver les soies rouillées.

Ces machines doivent avoir pour principe d'imiter le lavage à la main et en rivière, c'est-à-dire d'éviter le lavage méthodique qui, comme il a été démontré d'après les expériences de M. Lembert, dérouille complètement la soie.

Pour arriver à ce résultat il y a deux systèmes employés : l'un, déjà ancien, dit système Berthaut, consiste a faire tourner la soie dressée et tendue sur deux cylindres horizontaux animés d'un mouvement de rotation dans le même sens. Au centre du matteau développé sur les deux cylindres se trouve un tube percillé parallèle aux cylindres, et versant constamment de l'eau sur la partie inférieure de la flotte, 4 ou 5 minutes au plus sont nécessaires pour laver convenablement la soie.

L'autre système, dit système prussien, est plus simple encore : la soie est pendue verticalement par son propre poids, sur un cylindre en fonte émaillée ou en porcelaine, animé d'un mouvement assez lent de rotation pour changer constamment la soie de place, le cylindre est armé dans le sens de 5 ou 6 génératrices d'un grand nombre de trous par où s'échappe des filets d'eau se répandant au dedans du matteau. Ces machines qui donnent d'excellents résultats pour rincer les rouils en donnent de non moins bons pour rincer les savons.

§ 76. — BLEUTAGE DES SOIES ROUILLÉES ÉCRUES ET CUITES.

Cette opération dont en réalité Raymond est le créateur, avait autrefois pour but l'obtention d'une couleur bleue, aujourd'hui elle a pour but de charger la soie en fixant sur la fibre écrue ou cuite et rouillée une masse de bleu de Prusse, par l'action du ferrocyanure de potassium ou cyanure jaune additionné d'un acide. Le cyanure jaune ou prussiate de potasse ou ferrocyanure de potassium est un sel que le commerce livre très-pur, en beaux cristaux jaunes; il est trop connu pour qu'il soit nécessaire d'en parler ici autrement que comme emploi. De même que le rouillage des soies offre des différences selon qu'il s'agit de soie écrue ou cuite; le bleutage se fait avec de légères variantes selon qu'il s'agit de soie écrue rouillée ou de soie cuite rouillée.

Pour le bleutage des soies écrues, les soies, bien dressées à la cheville pour les égaliser sur le rinçage du dernier rouil, sont mises en bâton et abattues sur une barque contenant un bain à 30 ou 35° de prussiate jaune acidulé d'acide chlorhydrique.

Les soies sont menées et lisées durant 25 à 30 minutes, pendant ce temps leur couleur rouillée disparaît peu à peu pour faire place à un ton verdâtre qui fonce toujours en tirant vers le bleu.

Les soies sont relevées sur des grilles au-dessus de la barque et le bain est additionné d'une quantité d'acide chlorhydrique égale à la première, puis la température est portée à 40° centigrades à l'aide d'un rameau de vapeur; les soies sont abattues de nouveau, menées et lisées comme la première fois. Leur nuance devient bleue presque *noire* selon la dose de fer fixée par les rouils, c'est-à-dire selon le nombre de rouils.

La barque est alors vidée par une soupape de dessous et remplie par une eau sur laquelle les soies reçoivent deux ou trois lises, cette opération s'appelle donner une eau, et à l'avenir ce terme sera seul employé. Puis l'eau étant écartée par les soupapes, les soies égouttées sont tordues et diablées fort. Elles sont alors prêtes à suivre pour d'autres opérations, car jamais on ne finit une soie sur le bleu.

Le bleutage des soies cuites s'opère comme le précédent, sauf la température. Tandis que les soies écrues peuvent et doivent se bleuter à tiède, dans ces conditions, les soies cuites ne prendraient qu'une teinte vert clair. Au début, le bain de bleutage doit être monté à une température de 45° centigrades, puis au réchauffage il faut porter à 50 et même 55°. Quelquefois il faut trois réchauffages pour être bien sûr de la réussite.

Les soies cuites comme les soies écrues prennent d'abord une nuance vert clair qui se fonce peu à peu, puis tourne au bleu noir verdâtre. Dans les soies à un ou deux rouils, la soie sortant du bleutage a une nuance bleue assez belle, mais au-dessus de quatre rouils la nuance est toujours très-laide et verdâtre.

Pour certains noirs fins, l'addition d'alun dans le bain de bleutage produit de très-bons résultats. Il faut, pour obtenir le maximum d'action, porter d'ailleurs le dernier réchauffage à 60°. (Il faut éviter de porter un bain de bleutage au delà de 60° car alors, sous l'influence de l'acide chlorhydrique, le prussiate commence à se décomposer, et donne un dégagement sensible d'acide cyanhydrique désagréable et même dangereux pour les ouvriers). Dans ces conditions le bain louche en blanc bleuâtre par le dépôt de ferrocyanure d'alumine, dont une partie se fixe sur la soie. Pour éviter que ce dépôt ne se fasse en plaquant, il est bon de mettre un peu de crême de tartre dans le bain de bleutage.

§ 77. — THÉORIE DU BLEUTAGE.

Le bleutage constitue dans les deux cas, une opération d'une régularité mathématique. Les doses indiquées pour l'emploi du prussiate et de l'acide, le sont en raison du poids des soies et du nombre de rouils qu'elles ont reçus et dans une opération bien menée, le bain est presque tiré complètement et peut être jeté au canal sans regret.

L'on a vu dans le paragraphe du rouillage, que les soies prennent 4 °/o en poids sur chaque rouil, au bleutage ce poids doublera sensiblement par l'adjonction de l'acide ferrocyanhydrique au peroxyde de fer, ainsi une soie rouillée 6 fois et bleutée aura pris 24 °/。 sur le rouil et 24 °/。 au bleutage soit 48 °/。. C'est-à-dire que si elle avait perdu 24 °/。 à la cuite, après le bleutage elle aura repris 24 °/。 en plus du poids mis en teinture. Pour les doses nécessaires, la pratique a démontré et la théorie plus tard l'a confirmé que 6 °/。 de prussiate correspondait à la quantité nécessaire pour transformer l'oxyde ferrique de chaque rouil en bleu de prusse. Néanmoins on met 8 °/。 pour le premier rouil et 6 °/。 par chaque rouil suivant, ainsi une soie rouillée 5 fois demandera 32 °/。 de prussiate. Quant à la dose d'acide muriatique, la pratique a démontré de même qu'elle devait être égale et mise en deux fois. Mise en une seule fois, la réaction est trop active et le bleu de prusse est exposé à lâcher dans le bain. Quand un bleutage est bien conduit, la soie ne doit presque rien lâcher dans le lavage ni même tacher un linge en bleu. Il est également de règle qu'il ne faut bleuter ensemble, autant que possible, que des soies ayant sensiblement le même nombre de rouils. Ainsi il ne convient pas de bleuter une soie rouillée 1 fois, par exemple, avec celle qui l'aura été 5, 6, 7 et même 8 fois. Si les soies doivent être laissées sur le bleu de prusse quelque temps, à la veille des fêtes par exemple, il faut les conserver humides dans des couvertures. De même que, pour les soies rouillées, il y a combustion lente de la soie et altération du brin sous l'influence du bleu de prusse en quantité si considérable.

La réaction en vertu de laquelle le bleutage s'opère sur la soie écrue et sur la soie cuite est bien différente. Dans la soie écrue l'oxyde ferrique qui n'a pas été soumis pour le fixage au carbonate de soude à des températures élevées dépassant 40, 45 ou 50° au plus, a conservé toutes ses propriétés et quoique combiné à la soie ou à son grès, il est facilement attaquable par l'acide chlorhydrique surtout. Même à froid et au contact du bain de prussiate acidulé par l'acide chlorhydrique, il se produit deux réactions successives dans la première, l'acide chlorhydrique du bain, réagissant sur l'oxyde ferrique, donne du chlorure ferrique d'après l'équation suivante :

$$\underset{\text{Oxyde ferrique}}{Fe^2O^3} + 3\,HCl = \underset{\text{Chlorure ferrique}}{F^2Cl^3} + \underset{\text{Eau}}{3\,HO}$$

Dans le deuxième, le chlorure ferrique naissant, se trouvant immédiatement en contact avec du prussiate, produit, par double décomposition, du bleu de prusse qui se fixe sur la soie et du chlorure de potassium qui reste en dissolution d'après l'équation suivante :

$$\underset{\text{Chlorure ferrique}}{2\,Fe^2Cl^3} + \underset{\text{Prussiate}}{3\,(Fe\,Cy + 2K\,Cy)} = \underset{\text{Chlorure de potassium}}{6\,K\,Cl} + \underset{\text{Bleu de Prusse}}{(3\,Fe\,Cy + 2\,Fe^2Cy^3)}$$

Dans les bleutages des soies cuites, l'oxyde ferrique, ayant été soumis à une température élevée et soutenue, a éprouvé une modification chimique dite *allotropique*, qui le rend moins attaquable par les acides et le bleutage ne peut plus s'opérer à froid dans les mêmes conditions que pour les soies rouillées écrues. Il faut faire intervenir l'action d'une température plus élevée, mais ici ce n'est pas l'acide chlorhydrique qui agit sur le peroxyde de fer, à la faveur de la température plus élevée pour produire ensuite par double réaction le bleu de prusse. L'acide chlorhydrique agit alors en mettant à nu l'acide ferrocyanhydrique, qui se combine très-avidement avec l'oxyde ferrique pour former le bleu de prusse même à froid. Et à l'appui de ce raisonnement j'ai démontré que les soies cuites rouillées peuvent se bleuter à froid, soit qu'on emploie directement de l'acide ferrocyanhydrique préparé d'après les méthodes données dans les ouvrages de chimie, soit qu'on opère dans des conditions spéciales en mettant par exemple dans le bain de prussiate de potasse un acide tel que l'acide tartrique ou l'acide hydrofluosilicique capable de former avec la potasse du prussiate un sel insoluble, et mettant en liberté l'acide hydroferrocyanhydrique.

En résumé dans le bleutage des soies écrues, l'oxyde ferrique, peu modifié par sa combinaison avec la soie, est attaqué facilement même à froid par l'acide du bain de bleutage et il se forme un chlorure ferrique naissant, qui, au contact du prussiate jaune du bain,donne du bleu de prusse qui se fixe sur la fibre et du chlorure de potassium qui reste en dissolution. Dans le bleutage des soies cuites rouillées, l'oxyde ferrique étant modifié par la température élevée et prolongée du savonnage est moins soluble dans les acides, il faut alors élever la température du bain de bleutage et sous cette influence, l'acide du bain met à nu l'acide hydroferrocyanique qui réagit directement sur le peroxyde de fer pour former le bleu; l'acide hydroferrocyanique libre à froid donne les mêmes résultats, qu'il soit pur, ou qu'il soit produit à l'état naissant dans le bain même par l'action d'un acide tel que l'acide tartrique ou l'acide hydrofluosilicique, pouvant former avec la potasse un sel insoluble. Dans certains noirs légers, ces bleutages à froid ont donné de bons résultats, sur des soies rouillées une ou deux fois.

§ 78. — ACTION DES TANNINS SUR UNE SOIE ROUILLÉE. — THÉORIE.

L'action des tannins sur une soie rouillée est destinée à compléter de faibles charges, et en général pour des noirs fins peu chargés.

Les meilleurs résultats s'obtiennent au point de vue de la charge à une température moyenne de 40 à 50°. Dans ces conditions si la soie a reçu par exemple 3 rouils, elle aura pris 12 °/$_o$ et par un engallage ou cachoutage elle prendra encore 10 à 12 °/$_o$ et pour une soie cuite elle rattrapera sensiblement le poids perdu à la cuite.

A chaud le résultat est moins bon, au delà de 70° par exemple l'oxyde ferrique opérera la combustion du tannin qui réagira sur lui en donnant lieu avec le cachou, entre autres, à des matières brunes ou marrons très-difficiles à couvrir et qui se fixent sur la soie, le poids obtenu ne sera d'ailleurs pas plus fort qu'à froid.

En général la règle est donc d'engaller ou cachouter à tiède seulement les soies rouillées.

§ 79. — ACTION DES TANNINS SUR UNE SOIE BLEUTÉE AVEC ET SANS SEL D'ÉTAIN.

Si l'action des tannins, galles ou cachous est peu intéressante sur une soie, rouillée il n'en est pas de même sur une soie bleutée. C'est de là que part toute la charge des noirs modernes.

Le tannin réagissant sur une soie bleutée à froid ou à tiède au-dessous de 50°, comme cela a lieu pour beaucoup de noirs fins, n'agit que sur la soie, à laquelle il donne une surcharge de 10 à 12 % de poids sans attaquer nullement le bleu de prusse; aussi les soies sortent-elles peu modifiées de ce passage comme nuance. Il n'en est pas de même si le même bain astringent, galle ou cachou, agit à une température supérieure à 50° jusqu'à 70° et au delà. Dans ce cas, une action profonde sur le bleu de prusse a lieu. A l'aide de la destruction d'une partie de la matière astringente, le bleu de prusse est ramené de ferrocyanure ferrique à l'état de sel magnétique, forme si convenable aux combinaisons astringentes avec les sels de fer. L'autre partie se combine.

Il se forme donc une abondante combinaison de tannin non modifié avec le bleu de prusse réduit à l'état de sel magnétique et la soie prend encore beaucoup de poids par l'adjonction du tannin, en même temps elle prend une couleur verte jaunâtre très-marbrée qui remonte au vert foncé par l'oxygène de l'air. La soie peut gagner jusqu'à 30 et 40 % de poids. De plus la soie qui, chargée isolément au tannin, ne pouvait supporter sans perte l'action du savon, résiste alors à l'action de ce corps.

Il est même d'usage de donner un savon à chaud sur les soies tannées à chaud pour en modifier le toucher quoique cette opération ne soit pas indispensable.

Pour résumer, les tannins agissent donc de deux manières sur la soie bleutée à une température inférieure à 50°, la matière astringente agit sur la soie seule et le bleu est peu altéré ; à une température supérieure à 50, 70° et au delà, l'action est plus profonde et la prise est considérable. Dans les deux cas, la soie peut supporter impunément l'action du savon à chaud sans perdre ni du bleu ni du tannin, la combinaison résistant ce que ne font pas les deux corps isolés. Ainsi une soie bleutée, savonnée sur le bleu pur, perd la plus grande partie de l'acide ferrocyanhydrique pour revenir à l'état de soie rouillée. Quant à la durée pour donner le maximum de la charge dans les engallages à chaud, elle est d'une heure environ, quoique beaucoup de maisons aient l'habitude de faire cette opération à la fin de la journée et de laisser, après avoir lisé une heure, les soies en sotte toute la nuit au fond de la barque. Elles ne craignent d'ailleurs absolument rien dans ces conditions, les soies pouvant rester impunément en sotte un ou plusieurs jours.

L'addition du sel d'étain dans les engallages sur le bleu, introduit vers 1852 environ, et qui nous vient d'Allemagne, dit-on, a permis de porter la prise du tannin sur le bleu au maximum. Le sel d'étain doit servir comme réducteur agissant sur le bleu et faciliter la formation du sel magnétique. Son emploi a lieu comme suit : Les soies reçoivent d'abord quelques lises à chaud sur les astringents (le sel d'étain ne s'emploie que pour les engallages très-chargés et par conséquent à chaud), puis après les avoir relevées sur les grilles au-dessus de la barque, on ajoute le sel d'étain (dissous ou non dans le bain, et dans la proportion de 5 à 15 °/₀, selon le nombre de rouils) ; le bain est réchauffé à 70 ou 75°, température nécessaire et suffisante, et violemment agité, le sel d'étain tourne les tannins en jaune clair et les précipite en partie. Les soies sont abattues de nouveau et lisées une heure environ. Sur cette opération le traitement risque d'être compromis. il faut éviter que les soies soient trop aérées, la barque doit être aussi pleine que possible du bain, et il faut liser très-serré, les bâtons se touchant tous. En sotte les soies peuvent impunément rester dans le bain de sel d'étain et de tannin.

Dans tout engallage, il faut calculer la quantité de l'astringent à mettre d'après le poids de la soie et le rendement que l'on désire. Lorsqu'on engalle ou cachoute sans addition de sel d'étain, le bain n'est jamais épuisé ou tourné et doit se conserver. Les vieux bains gagnent même en qualité, en s'enrichissant d'une petite quantité de fer pour les noirs surtout, comme ils sont toujours affaiblis on les remonte dans de grands réservoirs avec des bains neufs concentrés.

Lorsqu'il y a addition de sel d'étain, le bain après l'action utile est complètement épuisé ou perdu, et il faut le jeter. Les soies sortent de ce bain avec des nuances jaunâtres très-marbrées, mais elle ne tardent pas à remonter sous l'influence oxydante de l'air ou du rinçage qui doit être fait de suite à la sortie du bain pour ménager le traitement et avec beaucoup de soins. Les soies fortement montées veulent recevoir une ou deux battures pour bien les dégorger.

Le sel d'étain, tout en permettant de porter la charge à de grandes limites, a longtemps compromis le traitement de la soie ; aujourd'hui l'on sait que ce fait vient de l'exposition à l'air, et non de son plus ou moins d'acidité; c'est pour cela qu'il faut liser très-serré et sur une barque presque pleine. Il se fixe réellement une quantité notable d'oxyde d'étain, qui agit ensuite d'une manière heureuse dans les opérations finales, et quoique les nuances provenant d'engallage avec sel d'étain soient, en sortant de la barque, inférieures à celles provenant d'engallage simple, on obtient toujours un noir plus beau comme résultat final. Outre ces généralités, l'action des tannins sera vue dans tous ses détails dans les chapitres concernant les noirs, car elle forme la clef de voûte de la teinture des noirs chargés, qui ne peut se passer d'eux, et les noirs légers ou noirs couleurs se font actuellement en quantités insignifiantes.

CHAPITRE VII

PREMIÈRE PARTIE

Matières colorantes naturelles

SOMMAIRE. — Safranum. — Cochenille. — Kermès. — Laque-Dye. — Laque-Laque. — Garance et ses dérivés : garancine, alizarine, purpurine. — Bois de Brésil et bois similaires, de Nicaragua, Sapan, de Lima, etc. — Bois de Santal et bois similaires, bar-wood, bois de Caliatour, etc. — Rocou. — Curcuma. — Graines d'Avignon, de Perse. — Epine-vinette. — Bois jaune ou Cuba. — Quercitron et ses dérivés, flavine, chryséine. — Vert Lo-Kao, vert de Chine. — Indigo et ses dérivés, sulfate d'indigo, carmin d'indigo. — Pastel, vouède ou guède. — Bois de Campêche. — Orcanette. — Orseille, cud-beard, pourpre française (1).

PREMIÈRE PARTIE

Matières colorantes naturelles

§ 80. — MATIÈRES ROUGES. — SAFRANUM. — CARTHAME.

Le safranum dont l'emploi se réduit de jour en jour, malgré sa grande beauté est une plante annuelle originaire de l'Inde et de l'Egypte, ses principaux centres de production quoiqu'elle puisse

(1) Comme il a été dit dans un renvoi placé au commencement du chapitre VI, les chapitres primitifs VI et VII ont été fondus en un seul, afin de pouvoir consacrer exclusivement le chapitre VII à une étude suivie et rationnelle de toutes les matières colorantes employées dans la teinture des soies, au lieu de l'intercaler au fur et à mesure dans les diverses teintures ; j'ai accédé en cela à diverses observations qui m'ont été faites.

se cultiver en Europe, principalement dans les régions du midi; c'est l'espèce *carthamus tinctorius* de Linné appartenant à la grande famille des *composées*. La tige de cette plante, simple en bas, devient rameuse dans le haut et est terminée par des capitules globulaires, surmontés par des fleurons nombreux d'un beau rouge orangé. Ce sont ces fleurons seuls que l'on recueille et que l'on fait sécher à l'ombre, puis après compression on les met en balles pour être expédiés en Europe.

Le carthame contient deux matières colorantes, l'une en petite quantité d'un très-beau rose, c'est la matière utile connue dans les arts, à l'état pur, sous le nom de *carthamine*, ou de *safranum* ou *carthame* à l'état d'extrait liquide ou pâteux. (Dans ce dernier cas elle prend encore le nom de *rose végétal*).

L'autre matière colorante, très-abondante et qui souille la première, est jaune, mais, quoique très-riche en couleur, sans aucune puissance ou valeur tinctoriale.

La séparation de ces deux principes est d'ailleurs des plus faciles. Elle est basée sur la solubilité de la matière jaune dans l'eau pure et l'insolubilité dans les mêmes conditions de la carthamine. Pendant longtemps les teinturiers ont acheté directement le carthame en fleur, aujourd'hui, des fabriques spéciales ont centralisé l'extraction du rouge, sous forme d'extraits liquides ou pâteux ou secs.

Pour écarter le jaune, le carthame contenu dans un sac en toile serrée est abandonné à un courant d'eau fraîche toute une nuit. Les eaux de source toujours claires et à température uniforme conviennent le mieux pour ce travail qui devient d'ailleurs très-délicat dans les mois des grandes chaleurs, la matière rose étant très-altérable et le moindre mouvement de fermentation pouvant a détruire.

Après un lavage soutenu, la matière jaune étant écartée, le sac contenant les fleurs est soumis à la presse pour bien en exprimer les dernières traces de matière fauve. Puis mettant à profit la propriété de la carthamine de se dissoudre sans altération dans les alcalis faibles, on délaye les fleurs dans une eau additionnée de cristaux de soude (ou de carbonate de potasse). L'eau se charge d'une belle matière rose et par filtration sur une toile et passage à la presse du résidu, l'on obtient en dissolution toute la matière rose sous forme d'une solution orangé vif. Dans cette solution, l'addition d'un acide organique tel que l'acide citrique ou mieux le jus de citron, l'acide tartrique, l'acide acétique en neutralisant l'alcali fait naitre un précipité rose, très-léger, gélatineux, qui peut être employé directement pour teindre. Quelquefois on lui fait subir une purification qui est basée sur l'affinité du coton pour la carthamine. En lisant des matteaux de coton sur un bain de safranum ainsi préparé, toute la carthamine se fixe sur le coton et celui-ci rinçé à grande eau, abandonnera de nouveau sa couleur dans un bain faible de cristaux de soude, d'où un acide faible la reprécipitera de nouveau dans un grand état de pureté (Le coton peut d'ailleurs servir pour cet emploi indéfiniment).

Les fabricants de rose carthame recueillent ce précipité sur des filtres et selon la concentration le produit forme un liquide assez épais ou une pâte ferme, ces produits d'un prix très-variable et assez élevé subissent facilement la fermentation et doivent être vendus d'une récolte à une autre et conservés dans des endroits frais. Les mêmes produits séchés à l'ombre sur des assiettes, des feuilles de verre ou de fer-blanc forment des écailles minces d'un vert doré magnifique comme les ailes des cantharides, inaltérables en flacons bien bouchés. Ce produit, quoique destiné spécialement aux fleurs. a cependant été employé sur la soie, quoique son prix soit quelquefois plus élevé que celui de l'or, son rendement étant énorme.

La carthamine pure est rouge en pâte, elle est très-volumineuse ainsi 1 à 2 % suffisent pour rendre une solution épaisse. Desséchée, elle forme une masse à reflets verts dorés, pulvérisée elle est rouge. Elle s'altère en suspension dans l'eau sous les moindres influences, aussi sa préparation est-elle des plus délicates, la lumière la détruit assez facilement, il en est de même des moindres fermentations provoquées par les chaleurs de l'été. Les acides minéraux l'altèrent profondément, c'est pour cela qu'il faut employer des acides organiques dans sa préparation. Les alcalis carbonatés seuls la dissolvent à froid et sans altération. Elle est insoluble dans l'eau et les liqueurs acidulées, néanmoins quoique insoluble dans ces conditions elle peut teindre la soie et surtout le coton pour lequel elle a beaucoup d'affinité. Elle est peu soluble dans l'alcool et l'éther. Les auteurs lui donnent pour formule :

$$C^{28} H^{16} O^{14}$$

La matière colorante du carthame ne subit d'ailleurs aucune action sous l'influenec des divers mordants et ne donne qu'une seule couleur dans des tons plus ou moins foncés.

§ 81. — COCHENILLE.

Déjà du temps des anciens Grecs on désignait sous le nom *Coccos* une graine qui donnait une couleur écarlate. Mais c'est surtout depuis la découverte du Nouveau-Monde, que la cochenille, provenant des contrées de l'Amérique du Sud a donné lieu à un mouvement d'affaires considérable, qui, après avoir été une des plus belles ressources du Mexique, tend à disparaître de plus en plus devant les nouvelles couleurs artificielles. Longtemps on la prit pour une graine, malgré les travaux d'Acoste en 1530 et ceux plus récents de Leeuwenhoek et autres naturalistes.

La cochenille *coccus cacti* est un très-petit insecte de la tribu des *cocciniens*, de l'ordre des *hémiptères*, qui vit sur différentes espèces de *cactus* appelés *nopals* par les Mexicains, qui en cultivent à cette intention des champs immenses, connus sous le nom de *nopaleries*. Cette récolte qui fut longtemps l'apanage du Mexique, s'est étendue successivemenl à Saint-Domingue, à Port-au-Prince, puis a pris une grande extension aux îles Canaries en 1827. Elle peut d'ailleurs se faire partout où pousse le cactus. Les nouvelles couleurs sont venues arrêter l'essor des tentatives faites en Algérie.

La culture de la cochenille se fait dans le genre de celle des vers à soie, en ensemençant les nopaleries avec des femelles pleines ; après la ponte et l'éclosion des œufs, l'éducation naturelle de l'insecte se fait très-rapidement et sans la saison des pluies, le propriétaire pourrait faire 6 récoltes par an.

La récolte se fait en détachant les insectes développés sur les feuilles à l'aide de couteaux émoussés, et les recueillant dans des paniers de paille ou des bassins de fer blanc. Les insectes sont ensuite étouffés par un passage dans l'eau bouillante et mis à sécher sur des tamis au soleil. Le produit prend alors l'aspect que nous lui connaissons, c'est-à-dire de petites graines ridées noires ou d'un gris pourpré, qui gardent toujours une certaine quantité de duvet.

Les cochenilles se divisent dans le commerce en deux grandes classes, les *cochenilles fines* ou *grana fina*, qui sont les produits récoltés sur les cactus cultivés, et les *cochenilles sauvages* ou *cochenilles sylvestres* ou *grana sylvestris*, qui sont les produits recoltés sur les cactus sauvages.

Les cochenilles fines prennent divers noms selon les lieux d'origine, ainsi il y a les cochenilles fines dites *mestèque* qui sont les plus estimées et dont le centre d'exportation est à Mestèque dans le Honduras ; il y a les cochenilles *zaccatilles* de provenance mexicaine et les cochenilles des îles Canaries.

A la vue, les cochenilles présentent de grandes différences et prennent divers noms. Les plus estimées sont les cochenilles noires, puis viennent les cochenilles grises; la différence doit venir des soins apportés dans la culture. La cochenille noire s'éloigne plus de l'état sauvage que les autres variétés. Elle est sous forme de petits corps orbiculaires de 2 millimètres de diamètre environ, privés de membres, noirâtres ou rouge brun, avec quelques reste d'enduit blanchâtre dans l'intérieur des rides. Mise dans l'eau elle se gonfle, prend une forme ovoïde aplatie en dessous et on distingue alors les onze anneaux qui la composent. Soumise à la mouture pour être employée, elle donne une poudre rouge cramoisi devenant brun très-foncé par l'eau. Quelques auteurs croient également que la couleur noire et l'absence du duvet viennent de ce qu'elle a été étouffée au four, au lieu de l'être par l'eau bouillante.

La *cochenille grise* naturelle est presque entièrement couverte d'un enduit blanchâtre formé par un duvet cotonneux ; sa poudre est moins foncée, elle est moins riche en couleur. Quelquefois la cupidité a fait imiter cette cochenille en faisant subir à des cochenilles une extraction à l'eau bouillante, les laissant sécher, puis les roulant dans du talc pour leur donner l'aspect de la cochenille grise naturelle. Cette falsification est facile à reconnaître en agitant ces cochenilles dans de l'eau froide, le talc se détache et tombe au fond des vases.

La *cochenille sylvestre* est d'une couleur rougeâtre, terne et est formée comme de véritables cocons, contenant plusieurs insectes réunis, faciles à apercevoir à la loupe, en la désagrégeant par l'action de l'eau. Elle ne donne à l'eau qu'une couleur vineuse foncée, qui produit peu à la teinture. Elle est d'ailleurs peu estimée et peu répandue dans le commerce.

Pelletier et Caventon ont donné une belle analyse immédiate de la cochenille qui renferme d'après eux :

Une matière grasse particulière.

Une matière odorante.

Une matière rouge qu'ils ont nommés *carmine*.

Des matières animales organisées.

Et des traces de différents sels.

La *carmine* ou *acide carminique*, matière colorante de la cochenille joue le rôle d'un acide faible et répond à la formule : $C^{28} H^{14} O^{16}$. Pure, elle se présente sous forme d'une masse friable brun pourpre, la poudre est d'un beau rouge.

Très-soluble dans l'eau, l'alcool, peu soluble dans l'éther pur, soluble sans altération dans les acides chlorhydrique et sulfurique, l'acide nitrique l'attaque à chaud, donnant naissance à de l'acide oxalique et à un acide jaune l'acide *nitrococussique*. La chaleur la décompose au delà de 36°. Le chlore la détruit.

La solution aqueuse est colorée en pourpre par les alcalis et précipitée en pourpre par les alcalis terreux. Le sulfate d'alumine ne la trouble pas, mais par l'addition de quelques gouttes d'ammoniaque, il se précipite une belle laque cramoisie. Les acétates de plomb, de zinc, de cuivre donnent des précipités pourpres. Elle réduit assez facilement les sels d'argent. Les sels d'étain donnent à la liqueur une belle teinte cramoisie. Les sels de fer la colorent et la précipitent en brunâtre.

La carmine ou acide carminique est donc susceptible de prendre des changements de nuance par l'action des mordants, cette propriété est mise à profit dans les teintures à la cochenille. Les réactions de la dissolution de cochenille, modifiées par les impuretés, entre autres par la présence d'une matière azotée, sont un peu différentes de celles de la carmine pure. Ainsi le sel d'étain forme dans la solution de cochenille un précipité violet très-abondant, qui tire au cramoisi si le sel contient un excès d'acide. En général la présence de la matière animale favorise la formation des précipités dont elle altère d'ailleurs la nuance.

Pour l'emploi dans la teinture, la cochenille finement moulue est souvent mise telle quelle dans le bain même; il est cependant plus rationnel de dissoudre la matière colorante à part et de passer sur une toile fine pour écarter les débris organiques. Dans la dissolution par l'eau bouillante, outre la carmine il se dissout divers principes dont un fauve et il passe de la matière grasse émulsionnée qui reste opiniâtrement dans le bain. En additionnant le bain d'une très-petite quantité d'alun, et donnant un tour d'ébullition, l'alun précipite et coagule les impuretés qui viennent sous forme d'écume à la surface du bain, qui, clarifié ainsi, donne des nuances plus dégagées. Quant à la préparation de la carmine pure qui est assez compliquée, elle est décrite dans les ouvrages de chimie. Le commerce livre deux dérivés de la cochenille, l'un est le carmin de cochenille et l'autre la cochenille ammoniacale.

Le *carmin de cochenille* se présente sous forme de masses amorphes d'un beau rouge. Il s'obtient par des méthodes tenues secrètes mais qui se résument en peu de mots, à abandonner des solutions bien clarifiées de cochenille à froid et à l'ombre avec une addition d'alun ou de crème de tartre. Il se forme au bout de quelques jours un dépôt qui recueilli et séché à l'ombre sur des filtres constitue le carmin.

Si dans la liqueur on ajoute un alcali, il se produit un nouveau précipité de couleur plus violacée qui constitue la laque carminée. Le carmin et la laque carminée sont insolubles dans l'eau, l'alcool et l'éther, mais se dissolvent facilement dans une solution d'ammoniaque et donnent une belle liqueur pourpre dont on se sert pour écrire en rouge. Malheureusement ce produit n'a plus d'aptitude pour teindre et ne tire ni sur la soie pure, ni sur la soie mordancée.

La *cochenille ammoniacale* offre une modification de la couleur de la cochenille, pour l'obtenir, la cochenille réduite en poudre fine est mise 6 à 8 heures en digestion au bain-marie dans des vases de grès ou d'étain fin, avec de l'ammoniaque, on remue fréquemment. Puis la pâte est versée sur des toiles où on l'abandonne à la dessication, et elle est ensuite découpée en carreaux plats, forme sous laquelle la cochenille ammoniacale est livrée dans le commerce.

Sous l'influence prolongée et à chaud de l'ammoniaque, la carmine s'est modifiée, et il existe dans la cochenille ammoniacale un nouveau corps, la *carminamide*, qui se dissout facilement dans l'eau avec une couleur tirant sur le violet, et n'est plus modifiée par l'action des mordants. La cochenille ammoniacale ne fournit donc qu'une couleur comme le carthame; elle a rendu de grands services, mais son emploi se restreint de plus en plus.

§ 82. — KERMÈS OU GRAINE D'ÉCARLATE.

Le *kermès* est un insecte du genre de la cochenille c'est le *coccus ilicis*, que l'on récolte dans le midi de la France, l'Espagne, etc., qui vit sur les feuilles d'un chêne vert le *quercus coccifera*. Pendant longtemps, avant la découverte du Nouveau-Monde, la Pologne exportait une espèce de cochenille le *coccus polonicus*, qui vit sur les racines d'un *polygonum*, aujourd'hui employé seulement en Turquie. Il y a d'ailleurs une grande variété de kermès dont la récolte rappelle celle de la cochenille, on étouffe l'insecte dans la vapeur du vinaigre.

Le kermès varie de la grosseur d'un grain de poivre à un pois, sa couleur est rouge-brun, il est recouvert d'une poussière cendrée.

Le rouge de kermès qui rappelle par ses propriétés celui de la cochenille est moins éclatant mais plus solide, et c'est pour cette raison que les Orientaux l'ont conservé. Longtemps comme pour la cochenille, l'on prit le kermès pour une graine. De là le nom d'écarlate de graine ou demi graine lorsqu'il entrait en même temps que la cochenille dans l'écarlate. On l'a appelé aussi écarlate de Venise, cette ville ayant eu longtemps le monopole de cette teinture.

§ 83. — LAQUE-DYE, LAQUE-LAQUE.

Une autre variété de *coccus*, le *coccus lacca* a joué un assez grand rôle dans la teinture, après que les Portugais eurent trouvé les Indes Orientales en doublant le Cap de Bonne-Espérance, soit autour de 1550. Cet insecte habite sur plusieurs arbres, le *ficus religiosa*, le *figus indica*, le *rhamnus jugula*, le *bulea frondosa*, etc., qui croissent dans les parties montagneuses de l'Indoustan, sur les rives du Gange, à Madras, sur les côtes de Coromandel, etc. Les femelles du coccus lacca comme celles du kermès et de la cochenille se fixent seules sur les arbres, se rassemblent en grand nombre sur les jeunes branches, se soudent ensemble au moyen de la matière résineuse qui exsude de leur corps et qui, d'après certains auteurs, est tellement semblable à la sève secrétée, par une incision, des arbres cités plus haut. qu'elle ne subirait aucune transformation par le passage dans le corps de l'insecte. Les branches sont donc entourées d'une foule de cellules remplies d'un liquide rouge renfermant une vingtaine d'œufs environ. Il faut récolter la laque plutôt avant l'éclosion et la sortie de la larve qu'après.

Il y a dans le commerce quatre espèces de laque :

1° La laque eu bâtons *(Stick-lac)* ou à son état naturel.

2° La laque en grains *(Seed-lac)* ou détachée des bâtons.

3° La laque en pains *(Lump-lac)* ou laque en grains agglomérée par la chaleur.

4° La laque en écailles *(Schell-lac)* c'est la laque en grains, filtrée après fusion sur le feu ; et coulée en lames minces transparentes, appelées vulgairement gomme-laque dans le commerce.

La laque reçoit une foule d'emplois dans le commerce : pour la cire à cacheter, l'apprêt des chapeaux, etc., mais en dehors de ces avantages, elle contient une matière colorante rouge très-solide, qui, quoique moins belle que celle de la cochenille a reçu des emplois. La laque qui convient le mieux est la laque en grains. Les meilleurs solvants de la couleur consistent en une dissolution d'acide sulfurique ou une dissolution alcaline étendue. L'extraction du colorant offre d'ailleurs de grandes difficultés, la couleur étant combinée avec des résines, et en 1793, un produit adressé par la Compagnie anglaise des Indes Orientales, sous le nom de cochenille des Indes Orientales, à Bancroft ne tarda pas à prendre rang dans la teinture sous les noms de lac-lake *(Laque Laque).*

Le lac-lake arrive en tablettes carrées d'environ 50 grammes d'un brun rougeâtre terne.

L'introduction de la laque-laque dans le commerce, ne tarda pas à être suivie de celle de la *laque-dye* (laque pour teinture) qui ne diffère de la première que par de plus grandes précautions dans la préparation.

La laque-laque ou la laque-dye est obtenue en faisant dissoudre la matière colorante du coccus lacca dans l'eau bouillante chargée d'un peu de soude. (La résine décolorée flotte à la surface et forme la gomme-laque blanche qui affecte dans le commerce la forme de la racine de guimauve.) La dissolution alcaline de la couleur de la laque est précipitée par une dissolution d'alun, le précipité recueilli est aggloméré avec soin en pains carrés comme ceux de l'indigo, mais plus minces.

Il est difficile de dissoudre à l'eau bouillante la matière colorante de la laque-dye, combinée qu'elle est avec de l'alumine et de la résine. En alcalisant l'eau, on dissout facilement la couleur, mais en même temps de la résine qui gêne dans les opérations tinctoriales.

Les acides, sauf l'acide nitrique qui la détruit, sont les meilleurs agents pour dissoudre la matière colorante et entre autres l'acide sulfurique. La laque laque et la laque-dye sont réduites en poudre très-fine en opérant sur une moyenne de plusieurs caisses, car ces produits sont de compositions très-irrégulières. La mouture peut se faire par des meules marchant sous l'eau et la poudre très-fine est entraînée par lévigation, mise à égoutter sur des filtres, et encore humide, traitée dans des vases de plomb par l'acide sulfurique. Pour 4 parties de laque-laque ou laque-dye, retenant après égouttage 8 parties d'eau, on ajoutera en remuant 3 parties d'acide sulfurique à 66° et l'on laissera en contact de 1 à 2 jours selon la saison, soit 2 jours dans les basses températures et 1 seulement en été. Puis on ajoutera 10 fois le poids d'eau bouillante du poids de la laque, on laissera reposer 24 heures pour soutirer la liqueur claire qui surnage chargée en couleur et on lave méthodiquement le dépôt. Une opération bien menée doit extraire toute la couleur, ce que l'on reconnaît en traitant le résidu par le carbonate de soude qui ne doit pas se colorer. Toutes les liqueurs colorées sont réunies et neutralisées au 4/5 de l'acide par de la chaux qui forme du sulfate de chaux insoluble avec la plus grande partie de l'acide, et la liqueur filtrée peut servir de bain au teinturier. Pour terminer ce qui a rapport à la laque-laque ou laque-dye ; deux à trois parties de ces matières peuvent remplacer une partie de cochenille.

§ 84. — GARANCE.

La garance de la famille des *rubiacées*, du genre *rubia tinctorum*, et dont l'emploi tend à disparaître de plus en plus devant les progrès de l'alizarine artificielle, est une plante vivace employée dans la teinture depuis la plus haute antiquité. D'après Strabon, les Aquitains la cultivaient et la mêlaient au pastel pour avoir des violets très-solides Au moyen-âge elle joua un grand rôle dans l'agriculture française, après avoir été abandonnée au XVIe siècle dans les troubles politiques, elle reparut au milieu du XVIIIe siècle en Alsace, en Lorraine, en Picardie et c'est de cette époque que datent les efforts couronnés de succès du persan Althen, pour en introduire la culture dans le Comtat-Venaissin, dont elle a été une source de richesse aujourd'hui disparue.

Dans la *garance*, c'est la racine vivace, longue et rampante, qui est le réceptacle de la matière colorante. Elle obtient son maximum de grosseur et de richesse en couleur après 28 mois de séjour en terre, depuis l'ensemencement des graines ou le repiquage des plantes, car la culture se fait d'après ces deux méthodes.

La racine est en moyenne de la grosseur d'un porte-plume, elle est formée d'un épiderme rougeâtre, recouvrant une écorce rouge plus ou moins foncée, le centre est formé par une partie ligneuse plus pâle, plus jaunâtre. La saveur de la garance, est amère et styptique, quoique cette racine soit une des matières sucrées les plus riches. La matière rouge de la garance, d'une nature très-solide, échappe aux phénomènes de la digestion; ainsi le lait, les urines, les os, d'animaux nourris avec la garance se colorent en rouge.

La garance a offert et offre encore au chimiste un des champs les plus vastes comme études scientifiques et malgré les innombrables travaux faits surtout par les Alsaciens sous l'inspiration de la Société industrielle de Mulhouse, tout n'est pas dit encore sur cette importante racine qui, d'ailleurs, a toujours été plus importante pour les imprimeurs que pour les teinturiers.

Au point de vue commercial les racines de garance sont désignées et ont des valeurs différentes selon les provenances. Ainsi les Naples sont les plus estimées, puis celles du Comtat-Venaissin ou d'Avignon, les Caucases, etc.

Quelle que soit l'origine des garances, la racine est séchée naturellement ou au four, puis par des battages ou des demi moutures sous des meules peu resserrées, on en sépare l'épiderme qui prend le nom de *billon* et la racine séparée de son épiderme prend le nom de *garance* mi-robée ou robée, selon le plus ou moins de soin avec lequel cette opération a été exécutée. Longtemps le nom de *lizari* ou *alizari* a été donné par le commerce aux racines entières et le nom de *garance* à la racine pulvérisée avec le nom du pays de provenance.

Bucholz, John et Kuhlmann ont trouvé la racine de garance composée comme suit :

1° Une matière colorante rouge ou alizarine.

2° Une matière colorante rose ou purpurine.

3° Des matières brunes et fauves, amères.

4° Des matières mucilagineuses, gommeuses et du sucre,

5° Des matières pectiques.

6° Des matières colorées et odorantes.

7° Des matières albumineuses.

8° Des sels acides, tels que tartrate, malate, pectate de chaux.

9° Des sels minéraux comme dans tous les végétaux.

10° Du ligneux.

Ces analyses ont été reprises par nombre d'auteurs qui les ont modifiées plutôt dans la forme que dans le fond.

La garance d'après les travaux de Shunck et de Rochleder ne contient pas de matière colorante rouge qui préexiste, mais bien une matière dépourvue de propriétés tinctoriales. Ces deux auteurs ne sont pas d'accord sur le nom de ce principe auquel

Shunck donne le nom de *rubian* et Rochleder le nom d'acide *rubérythrique.*

Sous l'influence d'un ferment particulier contenu dans la garance, l'*érytrhrozyme,* de même que sous celle des acides ou des alcalis), le *rubian* de Shunck ou l'acide *rubérytrique* de Rochleder se dédouble en une ou plusieurs matières colorantes et en glucose. Les teinturiers savent d'ailleurs tous qu'un commencement de fermentation est utile pour développer la couleur de la garance.

Dans la teinture ou l'impression, la garance subit toujours l'action de l'eau avant d'être employée et l'action de l'*érythrosyme,* demande un temps assez court pour opérer le dédoublement. Néanmoins l'emploi de la garance a subi de grands progrès qui en ont amélioré la beauté, dans la fabrication de la fleur de garance et de la garancine.

La *fleur de garance,* qui donne des nuances bieu plus pures que la garance, est obtenue en traitant par l'eau froide acidulée à l'acide sulfurique, la racine de garance grossièrement moulue. Sous l'influence de l'acide sulfurique étendu, les colorants rouges utiles, qui se développent par la fermentation, soient l'*Alizarine* et la *Purpurine,* sont à peu près insolubles dans l'eau, qui s'empare seulement des matières sucrées, gommeuses, mucilagineuses, pectiques, et des produits fauves étudiés par Shunk, qui teignent avec opiniâtreté les fibres textiles même sans mordants. Les eaux de lavage sont réunies et soumises à la fermentation pour transformer les matières sucrées en alcool. 100 kilogrammes de garance sèche et moulue donnent environ 10 °/. d'alcool, à odeur forte, dit alcool de garance, employé seulement dans les arts. Les résidus de la distillation contiennent un peu de matières colorantes rouges, insolubles, qui, recueillies à part, sont ajoutées aux billons dont il a été parlé précédemment, pour former des garances inférieures, pour l'exportation.

Le résidu, lavé à l'eau acidulée, additionné d'un peu de craie pour saturer l'acide sulfurique, puis desséché, constitue environ 50 °/₀ du poids primitif, et prend le nom de *fleur de garance*. Quoique les nuances de ce produit soient plus pures que celles de la garance, il retient encore des principes fauves, insolubles dans l'eau froide et acidulée; mais qui, se dissolvant à l'ébullition dans les bains de teinture, viennent ternir les nuances. L'élimination de ce produit se fait par une nouvelle opération, qui, partant de la fleur de garance, conduit à la *garancine*.

La *garancine*, qui est le résultat des travaux de Robiquet et Colin, est obtenue par l'action ménagée à froid de l'acide sulfurique ou chlorhydrique moyennement concentré, sur la garance, ou mieux la fleur de garance, encore humide. Cette opération, qui occupait de nombreuses usines à Avignon et aux alentours, subit le sort des couleurs naturelles devant les produits dérivés de la houille; aujourd'hui elle occupe fort peu de bras. Sous l'influence de l'acide sulfurique, qui est le plus usité, le ligneux est en partie charbonné, de là vient le nom donné au début, en 1840, de *charbon sulfurique de garance*. Les matières fauves insolubles dans l'opération de la fleur de garance, et constituées en grande partie par la *xanthine*, sont modifiées et rendues solubles. En lavant, après l'épuisement de l'action de l'acide sulfurique, au bout d'un temps variable, il reste un résidu qui, lavé à l'eau avec ménagement, jusqu'à ce que les eaux de lavage ne sortent plus acides, recueilli sur des filtres en laine, passé à la presse, séché et soumis à une nouvelle mouture, avec une petite addition de craie pour saturer les dernières traces d'acide, constitue environ du 1/3 au 1/4 du poids de la garance primitive, et prend le nom de *garancine*.

Ce produit, avec des matières ligneuses altérées, contient les matières colorantes rouges qui se sont concentrées, des quantités appréciables de *xanthine*, qui, d'ailleurs, joue un rôle plutôt utile que nuisible à petite dose.

Divers autres produits ont été lancés dans l'industrie, tous dérivés de la garance, et ayant pour but de donner la matière colorante aussi concentrée et aussi pure que possible.

Pincoffs, en soumettant la garance à un courant de vapeur surchauffée, opère la distillation du rouge dans ces conditions, et le produit, abandonné aujourd'hui, a reçu le nom de *pincoffine*.

Thomas, Lagier, Persoz, etc., dans leurs études, ont indiqué divers modes pour fabriquer des extraits de garance, soit par l'action de l'eau bouillante, soit par celle de l'ammoniaque faible, et, en dernier lieu, l'action du pétrole, qui dissout très-bien la matière colorante de la garance, a été mise à profit en très-grand pour produire des extraits. On traite donc la fleur de garance par le pétrole à chaud, puis le pétrole est battu avec une solution de soude caustique, qui s'empare des matières colorantes; elles sont ensuite précipitées de cette solution par saturation avec l'acide sulfurique, sous forme d'une poudre marron. Le pétrole, sauf la perte, sert d'ailleurs indéfiniment. Ces extraits sont ceux qui reviennent le meilleur marché, mais ce sont les plus inférieurs. Le pétrole dissout, en effet, les matières fauves qui restent avec les matières rouges et en résumé les extraits au pétrole, partant, de la fleur de garance, pour cause d'économie, donnent en teinture des résultats inférieurs à la garancine. Quant à ceux obtenus par l'action de l'eau bouillante agissant sur la garancine, et basés sur la différence de solubilité à chaud et à froid des matières rouges, ils donnent des nuances très-pures; mais, à cause du point de départ, qui est la garancine, et des manipulations, ils reviennent bien plus chers.

En résumé, il faut considérer dans la garance trois matières colorantes essentielles, qui se retrouvent dans la garancine, soit : l'*alizarine*, la *purpurine*, la *xanthine*.

L'*alizarine* se présente à l'état sec, sous deux formes : hydratée, elle forme des parcelles semblables à l'or mussif; anhydre, elle constitue une poudre rouge, tirant plus ou moins sur le jaune.

Chauffée dans un tube, elle fond et dégage des vapeurs jaunes qui se condensent sur les parties froides en aiguilles orangées. Les alizarines hydratées perdent d'abord leur eau de cristallisation et se subliment, comme les précédentes, à 215°. L'alizarine, peu soluble à froid dans l'eau, l'est un peu plus à l'eau bouillante; l'alcool et l'éther la dissolvent facilement.

L'acide chlorhydrique est sans action sur l'alizarine, et l'acide sulfurique concentré ne l'attaque pas, il la dissout avec une couleur rouge-brun, et l'eau la reprécipite en flocons orangés foncés. L'acide nitrique l'attaque à l'ébullition, en donnant de l'acide phtalique et de l'acide oxalique. Le chlore, à la longue, finit par la détruire. L'alizarine se dissout facilement dans les alcalis caustiques et même carbonatés, avec une belle couleur pourpre foncé, et les acides la précipitent intacte en flocons orangés. L'ammoniaque la dissout également, mais sans combinaisons. Elle donne facilement, avec les sels de calcium et de baryum, des précipités pourpres, qui deviennent presque noirs après la dessication.

Les principaux mordants agissent d'une manière très-remarquable sur l'alizarine; avec les *mordants d'alumine*, elle prend une coloration et précipite en rouge, tirant sur le violet, la combinaison a lieu même avec l'alumine gélatineuse. Avec les *sels de fer*, elle donne un précipité noir rougeâtre, et, par le mélange des deux mordants, elle donne du puce ou du marron. Sur coton, elle peut donner assez facilement des violets avec les sels de fer au minimum; mais sur soie, elle ne donne facilement que du noir, du puce et du rouge, très-solides.

L'alizarine s'obtient d'après diverses méthodes, assez compliquées. Comme elle n'a, à l'état pur et sec, qu'un intérêt scientifique, vu son prix élevé, sa préparation est une opération de laboratoire; il est d'ailleurs difficile de la séparer complétement d'avec la purpurine, qui l'accompagne constamment. J'ai obtenu de bons résultats en appliquant la méthode indiquée par Debus (*Gérhardt*, tome III, p. 500, 1864), en partant de l'extrait de garance, obtenu par n'importe quelle méthode, au lieu de partir de la garance même. L'extrait, fortement égoutté sur un filtre, est traité par l'alcool bouillant, qui dissout tout, puis la solution alcoolique est agitée avec de l'oxyde de zinc, qui s'empare principalement de l'alizarine. Le précipité zincique est traité à son tour par l'acide sulfurique étendu, et l'alizarine impure reste insoluble, après l'avoir lavée sur le filtre avec le moins d'eau possible, pour écarter le sulfate de zinc. On la reprend par une dissolution bouillante d'alun, d'où elle se précipite en refroidissant; la purpurine reste en dissolution.

On s'accorde à donner à l'alizarine la formule :

$$C^{14}O^{8}H^{4}$$

La *purpurine*, principe pourpre, est la matière colorante rose qui accompagne l'alizarine dans la garance, elle en a, à peu de chose près, les mêmes réactions, et il est difficile de les séparer. La différence essentielle consiste en ce qu'elle donne des tons plus roses avec l'alumine, que l'alizarine, qui donne des tons violetés. Toutes deux se complétent, d'ailleurs, dans la garance, et surtout dans la garancine.

Elle est plus soluble dans l'eau que l'alizarine, d'où les acides la précipitent également. Elle est soluble dans l'alcool, l'éther et les huiles essentielles.

Elle cristallise des solutions alcooliques, en aiguilles rouges ou orangées, selon la concentration. Par la chaleur, elle fond et se sublime comme l'alizarine.

L'acide sulfurique, même fumant, n'attaque la purpurine qu'à 200°. L'acide nitrique l'attaque moins facilement que l'alizarine en donnant par l'ébullition les mêmes produits : acides phtalique et oxalique.

Les solutions alcalines agissent comme avec l'alizarine. Les teintes étendues, sont franchement roses et sans mélange de bleu.

Elle se dissout facilement dans une dissolution bouillante d'alun et ne se reprécipite à froid que si l'on acidule la liqueur. En résumé, en partant d'un produit purifié, tel que la garancine, par l'action bien entendue de l'alun, on peut préparer de l'alizarine et de la purpurine, industriellement.

L'alumine gélatineuse donne avec elle une laque plus rose que la précédente. Les autres sels métalliques donnent sensiblement les mêmes réactions. La purpurine offre une particularité, d'après Rochleder, qui l'a signalée le premier, c'est qu'elle peut être réduite comme l'indigo. Si à une solution caustique de purpurine l'on ajoute de la couperose dissoute, il se produit un précipité noir, et une liqueur surnageante qui, de jaune orange qu'elle est après dépôt dans un flacon, à l'abri de l'air, devient rouge par le contact de l'air, en régénérant la purpurine, dont la formule, admise d'après les travaux les plus récents, est : $C^{14} H^{8} O^{4}$, elle diffère donc de l'alizarine par un atome d'oxygène en plus.

La garancine retient une autre matière colorante qui est la *xanthine* matière bien définie et que malgré sa couleur jaune, il faut distinguer des produits jaunes que les lavages à l'eau acidulée enlèvent dans la fabrication de la fleur de garance et de la garancine.

La xanthine a des propriétés analogues, sauf la nuance, à celles de l'alizarine et de la purpurine, elle est peu soluble dans l'eau, surtout acidulée, soluble dans l'alcool, l'éther et les huiles essentielles; elle donne avec les *mordants d'alumine* des tons jaunes et avec ceux *de fer* des tons brunis.

L'ensemble de l'alizarine, de la purpurine et de la xanthine, conduit à des nuances feu très-estimées, à des ponceaux sur soie que les alizarines artificielles ne peuvent imiter. Les relations entre l'alizarine et la purpurine sont connues, en ajoutant de l'oxygène à la formule de l'alizarine on a la purpurine, et par l'inverse on revient à l'alizarine. Quand à la xanthine les rapports sont inconnus. Il est probable qu'elle est moins oxydée que l'alizarine.

En traitant des extraits de garance contenant les trois corps ci-dessus par une solution étendue et bouillante de bisulfite de soude et filtrant bouillant, j'ai obtenu une liqueur et un précipité sur le filtre.

Le précipité lavé avec un peu d'eau ne contient plus que de l'alizarine, car il donne, avec des soies alunées, des tons ne rappellant en rien ceux de la garance, mais des tons violets commé l'alizarine.

La liqueur filtrée, fortement orangée, donne par la saturation du bisulfite avec de l'acide sulfurique, et par l'ébullition pour chasser l'acide sulfureux, des flocons orangés qui augmentent par le refroidissement. Ces flocons recueillis sur filtre, lavés avec un peu d'eau et séchés donnent une poudre orange qui est la xanthine. La même réaction s'obtient en partant de la garancine ; et dans ces deux cas la purpurine disparaît. Je n'ai pas encore pu déterminer si elle était détruite complètement ou transformée en alizarine ou en xanthine par réduction.

Quoique la garance et ses dérivés disparaissent chaque jour de plus en plus de l'impression sur la soie et de la teinture, il faut espérer que quelques progrès dans la culture ou la préparation de dérivés nouveaux la feront briller encore, en rendant la prospérité aux départements qui la cultivaient.

§ 85. — BOIS DE BRÉSIL OU DE FERNAMBOUC.

Ce bois de moins en moins employé comme les couleurs précédentes, tire son nom de la partie d'Amérique qui le fournit. Il est produit par un arbre de la famille des *légumineuses* le : *Cæsalpinia crista* de Linné ou *cæsalpinia echinata* de Lamark. On emploie concurremment avec le bois de Brésil différents bois produits par d'autres espèces de *cæsalpinia*, qui croissent dans diverses parties de l'Amérique dont ils prennent les noms soit : Les bois de *Sainte-Marthe*, de *Lima*, de *Terre-Ferme*, de *Nicaragua*, de *Californie*, le *Brésillet*, ce dernier vient des Antilles et est le moins estimé.

Le *bois de Brésil* arrive en bûches d'environ 20 à 30 centimètres de diamètre, dépouillées de leur aubier qui est blanc et sans couleur. Il est dur, compacte, d'un rouge pâle qui fonce à l'air. Il est inodore et presque sans saveur.

Le *bois de Sainte-Marthe* arrive en grosses bûches pourvues d'un aubier blanc, il est moins foncé en couleur que le bois de Brésil. L'écorce rentre dans le tronc et la section forme une étoile, de plus il a une légère odeur d'iris qui le caractérise. Il est moins riche en couleur que le bois de Brésil.

Le *bois de Nicaragua* est en petites bûches de 0m08 à 0m10 de diamètre marquées d'angles rentrants allant presque jusqu'au centre. L'aubier est blanc et l'écorce est grise et rugueuse. Le bois est plus foncé en couleur et plus riche que le précédent.

Le *bois de Lima* se rapproche du précédent, sauf la grosseur des bûches qui ont jusqu'à 0m20 de diamètre.

Le *bois de Sappan* vient de l'Inde, des îles de la Sonde, il offre un canal médullaire très-apparent qui est souvent vide. On en distingue deux sortes principales : celui de Siam, en bûches privées d'aubier, grosses comme le bras, d'un rouge vif à l'intérieur ; et celui de Birnas qui est en bâtons de 0m03 à 0m04 de diamètre, jaune à l'intérieur et rouge à la périphérie exposée au contact de l'air.

La colonie anglaise de Sierra-Leone, sur la côte occidentale d'Afrique, produit une variété de bois rouge, le *Cam-wood*, qui arrive en bûches courtes, en racines et en écailles. Ce bois est lourd, d'une texture serrée, susceptible d'un beau poli. Il est blanc dans les coupes récentes et ne rougit que par le contact de l'air. Il fournit avec l'eau une teinture d'un rouge assez vif, comme les précédents. Produit également par un arbre du genre des cæsalpiniés, de la famille des légumineuses, son introduction dans le commerce est relativement récente. Toutes ces variétés de bois, connues aussi, sous le nom de bois rouges, doivent leurs propriétés tinctoriales à la présence d'une matière colorante désignée sous le nom de *brésiline*.

D'après les travaux de Chevreul, la brésiline pure cristallise en petites aiguilles orangées, volatiles en partie par la chaleur. Elle est soluble dans l'eau, l'alcool et l'éther. La solution aqueuse qui est jaune rougeâtre se colore à l'air en plus foncé ; l'*hydrogène sulfuré* la décolore, les *acalis* la colorent en violet, l'*alun* donne avec elle une laque rouge. Les *sels de plomb*, d'*étain*, la colorent en violet et la précipitent en partie.

On admet que cette matière est la même que l'hématine du campêche qui sera vue plus loin, avec laquelle elle a beaucoup d'analogie. Néanmoins pour le teinturier, ces deux matières colorantes ne peuvent nullement se remplacer. Sa formule si on admet l'analogie serait :

$$C^{32} H^{14} O^{12} + Aq$$

Pour préparer la brésiline, on traite l'extrait sec de brésil, par 5 ou 6 fois son volume d'éther, puis la solution décantée du résidu est distillée jusqu'à consistance de sirop ; le résidu de la distillation est abandonné au repos dans un vase légèrement couvert et la brésiline cristallise par l'évaporation de l'éther. Les cristaux sont lavés à l'eau froide et exprimés dans du papier buvard, puis désséchés à une basse température.

Pour l'emploi en teinture, le bois est découpé en copeaux ou effiloché par de puissantes découpeuses mécaniques. Il est bon pour développer la couleur, d'humecter le bois 24 heures à l'avance, et de le retourner de temps en temps pour lui faire subir une légère fermentation et oxydation à l'air. L'eau bouillante enlève toute la partie colorante ; la décoction est d'un beau rouge, et il convient de la préparer d'avance, elle gagne en veillissant, elle dépose un peu de ses impuretés et subit encore une légère fermentation et une oxydation qui l'enrichit en couleur, ce qui tendrait à prouver qu'une partie de la couleur ne préexiste pas dans le bois. Il est probable que, de même que pour la garance, la couleur ne se développe qu'après la cessation de la vie de la plante, sous les influences précitées. Il faut environ 20 parties d'eau bouillante pour en épuiser une de *bois de brésil ;* un second lavage sert d'eau pour une opération suivante. La dissolution conservée dans les ateliers, dans de grands vases à l'abri d'émanations acides ou alcalines qui l'altèrent, prend le nom de *tonne de brésil.*

Cette décoction qui est d'un beau rouge, passe au rouge fauve par les *acides minéraux*, au jaune par l'acide nitrique qui la détruit à chaud, ainsi que le chlore. Les *alcalis* la violettent, l'*alun* la tourne au rouge cramoisi qui brunit par l'addition du tartre, les *sels de fer* la tournent au noir violet, et ceux d'*étain* en rose. L'addition de dissolution d'étain, comme il a été dit dans le chapitre IV au paragraphe des mordants d'étain, à la solution n° 6, joue un grand rôle pour virer le brésil en rouge ; le mélange de ces deux matières préparé à l'avance constitue une préparation spéciale dont l'emploi a à peu près disparu pour la soie, connu sous le nom de *physique rouge.* La *physique rouge* se prépare toujours à l'avance, elle gagne en vieillissant, en mélangeant, selon des formules un peu empiriques, une dissolution de brésil avec de la dissolution d'étain. La liqueur trouble se dépose, et c'est la partie claire qui agit en teinture. Avant l'invasion des nouvelles couleurs un atelier de teinture important avait toujours plusieurs tonnes de physique en roulement.

Outre le bois, le commerce livre au teinturier beaucoup d'extraits de brésil à des concentrations variables et même secs. Comme fraîcheur, ils ne valent jamais le bois, malgré les précautions prises dans leur préparation.

§ 86. — BOIS DE SANTAL, ET BOIS SIMILAIRES BAR-WOOD, CALIATOUR.

Le *bois de Santal* qui reçoit dans le commerce divers noms selon les espèces qui l'ont produit, soit ceux de *santal rouge*, de *bar-wood*, de *caliatour*, de *corail tendre*, etc., est, comme les précédents, produit par différents arbres de la famille des *légumineuses* du genre *pterocarpus*.

Le *santal rouge* est produit par le *pterocarpus santalinus* ou mieux par le *pterocarpus indicus*. Il nous arrive de Calcutta, en diverses formes soit: en bûches de 6 à 30 centimètres de diamètre dépourvues d'aubier, en racines ou en blocs. La coupe récente est blanche, puis rougit et brunit au contact de l'air. Sa structure est fibreuse, grossière, les vides sont remplis par une abondante matière résineuse, les fibres sont entrecroisées et offrent un aspect tout à fait particulier. Ce bois est un peu plus léger que l'eau ; il a une odeur faible et agréable rappelant celle de l'iris ; il n'a pas de saveur proprement dite.

L'eau n'a pas d'action sensible sur ce bois, dont la matière colorante, dite *santaline*, est de nature résinoïde ; l'alcool la dissout assez bien, mais n'en dépouille pas complètement le bois.

La *santaline*, à peine soluble dans l'eau froide, ne l'est guère plus dans l'eau bouillante; assez soluble dans l'alcool, l'éther, l'acide acétique et surtout dans les solutions alcalines, elle est insoluble dans les huiles grasses et les huiles essentielles, sauf les essences de lavande et de romarin. Par la chaleur elle fond à 100°, puis se boursoûfle et se décompose.

On l'obtient pure en traitant le bois de santal par l'éther, concentrant la dissolution par la distillation, il se précipite des cristaux que l'on purifie par de nouvelles dissolutions dans l'éther et de nouvelles cristallisations. Ces cristaux, d'un beau rouge, ont pour formule : $C^{30}H^{14}O^{10}$. Pour les emplois industriels, le simple découpage ou effilochage comme cela a lieu avec le bois de brésil, ne sufflit pas avec le bois de santal et les variétés qui suivent, la couleur étant de nature résineuse et difficilement soluble dans les véhicules ; il faut après dessication du bois à l'étuve et à une chaleur modérée, le moudre ou raper en poudre fine. Il cède alors facilement son colorant et peut-être traité non par l'alcool, dont l'emploi serait trop coûteux, mais par l'acide acétique ou les liqueurs acalines faibles. Ce bois plutôt employé par les teinturiers en laine, que par ceux en soie serait peut-être susceptible, d'après des essais qui me sont personnels, d'applications dans les teintures en noir. Le colorant agirait dans ce cas, comme le bois jaune, pour donner des brunitures qui au lieu de tirer sur le verdâtre, tireraient sur le rouge violetté, et de plus très-solides.

Le *bois de caliatour* vient de la côte de Coromandel où il est produit probablement par le *pterocarpus santalinus*. Il est rouge très-foncé, plus dense que l'eau, très-dur, très-compacte et suceptible d'un beau poli. Il n'offre pas, comme le santal rouge, un mélange d'exsudations résineuses et de fibres ligneuses. Sa structure est ligneuse, très-serrée quoique présentant parmi les fibres des vaisseaux vides. Il exhale lorsqu'on le râpe une odeur de bois de rose très-marquée et très-persistante.

Le *bar-wood* ou *santal rouge d'Afrique* vient en parallélipipèdes équarris d'environ 0^m12 à 0^m15 de long, sur 0^m25 à 0^m30 de large et 0^m06 à 0^m09 d'épaisseur. Il diffère du santal de l'Inde par sa plus grande légèreté, sa structure plus grossière, et sa couleur plus vive, plus rouge ; quoiqu'il soit moins riche en couleur. Il nous arrive d'Angola et du Gabon sur la côte occidentale d'Afrique, et doit être produit par le *pterocarpus angolensis*; ou par le *pterocarpus santalinoïdes*.

Le *santal rouge tendre* ou *bois de corail tendre* vient des îles du Vent ou des Antilles. Il doit son nom à sa couleur vive. Il est léger, fibreux, rouge clair, pauvre en matière colorante et lorsqu'on le râpe il exhale une faible odeur de campêche, il doit être fourni par le *pterocarpus draco* de Linnée ou par le *pterocarpus gummifer* qui appartiennent aux îles de l'Amérique, son emploi principal consiste à falsifier les précédents.

On en trouve deux variétés dans le commerce, soit en bûches régulièrement cylindriques ne paraissant pas taillées quoique dépourvues d'aubier ; le tissu est moins serré que pour la seconde et un peu résineux, soit en grosses racines ou bûches cylindriques de 0^m06 à 0^m08 de diamètre, dépourvues d'aubier. Ce bois est très-fin, très-dur, très-pesant, dépourvu de toute résine et ressemble tellement au cam-wood qu'on ne l'en distingue qu'à son odeur de rose persistante et au pointillé blanc de sa coupe produit par les vaisseaux vides.

§ 87. — DU ROCOU.

Le *rocou*, qui depuis fort longtemps est employé pour donner une couleur orangée magnifique, est produit par le *bixa orellana* de la famille des *bixacées* qui croît dans la Guyane, à la Guadeloupe, à Saint-Domingue, aux Indes-Orientales, mais principalement à la Guyane. Les meilleures marques nous viennent de Cayenne, les autres sont de beaucoup inférieures.

Le rocou est produit sur place en écrasant les graines du *bixa orellana* dans des auges de bois dites *piles*, puis on les met macérer à l'eau bouillante dans d'autres auges dites *trempoires* où on les abandonne plusieurs semaines Au bout d'un temps variable, selon la marche de la fermentation, on verse le tout sur des tamis peu serrés; l'eau entraîne la matière colorante et des débris. Le résidu laissé sur le tamis est mis à fermenter de nouveau, et délayé dans l'eau pour l'épuiser complètement en couleur. Les eaux ayant entraîné le produit colorant sont abandonnées encore à la fermentation, puis la liqueur est tirée à clair, et le produit colorant, rassemblé sur des toiles, est égoutté et séché à l'ombre jusqu'à consistance pâteuse pour former les pains qu'on enveloppe dans des feuilles de balisier.

Le rocou de Cayenne qui est le plus riche en couleur est d'un beau rouge de colcothar, il offre une odeur particulière peu agréable qui tient à ce que souvent on introduit de l'urine dans la fermentation. Les rocous d'autres provenances ont quelquefois une odeur plus agréable et d'acide acétique.

Le produit livré par le commerce arrive sous forme de pains rouges bruns, pâteux, enveloppés dans des larges feuilles de balisier, ces pains de 1 à 2 kilogrammes sont renfermés dans de grands barils, et pour être certain de la pureté, il est d'usage dans le commerce de l'acheter tel qu'il vient avec les feuilles, en déduisant une tare de 16 % pour leur poids. Le rocou perd beaucoup de sa couleur en veillissant et en séchant surtout; il est prudent de n'en faire que de petites provisions et si l'on doit le consommer lentement, il faut tenir le baril dans un endroit frais et humide et entretenir sa mollesse par des additions d'urine ou d'eau ammoniacale.

Le rocou est de nature résineuse, il se ramollit au feu, s'enflamme et brûle avec beaucoup de fumée. Il est à peine soluble dans l'eau qu'il colore en jaune pâle à froid, plus foncé à l'ébullition; mais il est très-soluble dans l'alcool et l'éther qu'il colore fortement en orangé. Le alcalis caustiques ou carbonatés, et principalement le carbonate de potasse, le dissolvent en grande proportion, formant une liqueur rouge foncé, d'où les acides le précipitent en flocons jaunes très-divisés. La matière colorante du rocou se dissout dans les huiles grasses et essentielle.

La matière colorante du rocou n'est pas modifiée par l'action des mordants, sauf par les sels de fer qui la brunissent, dans tous les cas, sa couleur qui est d'ailleurs très-fugace, s'emploie pour elle-même. Pour l'emploi dans les ateliers de teinture, on extrait la couleur en faisant bouillir le rocou une demi-heure à trois quarts d'heure avec 50 à 75 °/° de son poids de bonne potasse du commerce. La dissolution se conserve quelque temps.

M. Chevreul a reconnu la présence de deux matières colorantes, l'une jaune, l'*orelline*, assez soluble à froid dans l'eau, et l'autre, la matière rouge, moins soluble, qui est la matière principale du rocou connue sous le nom de *bixine*.

L'*orelline* est soluble dans l'eau, l'alcool, mais très-peu dans l'éther, et teint les étoffes de soie alunées en jaune.

La *bixine* est au contraire peu soluble dans l'eau, mais soluble dans l'alcool et très-soluble dans l'éther, sa formule parait répondre d'après Kerndt à $C^{16} H^{13} O^{2}$. Abandonnée humide dans un endroit chaud, et à la lumière surtout, elle s'altère et se transforme en partie en orelline.

Le rocou traité par l'acide sulfurique concentré prend une belle nuance bleu indigo, passant peu à peu au vert ou au violet. Cette réaction est tout à fait caractéristique. Seul le safran se comporte d'une matière semblable, mais il est impossible à l'œil le moins exercé de confondre ces deux matières colorantes. Le safran, vu son prix très-élevé, n'a d'ailleurs jamais reçu d'application en teinture. L'acide nitrique communique au rocou une teinte verte qui passe bientôt au jaune.

§ 87. — CURCUMA.

Le *curcuma* est une racine qui nous arrive sous des aspects variables des Indes anglaises, il est connu aussi sous les noms de *terra-merita*, de *safran des Indes*, ou *turmeric*. Les marques les plus estimées viennent du Bengale, et prennent le nom de curcuma bengale, puis ensuite il y a les marques bien moins estimées, dites curcuma Java, curcuma de la côte, etc.

Le curcuma est produit par une plante de la famille des *Amomacées*, le *curcuma tinctoria*. On distingue dans le commerce deux sortes de curcuma au point de vue de la forme, le *curcuma long* et le *curcuma rond*. Ces deux racines, de formes différentes, sont cependant produites par les mêmes végétaux. Le *curcuma* long est un tubercule cylindrique, ayant sensiblement le même diamètré dans toute la longueur, malgré ses sinuosités. Il est ordinairement gros comme le petit doigt. La surface est grise, verdâtre, chagrinée, quelquefois nette et unie. La cassure à l'intérieur est rouge brun, noir, il a une forte odeur aromatique de gingembre, surtout à chaud. Pour l'emploi en teinture, comme pour le suivant, il est indispensable de le réduire en poudre fine, et généralement le teinturier achète le curcuma en racines, et le fait moudre lui-même.

Le *curcuma rond* est en tubercules ovales, de la grosseur d'un œuf de pigeon et même quelquefois un peu plus. L'extérieur est jaune sale et l'intérieur jaune plus clair que le précédent.

Cette racine est très riche en matière colorante, et nul autre végétal ne fournit un jaune doré ou orangé plus éclatant. Malheuresement ce jaune n'a aucune solidité et n'en acquiert pas par l'action des mordants.

Le curcuma réduit en poudre très-fine, s'emploie directement tel quel, dans les bains de teinture. Son colorant étant peu soluble dans l'eau même à chaud, se dissout dans le bain à mesure que celui-ci s'appauvrit par la soie.

Un bon curcuma traité par l'eau froide, abandonne à celle-ci de 20 à 25 % de matières extractives, consistant en sucre, gomme, matières pectiques, et une couleur jaune brunâtre.

Le curcuma épuisé à l'eau froide, traité par l'eau bouillante acidulée, perd encore de son poids par la transformation d'une quantité variable de principe amylacé en glucose soluble. Si l'on fait bouillir quelques heures et que l'on recueille la vapeur condensée, on obtient une huile volatile, jaune citron, plus légère que l'eau et d'une odeur très-pénétrante.

Par ces deux traitements à l'eau froide, puis à l'eau bouillante aiguisée d'acide sulfurique, j'ai vu des curcumas perdre jusqu'à 40 %. Le résidu séché contient encore presque toute la matière colorante, si l'on a pris la précaution de laisser refroidir l'eau bouillante du lavage acidulé sur la poudre, il contient en outre une matière résineuse et enfin la partie ligneuse et quelques sels terreux.

En traitant ce résidu sec par le sulfure de carbone, on extrait environ 10 à 15 % de matière résineuse jaunâtre ; puis le nouveau résidu traité par l'alcool lui cède la matière colorante jaune ; la solution alcoolique est jaune rougeâtre ; en distillant l'alcool, il reste une matière brune, qui, reprise par l'éther bouillant, cède la curcumine sensiblement pure qui se dépose par l'évaporation en lames minces, couleur de cannelle, transparentes, donnant une poudre jaune.

La *curcumine* pure, est amorphe insoluble dans l'eau, fort soluble dans l'alcool et l'éther. Les rayons solaires la décolorent facilement. Elle fond à 40°, se rassemble en masse, puis se décompose par la chaleur. Sa formule, déterminée d'après les travaux de F.-W. Daube, serait égale à :

$$C^{10} H^{10} O^{3}$$

Les acides sulfurique, chlorhydrique, phosphorique concentrés la dissolvent avec une couleur cramoisie, l'eau la reprécipite en flocons jaunes. L'acide nitrique la décompose. L'acide acétique la dissout sans modifier sa couleur. L'acide *borique* exerce une action remarquable sur la curcumine ; si l'on évapore la dissolution alcoolique d'un mélange de curcumine et d'acide borique, il se dépose une combinaison cramoisie dite *boro-curcumine.*

La solution alcoolique ainsi que le papier imprégné de curcumine par immersion dans cette solution, qui servent de réactif dans les laboratoires, sont fortement brunis par la solution alcoolique de l'acide borique, et si l'on plonge le papier de curcuma humecté d'une solution d'acide borique dans la vapeur de l'ammoniaque, il se produit une couleur bleue.

Les alcalis dissolvent aisément la curcumine, et par la saturation avec un acide étendu, elle est précipitée de nouveau sans altération. Ce moyen peut être utilisé pour préparer la curcumine avec un degré de pureté suffisant pour le commerce. La solution de la curcumine dans les alcalis est rouge brun, comme avec l'acide borique. Le papier de curcuma est d'ailleurs un réactif très-sensible pour déceler les alcalis, il brunit par les moindres traces alcalines, de même que par l'acide borique.

§ 89. — GAUDE OU VAUDE.

Cette magnifique matière colorante jaune est produite par le *reseda luteola*, de la famille des *résedacées* qui croît natuellement en France dans les terrains incultes, quoiqu'il soit cultivé en grand pour les besoins de la teinture. La tige est droite, effilée, haute de 0m 50 à 1 mètre, pouvant atteindre deux mètres; mais les tiges de taille moyenne sont les plus riches en couleur. La plante entière est récoltée, séchée et mise en bottes pour être livrée au commerce. Il faut toujours rechercher les tiges les plus chargées de graines, qui sont les plus riches en couleur. La couleur des tiges est jaunâtre. La gaude perdant en vieillissant, il faut autant que possible l'employer dans l'année de la récolte.

Pour l'emploi en teinture, toute la plante est mise à bouillir environ une heure dans de l'eau, jusqu'à ce qu'elle se soit précipitée naturellement au fond de la chaudière. Elle cède tout son colorant à l'eau, et la décoction a une couleur jaune tirant sur le brun; en l'étendant d'eau elle tire sur le vert.

Les *acides* pâlissent la décoction, il en est de même des *sursels*, tels que la crême de tartre; les *alcalis* la foncent toujours en jaune; les *sels de fer* la tournent au brun verdâtre et la précipitent; de même les *sels de cuivre;* la *dissolution d'étain* la colore en jaune serin avec précipité.

En résumé, la gaude donne, sur soie alunée, des jaunes très-beaux et très-purs; mais elle peut être virée par l'action des sels de fer qui la brunissent facilement, en permettant de faire des verts ou des olives.

La matière colorante isolée pour la première fois par M. Chevreul a reçu le nom de *lutéoline*; elle peut être obtenue en épuisant la gaude par l'eau bouillante, évaporant la décoction à siccité et sublimant le résidu à une douce chaleur; la lutéoline qui est volatile se sublime en aiguilles d'un jaune pâle.

La lutéoline offre les mêmes caractères que la décoction de la gaude; elle est soluble dans l'eau, l'alcool et l'éther qu'elle colore en jaune pâle. Elle se combine avec les bases, et forme avec la potasse un composé jaune doré qui verdit peu à peu en s'oxydant à l'air, et devient d'un beau rouge. Elle se combine également avec les acides. Sa formule est encore indéterminée.

§ 90. — GRAINES D'AVIGNON ET DE PERSE.

Les graines d'Avignon et de Perse sont les baies produites par un arbrisseau, le *Rhamnus infectorius* ou *Nerprun des teinturiers*. Cette espèce de la famille de *rhamnées* croît surtout dans le midi de la France et de l'Europe. Les graines prennent le nom du pays d'où elle proviennent. Ainsi la *graine d'Avignon* vient du Comtat-Venaissin; celles provenant de l'Orient prennent selon l'origine le nom de *Graines de Perse*, de *graine d'Andrinople*, etc., et sont plus estimées que la première.

La *Graine de Perse* est la plus estimée de toutes, de la grosseur d'un petit pois, arrondie, formée d'une mince enveloppe d'un vert jaunâtre, divisée en trois ou quatre compartiments, et à la surface, divisée par trois ou quatre méridiens, en trois ou quatre fuseaux; de là, vient l'expression de graine aux 4/4 lorsque la graine a 4 fuseaux, de graine 3/4 si elle n'en a que trois. La saveur est amère très-désagréable et l'odeur nauséabonde.

De même que la gaude, la graine de Perse et celle qui suit veulent être employées récentes. Elles perdent beaucoup en veillissant, deviennent légères et noires.

La *graine d'Avignon* est beaucoup plus petite, plus verte, plus noire que la précédente; elle offre trois coques réunies, et n'en a ordinairement que deux, la saveur et l'odeur sont beaucoup moins marquées que pour la précédente; elle est bien moins estimée et ne sert souvent qu'à la falsifier.

Pour l'emploi en teinture, les graines sont bouillies environ un quart d'heure avec de l'eau pure. La solution est jaune brun verdâtre et reste limpide par le refroidissement, fortement odorante et d'une saveur amère.

Elle contient outre la matière jaune un peu de tannin, car elle trouble par la gélatine.

Les acides en général en affaiblissent la couleur, l'acide nitrique en excès y développe une couleur rouge. Elle contient des quantités notables de sels de chaux, car les acides sulfurique et oxalique y font naître des précipités.

Les *alcalis* y compris les *alcalis terreux*, la font passer à l'orangé verdâtre, les derniers avec un léger précipité. Les *sels d'alumine* pâlissent la couleur sans précipité. Les *sels de fer* la font passer au vert olive; les sels de cuivre au vert olive plus jaunâtre que le précédent, et le *sel d'étain* au jaune verdâtre. En résumé elle se rapproche de la décoction de la gaude dont elle est souvent un succédané. La couleur est plus fugace que celle de la lutéoline.

La matière colorante pure de la graine d'Avignon ou de Perse, a reçu d'après M. Kane. (*Ann. de Chim. et de Phys.*, 3me série, VIII, 380) le nom de *Chrysorhamnine* et paraît être la même maière que la *rhamnine* de M. Fleury, et très-analogue à la *rhamnoxanthine*, trouvée par M. Buchner dans les graines et l'écorce du *rhamnus frangula*.

Pour obtenir la chrysorhamnine, il faut traiter les baies par l'éther qui se colore en un beau jaune d'or et laisse déposer par l'évaporation une grande quantité de couleur.

La *chrysorhamnine* est d'un beau jaune d'or, d'un aspect cristallin, formée d'aiguilles étoilées courtes et soyeuses, à peine soluble dans l'eau froide, et se transformant par l'ébullition en *xanthoramnine* soluble dans l'alcool ; la solution alcoolique s'altère également par l'ébullition. C'est donc une matière très-altérable. Sans réaction avec les acides, elle s'altère beaucoup en solution. D'après Kane, sa formule serait :

$$C^{28} H^{11} O^{11}$$

La chrysorhamnine ne résistant pas à l'action de l'eau, c'est donc son produit d'altération ou la *xanthoramnine* que l'on obtient dans la décoction des graines de Perse et d'Avignon. Elle existe d'ailleurs aussi naturellement dans les mêmes baies. Elle est insoluble dans l'éther, mais fort soluble dans l'eau et l'alcool. Elle s'obtient en reprenant le produit de l'évaporation de la décoction aqueuse des graines par l'alcool pour isoler les matières gommeuses insolubles dans ce véhicule. La solution alcoolique la laisse par évaporation sous forme d'une masse jaune foncée. Elle fond à 100° et se décompose à 200°. Sa formule qui répond à $C^{28} H^{18} O^{14}$ indique 1 atome d'eau et 3 d'oxygène en plus que dans la chrysorhamnine.

§ 91. — ÉPINE-VINETTE.

L'*épine-vinette* est le nom vulgaire d'un arbrisseau épineux de la famille des *berbéridées*, le *berberis vulgaris*. Les fruits ont la forme de petites baies allongées, d'un rouge de corail, d'une acidité forte mais agréable, due à l'acide malique. Les semences sont petites, longues, rougeâtres, d'une saveur astringente et comme vineuse. d'où le nom d'épine-vinette.

La racine qui est la seule partie employée en teinture est ligneuse, d'un jaune pur à structure fibreuse rayonnée. Buchner père et fils ont les premiers isolés la matière colorante jaune à l'état pur, et lui ont donné le nom de *berbérine*. (1837. — *Ann. de Chim. et Pharm.*, XXIV. 228).

L'eau bouillante extrait facilement la couleur de l'épine vinette. Pour l'obtenir pure, la solution aqueuse concentrée par l'évaporation est reprise par l'alcool qui précipite diverses matières gommeuses ; la solution filtrée est privée de son alcool par la distillation aux 3/4, puis l'on abandonne le résidu au repos, dans un endroit frais. Il se dépose des cristaux jaunes de berbérine que l'on purifie par des recristallisations dans l'alcool.

La *berbérine* forme de petites aiguilles soyeuses jaune clair, peu solubles dans l'eau froide, mais très-solubles dans l'eau bouillante, peu solubles à froid dans l'alcool, plus solubles à chaud, insolubles dans l'éther, elle est très-peu soluble dans les huiles grasses et essentielles.

La formule d'après Gerhardt serait :

$$C^{42} H^{18} N O^{10} + Aq$$

la berbérine est azotée. L'action de la chaleur la modifie à 200°, il distille un produit jaune particulier et il reste un abondant résidu charbonneux. L'*ammoniaque* la colore en jaune brun, et ne la dissout pas mieux que l'eau. Elle forme facilement des sels avec les acides, elle joue donc le rôle de base.

L'épine vinette donne en teinture et sans mordant des tons jaune paille, elle est d'un emploi restreint.

§ 92. — BOIS JAUNE.

Le bois jaune, encore appelé bois de Cuba, est produit par un arbre de la famille des *Morées*, le *Morus tinctoria* de Linné, ou *broussonetia tinctoria* de Kanth, ou encore *maclura tinctoria* de Nuttal. Le bois jaune croît aux Antilles et au Mexique ; il acquiert des dimensions considérables. Il nous vient principalement de Cuba et de Tampico ; il est en bûches quelquefois considérables, pouvant peser jusqu'à 450 kilog., écorcées à la hache, d'un brun jaunâtre à l'extérieur, d'un jaune vif et foncé à l'intérieur. Le bois jaune est dur, compacte, susceptible d'un beau poli, et pourrait être employé par l'ébénisterie, sans son prix élevé. La teinture constitue son emploi exclusif.

Les Anglais le désignent sous le nom de *fustis*, et les Portugais sous le nom de *fustate*,, ce qui peut le faire confondre avec le *fustet* produit par le *rhus cotinus*.

Pour l'emploi en teinture, le bois est débité en copeaux et soumis à l'action de l'eau bouillante, qui s'empare de la matière colorante et de divers autres principes. L'industrie prépare en grand de très-bons extraits de *cuba* à l'état liquide, à 10, 20, 30° Beaumé, ou solide, qui, pour le teinturier, valent le bois lui-même, surtout lorsque son emploi est faible.

Une forte décoction de bois jaune a une couleur jaune foncée rougeâtre; étendue d'eau, elle devient orangée.

Les *alcalis* foncent la couleur.

Les *acides*, l'*alun*, le *tartre*, l'éclaircissent en donnant naissance à un précipité jaune verdâtre.

Le *sulfate de fer* brunit la couleur orangée.

Les *sels de cuivre* la brunissent en la verdissant.

Le *sel d'étain* et les *dissolutions d'étain* la précipitent en jaune

En résumé, le bois jaune ou ses extraits ne s'emploient pas par le teinturier pour produire des nuances jaunes; il a contre lui des couleurs, telles que la gaude, la graine de Perse, etc., avec lesquelles il ne peut rivaliser par la beauté; mais son emploi, une fois viré par l'action des sels de fer et de cuivre, au brun ou brun verdâtre, est des plus considérables dans la production de couleurs rabattues ou de certains noirs légers; il intervient alors en fournissant un fonds, dont la couleur est complétée par une autre.

La matière colorante du bois jaune, comme on l'a vu aux matièrés astringentes, appartient essentiellement à la classe des tannins verts, et elle a reçu, pour rappeler son origine, le nom d'*acide morintannique*.

L'acide morintannique est contenu, en même temps que l'*acide morique*, dans le bois jaune et en constitue la principale matière colorante. Dans une décoction concentrée de bois jaune, par le refroidissement, l'acide morique se dépose en combinaison calcaire, et l'acide morintannique reste en solution. Il constitue dans le bois jaune les dépôts qu'on remarque souvent dans le corps du bois. Pour l'obtenir, il faut traiter ces dépôts par de l'eau bouillante et laisser refroidir l'extrait. L'acide morintannique se dépose alors à l'état pulvérulent, on le purifie par plusieurs cristallisations successives dans l'eau ; pour la dernière, on emploie l'eau acidulée à l'acide chlorhydrique, afin de séparer une matière résineuse qui est insoluble dans ces circonstances.

L'*acide morintannique* constitue une poudre cristalline jaune clair. La saveur en est douce et astringente. Soluble dans environ deux fois son poids d'eau bouillante, il lui faut six fois son poids d'eau froide; la réaction est faiblement acide. Il est soluble dans l'alcool, l'éther, et insoluble dans les huiles grasses et essentielles.

Il paraît répondre à la formule : $C^{36} H^{14} O^{18}$.

Chauffé avec ménagement, il fond à 200°, noircit à 250° et se décompose en donnant un mélange d'acide carbonique, d'eau, d'acide phénique et oxyphénique qui distillent, en laissant un résidu de charbon.

La solution aqueuse de l'acide morintannique n'est pas précipitée par les acides minéraux, mais elle l'est par la gélatine et le parchemin, ce qui établit sa parenté avec les tannins.

L'*acide sulfurique concentré* le dissout à froid sans altération, et l'eau le reprécipite intact; mais si le contact est prolongé, l'acide morintannique est transformé en un nouveau produit, l'*acide rufimorique*, de même que par l'action des acides minéraux étendus, à la chaleur de 100°.

L'*acide nitrique* concentré le détruit et donne de l'acide oxypicrique.

L'*acide chrômique*, le *chlore* et les *oxydants énergiques* le détruisent en donnant des produits résinoïdes jaunâtres.

Les *alcalis caustiques* ou *carbonatés* le dissolvent, donnant une couleur jaune foncé, qui noircit à l'air.

Il précipite en noir verdâtre le *sulfate de fer magnétique*, de même le *sel de cuivre*, en brun jaunâtre l'*émétique*, en jaune l'*acétate de plomb* et le *chlorure stanneux*.

L'*acide morique* accompagne le précédent dans le bois jaune et dans ses emplois. Il ne paraît pas, d'après ses propriétés, jouer un grand rôle en teinture, et constitue, comme il a été vu précédemment, sous forme de combinaison calcaire, mêlée d'un peu d'acide morintannique, le dépôt qui se fait à froid dans la décoction de bois jaune.

Ce dépôt, traité par l'alcool bouillant à plusieurs reprises, cède le morate de chaux qui se dépose de la solution alcoolique par une addition d'eau de dix fois le volume de l'alcool, sous forme d'une poudre jaune cristalline.

La poudre, recueillie sur un filtre lavée et reprise par l'alcool bouillant, est soumise à l'action de l'acide oxalique, qui s'empare de la chaux en formant un oxalate insoluble. On filtre de nouveau, et l'on précipite l'acide morique par addition d'eau.

L'acide morique constitue une poudre blanche, cristalline, qui devient jaune à l'air. Très-peu soluble dans l'eau dont il faut environ 4,000 parties à froid et 1,060 à chaud ; fort soluble dans l'alcool et l'éther ; les solutions possèdent une couleur jaune foncé et sont légèrement acides.

La formule d'après les analyses de MM. Chevreul et Wagner serait : $C^{36} H^{14} O^{18} + Aq$

L'acide morique, chauffé, se noircit à 300°, et donne les mêmes produits que le précédent.

Les *acides faibles* le dissolvent sans se colorer. L'*acide sulfurique concentré* agit comme sur l'acide morintannique à froid, mais à chaud il le décompose complètement. L'*acide nitrique concentré* le convertit en acide oxypicrique.

Avec les *alcalis caustiques* et *carbonatés*, il donne de belles solutions jaunes qui brunissent à l'air.

Il ne précipite pas la *gélatine*, mais il colore les matières animales, surtout la peau en beau jaune.

Les sels de fer *magnétique* le colorent en grenat, ce qui le distingue complètement de l'acide morintannique.

En résumé, le bois jaune contient donc deux principes; l'un, l'acide morintannique, très-abondant, de la famille des tannins verts, qui est employé pour les couleurs composées, viré par l'action des mordants de fer et de cuivre; l'autre, l'acide morique, bien moins important, et qui tend à jouer le rôle de matière colorante jaune.

§ 93. — FUSTET.

Il a déjà été question de l'arbrisseau qui produit le fustet en parlant du sumac.

Le fustet est produit par un arbrisseau de la famille des *térébinthacées*, le *rhus cotinus*, qui croît dans les parties méridionales de la France, aux Antilles, à la Jamaïque, etc. On le trouve dans le commerce sous forme de souches et de branches tortueuses de 0m03 de diamètre. L'aubier de ce bois est blanc, poreux, le cœur est assez dur et jaune foncé ou jaune verdâtre. Les racines sciées rappellent la racine de buis, et offrent comme elle, des dessins variés après avor été polies.

Ce bois débité en copeaux s'emploie en teinture, en le traitant par l'eau bouillante qui s'empare de la couleur et donne une décoction d'un beau jaune orangé, mais qui, employée seule, n'offre aucune solidité.

Cette décoction a l'odeur du chêne, une saveur douce, puis amère; elle contient un tannin, car la gélatine y donne un précipité.

Les *alcalis* la virent au rouge, et les *alcalis terreux* la précipitent en jaune orangé tout en la virant également au rouge. Les *sels de fer* la font passer au vert olive avec précipité brun; le *sel d'étain* la précipite en orangé ; *l'acétate de cuivre* en brun marron, et celui de *plomb* en rouge orangé.

Les propriétés colorantes du fustet sont dues d'après Preisser (*Journal f. prakt. chem.* XXII, 242) à un principe colorant, *la fustine*, qui se présente à l'état de pureté en petits cristaux jaunâtres, et qui offre, d'ailleurs, beaucoup d'analogie avec la matière colorante jaune des graines de Perse et d'Avignon.

§ 94. — QUERCITRON, FLAVINE, CHRYSÉINE.

Le quercitron n'est autre chose que l'écorce d'un chêne, le *quercus nigra* ou *quercus tinctoria*. Cet arbre, connu sous le nom de *quercitron*, croît spontanément dans l'Amérique septentrionale. Son emploi en teinture est relativement récent, et est dû à Bancroft qui découvrit ses propriétés colorantes en 1784, et depuis cette époque l'emploi du quercitron a toujours été en grandissant. En 1818, après le départ des Alliés, de Paris, pour réparer des dégâts commis au bois de Boulogne, on en fit un semis considérable, dont la réussite fut complète, mais malgré cet essai de naturalisation dans nos pays, c'est toujours des forêts de la *Pensylvanie*, dont le chêne quercitron forme un des principaux ornements, qu'il nous arrive. Le quercitron, dont l'entrepôt est à Philadelphie, subit, diverses préparations mécaniques. La première consiste à détacher soigneusement l'épiderme de l'écorce; cet épiderme contenant une matière jaune brunâtre très-préjudiciable; puis l'écorce privée de son épiderme est soumise à des moutures qui la réduisent partie en filament déliés, partie en poudre. C'est sous cette forme que le quercitron est expédié en grands barils en Europe. Les barils vont de 600 à 1,000 kilos et la marque la plus estimée vient de Philadelphie.

Le quercitron est très-riche en matières colorantes, une partie donne autant de couleur que huit à dix parties de gaude, et que quatre de bois jaune. Il cède facilement à l'eau les principes utiles en teinture, et par un lavage à l'eau chaude il perd 8 %.

Sa décoction, filtrée sur une toile pour retenir la poudre et les filaments, a une couleur jaune orange, et si elle est concentrée elle dépose en refroidissant. Elle contient en dehors des principes colorants, une grande quantité de tannin qui permet son emploi dans l'usage de la tannerie, dans les pays de provenance. Elle a une saveur amère, très-astringente, légèrement acide aux papiers réactifs. Ses principales réactions sont les suivantes : les *alcalis* en foncent la couleur, et les *alcalis terreux* y forment un précipité jaunâtre. L'*alun* l'éclaircit avec un faible précipité; le *sel d'étain* donne un précipité roux, ainsi que l'*acétate de plomb*, les *sels de cuivre*, un précipité jaune verdâtre, et les *sels de fer* un précipité brun olive.

Le teinturier peut employer à volonté le quercitron en nature ou les extraits que lui livre le commerce; mais depuis son introduction en teinture, des progrès très-sérieux ont été faits à l'égard de l'emploi du quercitron.

La décoction de cette écorce offre, somme toute, un mélange de matière colorante, de tannin et de diverses matières nuisibles en teinture pour la pureté des nuances lorsqu'il s'agit d'obtenir du jaune pur. Les travaux de M. Chevreul ont appris que le quercitron devait ses propriétés tincloriales à un principe particulier auquel il a donné le nom de *quercitrin*, appelé aussi *acide quercitrique*. Ce principe en dehors du tannin que renferme l'écorce du quercitron comme toutes les écorces de chêne, appartient également à la famille des tannins, et ses réactionse le rangent dans les tannins verts.

L'acide *quercitrique* s'obtient à l'état pur, en épuisant par l'alcool, le quercitron, dans des appareils à déplacements ; six parties d'alcool suffisent pour une de quercitron. La liqueur alcoolique est laissée en contact avec des lames minces de gélatine ou de colle de poisson qui s'emparent du tannin ordinaire, et le liquide alcoolique est distillé pour le concentrer, par refroidissement il se dépose de l'acide quercitrique que l'on purifie par plusieurs cristalisations successives dans l'alcool.

Le quercitrin ou acide quercitrique se présente sous la forme d'une poudre cristalline, jaune de chrôme, sans odeur, légèrement amère et faiblement acide. Au microscope, l'acide quercitrique apparaît sous forme de petites tables rectangulaires ou rhombe.

Sa formule, d'après Bolley, de Zurich, est $C^{36} H^{18} O^{20}$.

L'acide quercitrique est très-peu soluble dans l'eau froide et il faut environ 400 parties d'eau bouillante pour le dissoudre; il constitue les dépôts qui se font dans les décoctions de quercitron, ainsi que dans les extraits. Il est plus soluble dans l'alcool, ainsi que dans l'éther.

Sous l'influence de la chaleur, l'acide quercitrique donne un sublimé jaune et laisse un résidu de charbon.

La *potasse* et l'*ammoniaque* font verdir sa dissolution. Les *alcalis terreux* en précipitent peu à peu des flocons jaunes roux. L'*alun* y développe une belle couleur jaune. L'*acétate de plomb*, de *cuivre*, et le *sel d'étain* précipitent de cette solution des flocons jaunes, et les *sels de fer* la font passer au vert olive et la précipitent peu à peu.

L'acide acétique dissout assez bien l'acide quercitrique, l'acide nitrique le détruit lorsqu'il est concentré. Sous l'influence des acides chlorhydrique ou sulfurique étendus et bouillants, l'acide quercitrique éprouve comme l'acide tannique, un dédoublement bien remarquable, il se forme de la glucose et une nouvelle matière colorante jaune, la *quercétine*, d'après la réaction suivante :

$$\underset{\text{Acide quercitrique}}{C^{36} H^{18} O^{20}} + 2\,HO = \underset{\text{Glucose}}{C^{12} H^{12} O^{12}} + \underset{\text{Quercétine}}{C^{24} H^{8} O^{10}}$$

La *quercétine* s'obtient en accidulant la solution d'acide quercitrique par l'acide sulfurique ; on porte à l'ébullition, et la quercétine se précipite lentement sous forme de flocons jaunes et cristallisés, la matière sucrée reste dans la liqueur.

La quercétine forme une poudre d'un jaune citron ; elle est en petites aiguilles microscopiques, sans odeur ni saveur et inaltérables à l'air, bien moins soluble encore que l'acide quercitrique dans l'eau à froid et à chaud. Soluble dans l'alcool et dans l'acide acétique chaud.

L'eau additionnée de potasse ou de soude la dissout aisément avec une teinte jaune dorée ; l'addition d'un acide la précipite immédiatement en flocons jaune. L'ammoniaque la dissout également, la solution brunit à l'air.

Les réactions colorantes de la quercétine rappellent celles de l'acide quercitrique, mais avec plus de fraîcheur pour les tons jaunes et dorés.

Les progrès accomplis depuis l'introduction du quercitron, ont porté précisément sur la production industrielle de la quercétine qui est livrée dans le commerce, sous le nom de *flavine* et *chryséine*.

L'introduction de la *flavine* (flavin des Anglais) eut lieu autour de 1850 à 1855. La fabrication de ce produit est peu connue, mais il est certain qu'elle résulte de l'action de l'acide sulfurique étendu et bouillant sur l'extrait du quercitron. La flavine se fabrique d'ailleurs dans les pays d'origine du quercitron, à Philadelphie, à Baltimore. Comme sa puissance colorante est de 60 fois celle du quercitron, il y a une économie énorme pour le transport à la produire sur place.

La flavine offre l'aspect d'une poudre très-légère, d'une nuance jaune variable selon les marques; les plus légères sont les plus estimées.

Les caisses d'origine pèsent de 18 à 20 kilos net, et rappellent par leurs dimensions peu en rapport avec le poids, celles de l'acide tannique.

Pour l'employer il faut la délayer soigneusement avec de l'eau sur laquelle elle flotte avec opiniâtreté. Ses propriétés rappellent celle de la quercétine; très-peu soluble dans l'eau comme elle, elle se comporte avec les mordants de la même manière.

La *chryséine* est une modification en pâte de la flavine, produite par M. Séligmann, et lancée par MM. Rubsamenn et Remps, de Lyon, en 1861 environ. Cette modification s'est bien introduite dans la teinture lyonnaise où elle a à peu près remplacé la flavine. La chryséine correspond comme richesse à 25 °/₀ d'une bonne flavine, mais sa fabrication est plus régulière, de plus elle offre l'avantage assez sérieux d'être toute prête à être employée; il suffit de brasser la pâte au moment de s'en servir et de la délayer dans le bain, ce qui est fait en un instant.

§ 95. — VERT DE CHINE, LO-KAO.

Quoique le vert soit la couleur la plus abondamment répandu dans la nature, ce n'est que de nos jours pour ainsi dire que l'application d'un vert naturel direct s'est faite comme il a été dit dans l'histoire de le teinture, les verts ont été longtemps le résultat de la combinaison du bleu et du jaune, et ce n'est qu'après les communications de Persoz à l'Académie des sciences, après les rapports et les échantillons communiqués par le R. P. Hélot sur une matière colorente naturelle employée par les chinois, sous le nom de *Lo-Kao*, que les premières teintures directes de vert furent faites sur soie et autres fibres textiles.

En 1852, Seringe, professeur de botanique à Lyon, appelait l'attention de la Chambre de Commerce de Lyon, sur les communications de Persoz, et celle-ci toujours soucieuse de se tenir à la hauteur des intérêts de ses mandataires, composée pour la plupart d'industriels ou commerçants touchant de près ou de loin à l'industrie de la soie, ne tarda pas à se procurer et à mettre à la disposition des teinturiers de Lyon, des échantillons de cette matière remarquable dont le succès fut si éphémère.

Les détails qui suivent sont d'ailleurs extraits du rapport de M. Michel à la Chambre de Commerce de Lyon, et publié d'après son ordre en 1856, et quoique donnée à titre purement historique ils offrent néanmoins beaucoup d'intérêt.

En 1856, il existait plusieurs variétés de verts de Chine, d'un prix variant de 360 à 533 fr. le kilo. Le vert de Chine se présente en petites masses agglomérées ou écaillées vert sombre.

Les meilleures qualités sont celles qui, en contact avec l'eau, l'absorbent et augmentent de volume, et de plus au bout de trois jours d'humectation, agitées avec cent fois leur poids d'eau à plusieurs reprises, finissent par perdre une certaine quantité de matière colorante sous forme de dissolution vert-bleu très-foncé. Les qualités qui ne cèdent rien à l'eau sont moins riches et moins franches en teinture.

Le vert de Chine est insoluble dans l'alcool et dans l'éther; les bonnes qualités sont en partie solubles dans l'eau ordinaire, plus solubles dans l'eau pure. La solution aqueuse abandonnée quelques jours tend à se décomposer et devient rouge; si l'altération est récente, l'addition d'un sel alumineux, de l'eau de chaux ou d'un alcali peut ramener la couleur.

Tous les acides augmentent un peu la solubilité du vert de Chine, mais l'altèrent plus ou moins.

L'acide acétique le dissout sous la forme de la modification rouge.

Les alcalis, les sels d'ammoniaque et d'alumine, s'opposent fort longtemps au développement de cette modification rouge. Le sel d'étain produit instantanément une couleur orange que l'eau de chaux ramène promptement au vert bleu.

Les alcalis, les sels d'ammoniaque, augmentent beaucoup la solubilité du vert de Chine, mais les dissolutions qui conviennent pour le fil et le coton, ne conviennent pas pour la soie. Il faut avoir recours au sulfate de potasse et d'alumine ou alun, qui, en augmentant la solubité, facilite le tirage sur soie.

Le vert de Chine avait déjà été importé en Europe, sous le nom d'indigo vert; Bancroft, chimiste anglais dont il a déjà été question pour le quercitron en 1793, Kurer, chimiste allemand en 1801, et Gustave Schwartz, de la Société Industrielle de Mulhouse en 1837, s'en sont occupés. Mais d'une part, l'erreur qui consistait à traiter ce produit comme l'indigo, et d'autre part, son prix très-élevé l'avaient fait abandonner.

Le 8 janvier 1857, la Chambre de Commerce de Lyon ouvrait un concours pour la recherche du vert de Chine dans les végétaux indigènes, et y affectait un prix de 6,000 fr. afin de stimuler le zèle des chimistes, pour trouver un produit similaire, d'un prix bien moins élevé.

Ce prix, sur le rapport de M. Glénard, fut décerné dans la séance du 20 juin 1860 à Félix Charvin. Les détails qui suivent son extrait du rapport de M. Glénard, imprimé aux frais de la Chambre de Commerce de Lyon.

Charvin parvint à obtenir d'un nerprun indigène (le *Rhamnus catharticus*), une matière verte semblable au lo-kao, qui est d'ailleurs obtenu lui-même avec un nerprun.

Le vert obtenu par la méthode Charvin offre une grande analogie de composition avec le lo-kao, et d'après les travaux du rapporteur, voici trois analyses comparatives :

	Vert Charvin	Vert chinois	Vert chinois (d'après Pesosz)
Eau	13.500 °/₀	9.50 °/₀	9.30 °/₀
Cendres	34.00	28.50	28.80
Matières colorantes	52.50	62.00	61.90

De ces analyses il ressort que le vert obtenu par Charvin était un pen plus pauvre en matière colorante, et un peu plus riche en cendres, d'une composition différente de celles des lo-kao.

Quand aux réactions de la matière colorante du vert Charvin, elles sont d'ailleurs les mêmes que celles du lo-kao, ainsi que les résultats en teinture.

J'extrais du rapport de M. Glénard, le mode de fabrication du vert Charvin, quoique ce produit n'offre qu'un intérêt purement historique, et que son emploi n'ait eu que la durée d'un éclair. La matière colorante verte est tellement abondante dans la nature, qu'un jour viendra peut-être où les travaux de Charvin seront rappelés comme ceux de Runge pour les couleurs d'aniline.

Pour obtenir du vert analogue au lo-kao, il faut opérer avec l'écorce d'un nerprun indigène (*Rhamnus catharticus*). L'écorce est traitée par l'eau bouillante, et l'ébullition est continuée quelques minutes ; il se forme une écume rose, analogue à celle dont parle le R. P. Hélot dans la préparation du lo-kao ; puis le tout est versé, eau et écorce, dans un vase en faïence couvert et abandonné, pendant 24 heures au repos.

Le liquide jaune est alors décanté et additionné d'eau de chaux limpide ; il devient brun et rougeâtre. Il faut alors lui faire subir une aération en couches minces à la lumière solaire; sous cette influence, peu à peu la teinte verdâtre se prononce, et au bout de quelques heures il se forme un dépôt vert. Le liquide est alors rassemblé dans un vase plus profond et additionné de carbonate de potasse, il se forme un précipité vert, tandis que la liqueur devient jaune clair. Le précipité recueilli sur des filtres, égoutté et sèché, constitue le vert de Charvin.

La différence entre le procédé suivi par Charvin et celui suivi par les Chinois, d'après les documents du R. P. Hélot, consiste dans le mode d'aération. Charvin opérait dans des vases peu profonds, tandis qu'en Chine cette oxydation est produite en imprégnant des toiles de coton de la liqueur provenant de l'ébullition dans l'eau de l'écorce de nerprun, et laissant sécher ces toiles au soleil. Le vert lo-kao a, d'ailleurs, beaucoup d'affinité pour le coton, et se développe bien dans ces conditions. Il faut ensuite démonter les toiles vertes pour en retirer la couleur, et il ne faut pas moins de 12,000 mètres d'étoffes servant, d'ailleurs, indéfiniment pour la production d'un kilogramme de lo-kao.

La grande manipulation nécessaire dans la production du vert lo-kao, était la cause de sa cherté, et le procédé Charvin en permettant de le donner à 100 fr. le kilog., était appelé sans le vert d'aniline à de grands résultats.

Dans le même rapport, M. Glénard fait remonter à M. Michel, l'honneur d'avoir le premier dit dans un mémoire : « Il existe dans les bains d'écorce de nerprun les éléments à l'état invisible d'une matière colorante qui ne se développe jusqu'à présent que par l'action de la lumière, etc., etc., » et rend justice à Charvin d'avoir complété la pensée de M. Michel.

Pour achever l'histoire du vert de Chine, il peut être employé avec succès dans la peinture à l'huile ; une préparation tirée des baies de nerprun et connue sous le nom de vert de vessie l'est depuis fort longtemps. Il paraît également avoir été employé au XVIIe siècle pour teindre la toile.

§ 96. — INDIGO (*Indicum*, *Indicus*, de l'Indc).

Cette matière colorante bleue, déjà connue des Romains, car Pline en fait mention sous le nom d'*indicum* pour rappeler son origine, après avoir joué un très-grand rôle en teinture, tend à disparaître complètement de la teinture de la soie. Avec la garance, l'indigo est bien la matière colorante qui a le plus passionné les chimistes, et l'on peut dire sans crainte que c'est la mieux étudiée, celle dont les rapports sont le mieux définis.

L'indigo est retiré des feuilles de plantes appartenant presque toutes à un genre de la famille des *légumineuses*, et nommé à cause de cela *indigofera*. Les principales espèces qui donnent l'indigo sont : l'*indigofera argentea*, l'*indigofera disperma* ou guatimala ; l'*indigofera anil* ou l'anil, et l'*indigofera tinctoria*.

Quelques autres plantes telles que la *vercinus tinctorium*, l'*isatis tinctoria* (pastel), le *polygonum tinctorium* etc., contiennent aussi de l'indigo, mais l'extraction industrielle se fait toujours avec les espèces du genre indigofera. Les indigotiers sont indigènes aux Indes et au Mexique, d'où ils ont été propagés dans les deux Amériques et aux îles ; les tentatives faites pour les acclimater dans les contrées de l'Europe ont toujours échoué, il leur faut les chaleurs intertropicales. Les Indiens ont connu depuis longtemps la manière d'extraire et d'employer l'indigo, et c'est au XVIe siècle que les Hollandais importèrent les procédés d'application en Europe, en appelant l'attention sur l'importance de cette précieuse matière colorante bleue. Après s'être étendue avec succès au Mexique, la culture de l'indigo est aujourd'hui devenue l'apanage presque exclusif des Indes-Anglaises.

La plante qui produit l'indigo est bisannuelle; on la sème en mars, deux mois après on la fauche une première fois, puis de deux mois en deux mois; l'on fait la même année trois ou quatres récoltes. La plante est alors épuisée, ce qui oblige à l'ensemencer chaque année. On remplit de grandes cuves aux trois quarts, avec la plante fauchée que l'on charge de poids pour la maintenir en place; puis on verse de l'eau dans les cuves, à un pied au-dessus de la plante, et on l'abandonne à la fermentation jusqu'à ce qu'on aperçoive une écume bleue irisée.

La liqueur est alors soutirée dans une autre cuve, et agitée fortement pendant une demi heure environ; de verdâtre et trouble quelle était, la liqueur devient bleue et se caille. On ajoute alors de l'eau de chaux qui empêche la fermentation et facilite la précipitation; après repos, l'on décante l'eau et l'on met égoutter le précipité sur des toiles. Lorsque ce précipité a acquis une certaine consistance, on en remplit de petits moules carrés en bois, avec un fond de toile, et on achève la dessication à l'ombre.

L'indigo nous arrive dans le commerce en petits pains cubiques, les qualités sont très-variables ainsi que les aspects. Un indigo de qualité supérieure doit présenter les caractères suivants: Il doit être léger, à grain fin, d'une couleur bleu foncé, prenant de beaux reflets cuivrés sous l'ongle; un indigo lourd contient des matières terreuses; un grain grossier, une couleur bleu pâle cuivrant mal sous l'ongle, indiquent un indigo pauvre en matière colorante.

Les différences énormes de qualités que l'on remarque dans les indigos (les différences de prix varient selon les qualités de 3 à 30 fr. le kilogramme), viennent tout à la fois des lieux de provenance et des soins apportés dans la fabrication.

Le plus estimé de tous les indigos a été longtemps le *guatimala*, qui vient de la Nouvelle Espagne, en petits fragments, plus légers que l'eau et d'un bleu vif. Les belles qualités de guatimala prennent encore le nom de *sobra-flor*.

Les indigos de Saint-Domingue viennent après le guatimala. Mais actuellement les marques anglaises inondent tous les marchés; elles se divisent suivant les provenances en indigo du Bengale, de Kurpath, de Madras, de Coromandel, etc.Les marques de Bengale sont les plus estimées, puis viennent les Kurpath, enfin les Madras qui le sont le moins. Les colonies hollandaises et Java, entres autres, produisent une marque très-estimée dite *indigo Java*.

La composition immédiate de l'indigo, tel qu'il arrive et en dehors de toute falsification est assez complexe, et généralement la matière bleue est accompagnée des mêmes principes immédiats dans les diverses qualités.

La matière bleue ou *indigotine*, qui donne la valeur à l'indigo, est toujours, dans les belles qualités, la matière dominante, et depuis la première analyse donnée par M. Chevreul pour l'indigo Guatimala, l'amélioration soit de culture, soit de procédé d'extraction, a beaucoup augmenté la valeur des indigos, car la richesse en indigotine de 45 %, nombre donné par M. Chevreul, est aujourd'hui de 70 % environ pour les Bengale et de 80 % et même plus pour les Java.

A côté de l'indigo bleu ou indigotine, il y a dans l'indigo une quantité notable d'*indigo brun* ou *brun indigo*, *indigo violet* ou *rouge d'indigo*, quelque peu de matière azotée glutineuse et des corps minéraux.

L'analyse immédiate d'un indigo se fait en mettant à profit l'insolubilité de l'indigotine dans les divers véhicules, et en traitant successivement l'indigo finement pulvérisé par l'eau bouillante, les alcalis caustiques étendus et bouillants, l'acide chlorhydrique étendu et bouillant et enfin l'alcool concentré. Le résidu se composed'indigotine et de silice.

Un bon indigo ne doit pas perdre plus de 5 à 6 % d'humidité par la dessication, et laisser plus de 5 à 6 % de matière minérale à l'incinération. Les indigos de bonne qualité, tels que certains Madras, laissent jusqu'à 40 et même 60 % de matière terreuse à l'incinération; ces indigos sont, d'ailleurs, lourds, ternes, bleu-pâle et cuivrent mal sous l'ongle.

Je suis arrivé en grand à obtenir facilement l'indigotine et à des conditions commerciales. Pour arriver à ce résultat, peu importe la qualité de l'indigo, cela n'influence que le rendement, qui est d'autant plus pauvre que les qualités sont plus inférieures. Si l'indigo reprenait sa valeur, la méthode suivante aurait de l'intérêt en permettant de livrer un produit pur et d'une richesse constante. Voici la marche que j'ai suivie avec succès :

10 kilog. d'indigo pulvérisé sont traités par 10 kilog. d'acide chlorhydrique et 500 litres d'eau, à l'ébullition durant deux heures; les composés calcaires et ferrugineux se dissolvent, entraînant avec eux un peu de matières gommeuses, glutineuses et des matières verdâtres. La liqueur se dépose facilement. Après soutirage, on fait un lavage ou deux, puis on traite dans la même cuve le dépôt lavé à l'acide, par la soude caustique étendue, à environ 1° Beaumé et à l'ébullition produite par un rameau de vapeur, durant six heures. Sous cette influence, l'indigotine n'est nullement altérée; elle est désagrégée, réduite en poudre impalpable, et si, après avoir arrêté l'ébullition, on laisse reposer environ demi-heure, toutes les matières terreuses gagnent le fond de la cuve, pendant que le liquide retient l'indigotine en suspension. Si la cuve est terminée à la partie inférieure par un fond conique, les principes minéraux s'y rassemblent facilement, et l'on peut

soutirer le liquide contenant l'indigotine. Ce liquide est versé sur des filtres; un liquide noir très-chargé, couleur de café, passe et l'inidgotine reste sous forme d'une pâte qui adhère au filtre avec ténacité; la filtration est, d'ailleurs, très-longue. L'indigotine, égouttée sur les filtres, est délayée de nouveau dans de l'eau pure, puis rejetée sur des filtres pour être recueillie de nouveau. Le produit égoutté et séché, quelle que soit la qualité de l'indigo, représente de l'indigotine et du rouge d'indigo.

Pour en achever la purification, il faut la laver à plusieurs reprises à l'alcool bouillant, qui s'empare d'une manière résineuse d'un assez beau rouge en solution alcoolique, et, finalement, il reste de l'indigotine sensiblement pure, sous forme d'une poudre ou de masses légères bleu foncé et cuivrant très-facilement.

Cette méthode, pour les besoins de l'industrie, peut s'arrêter à la purification à la soude, car c'est la matière brune qui est la plus nuisible; la matière rouge l'est beaucoup moins. Elle permet avec des marques bon marché d'indigo terreux, tels que les Madras, d'obtenir de l'indigotine dans des prix relativement inférieurs à ceux des beaux indigos. J'ai obtenu d'indigo Madras valant 8 fr. 50 le kilog, jusqu'à 50 °/₀ d'indigotine commerciale, ce qui la mettait à 17 fr. et, avec les frais, à 20 fr. le kilog., tandis que les beaux indigos Bengale, ne contenant cependant que 70 °/₀ d'indigotine, valent jusqu'à 24 et 25 fr. le kilog.

Le lavage à l'acide est peu coloré, il enlève peu de matière, mais il est néanmoins indispensable pour transformer en glucose les matières amylacées, dans le cas où l'indigo en renfermerait, ce qui gêneraient beaucoup au lavage à la soude, en faisant l'empois. D'après Berzélius, ce lavage enlève de petites quantités de matière glutineuse, soluble dans l'eau, les acides étendus et l'alcool.

Le lavage à la soude enlève le *brun d'indigo;* cette substance, qui est insoluble dans l'eau et les acides, se dissout à chaud dans les alcalis étendus; la dissolution est noire, très-difficile et très-longue à filtrer. Les acides la reprécipitent sous forme de flocons qui, recueillis sur un filtre et desséchés, forment une masse raccornie, brunâtre. Soumise à l'action de la chaleur, elle fond, se boursoufle et se décompose en donnant des produits ammoniacaux et goudronneux; elle est donc azotée.

Le *rouge d'indigo*, qui a résisté à ces divers traitements, est insoluble dans l'eau, les acides, les alcalis. Il est soluble dans l'alcool et l'éther et donne des solutions d'un beau rouge, étendues, et rouge sombre quand elles sont concentrées. Chauffé à l'air, il fond et s'enflamme; chauffé dans le vide, il donne un sublimé incolore et cristallisé. Traité par l'acide nitrique, il donne un acide cristallisé jaune, acide picrique.

L'indigotine préparée comme précédemment, a une couleur bleu foncé, avec reflet pourpre augmentant par le frottement. Elle est tout à fait insoluble dans l'eau, l'alcool, l'éther, les huiles grasses, les huiles essentielles, les acides et les alcalis étendus. Elle se dissout dans l'acide phénique, qui est, d'ailleurs, son unique dissolvant.

Elle se volatilise en répandant de belles vapeurs pourpres, comme l'iode, quand on la projette sur une lame métallique chauffée au rouge sombre. La couleur des vapeurs et l'odeur extrêmement désagréable sont tout à fait caractéristiques. En vase clos par la chaleur, elle distille et se décompose tout à la fois. La distillation est facilitée en opérant dans le vide ou dans un courant de gaz acide carbonique. Les vapeurs se condensent en petits cristaux prismatiques à 6 pans.

La composition de l'indigotine a été établie par les travaux de Walter-Crum, Laurent, Dumas et Erdmann; elle a pour formule :

$$C^{16} H^{5} NO^{2}$$

L'indigotine est donc une matière azotée. Ses réactions et ses modes d'emploi offrent d'ailleurs beaucoup d'intérêt.

L'acide chlorhydrique, on l'a vu, est sans action sur elle, même concentré et chaud ; l'acide sulfurique étendu est également sans action, mais il n'en est pas de même lorsqu'il est concentré; il en exerce alors une bien remarquable et mise à profit par les teinturiers pour dissoudre l'indigo. Cette action, étudiée en détail un peu plus loin, termine ce qui a rapport à l'indigo. L'acide nitrique dilué et les agents oxydants, tels que l'acide chrômique, le chlore, etc., attaquent profondément l'indigotine, la décolorent et la transforment avec dégagement d'acide carbonique, en isatine ou en dérivés de l'isatine. L'acide nitrique par l'ébullition produit des modifications plus profondes et finalement laisse de l'acide picrique.

Les acides caustiques étendus, on l'a vu dans le mode de purification, n'attaquent pas l'indigotine; mais il n'en est pas de même des alcalis caustiques concentrés et chauds. Si l'on ajoute peu à peu de l'indigo pulvérisé à une dissolution de potasse caustique d'une densité de 1,45 et bouillante, l'indigo se dissout avec une couleur orangée. Dans cette réaction, l'indigo est en partie détruit et se transforme en acide isatique. Si l'on fond l'indigo avec de la potasse, la transformation est complète ; il se dégage de l'hydrogène, et il reste de l'anthranilate de potasse; enfin, si l'on pousse la réaction plus loin, l'acide anthranilique se dédouble en acide carbonique et *aniline* qui distille. L'indigo donne donc la main aux matières colorantes artificielles, que l'on verra dans la deuxième partie de ce chapitre.

Le chlore et le brôme détruisent l'indigotine délayée dans l'eau et donnent des produits chlorés et brômés. L'iode n'agit que par une élévation de température.

En présence des alcalis caustiques et des terres alcalines, les corps chimiques avides d'oxygène opèrent la réduction de l'indigo qui de bleu devient blanc et soluble dans les alcalis, en dondant une liqueur jaune, qui, par le contact de l'air, régénère l'indigotine bleue qui redevient insoluble. Cette réduction a lieu sous une foule d'influences, soit par l'action des sulfites, des phosphites, du phosphore, des sulfures d'arsenic, des sulfates alcalins, des sels manganeux, ferreux, stanneux, des métaux, tels que le fer, le zinc, l'étain, de l'amalgame de potassium, de la glucose et d'une foule de substances organiques.

L'indigo blanc est plus hydrogéné que l'indigo bleu, par conséquent, dans ces réactions. l'eau est décomposée, les corps réducteurs s'emparent de son oxygène. et l'hydrogène se porte sur l'indigo bleu et le transforme en indigo blanc soluble dans les alcalis, d'après la réaction suivante :

$$\underset{\text{Indigo bleu}}{C^{16}H^{5}NO^{2}} + \underset{\text{eau}}{HO} + \underset{\text{zinc}}{Zn} = \underset{\text{Indigo blanc}}{C^{16}H^{5}NO^{2}, H} + \underset{\text{oxyde de zinc}}{ZnO}$$

En agitant, la dissolution d'indigo blanc à l'air, la réaction inverse a lieu, comme l'indique l'équation suivante :

$$\underset{\text{Indigo bleu}}{C^{16}H^{5}NO^{2}, H} + \underset{\text{oxygène}}{O} = \underset{\text{Indigo bleu}}{C^{16}H^{5}NO^{2}} + \underset{\text{eau}}{HO}$$

Cette réaction si remarquable est mise à profit depuis très-longtemps par la teinture, pour dissoudre l'indigo et l'appliquer en teinture. L'on obtient par ce procédé, dit *cuve d'indigo*, des bleus très-solides et s'appliquant à toutes les fibres textiles.

En effet, en plongeant dans une cuve une fibre textile, soit en flotte, soit en pièce, elle en sortira avec une couleur jaune, qui, par le contact de l'air, se modifiera, et de l'indigotine bleue se fixera *mécaniquement* dans les pores du tissus, avec ses propriétés qui la rendent rebelle aux intempéries et aux agents ordinaires.

Les cuves d'indigo sont donc connues de toute antiquité, car jusqu'au milieu du siècle dernier, elles ont été la seule manière connue pour employer l'indigo. Leur formule varie selon la fibre textile, et on peut les diviser en deux grandes classes : les cuves à froid pour les fibres végétales, et les cuves à chaud pour les fibres animales.

La cuve à froid la plus employée, qui sert pour le coton, le lin, le chanvre, se monte avec de l'indigo finement pulvérisé, de la chaux et de la couperose. Le tout est vivement remué, l'oxyde ferreux précipité par la chaux réduit l'indigo qui se dissout à l'aide d'un excès de chaux.

La couperose est actuellement remplacée avec beaucoup d'avantage par le zinc en poudre, que le commerce livre à bas-prix ; il se fait très-peu de dépôt, tandis que dans la précédente, il y a un dépôt énorme de sulfate de chaux et d'oxyde ferrique.

Les cuves dans lesquelles il entre de l'orpiment comme réducteur, ne sont employées, à cause du danger de l'arsenic, que par l'impression ; il en est de même des cuves à l'oxyde stanneux, à cause de leur prix de revient.

La cuve à chaud pour laine et pour soie, se monte de diverses manières, on l'appelle également cuve par fermentation, et chaque contre-maître y apporte des variantes.

L'alcali dissolvant est ordinairement la potasse, quelquefois l'ammoniaque (cuve à l'urine putréfiée), on les tient caustiques dans le bain par l'addition d'un peu de chaux. La matière réductrice de l'indigo est l'hydrogène naissant produit par une fermentation lactique ou butyrique, difficile à conduire et qui demande des ouvriers très-exercés. Les matières fermentescibles sont très-variables, et quelques-unes, telles que le son, ne font que jouer le rôle de ferment, mais d'autres, telle que le pastel, agissent tout à la fois comme ferment et colorant ; le pastel contient un peu d'indigotine, la graine agit également en modifiant le ton du bleu par ses couleurs rouge fauve. Les divers ingrédients sont mélangés dans de l'eau à 90°, et abandonnés en refroidissant à la fermentation pour rendre soluble l'indigotine. On rechauffe les cuves pour s'en servir chaque fois, et on les remonte de temps en temps en indigo et autres matières.

Leur conduite demande, d'ailleurs, un grand soin, et il faut qu'elles aient un travail régulier, sinon elles tombent *malades*, et l'indigotine est détruite. Si, comme j'en ai la conviction, la cuve d'indigo revient un jour pour la teinture de certaines nuances ou noirs sur soie, la méthode la plus commode consiste à monter les cuves avec du zinc et de l'ammoniaque, quelques heures avant l'emploi. Il en sera d'ailleurs reparlé au chapitre IX.

Des dérivés sulfuriques de l'Indigo.

En 1710, Barth, conseiller de Saxe, découvrait l'action remarquable de l'acide sulfurique concentré sur l'indigo, et donnait à la teinture des laines et de la soie une nouvelle manière de dissoudre l'indigo et de teindre. Son bleu pris le nom de *bleu de Saxe*

Depuis Barth, l'action de l'acide sulfurique a été étudiée et perfectionnée, et aujourd'hui l'on sait que, sous l'influence de l'acide sulfurique, il se forme trois acides conjugués d'après Berzelius, ce sont les acides :

Hyposulfindigotique :
Sulfindigotique : $C^{16} H^{5} N^{2} O, S^{3} O^{6}$
Sulfophénicique : $2\, C^{16} H^{5} N^{2} O, S^{2} O^{6}$

Ces acides s'obtiennent toujours en traitant l'indigo finement pulvérisé par l'acide sulfurique très-concentré (concentré à la chaudière de platine, avec addition de sulfate d'ammoniaque, pour détruire les dernières traces des gaz nitreux, très-préjudiciables). Si l'action est peu prolongée et à froid, il se forme de l'acide sulfophénicique ou pourpre d'indigo, si au contraire elle est prolongée et à chaud, il se produit de l'acide sulfindigotique et hyposulfindigotique. Ce sont ces acides que l'industrie doit produire, dans la pratique ils sont toujours mélangés, ils offrent d'ailleurs des réactions colorantes analogues, sont tous bleus et solubles dans l'eau.

Une partie d'indigo finement pulvérisé est traitée, dans un vase de plomb, par quatre ou cinq parties d'acide sulfurique à 66° (j'ai reconnu que quatre parties pouvaient suffire); le mélange constamment remué durant six heures, est porté graduellement par un bain-marie à 60°, au début il faut remuer sans chauffer, sinon la réaction serait trop vive, il y aurait dégagement d'acide sulfurique et destruction d'indigo. Au bout de ce temps, le mélange forme un liquide pâteux noir bleu, qui reçoit dans les arts les noms de *composition d'indigo*, *dissolution d'indigo*, *sulfate d'indigo*, et par les ouvriers tout simplement celui de *la brute*.

Ce produit, outre un grand excès d'acide, contient toutes les impuretés de l'indigo, qui en modifient la nuance, et la rendent verdâtre; par des purifications spéciales, on amène le produit à un degré de pureté convenable, en écartant en même temps l'acide. Les produits prennent le nom de *carmins d'indigo*.

Les divers fabricants de carmins d'indigo, suivent tous des méthodes reposant sur des données pareilles, mais avec des tours de main différents. Le plus ancien procédé pour écarter l'excès d'acide, consiste à verser la composition une fois faite dans vingt à trente fois son poids d'eau chaude, à bien délayer, puis à y manœuvrer des couvertures de laine bien dégraissées. Sous cette influence, peu à peu, le bain se décolore, les couvertures se teignent en bleu foncé, et les impuretés restent dans le bain avec l'excès d'acide. Les couvertures bien rincées à l'eau pure, sont ensuite traitées par une dissolution tiède de carbonate d'ammoniaque ou de soude; sous cette influence, le bleu fixé sur la laine tombe dans le bain, d'où on le précipite par l'action du sel marin, recueilli sur des filtres, égoutté et pressé, il constitue le bleu surfin d'indigo. Autrefois ce bleu prenait le nom de *bleu distillé*.

Pour préparer le carmin d'indigo, je crois préférable après essai en grand, de traiter l'indigotine obtenue par la méthode que j'ai donné précédemment, au lieu de l'indigo bleu ordinaire, par l'acide sulfurique et dans les mêmes proportions. La composition ainsi obtenu donne des nuances bleues plus pures; en l'étendant de huit à dix fois son poids d'eau, et additionnant de sel marin environ son poids, laissant refroidir et jetant sur des filres de laine la majeure partie de l'acide excédant passe faiblement coloré en verdâtre. La masse pâteuse qui reste sur le filtre est reprise par l'eau bouillante, environ vingt fois le poids de la composition, puis filtrée de nouveau pour séparer les matières insolubles. La liqueur bleue filtrée est neutralisée par du carbonate de soude, et additionnée de sel marin; il se forme un précipité bleu, qui, recueilli sur le filtre, égoutté et pressé, constitue le carmin du commerce, formé en grande partie par l'acide sulfindigotique avec un peu d'acide sulfophénicique; il se présente sous forme de pâte plus ou moins épaisse à reflets pourprés, soluble dans l'eau qu'il colore en bleu verdâtre. Comme il est alcalin, il faut aciduler la liqueur pour le faire tirer sur la soie, qu'il colore en bleu sans mordant.

La liqueur de laquelle le carmin fin a été précipité est colorée en verdâtre lorsqu'on a agi sur des indigos bruts, et en bleu lorsqu'on a opéré sur de l'indigotine. Jadis on jetait cette liqueur, mais après des travaux sérieux on reconnut qu'elle renferme encore du bleu (acide hyposulfindigotique), dont on opère l'extraction en passant par la laine, après avoir acidé le bain, puis on fait pour la laine teinte (qui sert indéfiniment) comme pour le bleu distillé, et le carmin prend le nom de carmin surfin.

Avant l'invasion du bleu artificiel, les dérivés sulfuriques de l'indigo ont joué un grand rôle dans la teinture de la soie, malgré leur peu de solidité, mais aujourd'hui l'emploi s'en restreint de plus en plus, et ils ne servent guère que pour l'obtention de couleurs composées; ne pouvant lutter, même à l'état de carmins surfins, pour la beauté et la fraîcheur, avec les bleus d'aniline.

§ 97. — PASTEL, VOUÈDE OU GUÈDE.

Le pastel est une plante de la famille des *crucifères*, *l'isatis tinctoria*, que l'on cultivait en grand, dans le midi de la France et dans d'autres contrées méridionales, avant l'introduction de l'indigo. La même plante cultivée dans la Basse-Normandie avait reçu le nom de *vouède* ou *guède*. Cette plante comme les indigofera, est bisannuelle, elle donne également lieu à plusieurs récoltes par année, ordinairement quatre. Son emploi remonte à une époque très-reculée; les anciens Bretons l'employaient pour se peindre le corps en bleu, et d'après l'observation déjà citée de Strabon, pour la garance, les Aquitains l'utilisaient pour l'obtention de bleus très-solides, et de violets par la combinaison de la couleur rouge de la garance.

La guerre continentale, sous Napoléon Ier, par la cherté de l'indigo, fit revivre la culture du pastel, et l'on parvint même à extraire de l'indigo rivalisant de beauté avec celui des Indes, mais ne pouvant rivaliser pour le prix.

Le pastel est encore de nos jours l'objet de petites cultures dans le midi. Aussitôt après la récolte, on porte au moulin les feuilles pour les écraser, les réduire en pâte. Cette pâte mise en piles, pressée dans des cuves, est abandonnée de dix à quinze jours à la fermentation, en ayant soin de la tenir constamment unie à la surface. Au bout de ce temps, le pastel est broyé entre les mains, et moulé dans des moules en bois, sous forme de coques ou pelottes allongées aux deux bouts. Après dessication on les emballe, et pour les employer, il faut les faire tremper quelque temps dans l'eau froide. Le commerce livre ordinairement le pastel en coques; mais d'après les expériences de Pavie et de quelques teinturiers du midi, il serait préférable d'employer les feuilles du pastel ¡satis, simplement desséchées.

On a vu précédemment l'emploi du pastel dans les cuves par fermentation; avant l'introduction de l'indigo, il servait tout seul pour l'obtention des bleus solides; les bleus qu'il donne sont très-solides, mais ternes.

Les Chinois emploient depuis un temps immémorial, pour la teinture en bleu, une plante de la famille des *polygonées*, le *polygonum tinctorium*. Des essais d'acclimatation ont eu lieu en France, et avec quelques succès. En 1839, Hervy, le préparateur de l'école de pharmacie (qui fut blessé mortellement le 30 décembre 1840, en préparant l'acide carbonique liquide), remporta un prix proposé par l'école de pharmacie pour l'extraction industrielle de l'indigo du polygonum, plus riche que le pastel. Le prix constamment décroissant et l'amélioration des indigos, ont fait délaisser ces essais et réduisent de plus en plus la culture du pastel.

§ 98. — BOIS DE CAMPÊCHE.

Le *bois de campêche*, dit aussi *bois d'Inde*, bois noir, est le tronc d'un grand arbre de la famille des *légumineuses*, *hæmatoxylum campechianum*, qui croît au Mexique, surtout dans la baie de Campêche et aux Antilles.

Ce bois, qui n'est plus utilisé pour la préparation des bleus et violets faux teint, est employé dans une plus grande proportion qu'autrefois pour la teinture du noir, par la couleur violet sombre qu'il est susceptible de donner par divers mordants, entre autres les mordants de fer, il vient couvrir et donner un ton très-apprécié aux divers noirs fins. On peut même dire que sans le campêche, dont il s'emploie d'énormes quantités à Lyon, il est impossible d'obtenir les beaux noirs fins modernes.

Ce bois varie dans sa tournure et porte la désignation des pays qui le produisent. Le bois provenant de la baie de Campêche même porte le nom de *campêche coupe d'Espagno*, ou *laguna;* les autres, moins estimés, prennent le nom de *coupe d'Haïti, coupe Martinique*, etc. La teinture des noirs emploie toujours la coupe la plus estimée, ou coupe d'Espagne, qui est en morceaux de troncs privés d'aubier par la hache, à surface anguleuse et irrégulière, offrant des angles rentrants et des trous garnis de leur aubier, qui est blanc, et de l'écorce.

Le bois est naturellement d'un rouge brunâtre très-pâle à l'intérieur, devenant rouge vif lorsqu'il est conservé poli à l'air, ou passant au noir, exposé à l'humidité, de là vient son nom de bois noir. Cette couleur noire le distingue, d'ailleurs, dans le commerce du bois de Brésil, avec lequel il a quelques points de ressemblance. Le bois de *Campêche* est plus pesant que l'eau, à texture fine, compacte, susceptible d'un beau poli. Il a une odeur d'iris et une saveur sucrée et parfumée ; il teint la salive en violet.

Pour l'emploi dans la teinture, le bois est découpé ou effiloché à la mécanique, il cède facilement son colorant à l'eau bouillante; en moyenne, on fait passer sur du campêche effiloché environ 20 fois son poids d'eau bouillante pour dissoudre tout le colorant et l'épuiser complètement.

Une bonne pratique, pour augmenter le rendement du campêche, en matière colorante, consiste à lui faire subir une légère fermentation d'environ 24 heures; en l'humectant effiloché avec un peu d'eau et une addition de 1 °/。 de carbonate de chaux. Ce mélange mis en tas est fréquemment remué à la pelle, peu à peu le bois brunit et cède alors à l'eau bouillante un colorant beaucoup plus riche. Cette pratique se fait surtout dans les ateliers de teinture en noir, pour économiser de la matière première. La dissolution de campêche faite par des lavages méthodiques, c'est-à-dire en faisant passer la dernière eau de bois épuisé sur du bois frais, peut se faire avec 10 parties d'eau seulement. Il est convenable d'avoir, comme pour les dissolutions de bois de Brésil, des dissolutions préparées à l'avance, et ici il faut, vu la consommation, de grands réservoirs où la dissolution se clarifie par un dépôt de quelques jours.

Le bois de campêche forme avec l'alcool une teinture d'un jaune foncé, et avec l'eau une dissolution rouge orangé, variable comme nuance, selon la nature des eaux employées, plus orangée avec les eaux granitiques, plus rouge et violacée avec les eaux calcaires.

L'infusion alcoolique ou aqueuse de campêche étendue d'eau offre des réactions bien différentes, selon les eaux dans lesquelles on l'étendra. Ainsi, dans l'eau distillée, la nuance deviendra jaune, dans les eaux granitiques ou exemptes de bicarbonate de chaux, la même réaction aura lieu; mais si l'eau est calcaire, une magnifique couleur violettée apparaîtra. La matière colorante du campêche est donc très sensible et peut servir de tournesol; elle reste jaunâtre dans l'eau distillée et par les acides, et violette par les alcalis.

L'*alun* et les *sels d'alumine* y forment des précipités violets-bleus, solubles dans un excès de réactif; le *bichromate de potasse* la précipite en noir; le précipité se dissout aisément par une petite addition d'acide chlorhydrique ou d'un autre acide, la liqueur devient rouge violetté et constitue la base des encres à écrire modernes; les *sels ferreux* la précipitent en gris violetté, les *sels ferriques* en violet-bleuâtre, les *sels de protoxyde d'étain* en violet-bleuâtre, les sels de *bioxyde d'étain* en violet-rougeâtre; le précipité donné par les sels de bioxyde d'étain se dissout aisément par l'addition d'un excès de réactif, et, dans la teinture, cette réaction s'obtient par la dissolution d'étain; la liqueur constitue la *physique violette*, dont l'emploi est à peu près abandonné actuellement. La physique violette, comme la physique rouge, vue pour le bois de Brésil, gagne en vieillissant. Les *sels de cuivre* la précipitent en bleu, et les *sels de plomb* en gris-bleuâtre. Toutes ces réactions sont utilisées en teinture.

Outre la dissolution de bois de campêche qu'il prépare lui-même, le teinturier peut employer également les extraits liquides ou solides que lui livre le commerce; mais, malgré la bonne préparation de ces produits, sauf dans le cas d'eaux granitiques, il devra toujours leur préférer l'emploi du bois en nature et faire la dissolution lui-même.

M. Chevreul, à qui la teinture doit la plupart de ses connaissances sur les matières colorantes naturelles, a fait connaître, en 1810 (*Ann. de chim.*, tome LXXXI), la composition du bois de campêche, qu'il a trouvé composé de ligneux, d'une matière colorante spéciale qu'il a nommée *hématine*, nom que plusieurs auteurs remplacent par celui d'*hématoxyline*, pour ne pas la confondre avec l'hématine du sang, puis de divers produits contenus dans la sève, tels que l'albumine végétale, ou matière azotée, des acétates, une huile odorante, une matière résineuse, et par l'incinération le bois de campêche laisse, comme tous les végétaux, des cendres en petite quantité.

L'*hématine* s'obtient en traitant le bois desséché et effiloché par l'éther. Après un jour ou deux de contact, on soutire l'éther, on concentre jusqu'à consistance de sirop, et après avoir mélangé le résidu avec un peu d'eau, on l'abandonne à l'évaporation spontanée dans un vase légèrement couvert. L'hématine cristallise au bout de quelques jours. On lave les cristaux à l'eau froide, on les dessèche dans du papier buvard avant de les dessécher à l'air. 1 kilog. de bois de campêche donne, traité par 5 kilog. d'éther, 100 à 120 gr. d'hématine. On peut également partir de l'extrait sec du commerce. La préparation de l'hématine ressemble d'ailleurs à celle de la brésiline, vue antérieurement.

Les cristaux d'hématine sont allongés, prismatiques, transparents, très-brillants, d'une couleur variant du jaune-paille à un jaune plus foncé, selon la grosseur.

Leur saveur est fort sucrée, rappelant celle du bois de réglisse, persistante, sans astringence ni amertume. Ils retiennent de l'eau de cristallisation 15 °/₀, et l'hématine desséchée, d'après Erdmann, a pour formule :

$$C^{32} H^{14} O^{12}$$

L'hématine est bien la matière colorante contenue dans le bois de campêche, mais ce n'est pas elle dont le teinturier met à profit les propriétés colorantes. En effet, elle se dissout lentement en jaune dans l'eau; mais la moindre trace d'alcali contenu dans l'eau ou dans l'air, avec le concours de l'oxygène, tourne la couleur en rouge jaunâtre, en transformant l'hématine en *hématéine*, d'après la réaction suivante :

$$\underset{\text{Hématine}}{C^{32} H^{14} O^{12}} + \underset{\text{oxygène}}{O^{2}} = \underset{\text{Hématéine}}{C^{32} H^{12} O^{12}} + \underset{\text{eau}}{2\ HO}$$

Dans l'extraction de la couleur du bois de campêche par le teinturier, ces conditions sont toujours réalisées, et, en résumé, la décoction de bois de campêche est composée, surtout lorsqu'il a subi la fermentation avec la craie, d'hématéate de chaux avec un peu d'hématine, qui tend constamment à se transformer en hématéine.

L'hématine est soluble dans l'éther et l'alcool. Les solutions se colorent à la lumière et se redécolorent par un courant d'hydrogène sulfuré. L'hématine fond par la chaleur dans son eau de cristallisation, puis se dessèche et se décompose.

Les *acides étendus* la colorent en jaune et l'attaquent peu. L'acide nitrique l'attaque à froid avec une vive effervescence, et produit de l'acide oxalique.

Le chlore la détruit et la convertit en une substance brune indéterminée.

La *potasse caustique* colore la solution d'hématine en violacé, et par l'accès de l'air, la couleur devient pourpre, puis brun, et il se forme des produits indéfinfs. L'eau de baryte donne d'abord dans la solution d'hématine un précipité blanc qui devient rapidement bleu foncé, à l'air, puis rouge-brun.

L'*alun* colore la solution en rouge clair ; les *sels de fer* la précipitent en violet-noir ; le *chlorure stanneux* précipite en rose ; les *sels de cuivre* donnent d'abord des précipités gris-verdâtre, mais qui bleuissent rapidement à l'air ; les *acétates de plomb* des précipités blancs, qui bleuissent promptement à l'air. L'hématine, très-avide d'oxygène, réduit presque instantanément les sels d'argent, de platine et d'or.

Ces réactions établissent une différence notable entre l'hématine du chimiste et la décoction du bois de campêche du teinturier, qui est plutôt une décoction d'hématéate de chaux ; tous les praticiens savent parfaitement que les bois, et surtout celui de campêche, rendent davantage en colorant dans les eaux calcaires. La raison en est que dans ces eaux le bicarbonate de chaux fournit l'alcali nécessaire pour faire absorber l'oxygène de l'air à l'hématine, ce qui n'a pas lieu dans les eaux douces.

Pour produire l'*hématéine* pure, on opère, d'après Gerhardt, de la manière suivante : on arrose 20 grammes d'hématine avec de l'ammoniaque liquide, en quantité suffisante pour la dissoudre, et l'on agite continuellement; on peut même aider la dissolution par une chaleur modérée. On abandonne le tout au contact de l'air dans un endroit froid; le liquide devient cerise et vu en masse il paraît noir. Par l'évaporation spontanée, il se dépose d'abord des cristaux d'hématéate d'ammoniaque, et, finalement, l'eau mère, abandonnée à l'évaporation complète, il reste une masse vert-noir à éclat métallique, qui n'est autre chose que de l'hématéine.

L'hématéine, récemment précipitée de l'hématéate d'ammoniaque par l'acide acétique, se présente sous forme d'un précipité volumineux brun-rouge, comme l'oxyde de fer; en masses desséchées, elle est vert brun; en poudre, elle est rouge.

Sa formule, d'après Erdmann, représente de l'hématine, moins de l'hydrogène, et égale :

$$C^{32} H^{12} O^{12}$$

L'hématéine se dissout lentement dans l'eau froide, mieux dans l'eau bouillante. Sa solution offre tous les caractères de la solution du bois de campêche, et c'est donc elle plutôt que l'hématine qui joue le principal rôle dans la teinture. Elle ne se combine pas plus que la brésiline avec les fibres textiles, sans l'intervention des mordants, qui peuvent être déposés avant teinture sur la fibre, ou être donnés dans le bain même.

La couleur du campêche chassée de la teinture des couleurs fines par les couleurs artificielles, plus heureuse que la plupart des précédentes, a trouvé une large compensation dans les noirs modernes.

§ 99. — ORCANETTE.

L'*orcanette* est la racine d'une plante de la famille des *borraginées*, l'*anchusa tinctoria* ou *lithospermum tinctorium*, qui croît dans les lieux stériles et sablonneux, (à Lyon, elle croît spontanément dans les terrains vagues autour du fort la Mothe).

On la cultive dans les environs de Montpellier, après avoir eu un moment de vogue sous l'impulsion des travaux de Vidallin, teinturier à Lyon, en 1845, elle est aujourd'hui délaissée, sauf pour la parfumerie. Plusieurs autres borraginées peuvent, d'ailleurs, donner des racines colorées comme celle de l'orcanette.

La racine d'orcanette est grosse comme le doigt, formée d'une écorce foliacée, ridée, rouge foncé, recouvrant un corps ligneux, formé de fibre accolées les unes aux autres. L'intérieur est pauvre en matière colorante ; il faut donc choisir de préférence les racines les plus riches en écorce. La racine entière est d'ailleurs sans odeur et presque sans saveur.

La matière colorante de l'orcanette, étudiée par Pelletier, en 1818, a reçu de lui le nom d'*anchusine*, elle est complètement insoluble dans l'eau à froid et à chaud, et c'est là la cause de son abandon, malgré les tentatives faites par Vidallin. Pour obtenir la couleur il faut faire macérer la racine dans l'eau bouillante, qui s'empare d'une matière fauve et de tous les principes extractifs solubles dans l'eau, la racine bien lavée, égouttée, pressée, est mise à sécher à l'étuve, et on l'épuise par l'alcool. Celui-ci se charge de la manière colorante et devient d'un beau rouge. Les meilleurs résultats étaient obtenus en teinture par des bains alcooliques, ce qui augmentait considérablement le prix de revient.

L'acide acétique dissout également la matière colorante en beau rouge ; cette solution se trouble par l'eau, elle a une saveur astringente, mais néanmoins ne précipite pas la gélatine. La solution alcoolique offre les réactions suivantes : elle tourne au violet par les *alcalis*, elle précipite par l'*alun* en violet très-solide ; avec le *sel d'étain* en cramoisi, avec les *sels de fer* en gris violeté, et avec les *sels de plomb* en bleu. La réaction employée était surtout celle de l'*alun* pour produire des violets.

Par l'évaporation de la solution alcoolique, à l'ébullition, l'*an-*

chusine se décompose, il reste des produits altérés bruns et verdâtres. Pour obtenir l'anchusine, il faut traiter la racine par l'éther bouillant ; la solution éthérée l'abandonne par l'évaporation sous forme d'une masse résinoïde presque noire, fusible à 60° et donnant à une plus forte chaleur des vapeurs violettes comme l'iode. Outre l'alcool, l'éther, l'acide acétique, elle se dissout avec une couleur améthyste dans l'acide sulfurique concentré, avec une couleur rouge dans les corps gras, et c'est de là que vient son emploi en parfumerie pour colorer les pommades ; elle se dissout également dans les huiles essentielles.

L'acide chlorhydrique n'attaque pas l'anchusine, quelques gouttes ajoutées à la solution alcoolique empêchent même la décomposition par l'ébullition. L'acide nitrique la transforme en acide oxalique et une matière amère.

Les alcalis la dissolvent ainsi que les alcalis terreux, les carbonates alcalins, les savons de potasse et de soude en donnant des solutions bleues. Pour achever ce qui a rapport à l'anchusine, d'après Bolley et Wydler elle a pour formule $C^{35}H^{20}O^{8}$, elle est de nature résineuse et donne avec les mordants des tons variables et très-solide, et n'a peut être pas dit son dernier mot.

§ 100. — ORSEILLE, CUD-BEARD, POURPRE FRANÇAISE.

Ces divers produits qui servent tous pour la teinture en violet ou grenat, et qui sont les deux premiers seulement, employés depuis fort longtemps dans la teinture, dérivent bien de matières végétales, mais les matières colorantes ne préexistent pas dans les végétaux qui les produisent, et sont le résultat de manipulations très-délicates. Le travail de l'orseille a été du domaine de l'empirisme, jusqu'à ce que les travaux modernes de Kane, Robiquet, Schunck, Stenhouse, etc. soient venus éclairer cette fabrication, arrivée actuellement à un très-grand degré de précision.

Ce sont toujours des lichens qui servent à la production de l'orseille. Le commerce en distinguait autrefois deux grandes variétés : les lichens de terre qui donnaient l'*orseille de terre*, et les lichens de mer qui donnaient l'*orseille de mer* ou *orseille d'herbes*.

Les lichens de terre pouvant produire de l'orseille, croissent sur les rochers dénudés des Pyrénées, des Alpes, de l'Auvergne et de la Scandinavie. Ils forment de petites croûtes blanchâtres, adhérant fortement aux rochers, et ils prennent le nom du pays d'origine. Le lichen bleu des Pyrénées est le *variolaria dealbata* ; le lichen d'Auvergne, ou *parelle* d'Auvergne, le *variolaria orcina*, et le lichen de Suède, le *lichen tartareus* ou *lecanora tartarea*.

Les lichens de terre ainsi que l'orseille de terre, après avoir joué un rôle important, sont délaissés aujourd'hui et remplacés par l'*orseille de mer* ou *orseille d'herbes* qui donne des résultats bien supérieurs.

Les lichens de mer portent dans le commerce le nom d'*herbes* avec le nom de la localité qui les a produits. L'*orseille des Canaries* ou *herbe des Canaries*, produite par le *rocella tinctoria* constitue la plupart de ces herbes ; elle a la forme d'un petit arbrisseau à tiges cylindriques, dépourvues de feuilles, haut de 0m03 à 0m08 et d'un blanc grisâtre. Les *herbes du Cap-Vert* diffèrent peu de celles des Canaries, et sont produites également par le *rocella tinctoria*.

L'*herbe de Madère*, mélangée de *rocella fuciformis*, pauvre en principes colorables, est moins estimée. Celle de *Mogador* est également mélangée d'un rocella différent, le *rocella phycopsis*. Enfin il en vient d'une foule de localités de Valparaiso (*rocella flosceda*) ; de l'île de la Réunion (*racella Montagnis*), de la côte d'Afrique, de Zanguebar, de Mozambique, de la Sardaigne. Le nom d'herbe de mer vient de ce que ces plantes croissent sur des rochers au bord de la mer. Le centre du commerce est surtout à Lisbonne ; elles nous arrivent en balles plates, très-fortement comprimées.

Tous ces végétaux, orseilles de terre ou herbes de mer, sont sans couleur, et ne renferment que des principes colorables, qu'il faut transformer en matières colorantes, sous l'influence d'une oxydation lente et ménagée au contact de l'air et sous l'influence de l'ammoniaque. On se servait autrefois d'urine putréfiée qui est, comme on le sait, très-ammoniacale. Aujourd'hui l'ammoniaque est livrée à si bas prix par le commerce, depuis la distillation des eaux du gaz d'éclairage, que l'urine est entièrement abandonnée.

Florence a vu commencer les premières fabriques d'orseille qui se sont répandues un peu partout, mais actuellement Lyon et Paris en produisent des quantités énormes, et les marques des fabricants de ces deux villes sont toutes très-estimées.

Les méthodes, un peu variables selon les fabricants, peuvent se résumer comme suit : les herbes arrivant fortement comprimées, sont cassées en blocs, et passées sous des molletons pour les diviser, les réduire en menus fragments, en même temps l'on trie les débris de branches qui peuvent s'y trouver, les pierres, et en un mot, les corps inertes : puis les herbes étant amenées à l'état de filaments, sont soumises à une ébullition de deux heures avec de l'eau additionné de 5 °/₀ de belle chaux grasse délitée. Au bout de ce temps, l'herbe et le liquide sont conduits dans de grandes barques, analogues à celle des teinturiers, pour y subir la fermentation, quelquefois on ajoute de l'acide arsénieux pour prévenir les fermentations putrides, et la destruction du colorant.

La pâte est mise dans des barques dont les dimensions sont ordinairement de 2 mètres de long à la partie inférieure sur 2^{m}05 à la partie supérieure, 0^{m}40 de large à la partie inférieure sur 0^{m}80 à la partie supérieure et la profondeur 0^{m}70 de plus, la barque est munie d'un couvercle. La charge qui est de 100 kilos d'herbe par barque, est arrosé d'un peu d'ammoniaque, et brassée régulièrement sans interruption trois fois par jour, avec des pelles en bois pour faciliter l'aération. Après chaque brassage on recouvre la barque pour éviter une trop grande déperdition d'ammoniaque. Le travail doit se faire à une température uniforme, les ateliers doivent être à l'abri des fortes chaleurs de l'été, et chauffés l'hiver.

Peu à peu la couleur se développe et après un temps fort long la couleur de la pâte arrive, après avoir passé par le violet, clair à une teinte violet sombre. Il convient d'arrêter alors l'oxydation. En mettant les matières dans des barils, bien clos et tenus dans des endroits frais, elles peuvent se conserver plusieurs années. On additionne d'ailleurs l'orseille en l'embarillant de produits antiseptiques : acide arsénieux, etc.

L'orseille bien préparée a une odeur faiblement ammoniacale et ensuite de violette. Elle teint le papier blanc par la compression en cramoisi violeté. La pâte est violet rougeâtre, formée de filaments des végétaux, douce au toucher, sans partie graveleuse.

L'orseille donne facilement son colorant à l'eau, additionné ou non d'acides ou d'alcalis. La solution normale est rouge violeté, d'une teinte magnifique, mais très-fugace ; en effet, les acides la virent au rouge grenat que les alcalis ramènent au violet. L'*alun* précipite la solution en rouge brun ; les *sels d'étain* en rouge, et les *sels de fer* en rouge brun.

La couleur de l'orseille subit d'ailleurs peu d'action de la part des mordants, elle tire directement sur la soie et la laine qui l'emploient sans leur concours donnant des tons violets ou grenats, selon que le bain est alcalin ou acidulé. L'orseille n'entre plus que dans les couleurs composées depuis les violets d'aniline.

Pour l'exportation, l'orseille en pâte étant très-riche en eau (1 kilo d'herbe donne environ 4 kilos d'orseille fabriquée), on lui fait subir une dessication avec soin, puis on la réduit en poudre fine qui prend dans les arts le nom de *cud-beard*.

Le *cud-beard* forme une poudre rouge brun, jouissant des mêmes propriétés que l'orseille, mais beaucoup plus riche en couleur, il donne d'ailleurs des nuances moins fraîches, et celle-ci doit toujours lui être préférée pour les couleurs fines, surtout lorsque l'on est à proximité des fabriques. Le cud-beard ne se fait d'ailleurs que pour les exportations lointaines.

La fabrication de l'orseille, sauf des questions de détail, est donc restée longtemps stationnaire ; la théorie était mal connue, et jusqu'aux travaux de Robiquet en 1829, l'on ignorait la nature intime des réactions qui transformaient les lichens incolores en produits colorés, sous l'influence de l'ammoniaque et de l'air.

En 1829 (*Ann. de Chim. et de Phys.* XLII, 247 ; LVIII 320, *Jour. de Pharm.* 1835), Robiquet, dont les travaux ont été suivis de ceux de MM. Dumas, Schunck, Kane, Laurent et Gerhardt, Strecker, Stenhouse, etc, a le premier éclairé cette importante question.

De l'ensemble de ces divers travaux, il résulte que les lichens contiennent des matières neutres ou faiblement acides. Une entre autres, l'*orcine*, paraît préexister toute formée dans les lichens, et se forme facilement par la métamorphose d'acides faibles, tels que les acides *lécanorique*, *érythrique* et *évernique* qui y préexistent également. Les acides colorants du lichen se transforment par l'ébullition avec les alcalis terreux, la chaux, la baryte, facilement en orcine, et ces mêmes acides ainsi que l'orcine, soumis à l'influence de l'ammoniaque et de l'air, conduisent tous à l'obtention d'une même matière colorée l'*orcéine*. Il existe bien d'autres corps semblables, mais ceux-ci constituent les principaux et l'orcéine, quoique mélangée dans l'orseille du commerce à d'autres matières colorantes similaires en constitue la majeure partie.

L'acide *érythrique* ou *érythrine* ($C^{32} H^{16} O^{16}$) étudié par Heeren, Schunck et Sthenouse, constitue la plus grande partie des acides colorables, et se trouve contenu dans presque tous les lichens à orseille, qui en contiennent jusqu'à 12 %. Il est soluble dans l'eau bouillante, qui le dépose par le refroidissement ou mieux dans un lait de chaux ; la solution faite à froid, filtrée, et saturée par l'acide chlorhydrique l'abandonne sous forme de gelée, soluble dans l'alcool, il cristallise en étoile de sa solution alcoolique ; il est soluble aussi dans l'éther.

Abandonné avec de l'ammoniaque à l'air, il donne peu à peu de la *picroérythrine* et de *l'orcine*, avec une production d'acide carbonique qui se combine à l'excès d'alcalis. La picroérythrine, au contact de l'air et de l'ammoniaque conduit à l'orcéine.

L'acide *lécanorique* ou *alpha-orsellique* ou *bêta-orsellique*, $C^{32}H^{14}O^{14}$ a été extrait par Schunck des genres *Lecanora* et *Variolaria*, en les épuisant par l'éther; la dissolution éthérée est ensuite évaporée; le résidu de l'évaporation est repris par l'eau, et enfin le résidu insoluble dans l'eau est lui-même traité par l'alcool, qui dissout l'acide lécanorique et l'abandonne en cristaux par l'évaporation. D'après Stenhouse il vaut mieux traiter le lichen à froid par un lait de chaux et précipiter le lécanorate de chaux soluble dans l'eau par l'acide hydrochlorique, il se forme un précipité gélatineux, incolore comme le précédent, qui, desséché et repris par l'alcool tiède, abandonne par le refroidissement l'acide lécanorique cristallisé.

L'acide lécanorique est fort peu soluble à froid et à chaud dans l'eau, peu soluble dans l'alcool froid, plus à chaud ; soluble dans l'éther et l'acide acétique.

Soluble dans les liqueurs alcalines, il donne finalement de l'orcéine par l'ammoniaque et le contact de l'air. Par l'ébullition avec la chaux ou la baryte, en petit excès, il se dédouble en acide carbonique et en orcine, d'après la formule :

$$\underset{\text{acide lécanorique}}{C^{32}H^{16}O^{16}} + 2\,HO = \underset{\text{acide carbonique}}{C^{2}O^{4}} + \underset{\text{orcine}}{(C^{14}H^{8}O^{4})^{2}}$$

L'acide *évernique* existe d'après Stenhouse dans *l'Evernia prunartii*, il s'obtient comme l'acide lécanorique dont il rappelle les propriétés, et a pour formule :

$$C^{34} H^{16} O^{14}$$

Les autres acides gélatineux des lichens sont moins bien étudiés, mais du court exposé qui précède, il résulte que tous ces acides tendent facilement à se transformer en orcine ou produits similaires de l'orcine à l'état incolore, et en orcéine ou produits similaires à l'état coloré.

Dans la fabrication de l'orseille, on met à profit la propriété de ces divers acides, de se transformer sous l'influence de l'ébullition avec la chaux, en orcine, afin d'avoir, malgré les variétés de composition d'acide gélatineux, des divers lichens, un produit constant, et la possibilité d'obtenir de l'orcéine en partant constamment de l'orcine ; sinon chaque qualité d'herbes entraînerait des modifications dans la nuance et le procédé.

L'orcine fut découverte par Robiquet dans le *variolaria dealbata* et pour l'extraire, il faut épuiser le variolaria par l'alcool bouillant, laisser refroidir l'extrait, décanter la liqueur des cristaux qui s'y forment, l'évaporer à siccité et reprendre le résidu par l'eau bouillante. La solution aqueuse, concentrée à consistance de sirop, dépose, au bout de quelques jours, des cristaux colorés d'orcine, qu'on purifie par de nouvelles cristallisations dans l'eau avec décoloration par le charbon animal.

On peut l'obtenir également par la modification des acides précédents sous l'influence de la baryte ou de la chaux, et principalement d'après Schunek de l'acide lécanorique, il se produit de l'orcine qui reste en dissolution et un carbonate terreux insoluble ; la dissolution d'orcine est débarrassée de l'excès d'alcali terreux par un courant d'acide carbonique, puis concentrée, elle abandonne des cristaux par refroidissement.

L'*orcine* cristallise en prismes incolores; elle est fort soluble dans l'eau, l'alcool et l'éther. La solution aqueuse est neutre au tournesol; elle a une saveur sucrée, puis désagréable; cristallisée dans l'eau elle retient deux atomes d'eau, dans l'éther, elle cristallise anhydre.

L'orcine chauffée fond au-dessous de 100°, se déshydrate, si elle est hydratée, puis elle distille à 290°.

L'orcine rougit peu à peu à l'air, surtout sous l'influence solaire. L'*acide nitrique* la dissout et si l'on chauffe il se produit finalement de l'acide oxalique. Le *bichromate de potasse* la colore en brun, le *chlorure de chaux* la colore en violet foncé qui brunit peu à peu et devient jaune. Le *perchlorure de fer* précipite sa solution aqueuse en rouge foncé.

La solution d'orcine dans les alcalis caustiques attire vivement l'oxygène, en se colorant en rouge, puis en brun. Sous l'influence de l'ammoniaque et par le contact de l'air il se produit une matière colorante violette, l'orcéine, d'après l'équation suivante :

$$\underset{\text{Orcine}}{C^{14}H^{6}O^{4}} + \underset{\text{Ammoniaque}}{NH^{3}} + \underset{\text{Oxygène}}{O^{4}} = \underset{\text{Orcéine}}{C^{14}H^{7}NO^{6}} + \underset{\text{Eau}}{2\,HO}$$

L'*orcéine*, avec d'autres matières semblables, constitue la matière colorante de l'orseille du commerce. Pour la préparer, on met l'orcine en poudre dans une petite capsule, au-dessus d'un verre à pied, contenant de l'ammoniaque concentrée, et on abandonne le tout à l'air, sous une cloche, sans trop prolonger l'action plus de vingt-quatre heures, sinon l'orcéine formée, se transformerait en une matière brune. Après la coloration du mélange en violet, on le dissout dans l'eau, et par l'addition d'acide acétique, il se précipite des flocons rouges d'orcéine.

L'orcéine est d'une belle couleur rouge; elle est peu soluble dans l'eau, d'où les sels neutres la précipitent complètement. Elle est fort soluble dans l'alcool, qu'elle colore en écarlate, la solution est précipitée par l'eau ; d'après les observations de l'abbé Nollet, du milieu du siècle dernier, la solution alcoolique de l'orseille, (et conséquemment de l'orcéine), employée pour les thermomètres, se décolore à la longue et reprend sa couleur par l'agitation à l'air.

Les solutions alcalines d'orcéine donnent des laques métalliques pourpres, avec les sels métalliques. Par la distillation sèche, elle dégage de l'ammoniaque et se décompose.

Les corps réducteurs, tels que l'hydrogène naissant, les sulfures alcalins décolorent l'orcéine, mais la couleur reparaît par l'agitation à l'air.

Le chlore la détruit peu à peu en donnant des produits colorés.

M. Marnas reprenant les travaux de Stenhouse, vers 1856, a fait faire un grand pas à la question de la fabrication de l'orseille et comme résultat particulier, il obtint un dérivé plus solide qui eut un grand et légitime succès sous le nom de *pourpre française*, jusqu'à l'apparition de l'harmaline en 1858-1859.

Le procédé de fabrication de la pourpre française, consiste à opérer sur les acides gélatineux seulement, au lieu d'opérer sur tout le lichen. Les lichens, d'après la méthode de Stenhouse, sont macérés avec un lait de chaux à froid pour s'emparer des acides colorables, puis pressés fortement pour en extraire tout le jus.

Le liquide passé sur des toiles, est précipité par l'acide chlorhydrique, les acides gélatineux, lavés par de petites quantités d'eau, sont recuillis sur des filtres et fortement égouttés. Pour les transformer en orcéine, on les dissout dans l'ammoniaque et on opère l'oxydation à une température de 50 à 60° dans des ballons que l'on agite fréquemment.

L'orcéine étant développée au bout de quelques heures, on recueille le produit de plusieurs ballons dans une cuve et par une addition de chlorure de calcium, on précipite une laque calcaire insoluble.

Cette laque recuillie, lavée et séchée à l'étuve, se présente dans le commerce sous forme de fragments d'un rouge-pourpre terne, faciles à pulvériser et insolubles dans les divers véhicules. Pour en extraire la matière colorante, il faut traiter les fragments pulvérisés par une solution d'acide oxalique, calculée, pour s'emparer de la chaux, en formant une oxalate insoluble. L'orcéine se dissout alors et colore l'eau en pourpre; elle rappelle les propriétés de l'orseille, mais avec une certaine solidité, elle vire moins facilement par les acides, et c'est en cela que consiste son grand mérite. Sans les couleurs d'aniline, la pourpre eut d'ailleurs été appelée à un grand avenir.

Le commerce livre encore des extraits d'orseilles, qui sont préparés de deux manières : soit par l'extraction et la concentration de la matière colorante toute formée dans l'orseille, soit par une méthode analogue à la fabrication de la pourpre, mais en opérant à froid et sans précipiter les acides colorables du lichen, de la dissolution calcaire. Dans ce dernier cas, on ajoute simplement l'ammoniaque à la solution calcaire, et on développe la couleur en multipliant les surfaces au contact de l'air; quelques fabricants, après avoir ainsi obtenu le colorant, le reversent même sur les lichens privés de leurs acides, et obtiennent ainsi de l'orseille par un mode de fabrication plus rapide.

Quelques chimistes ont essayé d'oxyder les principes colorables des lichens, en contact avec l'ammoniaque, par des oxydants, tels que : le *chlorure de chaux*, le *bichromate de potasse*, etc.; mais la difficulté de maîtriser la réaction a empêché le succès de ces méthodes.

En résumé, l'orseille quoique ayant subi du tort de la part des couleurs artificielles, n'a presque rien perdu de son importance; chassée des couleurs fines, où elle était d'ailleurs peu employée à cause de son peu de solidité ; elle a fait comme le campêche, elle a trouvé ou mieux gardé ses emplois pour la production des fausses couleurs, marrons, grenats, etc., où elle défie toutes concurrence dans les tons grenats qu'elle apporte une fois virée par les acides.

DEUXIÈME PARTIE

Matières colorantes artificielles

Sommaire. — Murexide. — Acide phénique et couleurs dérivées. — Acide picrique. — Acide isopurpurique, grenat soluble. — Acide rosolique. — Corallines jaunes et rouges. — Azuline. — Aniline et couleurs dérivées de l'aniline. — Harmaline, indisine, mauvéine. — Gris Casthelaz. — Safranine. — Fuchsine, rosaniline. — Géranosine. — Zinaline. — Violets de phénylrosaniline, violets pervenche, de Parme. — Bleu d'aniline, bleu de Lyon, bleu de triphénylrosaniline. — Bleu de Paris, bleus divers. — Bleu de diphénylamine. — Vert à l'aldéhyde. — Violets d'éthylrosaniline et de méthylrosaniline, violets Hofman, violets de Paris. — Violets divers. — Verts de rosaniline, verts à l'iode, vert méthyle. — Bruns d'aniline. — Phosphine. — Gris d'aniline. — Eméraldine. — Noir d'aniline. — Dérivés de la naphtaline, jaune de Martius, jaune d'or, jaune de Manchester. Rose de naphtylamine, rose de Magdala. — Eosine. — Couleurs dérivées de l'anthracène, alizarine artificielle.

§ 101. — MUREXIDE.

La *murexyde*, quoique trouvée et étudiée par Prout, en 1818, *(Ann. de Chim. et de Phys.* XI, 48), ne fut employée que beaucoup plus tard par la teinture et l'impression. Son rôle fut assez court, outre les dangers qu'offraient son emploi, les couleurs d'aniline, sont venues la bannir. Il en est question ici, pour mémoire, comme du vert Lo-Kao, peut-être un jour des modifications dans l'emploi la feront-elles réemployer.

La murexide n'est autre chose qu'un sel d'ammoniaque, le *purpurate*, dont l'acide n'a jamais été isolé. Ce sel se produit et dérive de l'acide urique, que le guano du Pérou permet d'obtenir à un prix assez bas. La préparation en est d'ailleurs très-délicate et demande une longue pratique. Il faut d'abord transformer acide urique en alloxane, et celle-ci, en murexide.

La première transformation se fait en attaquant avec modération et par petite quantité, l'acide urique par l'acide nitrique (100 d'acide urique pour 6 en poids d'acide nitrique). Il faut opérer sur un kilogramme au plus d'acide urique, refroidir le vase et ajouter l'acide nitrique peu à peu en bien remuant ; vingt-quatre heures, après la transformation est complète, et il reste de l'alloxane anhydre.

La deuxième transformation peut se faire d'après la méthode de Fristzche, en dissolvant l'alloxane dans l'eau, et en ajoutant à une température voisine de l'ébulition une solution de carbonate d'ammoniaque, il se dégage de l'acide carbonique, le liquide devient pourpre, et se trouble par l'apparition de la murexide. On arrête l'addition de carbonate d'ammoniaque à l'apparition de l'odeur ammoniacale. La murexide se dépose au bout de quelque temps, on décante l'eau mère et on la lave jusqu'à ce que les eaux sortent pourpre.

Il y a plusieurs autres méthodes qui partent toujours de l'acide urique, mais celle-ci est la plus simple et donne de bons résultats.

La murexide a pour formule $C^{16}H^{5}N^{5}O^{12}$, elle cristalise en petits prismes, d'un vert doré magnifique ; pulvérisée, elle est rouge grenat. Elle est très-peu soluble dans l'eau froide, plus aisément dans l'eau chaude ; elle est insoluble dans l'alcool et l'éther. Par l'ébullition avec les acides, elle est détruite ; il se produit des sels d'ammoniaque, et l'on revient à l'alloxane et à l'alloxantine. La potasse caustique la dissout à froid, en bleu, et la détruit à chaud.

Avec les sels métalliques elle donne des précipités diversement colorés. La réaction avec le bichlorure de mercure donnant un pourpre magnifique, a été d'ailleurs utilisée en grand à Lyon.

§ 102. — COULEURS DÉRIVÉES DE L'ACIDE PHÉNIQUE. — ACIDE PHÉNIQUE. — ACIDE CARBOLIQUE. — PHÉNOL.

Quoique ce corps si remarquable et qui a pris tant de l'importance depuis les travaux de Runge, en 1834, ne soit pas une matière colorée, nous pensons qu'il est convenable de dire quelques mots sur son origine, ses propriétés, et ses transformations en dérivés colorés. Il ne se trouve à l'état naturel que très-rarement : dans le castoreum par exemple; il est surtout un produit de décomposition par la chaleur de diverses matières. Exemple : l'acide salicylique sous l'influence de la chaux, du benjoin, de la résine de Xanthorrhœa hastilis, etc., et se trouve surtout dans les goudrons provenant de la distillation de la houille, qui en contiennent jusqu'à 2 %. Il se trouve dans les huiles qui distillent entre 180 et 200° ; lorsqu'on soumet le goudron de houille à la distillation ; il constitue jusqu'à 20 % de leur poids.

Longtemps même, l'acide picrique, première matière colorante artificielle, tirée de la houille, fut obtenu par les huiles de houille, mais grâce aux travaux de M. Lembert en 1859-1860, chez M. Guinon jeune, a Lyon, l'acide phénique fut obtenu pur et à des conditions commerciales; à dater de ces travaux, l'emploi des huiles de houille à acide phénique fut banni pour l'obtention de l'acide picrique, et remplacé par l'acide phénique (1).

La différence de la méthode de M. Lembert avec celle qu'à indiquée Laurent pour obtenir l'acide phénique, des huiles de houille distillant de 180-200°, consiste dans l'emploi d'une solu-

(1) On a attribué à M. Calvert, manufacturier anglais, la priorité de la préparation commerciale de l'acide phénique cristallisé; mais déjà ce résultat avait été obtenu par M. Lembert, alors que l'acide phénique préparé par M. Calvert était encore liquide et brun-rougeâtre.

tion de potasse ou soude caustique étendue, au lieu d'une solution très-concentrée, comme l'indique Laurent. Les huiles battues un certain temps avec cette solution, cèdent leur acide phénique qui se dissout sous forme de phénate de potasse ou de soude, généralement on emploi la soude. La solution alcaline étendue agit aussi bien que la solution concentrée pour prendre l'acide phénique, de plus elle revient meilleur marché et ne dissout pas des impuretés comme la solution concentrée. Plus tard, en dehors des travaux de M. Lembert, j'ai reconnu qu'une bonne précaution consistait à faire bouillir quelques minutes le phénate de soude, séparé, par décantation, des huiles qui le surnage.

La solution de phénate saturé par un acide, soit : l'acide sulfurique ou chlorhydrique étendu, laisse flotter une huile noire. C'est l'acide phénique brut que l'on recueille à part, et que l'on soumet à la distillation dans de grands alambics de fer, en ayant soin de maintenir l'eau dans laquelle plonge le serpentin à une température de 40-45°, afin éviter la cristallisation et l'obstruction, ce qui pourrait occasionner de redoutables explosions, au début il distille un peu d'eau et de l'acide phénique impur ; puis l'acide phénique pur, distille et cristallise par le refroidissement. L'acide phénique cristallisé, qui ne fut d'abord qu'un produit de laboratoire, a pris réellement rang dans l'industrie, depuis les travaux de M. Lembert, chez M. Guinon jeune, en opérant sur les huiles de la Compagnie parisienne. Actuellement cet acide est l'objet d'un commerce très-important, et nous vient surtout des grandes manufacures anglaises.

L'*acide phénique* a pour formule $C^{12} H^6 O^2$, il est solide, incolore, cristallisant en longues aiguilles, fusibles à 35-36°, il bout entre 187-188°. Sa densité est de 1,065, il ne rougit pas le tournesol. Peu soluble dans l'eau, il se dissout assez bien dans l'alcool, l'éther et l'acide acétique concentré, voire même dans le vinaigre

L'acide sulfurique concentré se mélange avec lui en produisant de la chaleur, et sans se colorer sensiblement, au bout de quelques temps, il s'est produit un nouvel acide conjugué, l'acide *sulfo-phénique*, soluble dans l'eau.

L'acide nitrique concentré l'attaque avec une violence extrême; il faut opérer le mélange goutte à goutte, il se produit des composés nitrés et comme résultat ultime, l'acide *picrique* ou *trinitrophénique*.

L'action de corps oxydants conduit dans certain cas, à l'obtention d'un corps coloré en rouge magnifique, l'*acide rosolique* de Runge, base des belles matières dites *coralline* et *azuline*.

Ces deux réactions sont d'ailleurs les plus remarquables et celles qui intéressent le plus; l'acide phénique pourrait, dans quelques cas, recevoir d'autres applications en mettant à profit ses propriétés antiseptiques; par exemple, pour empêcher la fermentation des bains de teinture, tels que les extraits de bois, de plantes, d'astringents, etc., employés d'une manière permanente. Une très-faible addition d'acide phénique suffit pour assurer ce résultat, et le prix de revient est des plus modiques, le prix de l'acide phénique cristallisé étant de 3 fr. à 3 fr. 50 le kilogramme.

§ 103. — ACIDE PICRIQUE, NITROPHÉNIQUE, CARBO-AZOTIQUE OU AMER ARTIFICIEL DE WELTER.

L'*acide picrique* est la première matière colorante jaune, employée par la teinture des soies et des laines; son nom lui vient de son amertume intense (*picros* amer), et quoique indiqué par Hausmann, en 1788, (*Journ. de Physiq.*, mars 1788); ce n'est qu'autour de 1849, qu'il prit rang dans l'industrie. C'est qu'en effet, malgré les nombreuses méthodes pour obtenir l'acide picrique par l'action de l'acide nitrique sur une foule de matières, telles que la salicine et les dérivés salicyliques, l'indigo, l'aloès, la soie, la phlorizine, diverses résines, etc., aucune ne permettait de l'obtenir à assez bas prix, pour pouvoir l'appliquer à la teinture.

Runge, à qui la science et les arts doivent tant, pour ses travaux sur les dérivés du goudron, indiqua le premier l'emploi des huiles lourdes de houille, riches en acide phénique, et longtemps ces huiles, traitées par l'acide nitrique, donnèrent l'acide picrique pour les besoins de la teinture. L'acide picrique, ainsi obtenu, était très-impur, cristallisait difficilement, et souvent la masse était formée par un produit résineux jaune-rougeâtre, pâteux, etc. Il est vraiment étonnant de voir un homme de la valeur de Runge arriver si près du but sans le toucher.

C'est de Lyon où l'acide picrique fut employé pour la première fois, en 1849 (Notice sur l'acide picrique, publiée par M. Guinon aîné, *Annales de la Société d'Agriculture, d'Histoire naturelle et des arts de Lyon*, 1849), que devaient également partir les progrès de sa fabrication. Après avoir d'abord suivi la méthode de Runge, puis après des tentatives faites pour l'obtention de l'acide phénique industriellement, selon les indications de Laurent, les fabricants emploient toujours actuellement l'acide phénique très-pur, qu'ils obtiennent facilement, grâce aux travaux de M. Lambert, au lieu d'obtenir des masses pâteuses résinoïdes, ils obtiennent des produits cristallisés très-purs.

L'acide picrique s'obtient en faisant couler goutte à goutte 2 kil. d'acide phénique, maintenu fondu par l'addition d'un peu d'eau dans de grands ballons chauffés au bain de sable, et contenant 10 à 12 fois le poids de l'acide phénique, en acide nitrique à 36° ; au début la réaction marche toute seule, et il est inutile de chauffer. Après quelques heures, l'acide phénique étant tout versé, on chauffe les bains de sable durant 24 à 30 heures pour maintenir une faible ébullition. Les gaz nitreux, qui se dégagent constamment, sont conduits par des tubes dans des touries contenant de l'eau, où elles se condensent, et après l'ébullition prolongée, on arrête l'opération. Le liquide est alors versé bouillant dans de grands baquets de grès. Par le dépôt il se fait une cristallisation abondante d'acide picrique et un peu de pâte très-riche en couleur et de consistance ferme. Le rendement en cristaux et pâte est d'environ 130 °/. du poids de l'acide phénique. Les Allemands ont introduit de nouveaux perfectionnements dans cette fabrication; ils consistent dans l'emploi de l'acide sulfophénique, au lieu de l'acide phénique, et dans l'attaque dans de grands vases de grès, chauffés par la vapeur au lieu de l'être par des bains de sable.

L'acide picrique, égoutté de son eau mère et séché à l'étuve, cristallise en lamelles rectangulaires, très-allongées, jaune-clair.

Sa formule répond à $C^{12} H^3 O^2, 3 Az O^4$. Soluble dans 160 parties d'eau à froid et dans 20 à 25 parties à chaud; à l'ébullition, il donne une dissolution plus colorée que les cristaux. Sa saveur est très-amère, et il colore fortement les fibres animales et la peau en jaune. Il est très-soluble dans l'alcool, l'éther, les carbures d'hydrogène, tels que les huilles de houille, et presque insoluble dans les huiles grasses.

Il fond par la chaleur en une huile jaune qui se prend par le refroidissement en une masse cristalline; si la chaleur est employée sans ménagement, il détonne en se décomposant violemment; les vapeurs qu'il répand dans les deux cas sont fort âcres. Il se dissout à chaud, sans altération, dans les acides sulfurique et nitrique concentrés, et l'eau l'en précipite.

Avec les oxydes métalliques, il donne des picrates nettement définis, qui sont en général de couleur jaune, cristallisables, très-amers et détonnent violemment par la chaleur.

Sous l'influence des corps réducteurs, tels que le sulfydrate d'ammoniaque, il donne un corps rouge, l'acide *nitrohématique*, qui n'a reçu aucun emploi en teinture. Sous l'influence spéciale du cyanure de potassium, il donne un corps remarquable, *l'isopurpurate de potasse*, objet du paragraphe suivant.

L'acide picrique s'emploie sans le concours des mordants pour la teinture de la soie. Son emploi a d'ailleurs bien perdu depuis les verts directs d'aniline. Son prix, très-bas aujourd'hui, par suite des perfectionnements apportés à sa fabrication, était autrefois la cause de nombreuses falsifications plus ou moins ingénieuses, soit pour les cristaux, soit pour les produits secondaires, dits pâtes.

J'ai fait connaître, en 1864 (*Annales de la Société des Sciences industrielles de Lyon)*, un mode d'analyse, basé sur la grande solubilité de l'acide picrique dans la benzine, qui laisse les impuretés pour la plupart minérales : acide borique, sulfate de soude, etc., ou organiques, mais insolubles aussi dans ce véhicule, telles que la farine, la fécule, etc. Un acide picrique pur, cristaux ou pâte, doit donc se dissoudre complètement dans la benzine.

§ 104. — ACIDE ISOPURPURIQUE, ISOPURPURATE DE POTASSE GRENAT SOLUBLE.

Ce produit, obtenu par l'action du cyannure de potassium sur l'acide picrique, fut confondu au début avec la murexide, et fit concevoir de grandes espérances, qui ne se réalisèrent nullement.

Pour obtenir l'isopurpurate de potasse, on dissout 2 parties de cyanure de potassium dans de l'ea u chauffée à 60 ou 70°, et on y verse graduellement et en agitant la solution d'une partie d'acide picrique dans l'eau bouillante.

La liqueur répand une odeur de cyanhydrate d'ammoniaque et

se prend en une masse cristalline qu'on délaye dans un peu d'eau et qu'on jette sur un filtre. On lave le dépôt sur filtre avec le moins d'eau possible; puis on le purifie ensuite par recristallisation dans l'eau bouillante.

Les cristaux d'isopurpurate ressemblent à ceux de la murexide; ils sont en aiguilles, d'un vert doré comme les ailes de cantharides. Peu solubles dans l'eau froide, ils le sont davantage dans l'eau bouillante. Ils possèdent une grande force colorante; la dissolution est d'un pourpre foncé comme pour la murexide. Cette dissolution diffère d'ailleurs de celle de la murexide, en ce que la potasse ne la fait pas virer comme celle-ci en bleu. De plus, l'isopurpurate de potasse, chauffé au-dessus de 200°, possède une grande propriété détonnante que ne possède pas la murexide. Les différences, malgré de nombreuses analogies, sont donc des plus tranchées.

Hlasiwetz regarde d'ailleurs l'isopurpurate comme un isomère de la murexide ou purpurate de potasse, et assigne à l'acide isopurpurique, non isolé jusqu'à ce jour, la formule $C^8H^5Az^5O^9$ et, d'après lui, la réaction qui conduit à l'isopurpurate serait la suivante :

$$\underset{\text{Acide picrique}}{C^{12}H^3Az^3O^{14}} + \underset{\text{cyannure de potassium}}{3\,(C^2AzK)} + \underset{\text{eau}}{2\,HO} = \underset{\text{isopurpurate de potasse}}{C^{16}H^5Az^5O^{12},\,3\,KO}$$

$$+ \underset{\text{Ammoniaque}}{AzH^3} + \underset{\text{acide carbonique}}{C^2O^4}$$

L'isopurpurate de potasse offre une grande analogie avec l'extrait d'orseille du commerce. Comme ce dernier produit, il vire par les acides faibles, et donne sur soie et laine par l'addition d'un peu d'acide acétique des tons grenats.

En résumé, il a pu servir à falsifier l'orseille; mais son emploi est à peu près abandonné aujourd'hui, la raison en est dans sa grande instabilité.

§ 105. — ACIDE ROSOLIQUE.

L'*acide rosolique*, indiqué pour la première fois par Runge, en 1834, avec l'acide *brunolique*, est un produit d'oxydation de l'acide phénique, sous diverses influences. Pendant longtemps, malgré les tentatives de Runge, il fut complétement laissé de côté, mais après que l'attention eût été appelée de nouveau sur les travaux oubliés de ce chimiste; l'étude de l'acide rosolique fut reprise, et les travaux de divers chimistes, entre autres M. Tschelnitz, 1857; Aug. Smith, 1858; Hugo Muller, 1858; Persoz fils, 1859; Kolb, etc., le firent sortir de son oubli et dotèrent la science et la teinture de magnifiques couleurs jaunes et rouges.

Il existe diverses méthodes pour obtenir industriellement l'acide rosolique; celle restée la plus pratique est due à M. Persoz fils. D'après cet auteur, on opère comme suit : 3 parties en poids d'acide phénique, 2 parties d'acide oxalique et 2 d'acide sulfurique, sont chauffées quelques heures, modérément. Il se produit un dégagement plus ou moins abondant d'acide carbonique et d'oxyde de carbone provenant de la décomposition de l'acide oxalique. La masse s'épaissit, devient brune, et quand on juge l'opération finie, on verse le produit pâteux dans l'eau froide, qui s'empare de l'acide sulfurique et de produits secondaires, et laisse une masse résineuse. Cette masse résineuse, lavée à l'eau bouillante, se fond, forme une masse poisseuse, qui se durcit par le refroidissement et présente des reflets verts cantharide. Par la dessication, cette masse, qui n'est autre chose que l'acide rosolique, devient friable et donne alors une poudre rouge.

Cette réaction est assez difficile à expliquer, si l'on ne fait pas intervenir des réactions secondaires, car l'acide rosolique est un produit d'oxydation, et l'acide oxalique, plutôt avide d'oxygène que capable d'en donner, n'intervient nullement comme oxydant.

Les auteurs ne sont pas d'accord sur la formule de ce corps, auquel les uns assignent une formule, le considérant comme de l'acide phénique simplement oxydé, soit :

$$\underset{\text{Acide rosolique}}{C^{12}H^6O^3} = \underset{\text{acide phénique}}{C^{12}H^6O^2} + O \text{ (Smith)}$$

$$C^{12}H^6O^4 = C^{12}H^6O^2 + O^2 \text{ (Dusart)}$$

tandis que d'autres le considèrent comme le produit d'une réaction plus complexe et lui donnent la formule $C^{10}H^8O^2$ attribuée par M. Kolbe et M. Schmitt à l'acide rosolique obtenu par le procédé de M. Persoz fils.

Peut-être existe-t-il différents dérivés rosoliques de l'acide phénique, de propriétés analogues, mais de constitution différente, selon le mode de formation.

L'*acide rosolique* est vert cantharide en masse, rouge en poudre, ou lorsqu'il a été précipité d'une solution alcaline par un acide. Il fond à 80° et se prend toujours en masse par le refroidissement; si on élève la température, il dégage une forte odeur d'acide sulfureux, des vapeurs jaunes, se décompose et laisse un résidu charbonneux :

Il est soluble dans l'eau froide, plus à chaud, et lui communique une couleur orangée, que les acides n'altèrent pas, mais que les alcalis tournent à un rose magnifique, de là le nom d'acide rosolique. Très-soluble dans l'alcool et l'éther; il est insoluble dans la benzine, le chloroforme, le sulfure de carbone, les huiles essentielles. Les acides concentrés le dissolvent évidemment sans altération, le mode de fabrication l'indique d'ailleurs. Les alcalis le dissolvent en donnant des nuances d'un rouge magnifique, mais très-instables et qui sont de véritables tournesols!; le *rosolate d'ammoniaque*, par l'exposition à l'air, perd même son ammoniaque et redevient jaune. Le *rosolate de magnésie* est relativement le plus solide à l'air. Avant les travaux de M. Persoz fils, ce produit n'avait reçu que de timides applications dans la teinture, à cause de son peu de solidité. Modifié sous la forme de *coralline*, il est devenu l'objet d'un commerce considérable.

§ 106. — CORALLINES JAUNES ET ROUGES.

La *coralline*, ou *péonine* se prépare en soumettant dans un autoclave l'acide rosolique à l'action de l'ammoniaque du commerce. Une partie d'acide rosolique demande 3 parties en poids d'ammoniaque, et il faut chauffer au bain d'huile durant 3 heures, à une température autour de 150°. La masse, retirée de l'appareil après refroidissement, est pâteuse et d'un cramoisi doré magnifique. On la sépare à l'état pur, en le précipitant par l'acide chlorhydrique, après l'avoir dissoute dans l'eau. Le précipité recueilli sur le filtre, lavé avec peu d'eau et séché, constitue la coralline, qui est une sorte d'amide de l'acide rosolique, ou un acide amidé, car elle est susceptible de jouer le rôle d'acide.

La coralline est presque insoluble dans l'eau ; elle se dissout facilement en rouge magnifique dans les liqueurs alcalines caustiques ou carbonatées. Elle vire moins facilement que les rosolates par l'action des acides, et ne vire pas du tout par l'action des acides végétaux, tel que l'acide acétique.

La *coralline rouge* se présente dans le commerce sous deux modifications, l'une insoluble dans l'eau et soluble dans l'alcool, l'autre soluble dans l'eau et l'alcool. Cette dernière est solubilisée dans l'eau par l'action des alcalis ; c'est cette modification qui est la plus couramment employée en teinture. En dissolvant cette coralline alcaline dans l'eau, on obtient une solution concentrée, qui, versée dans un bain de teinture, doit être additionnée d'acide pour pouvoir teindre ; mais, malgré cette addition, la coralline ne se précipite pas, ou du moins immédiatement, ce qui permet de teindre.

La coralline, après cession des droits de M. Persoz fils à MM. Guinon, Marnas et Bonnet, fut, de la part de ceux-ci, l'objet de perfectionnements importants. Il existe plusieurs variétés de coralline : la première dite coralline rouge, et la seconde dite coralline jaune, sans compter des variétés intermédiaires, dites *corallines capucines,* qui ne diffèrent que par quelques détails dans la préparation et par des nuances. A la vue, elles présentent toutes le même aspect, en masses bronzées ou en poudres rouges ; il est facile quelquefois de les confondre.

Comme elles sont insolubles dans l'eau, si elles n'ont pas subi l'action des alcalis, qui les rend solubles, il suffit de les dissoudre dans l'alcool, où elles offrent toutes leurs nuances respectives, rouge, orangé-rouge ou orangé; mais si elles ont été solubilisées par l'action des alcalis, dissoutes dans l'eau elles offrent toutes la même nuance. Dans ce cas, il faut ajouter quelques gouttes d'acide acétique à un peu de la dissolution et faire sécher sur une feuille de papier blanc, alors la nuance apparaît telle qu'elle serait sur la fibre textile, c'est-à-dire rouge, avec les corallines rouges, orangé-rouge, avec les corallines capucines, et orangé avec les corallines jaunes.

§ 107. — AZULINE.

Cette couleur, dérivée de l'acide phénique, et qui n'offre plus aujourd'hui qu'un intérêt purement historique, malgré le grand bruit qu'elle fit à son apparition dans la teinture des soies, est la suite des travaux précédents.

Dans le courant de 1860, M. Persoz fils reconnut que l'acide

rosolique, chauffé avec de l'aniline, en remplacement de l'ammoniaque, donnait naissance à une matière bleue magnifique, qui fut nommée azuline. La préparation de l'azuline, cédée à MM. Guinon, Marnas et Bonnet, fut tenue quelque temps secrète et ne fut brevetée que peu de temps avant son déclin, comme il a été dit dans le chapitre I, page 47. Quoique ce bleu n'aie qu'un intérêt purement historique, il est impossible de n'en pas parler en passant.

Pour l'obtenir, il faut chauffer autour de 180° un mélange formé de 5 parties d'acide rosolique et 6 à 8 parties d'aniline, en poids, durant quelques heures. La masse pâteuse obtenue par ce traitement se solidifie en refroidissant et donne un produit bronzé. Pour la purifier, on la traite par l'acide chlorhydrique à chaud, afin de s'emparer de l'aniline en excès; le produit, insoluble dans ces conditions et dans l'eau pure, à froid et à chaud, reste après ce traitement et des lavages à l'eau, sous forme d'une masse à reflet rouge doré.

Elle est insoluble dans l'eau, soluble dans l'alcool et l'éther, qu'elle colore en bleu magnifique. Elle colore en rouge-violacé les solutions alcalines et se dissout en rouge brun dans l'acide sulfurique, d'où l'eau la précipite intacte si l'action a eu lieu à froid, mais si l'action a eu lieu à chaud, au bout de quelques heures, la matière bleue a subi la même influence que l'indigotine bleue dans les mêmes conditions; elle est devenue soluble dans l'eau, et ne se précipite plus que comme le sulfate d'indigo par l'addition de matières salines neutres, telles que le sel marin.

Malgré les perfectionnements apportés à sa fabrication et sa solubilisation, les bleus d'aniline devaient complétement faire oublier l'azuline pour la soie. Avec cette magnifique couleur s'arrête l'étude des dérivés colorés de l'acide phénique, intéressant les teinturiers en soie. Il en existe plusieurs autres, mais qui n'ont reçu aucune application sérieuses, telles que la *phénicienne*, le *jaune d'acide phénique*, etc., etc.

§ 108. — ANILINE ET COULEURS DÉRIVÉES DE L'ANILINE.

Ce corps si remarquable fut découvert par Unverdorben, en 1826, et son nom lui vient du mot *anil*, qui veut dire, en espagnol et en portugais, indigo. Classé dès son début comme une base organique, beaucoup de méthodes ont été proposées pour sa préparation. La première, d'où lui vient son nom, consiste à distiller l'indigo avec la potasse caustique; on obtient environ 20 °/. en poids d'aniline d'un bon indigo, ce qui rend son prix très-élevé. Laurent et Hoffmann ont indiqué le phénate d'ammoniaque, maintenu dans un tube scellé, abandonné longtemps à 200° environ. Cette méthode, longue et dangereuse n'a d'autre intérêt que de rattacher l'aniline à l'acide phénique. On peut d'ailleurs la considérer comme une véritable amide de cet acide.

Le goudron de houille contient des quantités sensibles d'aniline en compagnie d'autres bases organiques; l'aniline se trouve surtout dans les huiles à acide phénique, et s'obtient en lavant ces huiles privées d'acide phénique par un lavage à l'acide sulfurique étendu dans des vases de plomb.

La solution acide, saturée par la soude et soumise à la distillation avec de l'eau, donne de l'eau et des gouttelettes huileuses par l'addition du sel marin; ces gouttelettes se rassemblent à la surface. Cette partie supérieure, recueillie et distillée avec ménagement, donne de l'aniline assez pure à une température de 180-185°.

Toutes ces méthodes n'avaient jamais produit l'aniline à un prix de revient assez bas pour qu'on pût lancer dans l'industrie les magnifiques dérivés colorants, qu'on savait, dès 1857, pouvoir être obtenus au moyen de cette base. Il fallait l'obtenir dans des conditions telles que les chercheurs ne fussent pas découragés d'en étudier les applications.

Faraday, Muspratt, etc., avaient indiqué l'extraction économique de la benzine du goudron de houille; d'autres chimistes avaient transformé cette benzine en nitrobenzine, la première servait au dégraissage des tissus, celle-ci était employée dans la parfumerie, sous le nom d'essence de Mirbane, et remplaçait l'essence d'amandes amères dont elle a l'odeur. Ce fut sur la nitrobenzine, ainsi obtenue, que furent faits les premiers essais industriels de préparation de l'aniline, en réduisant la nitrobenzine par les méthodes déjà vieilles de Zinin (sulfhydrate d'ammoniaque), puis d'Hoffmann (zinc et acide chlorhydrique), car la nitrobenzine et l'aniline ne diffèrent que par de l'oxygène en moins et de l'hydrogène en plus; en effet, on a :

$$\underset{\text{Nitrobenzine}}{C^{12}H^{5},AzO^{4}} + \underset{\text{hydrogène}}{6\,H} = \underset{\text{aniline}}{C^{12}H^{7}Az} + \underset{\text{eau}}{4\,HO}$$

Enfin, il appartenait à M. Béchamps, professeur à la Faculté des sciences de Montpellier, de créer la méthode qui permit de suite à l'aniline de se produire économiquement, en réduisant la nitrobenzine à l'aide de la ferraille et de l'acide acétique. Cette méthode, encore employée de nos jours, jointe à l'abaissement du prix de la benzine, a permis d'abaisser le prix de l'aniline successivement de 40 à 50 fr. à 3 ou 4 fr. le kilog.

L'aniline récemment distillée forme un liquide incolore, réfractant beaucoup la lumière, d'une densité de 1,028, d'une odeur forte et d'une saveur âcre et brûlante. Elle est peu soluble dans l'eau, soluble en toutes proportions dans l'alcool et l'éther; l'air la jaunit à la longue et la résinifie. Elle reste liquide à un froid de 20° et bout à 182°.

L'aniline est une base faible, elle bleuit faiblement le tournesol en dissolution dans l'eau, forme avec les acides des composés bien définis et cristallisant facilement, ce qui lui fit donner le nom de *krystalline*. Elle précipite la plupart des oxydes des sels métalliques.

Mais ce qui intéresse le plus dans notre travail, ce sont ses nombreuses réactions colorées, si longtemps laissées de côté. Dès 1834, Runge, qui l'obtint du goudron de houille, avait reconnu que l'aniline, en contact avec la dissolution de chlore ou d'hypochlorite de chaux, donnait une magnifique coloration bleue, violacée, fugace, et lui donna le nom de *kyanol* pour rappeler cette tendance à donner du bleu; puis une réaction semblable fut reconnue en traitant l'aniline par un mélange d'acide sulfurique et de chromate de potasse.

L'acide nitrique étendu ne donne pas de réaction; mais concentré, le même acide donne une couleur rouge, que la chaleur fait virer au jaune. D'autres réactions colorées, indiquées par Berzelius, Natanson, etc., devaient rester dans l'oubli et ne pas dépasser le domaine du laboratoire jusqu'en 1856, point de départ des magnifiques dérivés colorés de l'aniline. Avant d'aborder tous ces riches produits, disons cependant que l'aniline pure des chimistes ne joue pas toute seule le principal rôle, il faut toujours, dans les anilines commerciales, la présence d'une certaine quantité de bases analogues à l'aniline, telle que la toluidine, pour obtenir les meilleurs résultats colorants.

Les plus grands perfectionnements, dans les rendements surtout, sont venus, pour les couleurs d'aniline du jour où il fut démontré que l'aniline seule donnait fort peu de couleur. Dans des essais faits en 1859 et 1860, avec M. Lembert, chez M. Guinon jeune, à Lyon, avec des anilines pures, provenant, soit de l'indigo, soit de l'acide benzoïque, nous avons constaté que les rendements en couleurs étaient à peu près nuls.

Harmaline, mauvéine, indisine.

Cette matière colorante, qui eut son grand succès de vogue, de 1858 à 1862, est presque complètement abandonnée aujourd'hui, elle s'emploie cependant encore quelquefois.

C'est la première matière colorante dérivé de l'aniline, dont il faut voir l'origine dans les travaux de Runge en 1834, et ce n'est qu'à partir des travaux de Perkins, en 1856, et surtout en 1858, qu'elle fit du bruit. Elle se prépare de diverses manières, qui toutes, sont basées sur l'oxydation ménagée et par voie humide de l'aniline du commerce, c'est-à-dire mélangée de toluidine.

Elle reçut divers noms, le plus connu à Lyon, était celui d'*harmaline* donnée par la maison Monnet et Dury, les anglais l'appellent *Mauvéine*, nom donné par Perkins pour rappeler l'analogie de sa couleur avec les fleurs de mauve, celui d'harmaline, rappelait l'analogie avec la couleur des fleurs du *peganum harmala*, quand à celui d'*indisine*, il lui fut donné pour rappeller son analogie de propriété chimique avec l'indigotine.

Trois procédés principaux furent adoptés par la pratique industrielle : la méthode d'oxydation par le bichromate de potasse, procédé Perkins ; la méthode d'oxydation par le chlorure de chaux, conseillée par Boley, de Zurich, en 1858; et enfin celle de Dale et Caro, où l'aniline est oxydée par un sel cuivrique.

Le procédé de Boley, qui n'est autre chose que la régularisation de la réaction de Runge, est celui qui donne le plus de rendement, mais en même temps, la couleur violette est plus rouge, plus terne, aussi ce moyen d'oxydation est-il abandonné, quoiqu'il soit le plus commode.

Il suffit de dissoudre 100 kilos d'aniline dans 100 kilos d'acide chlorydrique et 300 litres d'eau, et d'étendre cette dissolution rapidement dans une grande cuve, munie d'agitateurs à hélice, et contenant 6,000 litres d'une solution étendue de chlorure de chaux, représentant pour la masse 90 litres de chlore gazeux.

Le précipité noir qui se forme, recueilli, pressé, séché, est dissous dans l'acide sulfurique concentré, la solution étendue d'eau, laisse déposer des flocons violettés bruns que l'on recueille sur le filtre. On lave avec un peu d'eau pour écarter l'acide et les matières brunes. La pâte égouttée est dissoute dans une quantité convenable d'eau bouillante, la liqueur filtrée est additionnée de soude caustique, qui précipite la matière colorante en flocons que l'on recueille de nouveau sur des filtres. Le produit égoutté, lavé avec un peu d'eau pour écarter la soude et les matières brunes, est additionné d'un peu d'acide acétique pour former un acétate de mauvéine. Le produit est livré sous forme de liquide pâteux, ou de pâte épaisse dite *carmin d'harmaline*, ou desséché, en écailles comme les écailles de safranum, dont elles ont atteint la valeur commerciale. Le rendement est, en effet, faible en harmaline. C'est la couleur d'aniline qui revient le plus cher. Les écailles d'acétate de mauvéine ont valu jusqu'à 5,000 fr. le kilog.

La méthode de Perkins donne un produit violet plus pur, se rapprochant de la pourpre française, mais le procédé est long, délicat et rend moins que le précédent. A une dissolution de 100 kilos d'aniline, et 50 kilos d'acide sulfurique, dans 2,000 litres d'eau, on ajoute 149 kilos bichromate de potasse, dissous dans le moins d'eau possible. On agite et l'on abandonne au repos 24 heures. La liqueur précipite abondamment en noir, le précipité contenant de la mauvéine, est souillé par de l'oxyde de chrome et des matières résineuses. On lave ce précipité par décantation, puis on le recueille sur des filtres, on lave avec de l'eau légèrement acidulée à l'acide sulfurique et avec de l'eau pure. On le soumet ensuite à l'ébullition avec de la soude caustique étendue, qui s'empare des résines, et laisse la mauvéine avec l'oxyde de chrome et d'autres impuretés, ce résidu recueilli sur un filtre est lavé pour écarter la soude, puis soumis à l'action de l'eau bouillante qui dissout la mauvéine que l'on sépare par le filtre, des matières insolubles. La mauvéine, comme dans la méthode précédente est précipitée par la soude caustique et finie de même.

La méthode de Dale et Caro, consiste à faire bouillir tant qu'il se forme un précipité, un équivalent de sel neutre d'aniline, acétate, sulfate, etc., avec 6 équivalents de chlorure de cuivre, en employant pour 1 d'aniline, 30 litres d'eau. Le précipité recueilli sur un filtre, bien lavé est purifié comme précédemment.

La mauvéine pure a pour formule $C^{54}H^{24},Az^{4}$; c'est une base bien déterminée, formant des sels cristallisables, verts par réflexion, et bronzés. La mauvéine pure est noirâtre, insoluble dans l'eau, soluble dans l'alcool qu'elle colore en bleu violet, insoluble dans la benzine et l'éther. Les sels sont peu solubles dans l'eau qu'ils colorent néanmoins en violet foncé, les acides sont sans action sur la dissolution sauf l'acide sulfurique concentré qui fait virer la couleur en un bleu magnifique, que l'addition d'eau ramène au violet, les alcalis la précipitent. La mauvéine est très-stable, c'est peut être la couleur d'aniline la plus solide. Soumise à l'influence des agents réducteurs, elle éprouve, comme l'indigotine une réduction, devient incolore et reprend sa couleur par l'oxydation à l'air.

La teinture avec les sels de mauvéine est des plus faciles, elle tire sans mordant en donnant des tons variant depuis le violet tendre jusqu'au mordoré, mais toujours dans le même ton violet un peu rouge. Cette couleur, relativement assez solide, ne supporte cependant pas le savonnage chaud, et à dater de 1862, elle dût céder le pas devant de nouveaux violets artificiels.

§ 109. — GRIS CASTHELAZ.

M. John Casthelaz, par son brevet du 19 décembre 1865, n° 69.083; a décrit la fabrication d'un gris employé pour la soie, et qui n'est autre chose qu'un dérivé de l'harmaline ou de la mauvéine. Le procédé décrit consiste à dissoudre :

10 kil. de mauvéine en pâte épaisse ;
11 kil. d'acide sulfurique à 66°.

Le mélange étant bien fait et refroidi, il faut ajouter :

6 kil. d'aldéhyde.

On chauffe alors à une douce chaleur; la réaction est complète au bout de quelques heures. On verse alors le produit brut dans de l'eau, et après un brassage énergique, on précipite la matière grise par une addition de sel marin. Le gris est recueilli sous forme de pâte épaisse; pour le purifier, on peut le dissoudre à l'eau et le reprécipiter par du sel marin ; finalement il est livré en pâte au commerce.

Si ce n'était son prix assez élevé, ce produit, qui donne de très-jolis tons gris violettés, aurait un assez grand emploi sur soie.

§ 110. — SAFRANINE.

Quoique la safranine n'ait été introduite sérieusement dans la teinture qu'en 1868, il faut en voir l'origine dans les travaux de Rocquencourt et Dorot en 1858, cités dans la préface. La safranine se prépare comme l'harmaline et quelquefois même accompagne celle-ci dans certaines méthodes. La différence consiste dans le mode d'opérer, au lieu de faire agir le bichromate de potasse sur un sel neutre d'aniline, on fait agir un mélange de 30 parties d'eau, 1 partie d'acide chromique et 1 partie d'aniline, la liqueur bien agitée laisse déposer un précipité noir, au bout de huit jours la réaction est complète. Le précipité noir, recueilli, lavé à l'eau froide, soumis à l'action de l'eau bouillante, donne une liqueur violet rouge, mélange d'harmaline et de safranine ; en additionnant la liqueur d'ammoniaque refroidie, on précipite l'harmaline, et la liqueur filtrée est une dissolution de safranine, susceptible de teindre directement la soie sans mordant, à froid et à chaud, en nuances variant du rose clair au rouge ponceau ; cette couleur rappelle celle de la carthamine.

Une méthode plus récente et donnant des résultats supérieurs est celle donnée par MM. Girard et Delaire, et qui consiste à chauffer 5 à 6 minutes, entre 80 et 100°, 2 parties d'aniline lourde, 1 partie d'acide arsénique et 1 partie d'un nitrate métallique. On obtient une masse colorée que l'on traite par l'eau bouillante, on neutralise par un alcali, et on filtre la liqueur. Celle-ci est colorée en rouge intense, et pour en séparer la matière colorante on l'agite avec du sel marin, la couleur qui se précipite sous forme d'une poudre marron est recueillie sur un filtre et livrée au commerce sous forme de carmin en pâte ou desséchée et livrée en poudre.

D'après des travaux de MM. Hoffmann et Goyer, la safranine aurait pour formule $C^{42} H^{20} Az^{4}$. Elle possède des propriétés basiques bien déterminées ; elle se combine avec les acides pour former des sels bien définis. Comme elle est très-soluble dans l'eau, il faut, pour la préparer pure, ajouter de l'oxyde d'argent à son chlorhydrate ; il se forme du chlorure d'argent insoluble, et la safranine pure reste en dissolution.

La safranine a reçu une très-grande extension en teinture pour l'obtention de roses magnifiques, rivalisant sur soie avec ceux du safranum, elle se marie, d'ailleurs, très-bien au rocou, elle possède, comme lui, la propriété de se dissoudre et de tirer sur les liqueurs alcalines, propriété qu'elle ne partage avec nulle autre matière colorante artificielle. On l'emploie, néanmoins, sur des bains neutres ou faiblement acidulés, surtout s'il faut la combiner à d'autres couleurs.

§ 111. — FUCHSINE, ROSANILINE.

Cette matière colorante, l'une des plus belles découvertes modernes de la chimie, date du 8 février 1859. Trouvée par Verguin, comme on l'a vu dans la préface moitié théoriquement, moitié par hasard, elle fut l'objet de nombreux travaux et après le procédé primitif de Verguin, action du bichlorure d'étain anydre sur l'aniline, une foule d'autres furent proposés. Depuis la réaction scientifique indiquée par Hoffmann, action du bichlorure de carbone anydre, et celle de Verguin appliquée à l'industrie, toutes les réactions proposées peuvent se réduire à une action ménagée de divers réactifs sur l'aniline commerciale, mélange d'aniline et de toluidine distillant entre 180 et 200°. La réaction a lieu à une température commençant à 180° et allant graduellement jusqu'au delà de 210°. Les réactions s'opèrent toujours pour la commodité et la facilité de régularisation, sur des bains d'huile ou dans des bains d'air chaud, les appareils d'attaque sont en petit des ballons en verre, et en grand, des cornues en fonte émaillée, pouvant être de très-grandes dimensions. Les appareils sont toujours munis de condenseurs pour récupérer l'aniline non attaquée qui s'échappe durant l'opération avec la vapeur d'eau. Les réactifs proposés pour transformer l'aniline en fuchsine sont très-nombreux; les principaux qui ont eu successivement du succès sont : le bichlorure d'étain anhydre (méthode Verguin), le bichlorure de carbone (procédé Hoffmann perfectionné), le nitrate mercuriel (procédé de Gerber-Keller), (la fuchsine produite par ce procédé avait autrefois le nom d'*azaléine*), et enfin l'acide arsénique, méthode de MM. Medlock, Girard et Delaire, qui est restée définitivement.

En résumé, pour transformer l'aniline en fuchsine, il faut chauffer l'arséniate neutre d'aniline, qui s'obtient en traitant 100 kilog. d'aniline par 150 kilog. à 160 kilog. d'acide arsénique à 75° Beaumé aussi pur que possible. La masse d'arséniate, qui se forme sous l'apparence d'un produit solide, onctueux, chauffé lentement au bain d'huile ou d'air, commence à fondre, donne de l'eau, puis la température s'élevant, à partir de 150-160°, il distille de l'aniline avec de l'eau, la masse brunit, peu à peu la distillation devient moins abondante, la température s'élève de 205 à 210° et la masse devient vert bronzé, cassante par le refroidissement, l'opération est alors terminée. La masse poisseuse semi-fluide à chaud, est coulée dans de grandes cuves pleines d'eau bouillante ; si les cornues sont de petite dimension on les enlève de dessus le bain d'air ou d'huile, et on les vide par l'ouverture supérieure; si elles sont de très-grandes dimensions, on les vide par une large vidange située à la partie inférieure et on les balaie par un courant de vapeur d'eau que l'on fait arriver dans leur intérieur, par la partie supérieure. Le produit semi-poreux est bouilli quelques heures à l'aide d'un rameau de vapeur ; on additionne le bain de sel de soude qui sature les acides arsénique et arsénieux, et l'on abandonne au refroidissement 24 heures. Le produit contenant la fuchsine insoluble dans ces conditions, se rassemble sous forme d'un gâteau vert doré, qui durcit par le refroidissement, et l'eau mère contient la presque totalité des acides arsénique et arsénieux, sous forme d'arséniate et d'arsénite de soude. Les eaux doivent être jetées avec précaution dans de grands cours d'eaux, et la matière dorée, contenant la fuchisne, soumise à l'ébullition à nouveau avec de l'eau contenant une quantité calculée d'acide acétique, chlorhydrique ou sulfurique, se désagrége peu à peu ; la fuchsine se dissout sous forme d'acétate, chlochydrate ou sulfate de *rosaniline* (base de la fuchsine), en formant une solution, rouge bronzée.

Cette solution rouge bronzée, passée sur un filtre en laine, abandonne sur le filtre un dépôt violet noirâtre, assez abondant, et la liqueur abandonnée au refroidissement dans de grands bacs en cuivre, laisse cristaliser de magnifiques cristaux d'acétate, chlorure ou sulfate de rosaniline. L'eau mère retient fort peu de matière et peut d'ailleurs servir pour des opérations suivantes. Si l'opération a été menée dans de bonnes conditions et avec des anilines convenables, les rendements peuvent atteindre de 33 à 40 °/₀ en fuchsine du poids de l'aniline employée et comme le prix de l'aniline a considérablement baissé, de 35 fr. à 40 fr. le kilog. à 3 ou 4 fr., tandis que les rendements augmentaient le prix de la fuchsine cristallisée, s'est successivement abaissé de 1,800 fr. le kilog. prix du début à 20 fr. Le nom de fuchsine, rappelle celui des fleurs du *fuchsia*, avec la couleur desquelles elle a beaucoup d'analogie, Hoffmann après en avoir étudié les propriétés et la composition, ayant reconnu que la fuchsine n'était autre chose que le sel à acide variable, d'une base organique, a donné à celle-ci le nom de *rosaniline*, nom sous lequel elle est toujours désignée, ainsi que ses dérivés, dits dérivés de rosaniline.

La rosaniline à laquelle les travaux de divers chimistes assignent la formule $C^{40}H^{19}Az^{3}(HO)^{2}$, constitue une base bien déterminée, et cristallisant en longues aiguilles blanches que la moindre trace d'acide fait rougir. Elle est plus soluble à chaud qu'à froid, un litre d'eau en dissout environ 3 grammes; elle est un peu plus soluble dans l'ammoniaque; elle se dissout faiblement dans les dissolutions alcalines de potasse, soude, chaux et baryte; insoluble dans l'éther, elle se dissout très-bien dans l'alcool en donnant une dissolution rouge foncée.

A l'état amorphe, c'est-à-dire précipité d'une de ses dissolutions saline par l'ammoniaque à froid, elle constitue une poudre rouge-marron-brique, sa saveur est légèrement amère, sa densité assez forte est d'environ 1.800 ; à une température supérieure à 120°, elle se déshydrate et se décompose au-dessus de 220° ; elle donne des bases huileuses à la distillation, mélange d'aniline, de diphénylamine, etc., et laisse un résidu de charbon poreux. Chauffée avec ménagement un temps assez long, elle laisse une matière colorante friable, violette, insoluble dans presque tous les véhicules. Les sels de rosaniline dont les principaux sont le sulfate, le chlorhydrate et l'acétate sont très-répandus dans le commerce sous le nom de fuchsine. La rosaniline forme avec les acides 3 espèces de sels : des sels neutres, des sels biacides et des sels triacides. Avec les acides énergiques, tels que l'acide sulfurique, chlorhydrique, etc. les sels neutres sont roses en dissolution, mais les sels biacides et, triacides sont marrons, et deviennent roses en les étendant avec beaucoup d'eau.

Les dissolutions de sels de rosaniline sont complètement précipitées et décolorées par les alcalis. La couleur reparaît par l'addition ménagée d'un acide. Le protochlorure d'étain et les corps puissamment avides d'oxygène, tel que le zinc métallique en poudre, au contact du bisulfite de soude, la réduisent et la décolorent, si la réaction n'est pas trop prolongée, la couleur revient à l'air.

Les oxydants violents agissent différemment sur la rosaniline et ses sels ; les uns, tels que le chlore, les hypochlorites, la détruisent complètement, d'autres tels que l'hypermanganate de potasse, les azotites alcalins, le bioxyde de baryum, etc., la transforment en composée, jaunes ou orangés, dont quelques-uns ont reçu des applications, tels que la *géranosine* de Lutringer.

Enfin, pour terminer : la fuchsine, qui tend à disparaître de plus en plus pour l'obtention des rouges, la nuance donnée étant trop violettée et sombre, comparée à celle de couleurs plus récentes, telles que la safranine, le rose de Magdola et l'eosine, a cependant gardé un emploi considérable, par la facilité avec laquelle elle donne des couleurs variant dans tous les tons de l'arc-en-ciel, et ce, dans les tons les plus purs, depuis les violets rouges jusqu'aux bleus les plus verts, et c'est grâce aux métamorphoses de la fuchsine ou mieux de la rosaniline que l'on doit l'obtention des premiers verts directs, c'est-à-dire produits par une couleur unique, et non par des mélanges de bleu et de jaune ; le vert *lo-kao* ne pouvant pas être considéré comme ayant été sérieusement appliqué.

Avant d'aborder les remarquables dérivés colorés de la fuchsine, il nous faut parler un peu de ses sels, qui seuls sont employés en teinture. Les sels employés sont toujours les sels neutres.

Le *chlorure neutre de rosaniline*, répondant à la formule $C^{40} H^{19} Az^{3} H Cl, HO$ plus soluble à chaud qu'à froid dans l'eau, se dépose de ses dissolutions bouillantes saturées, en tablettes rhombiques, formant des cristaux verts magnifiques, se dissolvant dans l'eau froide en un beau rose. L'eau en dissout 2 à 3 grammes par litre à froid, et de 10 à 12 grammes à 100°. L'alcool le dissout en beau rouge; il est insoluble dans l'éther.

Le *sulfate neutre de rosaniline*, qui répond à la formule $C^{40} H^{19} Az^{3}, SO^{3}, HO$ est moins soluble que le précédent. 1 à 2 grammes par litre à froid et 8 à chaud; il se dépose par le refroidissement de sa dissolution saturée dans l'eau bouillante, en cristaux verts métalliques. Le sulfate est soluble dans l'alcool, peu soluble dans la benzine, l'éther, etc., mais assez soluble dans l'acide sulfurique étendu.

L'*arséniate de rosaniline*, que l'on peut obtenir directement en faisant cristalliser la masse poisseuse provenant des cornues, après l'action de la température de 180-210° sur l'arséniate d'aniline, constitue le sel de rosaniline le plus commun et le moins riche en couleur, à cause de la formule élevée de l'acide arsénique. Il cristallise en petits tétraèdres verts dorés.

L'*acétate de rosaniline* cristallise en magnifiques cristaux; c'est d'ailleurs le sel d'aniline qui donne les plus beaux cristaux, susceptibles d'acquérir jusqu'à 0m01 d'épaisseur. Les cristaux sont octaédriques, et, comme tous les précédents, vert cantharide, de plus, ils sont les plus solubles.

Enfin, pour terminer, on trouve dans le commerce des produits secondaires, mal définis, sous le nom de *grenats d'aniline*, qui ne sont autre chose que la partie un peu goudronneuse qui s'attache aux cristallisoirs lorsqu'on y coule les dissolutions filtrées de rosaniline, ou mieux de ses sels.

Cette partie offre un aspect amorphe, vert cantharide, se dissout assez mal et incomplètement dans l'eau, même bouillante. Les dissolutions filtrées sont beaucoup plus jaunes que celles de la fuchsine, et donnent des nuances qui, malgré le bas prix de la matière première (25 à 30 °/₀ de celui de la fuchsine), ne sont recherchées que par les petits teinturiers; elles sont d'ailleurs plus jaunes, et de là le nom de grenat d'aniline; les tons sont également peu éclatants.

La teinture avec la rosaniline ne peut s'effectuer qu'en présence d'un acide, ou mieux avec un sel de rosaniline. Sous ce rapport, elle diffère donc complètement de la safranine, qui peut teindre dans des bains alcalins.

Rien n'est plus facile que de teindre avec les sels de rosaniline, qui se dissolvent en assez grande quantité dans l'eau bouillante. Les solutions sont filtrées à l'ébullition pour retenir les matières goudronneuses, et le bain, étendu dans une quantité convenable d'eau tiède, tire sans mordant, en donnant toutes les nuances intermédiaires entre le rose violetté et le rouge foncé tirant sur le violet. Les teintes données par la fuchsine sont assez solides aux agents chimiques, mais ne résistent pas cependant à l'action du savon bouillant et de la lumière; elles se marient d'ailleurs assez bien avec la plupart des couleurs et, comme les couleurs artificielles, ne subit aucune action de la part des mordants.

§ 112. — GÉRANOSINE

Un de nos compatriotes, M. Lutringer, faisant réagir l'eau oxygénée sur la rosaniline, a obtenu une matière ponceau, dite *géranosine,* peut être un terme intermédiaire entre la rosaniline et l'acide rosolique. Pour préparer ce produit, on prend :

1 k. d'un sel de rosaniline ;

4 k. 500 de nitrate de baryum ou de bioxyde de baryum.

La rosaniline est dissoute dans 1000 litres d'eau ne dépassant pas 40 à 45° centigrades, on ajoute alors une bouillie faite avec les 4 k. 500 du corps oxydant, 35 litres d'eau et 10 k. d'acide sulfurique à 66°. La solution mélangée, bien brassée, devient jaune citron, puis se décolore. On porte à l'ébullition, que l'on maintient 2 minutes ; la liqueur est alors colorée en rouge intense. On filtre pour séparer le sulfate de baryte, et l'on précipite la couleur par le sel marin.

La géranosine est soluble dans l'eau et l'alcool. L'ammoniaque ne la décolore pas, les acides en avivent la nuance. Malheureusement, elle est peu solide aux agents atmosphériques.

§ 113. — ZINALINE.

La *zinaline* obtenue par M. Vogel, en faisant passer un courant d'acide nitreux gazeux sur les solutions de rosaniline.

Elle est insoluble dans l'eau froide, très-peu soluble dans l'eau chaude, soluble dans l'alcool, l'éther, le chloroforme, etc. Les acides concentrés la dissolvent, en se colorant, en jaune d'or. Les alcalis la dissolvent également, mais avec une couleur bleue.

Elle fond au-dessous de 110°, puis donne des vapeurs jaunes et détonne avec un faible bruit, ce qui la rapproche des produits nitrés. Elle résiste aux agents d'oxydation. M. Vogel lui attribue la formule :

$$C^{40} H^{19} Az^2 O^6$$

Elle teint la laine et la soie en jaune orangé, virant au rouge par l'ammoniaque.

§ 114. — VIOLETS DITS DE PHÉNYLROSANILINE.

La fuchsine, nous l'avons vu, après avoir fait sensation par sa couleur *sui generis*, aujourd'hui un peu délaissée, a pris de l'extension, comme matière première, pour l'obtention d'une foule de dérivés colorés dans tous les tons. Les premiers dérivés colorés qui furent obtenus sont ceux connus sous le nom de violets de *phénylrosaniline* et en industrie, sous ceux de *violet de Parme* et *violet pervenche*. Quoiqu'aujourd'hui presque complètement abandonnés, il est intéressant de revenir sur ces beaux produits, dus à MM. Girard et de Laire (Brevet d'invention du 21 janvier 1861, 861, n° 48,033), qui firent tant de bruit en leur temps, et ruinèrent les fabricants d'harmaline ; ils offraient d'ailleurs les premiers la possibilité de varier les tons, dans les limites du rouge au bleu, ce que n'offrait pas le violet d'harmaline, à ton unique, de plus, les tons étaient beaucoup plus frais.

Pour obtenir ces violets, encore quelque peu employés, il faut chauffer dans une cornue en fonte émaillée, chauffée au bain d'huile, un mélange de 15 kilog. d'aniline et 10 kilog. de sulfate ou chlorhydrate de rosaniline. Au début, il se dégage de la vapeur d'eau et de l'ammoniaque ; peu à peu la température s'élève jusqu'à 170°, et, selon la nuance du violet que l'on veut obtenir, on continue l'opération. Pour se rendre compte du virage du rouge en violet, on fait fréquemment des taches de la masse de la cornue sur un carreau en faïence ou sur une vitre, et, d'après la couleur de la tache et le produit que l'on désire, l'on arrête l'opération.

Au début, le violet obtenu est rougeâtre et tourne de plus en plus au violet bleu et même au bleu.

La masse de la cornue étant arrivée à la nuance voulue, ce que l'on constate d'après les taches, on arrête l'opération et on purifie le produit de diverses manières.

La plus suivie consiste à ajouter une certaine quantité d'alcool au produit des cornues, un peu refroidi, pour le rendre fluide, puis l'on verse cette masse dans de l'eau aiguisée d'acide chlorhydrique. Le violet se précipite en poudre impalpable et la rosaniline non transformée, ainsi que l'aniline excédantes, restent dissoutes dans l'eau acidulée sous forme de chlorhydrates de rosaniline et d'aniline.

Le précipité bien lavé, par décantations successives, pour écarter les parties dissoutes, recueilli sur le filtre, est égoutté et soumis à la presse pour bien en écarter l'eau, puis desséchés à l'étuve à une chaleur modérée.

Les violets de phénylrosaniline s'agglomèrent facilement par la moindre élévation de température, et donnent des masses bronzées qu'il faut moudre pour pouvoir les livrer à la teinture.

Selon la durée de la réaction, on obtient soit du violet à ton rouge, dit *mono-phénylrosaniline* répondant à la formule :

$$C^{52} H^{23} Az H^{3}, H^{2} O^{2}$$

qui est le produit de la réaction d'une molécule d'aniline sur une molécule de rosaniline ou d'un de ses sels,

Soit du violet à ton bleu dit de *diphénylrosaniline* qui répond à la formule :

$$C^{64} H^{27} Az^{3}, H^{2} O^{2}$$

produit de la réaction de deux molécules d'aniline sur une molécule de rosaniline ou d'un de ses sels.

La monophénylrosaniline et la diphénylrosaniline sont d'ailleurs toujours plus ou moins mélangées dans la préparation, et on ne peut que difficilement les séparer complètement, en mettant à profit leur inégale solubilité dans l'alcool, la première l'étant plus que la deuxième.

La *monophénylrosaniline*, dite aussi *violet pervenche* ou *violet rouge*, s'obtient donc, avec le minimum d'aniline et de temps indiqués, en tête de ce paragraphe. Comme la rosaniline, elle constitue une base organique bien déterminée, à l'état de base pure elle est brun clair. Elle est soluble dans l'alcool, l'esprit de bois, l'aniline, peu soluble dans l'éther, la benzine. Presque insoluble dans l'eau à froid, et guère plus à l'eau bouillante, elle se combine avec les acides et forme des sels. Celui obtenu dans la purification, vue dans la préparation, est le chlorhydrate; l'acétate joue aussi un rôle en teinture, ce sont d'ailleurs les seuls sels employés.

Le *chlorhydrate* et *l'acétate de phénylrosaniline* offrent les mêmes propriétés que la base pure, et de même que celle-ci, chauffés avec un excès d'aniline, ils se transforment en diphénylrosaniline et même en triphénylrosaniline qui sera vue plus loin.

Pour teindre en violet avec le chlorhydrate ou l'acétate de phénylrosaniline, il faut toujours passer par le concours de l'alcool, ces sels étant presque insolubles dans l'eau à froid et à chaud.

Un kilogramme de violet rouge exige environ de 25 à 30 litres d'alcool pour se dissoudre, la solution bien filtrée, pour séparer les parties goudronneuses, est d'un beau violet intense, cuivrant les objets qu'elle touche.

Pour employer cette solution, il faut monter le bain de teinture faiblement aiguisé à l'acide sulfurique, à une température de 70-80 centigrades, et le verser dedans, en plusieurs fois, lorsqu'on veut obtenir des nuances foncées.

En versant la solution alcoolique dans le bain de teinture, la matière colorante devient bien insoluble, mais elle est sous forme d'une poudre extrêmement ténue, et susceptible de teindre la soie, sans le concours des mordants, en un beau violet rouge, très-solide aux acides, mais non aux alcalis qui le démontent. Il en est de même du savon, surtout à chaud.

Les nuances obtenues sont plus pures que celles de l'harmaline, mais moins que celles des violets dits d'éthyle et de méthylrosaniline, qui seront vus plus loin.

La *diphénylrosaniline*, dite aussi *violet de Parme*, pour rappeler l'analogie de sa couleur avec celle de la violette de Parme, s'obtient avec le maximum d'aniline et de temps indiqués précédemment pour la préparation, et ce qui a été dit pour la phénilrosaniline, peut lui être appliqué.

Le *chlorhydrate* et *l'acétate de diphénylrosaniline* sont, comme pour la précédente, les seuls sels employés. Ils offrent les mêmes propriétés, sauf pour la nuance, qui tire sur le bleu, et la solubilité dans l'alcool ; il faut de 30 à 35 litres d'alcool pour dissoudre un kilogramme de violet de Parme.

L'emploi en teinture se fait, pour le violet de Parme, comme pour le violet pervenche, et, de même que pour celui-ci, les nouveaux violets d'éthyle et de méthylrosaniline, donnant tous les tons possibles et plus éclatants, sont venus en bannir à peu près l'emploi, ce qui est regrettable au point de vue de la solidité.

L'emploi de l'alcool, pour teindre avec ces violets, constitue un de leurs plus grands inconvénients ; outre le prix de l'alcool, les nuances sont exposées à mal s'unir, et malgré l'introduction de l'acide arsénique dans les bains de teinture, pour faciliter l'unisson, par la maison Paret, Corron et Boucharat, la solubilisation était vivement demandée.

L'emploi de l'acide sulfurique à chaud a bien donné quelques résultats analogues à ceux de la solubilisation de l'indigotine par l'acide sulfurique, vue page 287. Mais les acides sulfo-conjugués obtenus, par l'action de l'acide sulfurique, n'ont jamais eu un très-grand succès, et quoique un peu solubles, ils n'ont jamais été employés sérieusement.

L'introduction des violets d'éthyle et de méthylrosaniline est d'ailleurs venue arrêter complètement les recherches des travailleurs à cet égard.

§ 115. — BLEU D'ANILINE, BLEU DE LYON OU DE TRIPHÉNYLROSANILINE.

Dans les réactions qui précèdent, on a vu que dans la formation des violets, à mesure que la réaction s'avançait, le violet tournait au bleu, et si l'on chauffe un temps convenable avec une quantité voulue d'aniline, la rosaniline ou un de ces sels, elle finit par tourner complètement au bleu, et à ce moment on obtient la *triphénylrosaline*, dernier terme de ces réactions dont le violet pervenche ou monophénylrosaniline est le premier.

Pour produire le bleu d'aniline, il faut chauffer dans des appareils analogues à ceux nécessaires pour fabriquer le violet un mélange de :

5 k. acétate de rosaniline,

15 k. aniline pure. Celle provenant de la distillation ou aniline échappée à la réaction, dans la fabrication du rouge d'aniline, convient parfaitement.

Ce mélange, chauffé avec ménagement à une température de 170°-180°, dégage à mesure que la réaction se produit, des quantités d'ammoniaque, et à mesure que le radical phényle de l'aniline se substitue à de l'hydrogène, dans la rosaniline, la couleur du mélange, essayée successivement sur des carreaux de porcelaine, passe graduellement du violet rouge au violet bleu, puis au bleu pur. A ce moment la réaction est finie et trois molécules d'aniline ont agi sur une de rosaniline.

La réaction est d'autant plus parfaite et le bleu plus pur, plus dépouillé de rouge, que la modification est plus parfaite, et la pratique a démontré que les sels de rosaniline, à acides organiques, acétate, benzoate, valérianate, étaient ceux qui convenaient le mieux. De là, est venu dans la pratique l'emploi des benzoates, valérianates, acétates alcalins, ajoutés à la réaction.

La réaction étant achevée, le produit brut est traité en vue d'obtenir soit des bleus dits *bleus directs*, des *bleus purifiés* et des *bleus purs* ou *bleus lumières*.

Le *bleu direct* consiste simplement en bleu brut débarrassé de l'excédant d'aniline, par l'ébullition dans une eau aiguisée d'acide chlorhydrique. La triphénylrosaniline, complètement insoluble dans ces conditions, vient se rassembler à la surface du bain, et forme par le refroidissement un gâteau bronzé qu'on lave avec un peu d'eau avant de le soumettre à la dessication ; après mouture, ce produit constitue une poudre marron.

Le *bleu purifié* s'obtient comme les violets vus précédemment, soit en dissolvant la masse un peu refroidie dans de l'alcool, 25 à 30 litres pour 1 kilog. de rosaniline employée ; la dissolution est ensuite versée dans un bain d'acide chlorhydrique étendu et bouillant. Dans ces conditions, la purification est bien plus parfaite, et le bleu en suspension, recueilli après refroidissement sur des filtres en laine, est lavé avec un peu d'eau, égoutté, pressé fortement, puis séché à l'étuve. Les liqueurs filtrées sont distillées dans un alambic après saturation par la chaux pour recueillir l'alcool.

Le *bleu pur* ou *bleu lumière* (1) représente la *triphényl-*

(1) Cette expression souvent employée en teinture, surtout depuis les couleurs d'aniline, signifie que la couleur à laquelle s'applique ce qualificatif ne change pas de ton à la lumière artificielle, ce qui est d'un grand avantage. Il en sera question dans les théories optiques à la fin de ce chapitre.

rosaniline, dans son plus grand état de pureté, et pour arriver à ce résultat, on met à profit les propriétés déjà vues, en parlant des violets précédents qu'ont les dérivés rosaniliques phénylés, d'être de moins en moins solubles dans l'alcool, à mesure que la phénylation est plus grande.

Le bleu purifié, vu précédemment, est lavé soigneusement avec un peu d'alcool, qui dissout les produits bleus plus ou moins violettés. Le résidu est traité par une quantité convenable d'alcool, qui laisse des matières résineuses insolubles que l'on sépare par filtration. Dans la liqueur filtrée, contenant le bleu, on ajoute de l'ammoniaque qui précipite la triphénylrosaniline, qu'il suffit alors de recueillir sur un filtre, de laver avec un peu d'eau bouillante, et de traiter par une quantité d'acide convenable et choisi selon la nature du sel qu'on désire.

La *triphénylrosaniline* est une base qui, dans son plus grand état de pureté, a pour formule :

$$C^{76} H^{31} Az H^{3}, H^{2} O^{2}$$

Elle a été trouvée par MM. Girard et De Laire, qui l'ont étudiée avec soin et lui ont assigné les propriétés suivantes. A l'état libre elle est blanc-jaunâtre et fonce à l'air. Elle fond à 110° et prend un aspect brun, puis se décompose à 225°, en donnant de la *diphénylrosaniline* et de l'aniline. Insoluble dans l'eau, même bouillante, elle se dissout dans environ 100 fois son volume d'alcool bouillant. Elle est soluble dans l'éther, l'aniline, l'acétone, l'esprit de bois, l'acide acétique cristallisable et les acides sulfurique, chlorhydrique, nitrique concentrés, avec lesquels elle forme des sels acides que l'eau décompose. Elle est insoluble dans la benzine et le sulfure de carbone.

Traitée par l'acide sulfurique concentré à 66° ou fumant, à des températures variant de la température ordinaire à 140°, elle forme des acides sulfo-conjugués, analogues aux acides sulfoconjugués de l'indigo, et comme ceux-ci d'autant plus riches en acide sulfurique que la température et l'action ont été plus intenses. Ces combinaisons, comme celles de l'indigo, sont d'ailleurs solubles dans l'eau.

Ce sont les sels de rosaniline triphénylée qui sont employés par le teinturier; les plus courants sont : le sulfate, le chlorhydrate et l'acétate, qui tous se présentent dans le commerce en masses cuivrées ou en poudre marron, rappellant par leurs propriétés celles de la base pure; les dissolutions alcooliques sont d'un beau bleu.

Pour employer ces produits en teinture, il faut suivre les mêmes précautions que pour les violets précédents; il faut environ de 40 à 50 litres d'alcool pour dissoudre un kilogramme de bleu.

Dans le commerce on est dans l'habitude de distinguer les bleus livrés, selon leur nuance, par la marque B, simple ou multipliée, comme suit : Bleu B, BB, BBB, BBBB, BBBBB.

Les bleus sont d'autant plus purs qu'on les indique par un plus grand nombre de B, et le prix croît en raison de ce nombre. Ils diffèrent d'ailleurs entre eux par des détails dans leur fabrication et reçoivent également des applications différentes.

Les bleus B, sont à tons rouges, sans tirer sur le violet; ils ont été préparés en présence de l'acide acétique; à ces produits, il faut demander, non pas de la fraîcheur, mais surtout du rendement indispensable pour les emplois auxquels ils sont destinés, soit pour la production de couleurs composées, ordinairement rabattues.

Les bleus BBBBB sont à tons verdâtres, dits lumières, ils ont été fabriqués en présence de l'acide benzoïque, et conviennent surtout pour des nuances délicates, et il ne faut pas leur demander du rendement, ni les faire entrer dans des combinaisons pour l'obtention de couleurs composées et rabattues.

Bleus solubles

L'emploi de l'alcool, par son prix élevé (1), et les difficultés pour unir les soies, signalées en parlant des violets précédents, firent faire des recherches pour arriver à solubiliser le bleu.

En 1862, M. Nicholson, donna les premiers bleus solubles, dont une variété a gardé son nom. Le principe pour solubiliser, on l'a vu en parlant de la triphénylrosaniline, consiste à traiter cette base comme l'indigotine, par l'action ménagée, de l'acide sulfurique concentré et à chaud, pour obtenir des acides sulfoconjugués, solubles dans l'eau.

Malgré l'attente générale, il faut le dire, au début les premiers bleus solubles furent accueillis avec peu d'empressement, la

(1) Peu à près l'apparition de ces bleus, l'opinion publique s'est vivement émue de la surélévation de prix causée aux teintures par l'emploi nécessaire de l'alcool, dont le prix normal, ordinairement assez faible, est triplé et au delà par l'application des droits de ville et de l'Etat; fait d'autant plus fâcheux à Lyon et à St-Etienne, que ces deux villes avaient pour concurrents les teinturiers de Bâle et de Zurich, en Suisse, où l'alcool peut s'employer en franchise. Or on a vu qu'il fallait environ 50 litres d'alcool pour dissoudre un kilogramme de bleu, il s'en suivait que cela doublait presque le prix du bleu. Des pétitions furent faites par les chambres de commerce et par la Société des Sciences industrielles de Lyon, mais le résultat n'en fût pas très-heureux. Les teinturiers furent autorisés à ne payer les droits qu'en partie. mais en dénaturant l'alcool à l'aide de la benzine, 1 °/ₒ et du méthylène 10 °/ₒ, dans ces conditions, l'alcool ainsi dénaturé enlève une partie de la fraîcheur de la couleur. Quelques teinturiers essayèrent bien, après la dénaturation, de séparer la benzine par une grande addition d'eau, et de redistiller pour avoir l'alcool plus pur mais de là des procès et l'abandon de l'alcool dénaturé. Il faut espérer qu'un jour l'application de droits mieux entendus permettra de supprimer certaines taxes qui, comme celle pour l'alcool, sont en disproportion avec le prix, et viennent entraver l'industrie. Pour terminer ce renvoi, je ferai observer que le teinturier doit employer l'alcool de préférence au méthylène, et aussi pur que possible, surtout pour dissoudre les couleurs d'aniline, le méthylène et les alcools amylique et butylique, contenus dans les alcools dits mauvais goût, ont une influence fâcheuse sur les couleurs, et les font généralement griser et donner des nuances dites *plombées*.

raison en est que la réaction poussée trop loin, donnait des produits solubles, mais bien moins solides que les bleus insolubles. Depuis 1862, la réaction indiquée par M. Nicholson a subi de grands perfectionnements.

Les premiers produits étaient des bleus de triphénylrosaniline tri et tétrasulfurique, obtenus en chauffant dans des cornues en fonte émaillée, au bain d'huile, à 130 ou 140° centigrades, un mélange de : Sulfate de rosaniline triphénylique 10 kilog.
Acide sulfurique à 66°, 35 à 40 kilog.

Quand la masse est bien limpide, et qu'une goutte, mise dans de l'eau la colore en beau bleu, on arrête la réaction, et après refroidissement, on la verse dans 8 à 10 fois son poids d'eau froide. Dans ces conditions le bleu quoique solubilisé est insoluble à la faveur de l'excès d'acide, on jette le tout sur des filtres de laine, et après égouttement, on lave avec très-peu d'eau, jusqu'à ce que celle-ci commence à sortir bleue. Le produit étant bien égoutté, est soumis à la presse, puis desséché à l'étuve.

Il constitue des masses bronzées, donnant une poudre marron par la mouture, se dissolvant facilement dans l'eau et teignant la soie, sur un bain faiblement acide et sans mordants, dans les tons correspondants aux tons des bleus insolubles employés, car cette opération ne change rien à la teinte.

Aujourd'hui on a abaissé la quantité d'acide employée, et la température ne dépasse jamais 100° centigrades. Les produits obtenus sont moins solubles dans l'eau, mais donnent des nuances plus solides, et ont à peu près remplacé les bleus à l'alcool.

Ces bleus sont purifiés comme précédemment pour écarter le grand excès d'acide. Traités par des dissolutions de potasse, de soude ou d'ammoniaque caustiques, ils se dissolvent entièrement en donnant des solutions jaunâtres ou incolores. Ces solutions évaporées à siccité et desséchées à la chambre chaude, donnent les bleus connus sous le nom de bleus alcalins ou bleus Nicholson.

Bleus alcalins ou bleus Nicholson

Ces bleus offrent cela de remarquable, qu'ils sont susceptibles de teindre la soie sur des bains légèrement alcalins, par l'emploi du savon, du borax, du silicate de soude, etc. Dans ces conditions la soie tire lentement avec une nuance grise, que pour virer en un bleu plus ou moins intense, il suffit de passer sur un bain faiblement acidulé. Quand à la nuance des bleus alcalins, elle correspond aux mêmes marques que pour les bleus à l'alcool, ou solubles ordinaires; il y a donc les bleus alcalins dits : B, BB, BBB,BBB,BBBBB. Ces bleus se présentant en masses, bleues grisâtres, sont d'autant plus précieux, qu'ils tirent lentement, unissent mieux, et conviennent surtout pour la teinture en pièces, toujours sujette à mal s'unir.

On peut considérer le bleu Nicholson comme le sel de soude, de la rosaniline triphénylée monosulfurique soit :

$$C^{76} H^{31} AzH^{3} SO^{3}, NaO$$

Bleus alcalins pour cotons

Depuis l'introduction du coton, en grande quantité dans les étoffes de soie, celui-là tirant mal les bleus, des modifications dues à l'initiative de M. J.-B. Ibels, de Bruxelles, ont été apportées au bleu Nicholson. Ces produits sont de véritables bleus alcalins, où par l'addition de composés métalliques, on a pu parvenir à faire des tons aussi nourris sur le coton que sur la soie.

§ 116. — BLEU DE DIPHÉNYLAMINE.

Ce beau produit, dit aussi *bleu direct*, *bleu de nuit*, est d'introduction récente, et dû aux beaux travaux de MM. Girard et de

Laire; il donne des tons très-purs, mais malheureusement le prix en est assez élevé.

La production du bleu de diphénylanime, d'après MM. Girard et de Laire, est basée sur l'oxydation de la diphénylamine, par les même agents qui en réagissant sur l'aniline, donnent la rosaniline. La meilleure méthode conseillée, d'après ces auteurs, consiste à chauffer dans une cornue en fonte émaillée un mélange de :

10 parties de diphénylamine commerciale;
12 parties de sesquichlorure de carbone.

La réaction commence à 160° et monte doucement à 180° qu'il ne faut pas dépasser, il distille du protochlorure de carbone, et il reste dans la cornue une masse bronzée, cassante, colorant l'alcool en beau bleu.

La méthode la plus simple pour purifier ce produit, consiste à dissoudre la masse brute dans l'acide sulfurique en grand excès à une chaleur modérée, et à verser la dissolution dans un grand excès d'eau. Le bleu se précipite à l'état insoluble et les impuretés restent dans les eaux de lavage, on lave soigneusement le précipité qu'on recueille ensuite sur un filtre, puis on le presse et on le dessèche à l'étuve.

Ce bleu nécessite l'emploi de l'alcool pour teindre, mais on peut le solubiliser par les mêmes méthodes que celles vues pour la triphénylrosaniline.

§ 117. — BLEU DE PARIS.

Ce produit lancé par MM. Persoz et Deluynes, en 1861, est plus intéressant comme théorie, qu'au point de vue pratique. Les auteurs le considèrent, sans le démontrer, comme analogue au bleu de Lyon. Soit à la triphénylrosaniline. L'intérêt de ce produit consiste, en ce que, pour l'obtenir, on part directement de l'aniline, et non de la rosaniline, en chauffant dans un tube scellé à 180° centigrades, durant 30 heures, un mélange de :

16 parties d'aniline;

9 parties de bichlorure d'étain.

On n'obtient pas du rouge, mais à l'ouverture du tube, on a une masse noirâtre et visqueuse qui, épuisée par l'eau bouillante, la colore en bleu foncé. On précipite la matière bleu de cette liqueur par une adition de sel marin. On dissout plusieurs fois le produit à l'eau pure, et on le reprécipite chaque fois avec du sel marin, afin de le dépouiller d'une matière verte qui reste dans les eaux. Finalement on la précipite de la dernière dissolution par quelques gouttes d'acide chlorhydrique, le précipité égoutté, séché, constitue le *bleu de Paris,* soluble dans l'eau, d'où les sels neutres, les acides, et les alcalis le reprécipitent.

Divers autres bleus, ont été proposés, mais les applications n'ont pas eu de suite, je ne les cite que pour mémoire.

Bleu Delvaux, obtenu en chauffant du chlorhydrate d'aniline, à vases clos, et à une température inférieure à 250°.

Bleu Caro obtenu en faisant d'abord passer un courant d'acide azoteux dans une solution acide de rosaniline, puis en soumettant le produit résultant de cette réaction, à des actions réductrices. Ce bleu ainsi que des violets pouvant être obtenus par la même suite de réactions, demeurent sans application.

Le *bleu de Mulhouse* n'offre également qu'un intérêt scientifique, il est dû à MM. Gros-Renaud et Gustave Schœffer, qui l'obtiennent en faisant bouillir durant 1 heure, un mélange de :

Nitrate de rosaniline	125	gr.
Gomme laque blanche	50	»
Carbonate de soude	18	»
Alcool	500	»
Eau	1.500	»

Enfin, pour terminer la liste des bleus dérivés de l'aniline, il nous reste à citer les bleus de M. Lauth, soit celui obtenu au moyen de l'eau oxygénée, soit celui d'aldéhyde.

Bleu obtenu par l'eau oxygénée. Il s'obtient par l'action de l'eau oxygénée, sur les dissolutions de chlorhydrate de rosaniline, il est bleu avec les les acides et rougit par les alcalis; sa nature est inconnue.

Bleu à l'aldéhyde. Il s'obtient en traitant une dissolution de rosaniline dans un acide minéral concentré, par une aldéhyde, soit l'aldéhyde éthylique, valérique, benzoïque, etc.; selon la durée de la réaction, on obtient du violet ou du bleu.

Pour séparer le bleu, lorsque la réaction est achevée, on étend d'eau et on sature l'excès d'acide par la soude caustique. Le bleu devient insoluble à la faveur du sel neutre qui s'est formé. Ce bleu est soluble dans l'eau, l'alcool, l'acide acétique, les solutions alcalines; dans ces dernières il se dissout en jaune et les acides l'en reprécipitent, non altéré.

Il donne d'assez belles nuances, mais manquant complètement de solidité.

§ 118. — VERT D'ALDÉHYDE.

Cette remarquable couleur, dont il a déjà été question dans le chapitre I, page 48, brevetée le 28 octobre 1862, par M. Usèbe, fut trouvée par le plus grand des hasards par M. Cherpin père, contremaître chez M. Usèbe. Je ne reviendrai pas sur l'origine de cette belle découverte qui est la suite des travaux de M. Lauth, soit de ses recherches sur le bleu et le violet d'aldéhyde, vus précédemment.

Le vert d'aldéhyde, eut longtemps, une très-grande vogue, mais à son tour il devait comme les premiers violets d'aniline, perdre une grande partie dans son importance devant les verts plus récents, et aujourd'hui il est très-peu employé.

Le teinturier a presque toujours préparé lui-même ce produit, en se servant des indications du brevet de M. Usèbe, dont la teneur est la suivante :

(Brevet du 28 octobre 1852, n° 56,109. pris au nom de M. Usèbe). A une dissolution de rosaniline dans un acide minéral, comme l'acide sulfurique, chlorhydrique, etc, on ajoute un hydrure de la série acétique, par exemple, l'hydure d'acétyle ou d'aldéhyde, et on abandonne la liqueur à elle-même pendant un temps qui peut varier de 12 à 18 heures, suivant la température ambiante, et la quantité d'acide et d'hydrure employés, jusqu'à ce que le bain donne une teinture bleu verdâtre.

On étend alors la liqueur d'eau acidulée de manière à éviter de précipiter le bleu formé, et on y ajoute peu à peu un hyposulfite alcalin, en maintenant toujours un excès d'acide, à mesure qu'il se neutralise par l'alcali de l'hyposulfite. On chauffe à l'ébullition, tant pour favoriser l'action de l'hyposulfite que pour chasser l'excès d'acide sulfureux, provenant de sa décomposition, et on filtre bouillant pour séparer le soufre libre. On a ainsi une liqueur qui donne une teinture d'un vert d'autant plus jaune qu'on a employé une plus grande quantité d'hyposulfite. »

M. Muller, de Bâle, en suivant les mêmes prescriptions, a conseillé les proportions suivantes :

Rouge d'aniline . . . . 150 parties
Acide sulfurique 66°. . . . . . . 450 »

après dissolution parfaite du rouge et refroidissement ajouter :

Aldéhyde . . . . 225 parties ;

on peut accélérer la réaction en chauffant au bain-marie, et lorsqu'on est arrivé à un produit bleu, on verse le mélange dans 30 litres d'eau bouillante, et on ajoute peu à peu :

Hyposulfite de soude . . . . . . 450 parties.

On filtre pour séparer le soufre déposé, et la liqueur, comme précédemment, peut teindre directement.

On peut le concentrer, le préparer en pâte épaisse, et même le désécher, en le précipitant de sa solution à l'aide de divers agents, l'acétate de soude, l'oxyde de zinc, et surtout l'acide tannique. Le tannate de vert d'aldéhyde est le produit le plus couramment employé; en dehors de celui fabriqué directement par les teinturiers; pour le redissoudre, il faut le concours de l'alcool ou mieux d'un peu d'acide acétique.

La fabrication du vert d'aldéhyde ne s'est pas centralisée comme celle des autres couleurs d'aniline entre les mains du fabricant de produits chimiques, par la raison que ce produit tend constamment à s'altérer et perdre de sa fraicheur, même à l'état sec.

Sa nature chimique est encore mal déterminée; M. Hoffmann lui assigne la formule suivante:

$$C^{44} H^{27} Az^2 S^2 O^2$$

Ce produit remarquable contient donc d'après cette formule du soufre dans sa constitution.

Pour teindre, son emploi est des plus simples, car il tire seul et sans mordants, et donne des verts très-beaux de jour et à la lumière artificielle. Son emploi n'est pas encore complètement abandonné, il s'en fait pour les articles demandant une certaine solidité.

Pour terminer ce qui a rapport à ce vert, je rappellerai un perfectionnement dans l'application pour impression des étoffes, dû à un de nos compatriotes, M. Sevoz. Ce perfectionnement consiste dans l'addition de bisulfite de soude au mélange à imprimer, pour empêcher le vert de se détruire au vaporisage. (Procédé communiqué à la *Société des Sciences industrielles de Lyon, annales de 1862.)*

§ 119. — VIOLET DE MÉTHYLE ET D'ÉTHYLROSANILINE.

La molécule de la rosaniline, comme on l'a vu dans les violets de phénylrosaniline, en réagissant successivement avec une, deux ou trois molécules d'aniline, et s'incorporant le radical phényle de celle-ci, est susceptible de donner de nouvelles couleurs, allant du violet rouge au violet bleu, puis au bleu le plus pur.

En remplaçant le radical, phényle, par d'autres radicaux, l'éthyle, le méthyle, etc., on obtient des résultats analogues, et on passe successivement par des violets rouges allant aux violets les plus bleus, à mesure que l'éthylation ou la méthylation de la rosaniline s'avancent.

Ces violets ont aujourd'hui à peu près tué les violets pervenche et de Parme, et sont l'objet d'une fabrication considérable ; on les divise en deux catégories au point de vue de la fabrication :

Les violets dits *Violets Hofmann*,

Les violets dits *Violets de Paris*,

Au point de vue de la nuance, on le distingue en deux grandes classes, soit :

Les violets dits *Violets rouges*,

Les violets dits *Violets bleus*,

et de même que pour, les couleurs précédentes, on indique la nuance plus ou moins rouge par des R et la nuance plus ou moins bleue par des B. Ainsi il y a :

Violets rouges R, RR, RRR, RRRR.

Violets bleus B, BB, BBB, BBBB, BBBBB.

Le plus grand nombre de lettres indiquant toujours les violets les plus rouges ou les plus bleus.

Les violets rouges, de même que pour ceux de phénylrosaniline, sont les monoéthylés ou monométhylés, et les violets bleus sont diéthylés ou diméthylés, et même dans les violets très-bleus, ils sont mélangés de triéthylrosaniline ou de triméthylrosaniline.

Le grand éclat de ces violets, dans tous les tons, et la facilité d'emploi, sont les causes qui les ont fait adopter presque de partout.

Violet Hofmann

L'apparition du premier violet Hofmann date officiellement de 1863 (brevet anglais du 22 mai 1863 et brevet français du 11 juillet 1863). Le premier violet lancé dans le commerce était un violet rouge, magnifique, qui reçut, à cause de son analogie de couleur, le nom de *violet dahlia* de la part de MM. Renard frères et Frank. Son emploi fut assez restreint dès le début à cause de son prix très-élevé, 1400 fr. le kilogramme, mais peu à peu ce prix s'abaissa, et en même temps l'obtention dans ces violets, de nuances variées, allant au bleu, le firent entrer dans la grande teinture, pour en chasser l'harmaline et les violets de phénylrosaniline.

Le principe d'Hoffmann consiste, pour obtenir ces violets, à remplacer dans les violets de phénylrosaline le radical phényle par le radical éthyle ou méthyle, à l'aide des iodures de ces radicaux.

Le procédé décrit par le brevet consiste à prendre :

Rosaniline ou un de ses sels. . .	1 partie en poids;		
Iodure d'éthyle.	3	—	—
Esprit de bois ou alcool à 90° . .	3	—	—

et à les chauffer dans un autoclave très-résistant, à 100°, durant 3 à 4 heures. La transformation est alors opérée, et il suffit, pour teindre, de dissoudre, dans l'alcool ou dans l'esprit de bois, la masse qui reste dans la cornue.

Le produit obtenu, d'après le brevet, consiste principalement en un iodure d'éthyl ou de méthylrosaniline insoluble dans l'eau; pour le rendre soluble, il suffit de remplacer l'acide iodhydrique par un autre acide, ce qui s'obtient en faisant bouillir le violet brut avec de la soude caustique, qui s'empare de l'iode et permet en même temps de le récupérer, ce qui n'est pas à dédaigner, ce métalloïde étant souvent fort cher; la base, devenue libre, se rassemble dans les parties insolubles.

Pour la transformer en violets solubles, il suffit de la dissoudre dans de l'eau aiguisée d'acide chlorhydrique, sulfurique ou acétique, selon le sel que l'on veut former, à filtrer pour séparer les impuretés insolubles, et à ajouter du sel marin dans la liqueur filtrée pour précipiter le violet.

Depuis le brevet primitif, la préparation du violet Hoffmann a subi de grandes modifications, et se fait, selon MM. Girard et De Laire, en chauffant, dans des autoclaves en fer ou en fonte émaillés, pouvant résister à de très-fortes pressions, et chauffés à la vapeur, à l'aide de doubles fonds, les mélanges ci-dessous :

1° Pour faire le violet rouge R.

Rosaniline	10 kil.
Alcool ordinaire	100 litres
Iodure de méthyle ou d'étyle. . . .	8 kil.
Hydrate de potasse ou de soude. . .	10 »

Il faut chauffer deux heures entre 115 et 130°.

2° Pour le violet B.

Rosaniline.	10 kil.
Iodure de méthyle	5 »
Iodure d'éthyle.	5 »
Alcool ordinaire	100 litres
Potasse ou soude	10 kil.

3° Pour faire le violet B B.

Rosaniline	10 kil.
Iodure de méthyle	20 »
Alcool ordinaire	100 litres
Potasse ou soude	10 kil.

La potasse ou la soude sont en dissolutions très-concentrées et sont introduites peu à peu, ainsi que les solutions dans l'alcool des iodures des radicaux employés. Dans ces trois formules, la quantité de rosaniline étant toujours la même, les quantités d'iodures de radicaux vont en augmentant, à mesure que l'on désire un violet plus bleu. L'iodure de méthyle porte également plus au bleu que celui d'éthyle, aussi figure-t-il exclusivement dans la dernière formule; il donne également des produits plus solubles dans l'eau.

Le produit brut des cornues est, après réaction complète, séparé par la distillation de l'alcool et des iodures d'éthyle ou de méthyle excédants. Il reste dans les cornues une solution alcaline retenant l'iode sous forme d'iodure et d'iodate, sur laquelle surnagent les matières violettes à l'état basique.

Pour transformer en violets solubles, il suffit de les traiter, comme il a été dit déjà, par l'eau aiguisée d'acide chlorhydrique, sulfurique, etc. La dissolution, portée à l'ébullition, puis filtrée pour séparer des matières goudronneuses insolubles et précipitées, après refroidissement, par le sel marin, pour avoir le violet pur, sous forme d'un sel à acide variable (1).

(1) Une bonne précaution toutes les fois qu'on a un précipité de nature goudronneuse à séparer par filtration, surtout à chaud, consiste à délayer dans la liqueur contenant ce précipité, et avant de la jeter sur les filtres, une quantité plus ou moins forte d'un corps argileux, telle que la terre de pipe, pour agglomérer le goudron, l'empêcher de salir les filtres, d'entraver la filtration et de passer quelquefois lui-même au travers.

Violets de Paris

Ces violets, dont la première indication remonte à M. Ch. Lauth, en 1861, et qui ont été industrialisés par MM. Poirrier et Chappat (brevet du 16 juin 1866, n° 71-970), ont la même constitution que les précédents, et ne diffèrent que par un mode plus économique d'obtention et par la suppression de l'emploi de l'iode dans leur fabrication.

Dans la méthode donnée par Hoffmann, pour obtenir la méthylrosaniline ou l'éthylrosaniline, on part de la rosaniline, à laquelle, par les méthodes vues précédemment, on incorpore le radical éthyle ou méthyle ; dans celle donnée par MM. Poirrier et Chappat, on incorpore le radical à l'aniline même, et en traitant cette aniline, éthylée ou méthylée, par les agents producteurs de la rosaniline, soit l'acide arsénique, entre autres, au lieu d'obtenir de la rosaniline, on obtient des violets à tons variables, comme les précédents, selon le degré d'incorporation des radicaux et leur nature. L'agent conseillé par MM. Poirrier et Chappat, dans un brevet, pour agir sur l'aniline, éthylée ou méthylée, est le bichlorure d'étain anhydre; mais, jusqu'à présent, l'agent employé industriellement par cette maison, pour opérer la transformation de la méthylaniline ou de l'éthylaniline, plus ou moins mélangée de di et de triéthylaniline ou di et triméthylaniline en violets, est resté secret ainsi que les détails de cette opération.

La théorie indique donc, pour la préparation de ces violets, l'emploi d'une aniline d'autant plus éthylée ou méthylée que l'on désirera un violet plus bleu, et l'emploi exclusif de l'aniline méthylée, si l'on veut un violet très-bleu, et, d'après son brevet, on ajoute à une partie de cette aniline cinq à six parties de bichlorure d'étain anhydre, en plusieurs fois. Le tout étant bien mélangé dans un appareil distillatoire en fonte émaillée, on chauffe le tout au bain d'huile, à la température de 100°, quelques heures, jusqu'à ce que la masse devienne dure et cassante. Il faut d'ailleurs une longue pratique, comme dans toutes les couleurs d'aniline, pour arriver à discerner la fin d'une opération.

Pour purifier le violet brut ainsi obtenu, on le traite, comme le violet Hoffmann, par la soude caustique, pous isoler la base, qui se sépare entraînant des matières goudronneuses; on l'en sépare par une quantité calculée d'acide chlorhydrique, sulfurique ou acétique, et la liqueur violette, après filtration, est évaporée à siccité pour recueillir le violet sous forme de masses bronzées ou précipitées par le sel marin.

Divers autres agents, entre autres le chlorure d'iode et le chlorate de potasse ont été indiqués, mais le bichlorure d'étain est celui qui a donné jusqu'à présent les meilleurs résultats.

Composition des divers violets d'éthylrosaniline et de méthylrosaniline

Rien d'aussi complexe que la composition des divers violets d'éthylrosaniline ou de méthylrosaniline, que l'on peut considérer comme les sels plus ou moins mélangés de 6 bases artificielles, dérivées de la rosaniline, soit :

Rosaniline triméthylée	$= C^{46}H^{25}AzH^3, H^2O^2$,	violet bleu extrême	
Rosaniline triéthylée	$= C^{52}H^{31}AzH^3H^2O^2$.	violets intermédiaires	
Rosaniline diméthylée	$= C^{44}H^{23}AzH^3H^2O^2$,	id.	id.
Rosaniline diéthylée	$= C^{48}H^{27}AzH^3H^2O^2$,	id.	id.
Rosaniline monométhylée	$= C^{42}H^{21}AzH^3H^2O^2$,	id.	id.
Rosaniline monoéthylée	$= C^{44}H^{23}AzH^3H^2O^2$,	violet rouge extrême	

Tous ces sels se présentent dans le commerce en masses ou poudres jaunes dorées; il faut refuser celles qui se prennent facilement, par la moindre élévation de température, comme produits riches en matières goudronneuses.

La puissance tinctoriale de ces violets est énorme, une faible quantité suffit pour colorer des masses considérables d'eau. L'emploi de ces produits, pour la teinture des soies, est des plus faciles; ils tirent seuls et sans mordants, sur des bains neutres ou faiblement acidulés à l'acide acétique, une chaleur modérée suffit. Les nuances obtenues sont magnifiques, mais ne résistent malheureusement pas si bien que les violets pervenche et de Parme, aux influences atmosphériques, ni surtout à l'action des savonnages.

§ 120. — VIOLETS DIVERS.

Divers colorants violets dérivés de la rosaniline ont été présentés, mais sont restés plus du domaine de la théorie que de celui de la pratique, ce sont les violets de E. Kopp, de M. Wise, de M. Smith, de M. Nicholson.

Le *violet de E. Kopp* rappelle par son m ode de génération celui déjà vu à l'article du bleu de M. Lauth, page 351 ; il s'obtient en traitant une dissolution de tannate de rosaniline concentrée dans l'esprit de bois par 5 °/₀ de son volume d'alcool, saturé d'acide chlorhydrique gazeux. Peu à peu, la masse tourne au violet et même au bleu. En étendant d'eau, on précipite une poudre, à reflets cuivrés à l'état sec, et presque insoluble dans l'eau, soluble dans l'alcool et l'esprit de bois; sa composition et sa nature sont encore indéterminées.

Le *violet de M. Wise* s'obtient en chauffant parties égales de rosaniline et d'acide valérianique.

Le *violet de M. Smith* s'obtient en chauffant parties égales de rosaniline et d'acide salicylique.

Le *violet de M. Nicholson* s'obtient en chauffant plusieurs heures l'acétate de rosaniline à une température d'environ 210° ; il se produit un dégagement d'ammoniaque et il reste encore une masse violette qui, épuisée par l'acide acétique, donne une dissolution violette, utilisable en teinture. La composition est encore comme pour les violets précédents, indéterminée. Il existe encore une foule de réactions donnant des violets, mais toutes sans applications sérieuses.

§ 121. — VERT DE ROSANILINE, VERT A L'IODE, VERT MÉTHYLE.

Au moment où le vert d'aldéhyde règnait en souverain, MM. Wanklin et Paraf (Patente anglaise et brevet français du même jour, 14 août 1866), introduisaient un nouveau dérivé de la rosaniline qui devait le déplacer presque complètement.

Les auteurs ayant reconnu que dans la production du violet Hofmann l'*iodure d'isopropyle* pouvait remplacer celui d'éthyle, furent amenés en même temps à constater la production d'un peu de matière verte, et ils conclurent que le nouveau vert n'était que la suite du violet Hofmann.

La fabrication de ce produit est d'ailleurs plus délicate que celle des violets, cela explique que l'on ait pu passer longtemps à côté sans s'en douter, les réactions favorables à la production du violet étant contraires à celles de la production du vert. Entre autres, la réaction de l'iodure d'éthyle est moins favorable que celle de l'iodure de méthyle pour la production du vert, qui n'est autre chose que le *biméthyliodhydrate* de *rosaniline biméthylée*.

Depuis le premier travail de MM. Wanklin et Paraf, décrit dans leur brevet, le procédé s'est amélioré, et aujourd'hui une bonne méthode consiste à opérer comme suit :

10 kilogrammes d'acétate de rosaniline,
20 » d'iodure de méthyle,
20 » d'alcool méthylique pur,

sont dissous ensemble et chauffés dans un autoclave en fonte émaillée, de manière à ce que la pression produite par l'élévation de température ne dépasse jamais 8 atmosphères en commençant et 10 à 12 atmosphères à la fin. Il faut éviter avant tout de dépasser 110°, sinon le vert produit se détruit ; après 4 ou 5 heures l'opération est terminée et on laisse refroidir l'appareil.

La pression étant un peu tombée, on ouvre un robinet mettant en communication l'autoclave, avec un système de touries de condensations, pour recueillir les mélanges d'iodure de méthyle, d'acétate de méthyle et d'alcool méthylique.

Le produit restant dans l'autoclave consiste en moyenne partie en vert soluble dans l'eau et en violet insoluble. Pour les séparer, on traite le mélange ci-dessus par 600 litres d'eau bouillante, le vert se dissout et on le sépare du violet insoluble par filtration ; on a donc une liqueur A et un précipité B.

La liqueur A, contenant tout le vert, est traitée à l'ébullition par 30 à 40 kilogrammes de sel marin et environ 2 kilogrammes de cristaux de soude, afin d'achever la précipitation du violet en saturant la liqueur acide. Cette liqueur, complètement refroidie, bien clarifiée, décantée et filtrée, contient tout le vert. Pour l'en précipiter, on employait au début, l'acide tannique comme pour le vert d'aldéhyde, ou mieux l'acide picrique cristallisé, à la dose de 3 à 4 kilogrammes pour les proportions indiquées ci-dessus. Le produit recueilli était livré en pâte au commerce ; le *pricrate de vert*, étant peu soluble dans l'eau, nécessite l'emploi de l'alcool pour teindre ; il est abandonné actuellement.

On est arrivé à remplacer l'acide picrique par un sel de zinc ; on obtient ainsi des *combinaisons doubles de zinc et de vert*, qu'on peut amener par égouttage et dessication à l'état de poudre verte, très-soluble dans l'eau et très-riche en couleur. La nuance de ce vert double est toujours moins jaune que celle du picrate de vert, ce qui est d'ailleurs un petit inconvénient pour le teinturier.

Peu de dérivés de l'aniline ont une aussi grande puissance colorante que le vert; il suffit d'une trace pour colorer l'eau en vert intense.

Dans une opération bien menée, l'on obtient 60 % de vert et 40 % de violet, resté dans le précipité B.

Le précipité B, traité comme de la rosaniline, mais avec 50 % seulement d'iodure de méthyle et à une température ne passant pas 50°, donne rapidement du vert que l'on purifie comme précédemment.

Le commerce livre depuis quelques années du vert cristallisé magnifique qui ne diffère dans la préparation du vert en poudre que parce qu'on emploie moins d'eau bouillante pour traiter le produit brut : 120 à 150 litres au lieu de 600 litres, et après avoir séparé tout le violet par l'addition du sel marin et des cristaux de soude, on filtre et on abandonne au refroidissement. La liqueur abandonne de petits cristaux, qui sont lavés avec très-peu d'eau froide pour séparer le sel marin, puis égouttés et désséchés avec soin. De l'eau-mère on précipite le vert par un sel de zinc pour obtenir un vert en poudre; le vert cristallisé n'offre pas les avantages que l'on en attendait, il est d'un petit emploi.

Le vert à l'iode doit être considéré comme un *diméthyliodhydrate de rosaniline triméthylée*; d'après les travaux de MM W. Hofmann et Ch. Girard il répond à la formule :

$$C^{40} H^{16} (C^2 H^3)^3 Az^3, C^2 H^3 I H^2 O^2$$

et de toutes les couleurs artificielles, c'est peut-être avec le vert d'aldéhyde et les jaunes la seule qui se présente à l'état sec avec sa vraie nuance.

Le vert est soluble dans l'eau, plus à chaud qu'à froid; il se dépose en petits cristaux, d'une solution saturée à l'ébullition, par le refroidissement; soluble dans l'alcool, il est insoluble dans la benzine et l'éther. Il est précipité de sa dissolution par les iodures alcalins, l'acide picrique, les sels de zinc; le sel marin le précipite incomplètement.

Sa constitution très-complexe le rend très-altérable par les solutions alcalines, les acides concentrés et l'action des agents atmosphériques.

La combinaison tend à se détruire sous l'influence des alcalis et des acides, pour revenir à la rosaniline triméthylée ou violet bleu. Le vert à l'iode offre donc une matière colorante dont la couleur provient de la combinaison d'une base et d'un acide particulier, et non de la base même, comme avec la rosaniline dont tous les sels sont de la même couleur. Il faut donc respecter cette combinaison dans tous les travaux, sinon le vert disparaît; aussi pour teindre avec le diméthyliodhydrate de triméthylrosaniline, faut-il opérer sur des bains neutres ou faiblement acidulées à l'acide acétique, sinon si l'on opérait avec des bains aiguisés d'acide sulfurique, comme avec les autres couleurs d'aniline, la couleur verte serait rapidement détruite et la soie se teindrait en violet bleu.

§ 122. — BRUNS D'ANILINE, BISMARCK.

Les bruns d'aniline, nommés on ne sait trop pourquoi Bismark, sont des poudres brunes, marrons, se dissolvant facilement dans l'eau qu'elles colorent en nuance dite havane ou cuir botte. Ils teignent la soie facilement et sans mordants en nuances marrons que la présence de l'alun fait jaunir. Il y en a de divers modes de fabrication dans le commerce, mais l'on peut, en résumé, les considérer comme résultant de l'action du chlorhydrate d'aniline sec sur la rosaniline.

Une bonne méthode, brevetée par MM. Girard et De Laire (mars 1863, n° 57,557) consiste à faire fondre 4 parties de chlorure d'aniline anhydre, à y ajouter une de fuchsine ou de rouge d'aniline sec, et lorsque la fuchsine est complètement dissoute à porter rapidement la température à 240°, point d'ébullition du sel d'aniline. L'opération dure ordinairement de 1 à 2 heures, et est terminée lorsque le mélange, primitivement coloré en rouge violacé, passe brusquement en marron. Il se produit en même temps des vapeurs épaisses et une odeur alliacée tout à fait caractéristique.

La matière marron ainsi obtenue est soluble dans l'eau, l'alcool et les acides étendus; pour la purifier, il suffit de dissoudre la masse brute dans l'eau et de précipiter la couleur par une addition de sel marin.

M. Wise, en faisant réagir l'acide formique, et M. Smith l'acide salicyque sur la rosaniline, obtiennent également un brun identique au précédent.

On trouve encore dans le commerce d'autres bruns dont l'un est obtenu en réduisant la binitrobenzine par un mélange d'étain et d'acide chlorhydrique, puis traitant le mélange par un nitrite alcalin.

Malgré la facilité pour le teinturier de se procurer divers bruns donnant de beaux résultats, ils n'ont pas eu pour les producteurs les résultats qu'ils en espéraient. La raison en est que les teintes de ces produits ne font pas, pour ainsi dire, *loi*, comme les autres couleurs, rouges, violettes, bleues, vertes, etc. ; de plus, sur dix bruns mis en teinture, autant de tons ; or, le teinturier, en modifiant ses vieilles matières tinctoriales, leurs proportions et leur mode d'emploi, fera facilement tous les tons demandés.

Avant de terminer les bruns, disons qu'il existe encore dans le commerce des produits secondaires, rouges bruns, dits *grenats*, obtenus en faisant réagir, d'après M. Schultz, l'acide hypoazotique sur un sel de rosaniline; ces produits, comme les précédents, ont peu d'emploi pour les mêmes raisons, le teinturier ayant à sa disposition tous les moyens pour les obtenir économiquement avec les anciennes matières. En général, le producteur de couleurs d'aniline ou autres couleurs artificielles doit se préoccuper avant tout d'offrir au teinturier en soie des couleurs aussi éclatantes que possible et faisant, pour ainsi dire, forcément *loi*.

§ 123. — PHOSPHINE.

La *phosphine*, cette belle couleur dont les imprimeurs ont tiré un si grand parti, termine la série des riches dérivés de l'aniline. En teinture des soies ce produit a obtenu jusqu'à présent peu de succès, la raison en est toute dans son prix très-élevé, qui en restreint l'emploi malgré sa beauté.

La préparation de la phosphine commerciale est encore tenue secrète, et reste l'apanage de quelques maisons anglaises, néanmoins on sait qu'elle accompagne la fuchsine dans sa préparation, et qu'elle n'est autre chose que la *chrysotoluidine* saturée par l'acide chlorhydrique.

MM. Girard et de Laire considèrent la chrysotoluidine et la chrysaniline signalée pour la première fois par M. Hofmann dans les résidus de la fabrication du rouge d'aniline, comme identiques et leur assignent la même formule, soit :

$$C^{42}H^{31}Az^{3}$$

Deux modes de préparation sont conseillés, le premier consiste à l'extraire des résidus de la fabrication du rouge d'aniline, et le deuxième à la fabriquer directement en partant de la toluidine pure.

Pour la préparer avec les résidus, de la fabrication de la fuchsine, on dissout les résidus résineux dans l'aniline, et on sature avec de l'acide chlorhydrique, la *violaniline* se précipite sous cette influence ; on sépare le liquide du précipité par filtration. On étend la liqueur filtrée de beaucoup d'eau, qui fait naitre un nouveau précipité de matière colorante, la *mauvaniline*, la liqueur séparée de nouveau par filtration contient un mélange de chlorhydrate d'aniline et de chrysotoluidine. Pour isoler celle-ci, on additionne cette liqueur de soude caustique et on distille, l'aniline passe dans les produits de distillation, et finalement la chrysotoluidine reste dans le résidu avec le sel marin, dont il est facile de la séparer par des lavages avec un peu d'eau, vu sa presque insolubilité dans ce véhicule.

MM. Girard et de Laire, conseillent pour la préparation de cette base de chauffer l'arséniate de toluidine à 130 ou 150°; en mettant un excès de toluidine, la réaction est plus commode à mener, et la fin est indiquée par un dégagement d'ammoniaque. Le résidu a le même aspect que la fuchsine brute. Pour purifier le produit brut, on le traite par un excès de soude, et on le distille avec de l'eau. Sous cette influence, la toluidine échappée à la réaction distille, et il reste dans la cornue, un mélange de chrysotoluidine impure, et d'une solution d'arséniate et d'arsénite de soude, qu'il est facile de séparer par filtration et lavage avec un peu d'eau.

La chrysotoluidine forme une poudre jaune amorphe, peu soluble dans l'eau froide, un peu plus soluble dans l'eau bouillante. Très-peu soluble dans les alcalis étendus avec lesquels elle donne des solutions jaune paille, fonçant par l'addition des acides. Elle est soluble dans l'alcool, l'esprit de bois, la benzine et l'éther; ce dernier solvant permet de la distinguer de la rosaniline.

Elle a des propriétés basiques bien déterminées. Elle se dissout facilement dans les acides minéraux, avec lesquels elle donne des dissolutions orangées, bien plus foncées que celle de la base libre. Les solutions acides soumises à l'influence des corps réducteurs se décolorent facilement, mais la couleur reparaît très-facilement à l'air.

La phosphine commerciale dont le nom rappelle le mot *phosphore*, à cause de l'analogie de la couleur de cette substance avec le phosphore ayant subi le contact de l'air, n'est autre chose que le chlorhydrate de chrysotoluidine, elle forme une poudre orangée, soluble dans l'eau, l'alcool, les acides, ne se dissolvant pas dans les liqueurs alcalines, ou très-peu.

Néanmoins on peut teindre la soie en un bel orangé, en la manœuvrant dans un bain de savon, chauffé à 60°, et additionné d'une solution de phosphine. Cette propriété de teindre sur des bains alcalins, permet à cette matière de se mêler dans les bains de safranine qui est la couleur avec laquelle elle se marie le mieux.

§ 124. — GRIS D'ANILINE.

Le commerce livre un produit assez remarquable dans son emploi pour laine, mais qui, jusqu'à présent, n'a pas eu grand succès sur soie. Ce produit connu sous le nom de *gris d'aniline* ou encore *d'indigo artificiel*, se présente sous forme d'une poudre amorphe grisâtre, sa préparation est encore peu connue, mais il est probable que ce produit est un sous-produit de la fabrication des bleus alcalins.

Ce produit est soluble dans l'eau, en gris bleuâtre, et sa propriété la plus remarquable consiste en ce qu'il se trouble et précipite par les acides, en donnant un précipité noir bleu, et laissant une eau à peine colorée en gris rougeâtre ; dans l'état soluble, tel que le livre le commerce, ce produit est donc formé par un sel à acide dérivé de la rosaniline ?

L'acide à l'état libre forme une poudre bleue foncée, et susceptible par une ébullition prolongée de teindre les laines en bleu imitant le *bleu de cuve*, de là, le nom d'indigo artificiel. Les nuances obtenus sur laines, en teignant avec des bains acides et presque bouillants et à la longue, sont très-foncées et relativement assez solides ; elles ont dans plus d'un cas, remplacé l'indigo de cuve; mais sur soie dans les mêmes conditions, c'est-à-dire en teignant avec des bains acidulés, ou en teignant sur des bains alcalins, on ne dépasse pas des nuances violettées rougeâtres très-faibles; il y a là probablement un champ d'étude, car il est évident que si l'on arrivait à virer ce produit sur soie comme sur laine, il jouerait un grand rôle dans la teinture des fausses couleurs, où le bleu est nécessaire.

§ 125. — EMERALDINE, AZURINE.

Ces deux couleurs, l'une verte et l'autre bleue, comme leur nom l'indique, sont produites directement sur la fibre même, et n'ont jamais reçu d'applications sérieuses. Elles n'ont d'autre intérêt que d'avoir précédé le noir d'aniline, dont elles ont été le premier jalon. D'après le brevet de 1860, de MM. Calvert, Lowe et Clift, on obtient l'*éméraldine* en passant le tissu ou la fibre textile dans un bain contenant vingt-cinq grammes de chlorate de potasse par litre d'eau, puis on fait sécher, et on trempe de nouveau dans un second bain contenant du tartrate acide d'aniline. Si on expose alors à l'air, après égouttement, le tissu ou la fibre, il se produit une couleur verte que les alcalis font virer au bleu, et sous cette forme on l'appelle *azurine*.

§ 126. — NOIR D'ANILINE.

Le *noir d'aniline*, comme les couleurs précédentes, dont il est la suite, est un produit qui se forme sur la fibre elle-même. On ne teint donc pas dans un bain de noir d'aniline, mais on le fait développer comme l'éméraldine ou l'azurine, par suite de l'action d'un mélange oxydant énergique sur un mélange de sels d'aniline et de toluidine.

Le noir d'aniline qui a une grande importance pour les indienneurs, n'en a pas eu jusqu'à présent pour la soie, pour plusieurs raisons. La première consiste dans les difficultés qu'il offre pour se former sur les fibres animales, il est même impossible de le développer sur la laine, ce produit se développe essentiellement sur les fibres végétales; néanmoins, à force de travaux, on est arrivé à le développer sur la soie, presque aussi bien que sur le coton. Mais il se présente d'autres causes dont les chercheurs n'ont pas assez tenu compte, c'est d'une part le peu d'importance que peut avoir, comme application sur soie, un noir proprement dit; d'autre part les qualités du noir d'aniline lui-même.

La teinture des soies en noir, comme on le verra dans les chapitres XI, XII, XIII et XIV, est tout un art spécial, et la coloration est subordonnée à une foule d'opérations qui ont en vue et pour but la *charge* des soies. Or, deux cas se présentent : si on développe le noir d'aniline avant les opérations de la charge, il disparaît ensuite dans les opérations réitérées, et si on le développe après, comme on le produit par des mélanges oxydants d'une part, et que, d'autre part, la soie est saturée de matières astringentes réductrices, l'oxydation n'a plus lieu pour l'aniline; en place, les astringents sont détruits et tournent au marron.

Ce noir n'offrirait donc quelques avantages que pour faire des noirs légers, qui se font en minime quantité, ou des noirs sur soie à charge purement métallique, comme au bioxyde d'étain. En outre, il offre un grave inconvénient, c'est de changer de nuance, malgré sa réputation de solidité. En réalité, ce noir comme l'éméraldine et l'azurine est noir bleu sous les influences alcalines, et noir vert sous les influences acides, qui sont celles sous lesquelles on finit la plupart du temps les soies pour leur donner un bon toucher.

Le noir d'aniline a été rendu industriel par M. John Lightfoot, d'Acrington, il fut brévеté en janvier 1863, et depuis lors, reçut beaucoup de perfectionnements, surtout de la part des indienneurs.

En résumé, pour produire du noir d'aniline, à la formule de l'éméraldine, il suffit d'ajouter certains sels métalliques, le premier employé fut le sulfate de cuivre ; depuis, divers composés tungstiques, uraniques et vanadiques ont été proposés et employés avec succès. Il existe une foule de formules variant peu entre elles, elles exigent toujours un certain degré d'acidité, sinon le noir ne se développe pas, ce qui est encore un grave inconvénient. Je donne ici une formule au chlorure de cuivre pour teinture par immersion, soit un mélange de :

Chlorate de potasse.	25	parties en poids
Aniline	50	—
Acide chlorhydrique	50	—
Chlorure de cuivre	50	—
Sel ammoniac	25	—
Acide acétique	12	—

Il faut préparer ce mélange peu à l'avance et le tenir au frais, car il s'altère facilement surtout à chaud. Les soies sont immergées et bien imprégnées de ce bain, mateaux par mateaux, puis elles sont tordues fortement, dressées à la cheville, et abandonnées à l'action de l'air, dans une chambre chaude et humide, un temps variable de 30 à 40 heures. Au bout de ce temps elles ont pris une teinte verte foncée ; elle sont alors rincées à grande eau et soumises à l'action d'un savon bouillant qui développe le noir bleu ; elles sont plus ou moins bien unies, ce qui est un grave inconvénient. Pour fixer le noir et l'empêcher de revenir au vert par les acides, on peut le dégorger avant le rinçage à grande eau sur un bain de bichrômate de potasse, mais on expose la nuance à rougir.

Il est regrettable que le noir d'aniline produit en dehors de la fibre soit insoluble dans tous les véhicules, et ne puisse arriver à teindre comme les autres couleurs d'aniline. C'est, d'ailleurs, un produit encore peu connu et de composition variable, selon les divers modes de production; l'action des sels métalliques agit en facilitant l'oxidation, qui, sans eux, ne produirait que du bleu d'azurine; les oxydes métalliques, quoiqu'on en retrouve dans les cendres de ce produit, ne paraissent pas faire partie intégrante de sa constitution, car il suffit de minimes quantités, surtout pour l'*oxyde vanadique*, pour le développer.

A l'état pur, il est complètement insoluble dans l'eau, l'alcool, l'éther, la benzine, le savon bouillant, les alcalis, les acides. D'un noir bleu très-riche sur les alcalis, il passe au vert par les acides. Le bichrômate le fixe un peu, mais le fait rougir. Le chlore, les hypochlorites alcalins, le sel d'étain et les oxydants ou réducteurs énergiques le décolorent et le détruisent peu à peu.

Quelques produits noirs solubles à l'alcool, connus sous le nom de *nigroïne* ou *nigrosine*, ont bien été proposés quelquefois au teinturier; mais ce sont de mauvais produits dont il faut se méfier; généralement ce sont des résines, résidus des fabrications de couleurs artificielles et bonnes seulement pour colorer les vernis.

§ 127. — COULEURS DÉRIVÉES DE LA NAPHTALINE

JAUNE DE MARTIUS, JAUNE DE MANCHESTER.

Parmi les jaunes artificiels, aucun n'a pu prendre un rôle aussi important que celui de l'acide picrique pour les jaunes clairs, à cause de sa pureté de *ton*, représentant exactement le jaune spectral. Le jaune, objet de ce paragraphe, dit aussi *jaune d'or*, *jaune de Martius*, *jaune de Manchester*, quoique très-riche en couleur, n'a reçu que de très-faibles applications.

Divers modes peuvent être employés pour l'obtenir, et l'on peut procéder à volonté de la naphtaline ou de la naphtylamine.

M. Balle l'obtient en traitant :

1 partie de naphtylamine par
4,6 parties d'acide nitrique.

Il se produit dans ce cas du nitrate d'ammoniaque et du jaune de Martius.

Selon M. Martius, il faut, pour l'obtenir, verser une solution diluée de nitrite de potasse dans une solution diluée de chlorhydrate de naphtylamine, puis on ajoute une solution d'acide nitrique et l'on chauffe jusqu'à l'ébullition qui détermine la formation du jaune en abondance. Par le refroidissement, il cristallise en aiguilles jaunes claires que l'on purifie par des cristallisations dans l'alcool.

Le jaune de Martius cristallise facilement de sa solution alcoolique en longues aiguilles d'un jaune-citrin, presque insolubles dans l'eau bouillante, l'éther et la benzine. Soumis à l'action de la chaleur, il distille et puis se décompose avec explosion.

Il répond à la formule suivante :

$$C^{20}H^{5}(NO^{4})O^{2}H$$

C'est un acide énergique saturant bien les bases, et selon Kopp, le produit vendu dans le commerce n'est autre chose qu'un sel de chaux répondant à la formule :

$$C^{20}H^{5}(NO^{4})\,2CaO,\ 3\,H^{2}O^{2}$$

Son emploi en teinture est des plus faciles, il fournit énormément et donne, sans le concours des mordants, des tons allant jusqu'au jaune doré le plus beau. Il se marie surtout très-bien avec le vert d'aniline, dont il modifie la teinte à très-petites doses, ce serait peut-être son emploi le plus rationnel ; mais employé seul ou avec d'autres couleurs, il offre un très-grand inconvénient, c'est celui d'être volatil, même une fois fixé sur la fibre textile et à des températures relativement basses. Les chaleurs de l'été suffisent pour que la couleur des soies teintes en jaune d'or se volatilise en parties et aille tacher les pièces ou objets voisins. Cet inconvénient est capital et est cause de son peu d'emploi.

§ 128. — ROSE DE NAPHTYLAMINE, ROSE DE MAGDALA ROSANAPHTYLAMINE.

Ce produit magnifique, dû à M. Durand de Bâle, s'obtient déjà en petites quantités lorsqu'on fait réagir sur la naphtylamine; l'azotate de mercure ; mais, d'après MM. Girard et de Laire, le procédé le plus rationnel consiste à chauffer au bain de sable dans un ballon :

3 kil. d'azonaphtyldiamine pulvérisée,
3 kil. de naphtylamine pulvérisée,
3 kil. 500 d'acide acétique cristallisable.

On chauffe pour dissoudre le tout, mais en ayant soin de rester entre 160 et 180° centigrades. La matière rouge se développe avec dégagement d'ammoniaque. Dès qu'on voit apparaître des bords violetés, on arrête l'opération et on ajoute 0 kil. 150 d'acide acétique cristallisable ; la matière brute est ensuite coulée dans 250 litres d'eau bouillante acidulée à l'acide chlorhydrique. La liqueur se colore en rouge ; on la sépare des parties insolubles, par filtration, sur des filtres en laine, et puis on la sature exactement avec du carbonate de soude, en même temps qu'on ajoute du sel marin. Il se dépose, à la suite de ce traitement, des cristaux impurs de chlorhydrate de rosanaphtylamine, que l'on purifie par des dissolutions et précipitations successives, dans les mêmes conditions

La *rosanaphtylamine*, comme la rosaniline, joue le rôle de base et correspond à la formule suivante :

$$C^{60} H^{21} Az$$

Le chlorhydrate, qui est le sel employé couramment par le commerce, est sous forme d'une poudre noire. Insoluble dans l'eau froide, soluble dans l'eau bouillante. Soluble dans l'alcool, plus à chaud qu'à froid, il cristallise facilement de sa solution alcoolique en cristaux verts. Il est insoluble dans l'éther.

La solution alcoolique offre une couleur et des reflets particuliers, vue par transmission; elle paraît limpide et rose. Vue par réflexion, elle paraît rouge-brun et trouble. Le rose de naphtylamine forme donc une couleur dite fluorescente.

Le chlorhydrate de rosanaphtylamine forme un sel très-stable, qui résiste à l'action de la potasse, de la soude et de l'ammoniaque caustique, et pour en isoler la base, il faut opérer comme pour la safranine, c'est-à-dire le traiter par l'oxyde d'argent. Sous cette influence, il se forme du chlorure d'argent, et, par l'ébullition dans l'eau, la base se dissout, et peut être séparé par le filtre du sel d'argent insoluble.

Ce magnifique produit, malgré son prix très-élevé, actuellement encore égale à 7 ou 800 francs le kilog., est très-employé en teinture, pour obtenir des tons clairs de toute beauté, ayant des reflets changeants d'un grand effet. Dans les teintes foncées, il a peu d'emploi, il perd de son éclat et donne des tons peu solides.

Pour l'employer en teinture, il faut le dissoudre à l'aide de l'alcool, puis verser sa solution alcoolique dans des bains de savon coupé, c'est-à-dire des bains de savon additionnés d'acide sulfurique pour saturer la soude du savon, et laisser le corps gras sous forme d'émulsion. Il faut tenir les bains très-chauds et même les porter jusqu'à l'ébullition, pour donner de la fraîcheur et développer la couleur.

§ 129. — EOSINE (1).

Cette belle matière colorante, d'introduction relativement récente, si remarquable par ses tons aurores ou roses, selon qu'on a regarde par transmission ou par réflexion, soit en dissolution, soit fixée sur la soie, est non moins intéressante, si on la considère au point de vue de sa formation théorique.

Deux corps très-intéressants sont utiles pour la reproduire, l'un est l'acide phtalique, dérivé par oxydation de la naphtaline, et l'autre et la résorcine, que l'on peut dériver à volonté de la *brésiline,* de diverses résines, de la benzine, etc.

Par l'acide phtalique, l'éosine tient des couleurs dérivées de la naphtaline, et offre d'ailleurs, comme beaucoup de ces couleurs, ce remarquable caractère de fluorescence; par la résorcine, l'éosine tient de la brésiline, de même que la rosaniline tient à l'indigotine par l'aniline.

Pour obtenir l'éosine, il faut deux réactions successives; dans la première, on fait réagir l'acide phtalique sur la résorcine, d'après l'équation suivante :

$$\underset{\text{Acide phtalique}}{C^{16}H^{6}O^{8}} + \underset{\text{résorcine}}{2\,C^{12}H^{6}O^{4}} = \underset{\text{fluorescéine}}{C^{40}H^{12}O^{10}} + 2\,H^{2}O^{2}$$

La fluorescence est traitée, à son tour, par le brome qui se substitue à l'hydrogène, et paraît faire partie intégrante de cette couleur comme l'iode, du vert de Paris. La réaction est la suivante :

$$\underset{\text{Fluorescéine}}{C^{40}H^{12}O^{10}} + \underset{\text{brome}}{8\,Br} = \underset{\text{fluorescéine bromée}}{C^{40}H^{8}Br^{4}O^{10}} + \underset{\text{acide bromhydrique}}{(Br\,H)^{4}}$$

(1) Du Grec *eós* aurore.

La fluoresccéine tétrabromée n'est autre chose que l'éosine commerciale, connue sous le nom d'*éosine soluble à l'alcool*. Elle forme une poudre rouge-brun insoluble dans l'eaù, soluble dans l'alcool, en un beau rouge à reflets fluorescents, insoluble dans l'éther, la benzine, soluble dans les solutions alcalines. Elle joue le rôle d'acide, et le sel de potasse est livré au commerce sous le nom d'*éosine soluble à l'eau*. Le sel de potasse a pour formule :

$$C^{40}H^{6}K^{2}Br^{4}O^{10}$$

il est très-soluble dans l'eau, à froid et à chaud; la solution bouillante laisse dégager un peu de brome reconnaissable à son odeur. Le pouvoir colorant est considérable, une très-faible quantité communique à l'eau des reflets chatoyants. Il suffit de 0,000.001 pour produire ce résultat.

La dissolution aqueuse d'éosine donne des laques avec divers sels métalliques. Avec les sels d'*alumine d'étain et de plomb*, on obtient des laques rouges à reflets jaunes. Avec les sels de zinc, des laques jaunes; avec ceux de cuivre, des laques rouge-brun, et avec ceux de mercure et d'argent, des laques violettes.

L'emploi en teinture de l'éosine est des plus faciles; il suffit de teindre sur l'eau pure, avec l'éosine soluble, ou l'éosine dissoute dans l'alcool et additionnée d'un peu d'ammoniaque. La fuchsine se marie très-bien avec la couleur de l'éosine, et, avec ou sans son aide, le teinturier peut obtenir des ponceaux, rivalisant plutôt avec ceux de la cochenille qu'avec les ponceaux au safranum. On obtient des tons d'un rose magnifique, vus en plein, et tournant au ponceau, vus par reflèt. Le chatoiement de cette couleur, dont on s'était engoué au début, pourrait bien devenir une cause de son abandon.

§ 130. — COULEURS DÉRIVÉES DE L'ANTRHACÈNE

ALIZARINE ARTIFICIELLE.

Les dérivés, relativement récents, de l'anthracène, n'ont pas eu jusqu'à présent beaucoup d'intérêt pour la soie, et je ne les cite que pour mémoire, le cadre de cet ouvrage ne comportant pas la description de procédés compliqués et longs pour les obtenir.

Quant à l'*alizarine artificielle*, produit principal, elle se présente toujours dans le commerce sous forme de bouillie claire, d'une richesse calculée, et ne diffère de l'alizarine naturelle, ou mieux des bons extraits de garance, qu'en ce qu'elle ne contient pas de purpurine et de xanthine, et donne avec les mordants des tons plus violettés que ceux-ci et moins estimés.

TROISIÈME PARTIE

SOMMAIRE. — Constitution de la lumière blanche solaire, combinaison des couleurs entre elles, formation du blanc et du noir, théories actuelles. — Expressions employées pour désigner les diverses nuances. — Théorie spectrale d'après M. le Dr Lembert. — Additions du Chapitre VII, Brésiline, Sorgho, Sophora Japonica, bleu de chinoline. — Colorimètre et analyse générale des matières colorantes.

§ 131. — CONSTITUTION DE LA LUMIÈRE BLANCHE SOLAIRE COMBINAISON DES COULEURS ENTRE ELLES FORMATION DU BLANC ET DU NOIR, THÉORIE ACTUELLE.

Un rayon de lumière solaire n'est pas simple, mais bien composé d'une foule de rayons diversement colorés. Dans l'impossibilité de les distinguer tous en particulier, d'une part, et d'autre part parce qu'ils ne diffèrent pas tous les uns des autres, on les a classés en sept groupes qui sont :

Les rayons violets ;
» » indigos ;
» » bleus ;
» » verts ;
» » jaunes,
» » orangés ;
» » rouges.

Tous les rayons compris dans un même groupe ne sont pas identiques, mais ils produisent sur notre rétine la même impression générale de couleur, quoique différents plus ou moins.

L'ensemble de ces groupes diversement colorés constituant la lumière blanche, n'est pas arbitraire, ainsi que l'ordre dans lequel ils se suivent, mais bien le résultat des observations de Newton, qui le premier décomposa la lumière blanche, à l'aide d'un prisme triangulaire de verre ou de cristal, et obtint cet ensemble de groupes de couleurs auquel il a donné le nom de *spectre solaire*.

La lumière solaire se propageant dans un milieu homogène tel que l'air, n'éprouve pas de décomposition, et si, dans une chambre noire, ayant un volet percé d'un trou, on regarde un rayon de lumière, tombant sur un écran blanc disposé pour cela, on verra purement et simplement l'image du trou du volet allant se prendre sur l'écran; mais si, sur le passage de ce rayon, on interpose un prisme triangulaire de verre ou de cristal, en donnant à l'axe du prisme une direction horizontale, on verra un phénomène des plus remarquables.

Par son passage successif de l'air, dans le prisme, puis de celui-ci dans l'air, la lumière éprouve des déviations, et finalement, comme les divers rayons qui la composent, se dévient inégalement, ou en termes scientifiques, se refractent plus ou moins à la sortie du prisme, les rayons sont séparés les uns des autres, et vont former sur l'écran une bande verticale colorée, dont la grandeur varie avec la distance du prisme à l'écran; la largeur reste en raison de celle du trou du volet. Ses extrémitées sont terminées par deux demi-cercles.

Cette bande verticale est formée des sept groupes de rayons colorés énoncés et dans l'ordre vu précédemment. Un phénomène bien connu de tous, offrant en grand l'image du spectre solaire et dans le même ordre, c'est celui de l'arc-en-ciel, aussi dit-on, pour parler de couleurs très-pures, qu'elles se rapprochent de celles du *prisme* ou du *spectre solaire* ou de celle de *l'arc-en-ciel*. Seulement il faut remarquer que le violet correspond toujours à la *base* du prisme et le rouge à *l'arête* du prisme. Il est d'habitude d'énoncer ces sept groupes de rayons colorés, c'est-à-dire les sept couleurs du spectre dans l'ordre de leur plus grande déviation de la ligne droite, c'est-à-dire dans l'ordre de leur plus grande réfrangibilité, par conséquent en commençant toujours par le violet, de la manière suivante : violet, indigo, bleu, vert, jaune, orangé, rouge. On a remarqué que cet énoncé donne un vers alexandrin, ce qui le rend plus facile à retenir.

Le rouge est donc la couleur la moins réfractée ou la moins *réfrangible,* le violet étant celle qui l'est le plus, c'est-à-dire que le rouge est celle qui subit le minimum de déviation par son passage successif dans l'air et dans le prisme, et que le violet est celle qui subit la plus forte déviation. Les couleurs intermédiaires ont des réfringences intermédiaires dans le spectre, selon la position qu'elles occupent.

Si, par des combinaisons optiques, on réunit de nouveau les sept rayons colorés qui avaient été séparés par le prisme, on reconstitue la lumière blanche, d'où il devient évident : *que la lumière blanche n'est pas simple, mais qu'elle résulte de la réunion des sept groupes de rayons colorés du spectre.*

Newton a donné une autre démonstration de cette reconstitution que l'on fait dans tous les cours de physique ; cette démonstration se fait à l'aide d'un cercle en carton d'un diamètre d'environ 0^{m},40. Ce cercle, qu'on appelle *roue* ou *disque de Newton* est percé en son centre d'un petit trou pour permettre le passage d'une axe destiné à lui donner un mouvement rapide de rotation ; il offre deux zônes peintes en noir, l'une près du centre et l'autre près de la circonférence, de manière à laisser une couronne blanche intermédiaire. Si sur cette couronne blanche on colle de petites bandes de papier de couleurs imitant celles du spectre et dans le même ordre, de manière à ce que toutes les périodes de couleurs soient complètes et que les bandes colorées aient des largeurs proportionnelles à celles qu'elles occupent dans la longueur du spectre, on aura constitué un appareil très-convenable pour démontrer mécaniquement la constitution de la lumière blanche.

En effet, lorsqu'un tel disque est mis en mouvement rapide autour de son axe, toutes les bandes de nuances disparaissent pour faire place à un blanc qui serait complet si les nuances et les proportions étaient rigoureusement celles du spectre, mais qui, à cause de l'imperfection des moyens employés, paraît toujours teinté de gris. La raison de ce phénomène est dans la durée de l'impression que la rétine garde des objets, il arrive un moment où par suite de cette durée et de la rapidité de rotation du disque, toutes les couleurs donnent lieu à des cercles superposés qui se confondent pour reproduire le blanc.

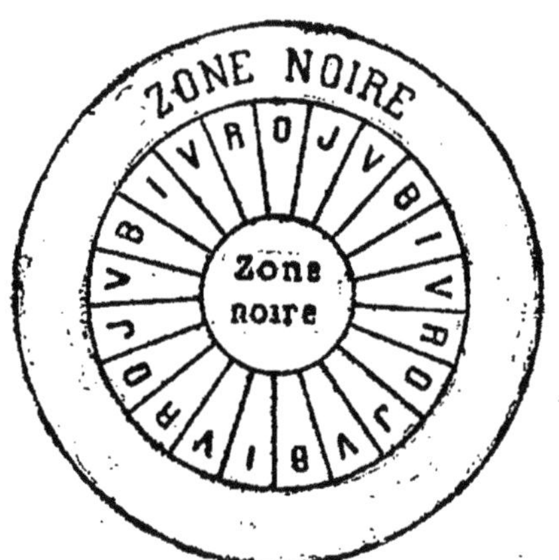

Après avoir établi par analyse et par synthèse la constitution de la lumière blanche, Newton a établi toute une théorie sur la nature des couleurs du spectre et sur les combinaisons résultant de leur mélange. Sa théorie, quoique adoptée jusqu'à nos jours, est cependant susceptible de quelques critiques au point de vue scientifique, de plus elle ne peut répondre à tous les besoins du coloriste, et c'est pour répondre aux lacunes de la théorie de Newton que M. Lembert, à la suite de recherches, a crée une nouvelle théorie de couleurs que j'exposerai plus loin.

D'après la théorie de Newton, toutes les couleurs du spectre solaire sont simples, c'est-à-dire formées de rayons homogènes, non susceptibles de nouvelles décompositions, par des passages à travers de nouveaux prismes. Néanmoins, quoique toutes les couleurs du spectre soient considérées comme simples, quelques-unes peuvent être produites par des combinaisons ; ainsi si nous considérons de nouveau le spectre solaire

violet,
indigo,
bleu,
vert,
jaune,
orangé,
rouge,

on admet généralement :

1° Que deux couleurs qui se suivent dans le spectre donnent une nuance intermédiaire, rappelant celle qui domine, ainsi le rouge ajouté à l'orangé donnera un rouge orangé. Cette règle n'est pas applicable au violet et au rouge qui ne se suivent pas dans le spectre.

2° Que deux couleurs distantes d'un rang donneront la couleur intermédiaire. Exemple, rouge et jaune donneront de l'orangé ; orangé et vert donneront du jaune ; jaune et bleu donneront du vert ; vert et indigo donneront du bleu ; bleu et violet donneront de l'indigo. Quant aux couleurs extrêmes du spectre, Newton recommande de ne pas y appliquer la même loi, ainsi pour l'indigo et le rouge, le violet et l'orangé qui ne se suivent pas dans le spectre.

3° Que deux couleurs distantes de deux rangs dans le spectre donnent une des nuances intermédiaires, mais dégradées de beaucoup de blanc.

Enfin, pour terminer la théorie spectrale, si l'on dispose les

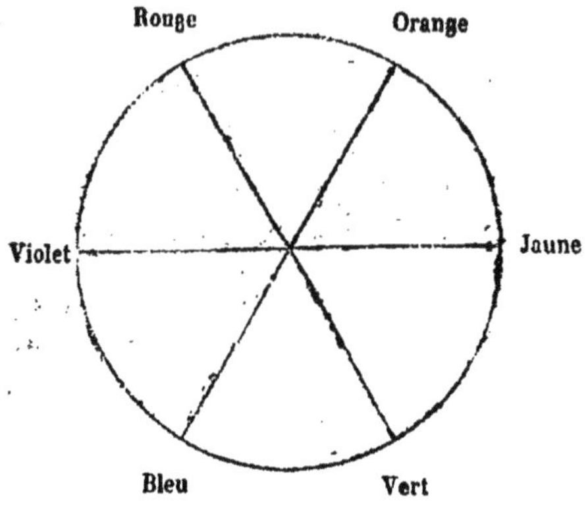

couleurs spectrales, en supprimant l'indigo (comme on le fait généralement), autour d'un cercle, comme suit dans la figure ci-contre, on remarquera que toutes les couleurs situées aux extrémités d'un même diamètre donnent du blanc et sont *complémentaires* l'une de l'autre.

On peut démontrer la loi des complémentaires, soit en construisant des disques de Newton, en mettant seulement des bandes alternées de jaune et de violet, de vert et de rouge, de bleu et d'orangé, au lieu de disposer les sept couleurs alternées, et en faisant tourner vivement le disque, si les couleurs et les proportions des deux bandes, relativement à leur importance respective dans le spectre, ont été respectées, l'œil percevra l'image d'une couronne blanche.

M. Chevreul, dans son *Traité des contrastes des couleurs, 1839*, a admis comme complémentaires les dispositions suivantes, l'indigo compris :

Le *rouge* est complémentaire du *vert* et *vice-versa*.

L'*orangé* est complémentaire du *bleu* et *vice-versa*.

Le *jaune* est complémentaire du *violet* et *vice-versa*.

L'*indigo* est complémentaire du *jaune orangé* et *vice-versa*.

Le mélange de trois couleurs alternés donnera toujours du blanc; en effet, si nous prenons sur le cercle du violet, de l'orangé et du vert, en mélangeant au préalable l'orangé et le vert, on aura la couleur intermédiaire, soit le jaune, complément du violet.

Dans la pratique, pour le coloriste, teinturier ou peintre les faits ne se passent pas de même que dans la théorie des couleurs spectrales. En effet, celles-ci ont une couleur qui leur est propre, et sont considérées comme simples, tandis que les couleurs des objets que nous voyons sont dues à l'absorption des rayons de la lumière blanche, moins ceux qui concourent à la nuance que nous percevons ; de plus, les couleurs naturelles sont généralement composées.

Comme conséquence de ce que les corps nous paraissent colorés : dans l'art du teinturier et du coloriste, en raison de l'absorption de tous les rayons solaires, différents de ceux de la couleur qui est propre à ces corps, il s'ensuivra que par le mélange de toutes les couleurs, on tendra à absorber tous les rayons de la lumière blanche et à produire du *noir* qui est le résultat de l'*absorption de toutes les couleurs.*

Le noir, éclairci par du blanc, donnera le *gris,* dont on peut avoir des gammes, par des lavis de plus en plus foncés à l'encre de Chine sur une feuille de papier blanc.

Si l'on considère le même cercle que celui vu précédemment, on est amené par la pratique à diviser les couleurs en deux classes, soit :

1° Les couleurs simples, qui sont le *rouge,* le *jaune* et le *bleu ;*

2° Les couleurs composées, qui sont l'*orangé,* le *violet* et le *vert.*

Toutes les couleurs simples sont séparées entre elles par une couleur composée intermédiaire et vice-versa.

Deux couleurs simples, combinées entre elles, reproduisent toujours la couleur composée intermédiaire, ainsi dans la pratique tinctoriale le rouge et le jaune donnent l'orangé intermédiaire, le jaune et le bleu donnent le vert, et le bleu et le rouge donnent, je le dis à dessein, une *couleur rappelant le violet.*

Deux couleurs composées ne donnent pas la couleur simple intermédiaire, mais des nuances indécises, intermédiaires, dites *couleurs rabattues,* c'est-à-dire mélangées de noir, en raison de l'absorption des couleurs, vue précédemment. Ainsi, dans la pratique, les mélanges de deux couleurs composées, ou ce qui revient au même, des trois couleurs simples, ne donnent pas la couleur intermédiaire, mais ces mélanges, où le coloriste-teinturier déploie le plus de talent, conduisent à des nuances spéciales, où domine cependant la couleur simple commune aux deux couleurs composées.

Exemple : Le vert et l'orangé donneront un jaune rabattu (le jaune existe dans les deux couleurs).

Le violet et l'orangé donneront des rouges rabattus ou marrons (le rouge existe dans les deux couleurs).

Le violet et le vert donneront des bleus rabattus (le bleu existe dans les deux couleurs.

Il est facile à voir que dans les trois cas, on aura toujours mis en présence les trois couleurs simples, seulement une des trois dominant par sa présence dans les deux couleurs composées employées, si celles-ci sont combinées à doses égales, le mélange rappellera toujours la couleur qui domine.

Quoique deux couleurs simples donnent toujours par leur combinaison la couleur composée qui les sépare, si l'artiste peut produire la même couleur directement, il devra toujours le faire de préférence, car il est rare que les couleurs simples employées soient dans le degré de pureté voulue, et la couleur résultante en souffre toujours et est plus ou moins rabattue.

C'est en cela que les chimistes sont venus rendre de grands services au teinturier, en lui permettant de faire toutes les couleurs simples ou non par des produits chimiques déterminés. Avec l'aide surtout des couleurs d'aniline, il peut produire à volonté, par exemple, tous les verts et violets possibles, sans avoir recours à des mélanges de bleus et de jaunes, de bleus et de rouges comme autrefois.

Pour résumer ce qui a rapport aux couleurs dans leurs applications pour le teinturier ou le peintre, ce qui n'est pas la même chose que dans le cas des couleurs spectrales, on admet (voir Chevreul, *Contraste des couleurs*, 1835, page 87) :

1° Qu'il y a trois couleurs *primitives simples*, le *rouge*, le *jaune* et le *bleu* ;

2° Que parties égales de deux couleurs simples mélangées donnent une couleur *binaire composée*, pure ou franche :

3° Que le mélange à parties égales des trois couleurs simples donne du noir.

Et à ces trois propositions, j'ajoute la suivante:

4° Que le mélange des trois couleurs simples, à parties inégales, donne une couleur mélangée de noir, dite rabattue où le ton qui domine est celui de la couleur dominante.

Ces propositions sont cependant un peu du domaine des hypothèses, et elles souffrent beaucoup d'exceptions, et quoique le mélange des trois couleurs simples donne en pratique du noir, cela n'a pas toujours lieu, et la loi des complémentaires reprend ses droits, comme on le verra dans le chapitre VIII, en parlant du blanc ; il se produira donc du blanc et non du noir dans plus d'un cas, surtout lorsqu'on opérera dans les teintes claires.

Le teinturier, avec les ressources dont il dispose, peut donc obtenir à peu près tout ce qu'il désire, surtout avec les riches dérivés de l'aniline et autres corps obtenus du goudron de houille.

Avec les magnifiques couleurs artificielles, il peut produire des couleurs composées, comme avec les couleurs spectrales.

Avant de terminer ce paragraphe, et de présenter la théorie de M. Lembert, j'émets un doute sur la formation du noir d'après la théorie actuelle.

Avec les couleurs pures de la houille, correspondant à celles du spectre, il est impossible d'obtenir du noir par un mélange ternaire des trois couleurs simples *rouge*, *jaune* et *bleu*, prises dans leur plus grand état de pureté, et toutes les combinaisons de couleurs franches de la houille donneront des couleurs franches ou plus ou moins dégradées de blanc.

Pour arriver au noir, il faut opérer avec les vieilles couleurs de bois ou autres, qui sont loin d'être franches, c'est-à-dire analogues à celles du spectre, et qui *contiennent toujours du noir*. En mélangeant trois couleurs simples contenant du noir, ne se passe-t-il pas purement et simplement le fait de la destruction des couleurs proprement dites pour faire du blanc, tandis que le noir contenu dans les trois couleurs employées, s'additionne pour donner un ton noir ?

Tous ceux qui ont suivi avec attention la teinture des noirs modernes, tels qu'ils seront vus à la fin du chapitre XII, savent que le noir est produit par une teinture violette au campêche donnée sur le fond vert du dernier cachou, par le fait ce violet et ce vert, contiennent les trois couleurs simples, jaune, bleu et rouge ; mais les couleurs vertes et violettes, prises isolément, sont déjà très-sombres et fortement mélangées de noir.

Il y a de plus des réactions colorées qui donnent directement du noir, comme par exemple les réactions des tannins divers sur les sels de fer ; comme application de ces réactions, on a les noirs au pied et à la galle qui seront vus dans les chapitres XI-XII-XIII et XIV. Le noir, dans ces cas, n'est jamais absolu, pas plus que dans tous les cas possibles de teinture en noir ; il offre toujours un ton ou reflet plus ou moins bleu, ou violet, ou jaune, etc., et c'est l'obtention de ce reflet déterminé qui crée généralement au coloriste les plus grandes difficultés.

Il est également un fait très-curieux à constater, c'est que sauf le cas unique du noir d'aniline, il est impossible d'obtenir du noir sans le concours des sels de fer ; les teinturiers le savent bien d'ailleurs pratiquement, car toujours dans l'obtention de couleurs dégagées, ils cherchent l'emploi des mordants, aussi exempts que possible de sels de fer; ils savent tous que les moindres traces de ces sels dans l'alun suffisent pour brunir les couleurs nécessitant son emploi.

Enfin, pour terminer ce qui a rapport au noir et à la vieille théorie spectrale, faut-il admettre que le noir est le résultat ou de combinaisons telles que celles des astringents et des sels de fer, noires ou à peu près, susceptibles d'absorber presque tous les rayons colorés, (je dis presque, car, comme il est dit plus haut, les noirs sont toujours teintés d'une couleur), ou encore qu'il est le résultat du mélange de couleurs primitives, mais celle-ci étant en couches épaisses et toujours sous l'influence des sels de fer.

Il faut admettre également qu'il n'y a pas de noir-noir, c'est-à-dire de noir absolu en teinture; tous les noirs sont assez teintés pour pouvoir être considérés comme des couleurs très-rabattues et très-foncées; pour s'en convaincre il suffit de mettre en présence deux noirs différents qui, vus ensemble par l'effet du contraste des couleurs, paraîtront immédiatement teintés chacun d'une nuance différente.

Le noir-noir, dans le sens du mot, représenté par le charbon ou noir de fumée, bien lavé, n'existe donc pas en teinture; lui seul, additionné de blanc, donne du gris, qui n'existe pas par le fait en teinture.

Les gris, depuis le gris le plus clair au gris le plus foncé obtenus par le coloriste, sont également toujours teintés, et ne se rapprochent que plus ou moins des gris absolus obtenus par un lavis d'encre de Chine.

§ 132. — EXPRESSIONS EMPLOYÉES POUR DÉSIGNER LES DIVERSES NUANCES.

On distingue en teinture :

1° La *couleur* d'une nuance, c'est-à-dire le nom qu'elle mérite en rapport avec les couleurs spectrales, rouge, orangé, jaune, vert, bleu, indigo, violet ;

2° Les *couleurs franches*, c'est-à-dire celles rentrant dans les couleurs spectrales et pouvant se confondre avec elles ;

3° Les couleurs rabattues, c'est-à-dire celles qui sont plus ou moins mélangées de noir.

4° Le *ton* d'une nuance, c'est-à-dire si cette couleur n'est pas simple, la couleur voisine sur laquelle elle tire plus ou moins. Exemple : Un bleu peut tirer plus ou moins sur le vert ou sur le violet, on dira donc un bleu à ton verdâtre, un bleu à ton violet, etc.

5° La hauteur ou degré d'intensité d'une nuance, c'est-à-dire le plus ou moins d'addition de blanc à une couleur, ce qui permet de faire des *gammes de couleurs* allant par exemple du *blanc azuré* au *bleu du spectre* par les degrés intermédiaires, mais sans jamais aller au noir. Dans le cas d'une dégradation du noir au blanc, comme dans les lavis sur papier blanc, à l'encre de Chine, le teinturier obtient la gamme des gris.

Il faut donc distinguer dans une nuance :

1° La couleur ; exemple : bleu, jaune, etc.

2° La pureté de la couleur ; exemple : bleu pur.

3° Si la couleur est ou non rabattue ; exemple : bleu rabattu.

4° Le ton ; si elle vire ou non sur une autre couleur ; exemple : bleu rouge.

5° La hauteur ou degré d'intensité ; exemple : bleu foncé.

Depuis l'apparition du vert de Chine surtout, l'expression de *couleur lumière* ou *couleur de nuit* est entrée dans la grande pratique. Par cette expression le teinturier indique une couleur qui garde à la lumière artificielle sa couleur normale, ce qui est souvent d'une très-grande importance, surtout pour les assortiments de couleur dans les étoffes imprimées ou brochées à plusieurs couleurs. Et alors dans le cas de couleurs non lumières, il peut arriver que tel dessin qui paraissait magnifique, vu de jour, par suite de l'harmonie bien entendue, résultant du contraste simultanée des couleurs employées, devient très-laid vu à la lumière artificielle.

La cause de ce phénomène de changement de couleur, réside dans la couleur inhérente à la flamme de toutes lumières autres que celle du soleil et qui sont généralement teintées en jaune.

En général, les couleurs très-pures, tirant sur celles du spectre solaire, comme les bleus et les verts très-purs d'aniline, sont des couleurs lumières. Quant aux autres, elles sont souvent exposées à changer de nuances, et j'avoue que je me suis souvent demandé l'explication exacte des phénomènes qui se produisent, sans pouvoir bien la résoudre avec la théorie actuelle. Ainsi, étant donné un bleu rouge, mélangé par conséquent de violet, à la lumière du gaz, de l'huile ou d'une bougie, il rougira, deviendra affreux, et théoriquement l'apport du jaune devrait éteindre le violet et le faire paraître plus bleu ?

Les ateliers de teinture, de même que les grandes maisons de vente de nouveautés, pour bien se rendre compte de ces changements à la lumière, ont les premiers des cabinets noirs, éclairés artificiellement de jour, et les seconds des *salons dits de lumière.*

Pour terminer ce paragraphe, il me reste à indiquer comment le teinturier doit se rendre compte s'il est arrivé à teindre la partie de soie conforme à l'échantillon qui lui est remis en même temps par le fabricant.

Il devra d'abord se méfier des nuances sur les bains de teinture, en vertu de l'adage des teinturiers, qui dit : *riche mouillé, pauvre sec*, et par conséquent, pour se rendre compte de la nuance, il prélèvera un matteau sur la partie mise en teinture, et de ce matteau, écartant un brin avec précaution, il rincera ce brin dans un peu d'eau, et après l'avoir exprimé, il le lavera, s'il y a lieu, dans un peu d'eau acidulée, puis ce brin sera séché avec soin et c'est sur ce brin séché qu'il pourra comparer, s'il est arrivé à être conforme à l'échantillon.

Si le bain de teinture qui termine est un bain de savon, le cas n'est plus le même, ainsi, pour les noirs fins qui se terminent toujours sur un bain de savon, le teinturier pourra juger de la nuance en prélevant un matteau sur la partie, tordant ce mateau à la main pour égoutter le bain de teinture, puis le tordant fortement à la cheville, pour juger de la nuance, il devra comparer la partie des fibres en contact avec la cheville, soit sur le *coup de cheville*.

§ 133. — THÉORIE DES COULEURS SPECTRALES D'APRÈS M. LE Dr LEMBERT.

La théorie des couleurs qui précède, et qui est celle adoptée par les traités modernes de physique, offre des imperfections dont Newton lui-même s'était rendu compte.

En réalité, dans le spectre, il y a sept couleurs, et dans les théories on ne parle jamais que de six, soit trois simples et trois composées. L'indigo est laissé de côté, ce qui ferait supposer que beaucoup de physiciens le négligent, ou le considèrent comme bleu foncé ; or, il n'en n'est rien, l'indigo est une couleur composée, mélange de bleu et de violet, de plus on a vu que Newton lui-même recommande de ne pas appliquer la loi du mélange des couleurs, aux couleurs extrêmes du spectre; il y a donc là des lacunes que M. Lembert a cherché à combler, par une nouvelle théorie présentée et lue à la *Société des Sciences industrielles de Lyon*, dans les séances des 23 septembre, 21 novembre et 25 décembre 1868. Il en a lu quelques fragments à la réunion des délégués des Sociétés savantes, à la Sorbonne, en 1869. La même année, il a envoyé un mémoire *in extenso* à Paris, dont il lui a été impossible d'avoir des nouvelles.

Le temps lui a manqué depuis pour la mettre complètement à jour et la publier, et avec son consentement, je donne ici un résumé des principaux faits qu'elle embrasse, et qui intéressent les coloristes et selon moi elle explique mieux que l'ancienne, certaines combinaisons de couleur.

M. Lembert considère d'abord deux spectres solaires composés chacun de sept couleurs, soit le *spectre direct*, ou spectre ordinaire des physiciens, et un spectre qu'il appelle *spectre inverse*, et qu'il obtient au moyen d'une combinaison particulière que je ne puis donner ici, si l'on examine les deux spectres ci-joints placés en regard l'un de l'autre de la manière suivante :

Spectre direct		Spectre inverse	
1	violet	1	jaune
2	*indigo*	2	*orangé*
3	bleu	3	rouge
4	*vert*	4	*pourpre*
5	jaune	5	violet
6	*orangé*	6	*indigo*
7	rouge	7	bleu

On remarque en les comparant à termes égaux :

1° Que dans le spectre inverse, les couleurs extrêmes du spectre direct, en occupent le centre et vice versa.

2° Que chacun des deux spectres se compose de sept termes,

soit pour le spectre direct, violet, indigo, bleu, vert, jaune, orangé, rouge, et pour le spectre inverse, jaune, orangé, rouge, pourpre, violet, indigo, bleu.

3° Sur ces sept termes, six sont communs aux deux spectres, ce sont le violet, l'indigo, le bleu, l'orangé, le jaune et le rouge.

4° Le terme central est différent ; dans le spectre direct, c'est le vert, et dans le spectre inverse, c'est le pourpre.

5° D'où il résulte que l'ensemble des spectres se compose de huit termes distincts qui sont : violet, indigo, bleu, vert, jaune, orangé, rouge et pourpre.

6° En considérant chaque terme des deux spectres, on trouve que les numéros impairs peuvent être considérés comme des *couleurs simples et sui generis*, et que les numéros pairs, en italique dans le tableau, peuvent être considérés comme des *couleurs composées*, résultant de la combinaison ou du mélange des deux termes impairs contigus de la manière suivante :

L'indigo résulte du mélange du violet et du bleu.

Le vert résulte du mélange du bleu et du jaune.

L'orangé résulte du mélange du jaune et du rouge.

Le pourpre résulte du mélange du rouge et du violet.

7° M. Lembert démontre expérimentalement que toutes les couleurs spectrales ne sont pas simples et que les couleurs *indigo*, *vert*, *orangé* et *pourpre* du spectre peuvent être réduites en leurs éléments.

Si au lieu de disposer les huit couleurs spectrales comme dans le spectre, en ligne droite, on les dispose circulairement, on a un nouveau cercle chromatique, différent de l'ancien par la présence de huit couleurs au lieu de six, et disposé comme suit :

Soit la figure ci-contre n° Les couleurs impaires des deux spectres considérées comme *sui generis* ou *primitives*, violet, rouge, jaune et bleu, occupent les extrémités des diamètres pleins,

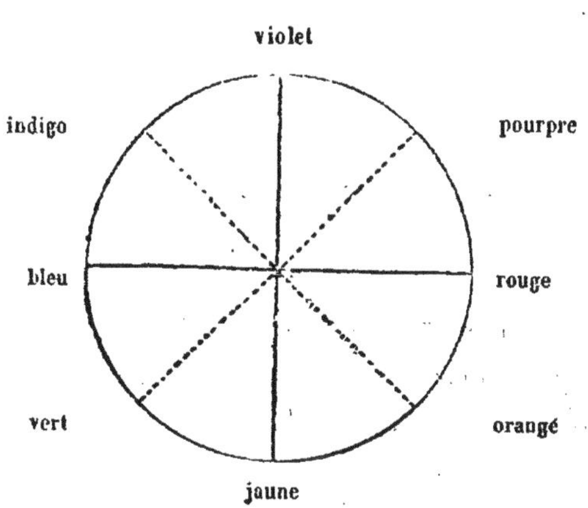

et les quatre autres couleurs résultant de leur mélange, ou *couleurs secondaires*, pourpre, orangé, vert et indigo, occupent les extrémités des diamètres pointillés comprises entre celles des diamètres des couleurs primitives contiguës qui les forment.

D'après la théorie de M. Lembert, il y a donc dans l'ensemble des couleurs spectrales, quatre couleurs simples et quatre couleurs composés, et ce qui est vrai pour les couleurs spectrales, l'est pour les couleurs sans exception. Pour arriver à démontrer ces faits expérimentalement, il faut opérer, soit avec des couleurs s'en rapprochant aussi exactement que possible, et non avec des couleurs s'en rapprochant plus ou moins.

La théorie de Newton pour la loi du mélange des couleurs étant reconnue par lui-même comme n'étant pas rigoureusement exacte pour les termes extrêmes du spectre, et l'habitude prise dans la construction des cercles chromatiques, de ne faire figurer que six couleurs du spectre, par l'élimination de l'indigo, ont un peu égaré l'opinion à cet égard, et d'après la théorie de M. Lembert, il est démontré :

1° Que le violet est une couleur simple; non les nombreux violets dérivés de l'aniline, mais un de ces violets qu'il a déterminé en le comparant à celui du spectre, et qui ne peut être obtenu à l'aide d'aucune combinaison de couleurs.

2° L'indigo est une couleur, mélangée de bleu et de violet, fait admis dans quelques traités de physique, mais duquel nul n'a tiré aucune conséquence.

3° Le pourpre est une couleur composée, résultant du mélange du violet et du rouge.

4° Dans le cercle chromatique ci-contre, il y a donc quatre couleurs *primitives* ou *simples*, qui, par leur mélange deux à deux, et dans l'ordre où elles sont placés sur la circonférence, donnent lieu à quatre couleurs *secondaires* ou *binaires*, que M. Lembert appelle encore *couleurs secondaires directes*. Mais si l'on y réfléchit, la combinaison binaire de quatre termes, donne lieu à six composés binaires, il y a donc deux couleurs binaires qui ne font pas partie du cercle, et ne peuvent y figurer.

En effet, ces deux couleurs proviennent de la combinaison de deux couleurs simples se trouvant aux extrémités d'un même diamètre soit le bleu et le rouge, le jaune et le violet. On peut néanmoins obtenir un cercle chromatique qui les contienne, mais ce sera à l'exclusion de deux autres quelconques; pour cela, on n'a qu'à transposer deux couleurs primitives contiguës, quelconques, comme dans le cercle chromatique, ci-dessous.

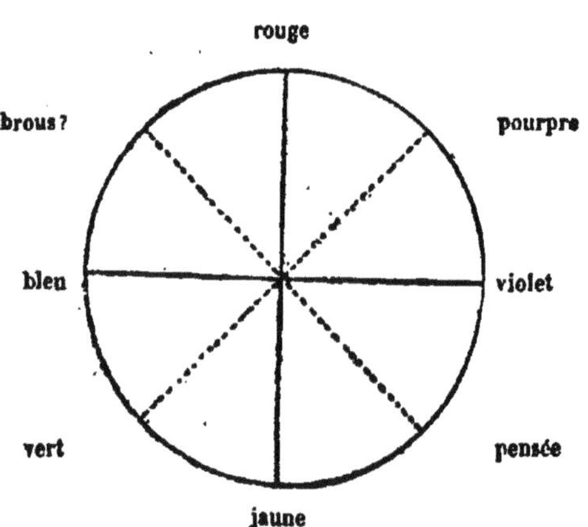

Le rouge et le violet ayant été transposés, l'indigo et l'orangé disparaissent pour faire place à deux nouvelles couleurs binaires le *brous* et le *pensée*, couleurs *secondaires indirectes*.

En effet, en superposant le bleu et le rouge du spectre, on n'obtient pas du violet, mais bien une nuance rougeâtre violacée, analogue à certaines nuances de colcothar ou de briques rouges, colorées par une grande proportion d'oxyde ferrique. Le nom de brous est formé de la première lettre du mot bleu, de la première du mot rouge et de la désinence ous, l'S a double but d'éviter la confusion avec le *brou* de noix, et de faciliter la formation des dérivés. Exemple : *brousir*, passer au brous.

Par des expériences tinctoriales, M. Lembert est arrivé aux mêmes résultats qu'avec les couleurs spectrales. J'ajouterai pour ma part, que la formation des marrons, pour le mélange de bleu, de rouge et de jaune, ne m'a jamais bien paru clairement expliquée par les théories actuelles, et que le marron me paraît être la couleur à laquelle M. Lembert donne le nom de brou? résultant du bleu et du rouge, auquel l'addition de jaune vient varier le ton, sans cependant lui enlever son ton général de colcothar ou de couleur brique rouge.

Dans la théorie actuelle, on admet que le violet (composé de rouge et de bleu) mêlé ou combiné avec du jaune, représente les trois couleurs primitives et donne du blanc. La pratique est loin de justifier cette manière de voir, et si l'on suppose un rayon de jaune tombant sur un rayon de violet, on obtient une *superbe couleur pensée*. Ce fait constaté avec les couleurs spectrales, M. Lembert l'a vérifié par teinture, en teignant de la soie, en jaune à l'aide de l'acide picrique, qui donne, vérification faite identiquement, la couleur spectrale, puis en teignant la même soie dans un violet d'aniline, reconnu expérimentalement pour donner le violet du spectre sur soie; dans ces conditions il a obtenu une belle couleur pensée, ce qui lui permet d'affirmer que le violet et le jaune, toutes deux couleurs primitives, produisent par leur mélange, la couleur pensée.

De l'ensemble des faits précités et d'autres contenus dans l travail non publié, M. Lembert établit sa nouvelle théorie spectrale qui se résume comme suit :

1° Il existe quatre couleurs, *sui generis* ou *simples* (et non trois comme dans l'ancienne), ne pouvant être réduites en d'autres couleurs, ni constituées par des mélanges, soit avec les couleurs spectrales, soit dans la pratique, où elle ne peuvent être représentées que par des composés chimiques définis.

2° Ces quatre couleurs primitives en se combinant deux à deux, donnent lieu à six couleurs secondaires, qu'il est toujours possible de réduire dans les deux couleurs primitives, qui rentrent dans leur composition.

Au point de vue artistique et industriel, si l'on possédait les quatre couleurs primitives, il serait facile d'obtenir les six couleurs secondaires par le mélange des primitives, à moins qu'en vertu de leurs propriétés chimiques elles ne se détruisissent les unes par les autres.

De même que les couleurs primitives ne peuvent être représentées que par des composés chimiques définis (l'acide picrique par exemple pour le jaune), de même dans la pratique les couleurs secondaires pourraient l'être également, et les innombrables dérivés colorants de la houille, le permettrait sans doute. Le temps a manqué à l'auteur pour cette vérification.

En résumé il existe donc :

Quatre couleurs primitives	Rouge. Jaune. Bleu. Violet.
Quatre couleurs secondaires directes. .	Orangé. Vert. Indigo. Pourpre.

Deux couleurs secondaires indirectes.. { Pensée. Brous.

Si l'on admet avec M. Lembert, que la théorie actuelle pêche sur quelques points, l'ensemble sera vicieux et incomplet, et par la comparaison de deux cercles chromatiques ci-contre, on admettra avec lui, une nouvelle théorie des couleurs complémentaires.

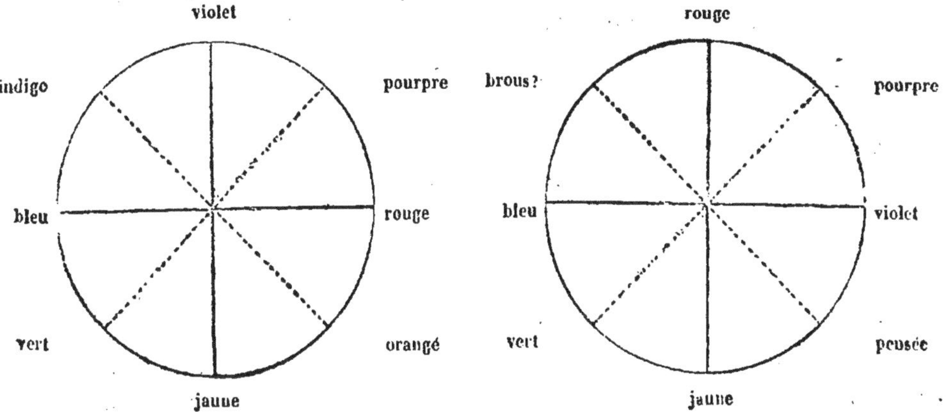

D'après cette théorie que M. Lembert considère comme la seule vraie, il admet :

1° Que chaque couleur primitive a pour complémentaire la couleur tertiaire résultant du mélange des trois couleurs primitives. D'après lui, ces couleurs résultant du mélange de trois couleurs primitives qu'il se propose de déterminer, lorsque ses occupations le lui permettront sont complétement inconnues des coloristes. En réalité dans cette théorie comme dans l'autre, les complémentaires contiennent entre elles toutes les couleurs simples ou primitives.

2° Que chaque couleur binaire, a pour complémentaire celle qui est à l'extrémité du diamètre ; ainsi :

Le *pourpre* et le *vert* sont complémentaires l'un de l'autre.
L'orangé et *l'indigo* » » » »
Le *pensée* et le *brous* » » » »

Parmi les modifications que peuvent éprouver les couleurs primitives et secondaires, il en est deux sur lesquelles M. Lembert appelle l'attention, à cause des remarques importantes auxquelles elles donnent lieu, des fausses interprétations dont elles ont été l'objet de la part des savants, même les plus autorisés.

1° Une couleur, prise dans toute sa pureté, peut être éclaircie. Les peintres et les coloristes appellent cela des couleurs dégradées; expression que n'admet pas la nouvelle théorie, outre qu'elle n'est pas comprise de tout le monde, elle est inexacte. On obtient une couleur claire de deux manières, soit : en peinture en la mélangeant de blanc, en teinture en ne teignant pas à saturation, c'est-à-dire en ne laissant pas pénétrer la couleur jusqu'au centre de la fibre soyeuse (voir pages 153-154).

Les défauts de la théorie ancienne ont conduit à des erreurs de dénomination de la part des artistes et des savants. Ainsi tout le monde considère le rose comme du rouge éclairci; or, il n'en est rien, le rose est du pourpre mêlé d'un peu de rouge et un peu éclairci; le rouge éclairci ne ressemble pas du tout au rose.

2° Une couleur prise dans toute sa pureté, peut bien être éclaircie, mais elle ne saurait être foncée, c'est-à-dire que son intensité ne saurait être augmentée, puisque, par hypothèse, elle possède toute la pureté et toute l'intensité dont elle est susceptible, seulement, on peut faire le contraire de ce qui est l'*éclaircir*, c'est-à-dire l'*obscurcir*.

Cette opération qui s'effectue en y ajoutant du noir, constitue ce que les coloristes et les peintres appellent rabattre une couleur, d'où le terme employé de *couleurs rabattues*, que la théorie de M. Lembert n'accepte pas plus que celle de couleurs dégradées et pour les mêmes raisons.

Comme pour les couleurs éclaircies, on fait souvent de grandes confusions pour les couleurs dites rabattues, ainsi de même que l'*azur* ou bleu du spectre est souvent considéré comme du bleu éclairci, on considère également la plupart du temps l'indigo et les couleurs qui s'en rapprochent comme du bleu foncé. Or, le bleu, comme toutes les couleurs spectrales, ne saurait être foncé ; on peut l'*obscurcir* avec du noir, mais quel que soit son degré d'obscurcissement, on n'en fera jamais que du bleu obscurci et rien autre, de même qu'en ajoutant du blanc à l'indigo, on n'en fera jamais que de l'indigo éclairci et rien autre.

D'après les données qu'il possède déjà et grâce aux nombreuses couleurs artificielles aujourd'hui connues, M. Lembert pense ne pas éprouver trop de difficultés à en trouver quatre qui représentent exactement les quatre couleurs spectrales primitives, ce qui le conduira nécessairement aux six couleurs secondaires, et par suite à la détermination des couleurs tertiaires.

Quant à la difficulté, pour ces déterminations, provenant de ce que chaque faisceau de couleur simple est considéré comme composé d'une série de faisceaux de couleurs analogues, M. Lembert l'a résolue de la manière la plus satisfaisante et en même temps la plus simple.

§ 134. — ADDITIONS AU CHAPITRE VII.

BRÉSILINE. — SORGHO. — SOPHORA JAPONICA. — BLEU DE CHINOLINE.

Brésiline

A la page 349, à l'article Brésiline, j'ai donné pour formule de ce corps celle de l'hématine, soit : $C^{32} H^{14} O^{12}$ d'après l'analogie admise par les divers traités entre ces deux substances, quoiqu'elles ne puissent nullement se remplacer en teinture.

La brésiline n'ayant pu donner aucun produit de substitution, offre par cela même une difficulté pour lui assigner une formule réelle. D'après des travaux de MM. Bolley et Greiff, ce corps aurait pour formule celle de l'hématine, plus les éléments de l'acide phénique, soit :

$$\underset{\text{Brésiline}}{C^{44}H^{20}O^{16}} = \underset{\text{hématine}}{C^{32}H^{14}O^{12}} + \underset{\text{acide phénique}}{C^{12}H^{6}O^{2}}$$

Le *Moniteur scientifique* (n° de mai 1877) donne un trvavail récent sur la brésiline de MM. C. Liebermann et O. Bourg, assignant d'après M. Kopp une nouvelle formule à la brésiline, différant de celle de l'hématine par les éléments de la résorcine en plus (il a été question de la résorcine en parlant de l'éosine), soit :

$$\underset{\text{Brésiline}}{C^{44}H^{20}O^{16}} = \underset{\text{hématine}}{C^{32}H^{14}O^{12}} + \underset{\text{résorcine}}{C^{12}H^{6}O^{4}}$$

En effet, si l'on distille par voie sèche la brésiline, on obtient comme produit principal de la résorcine, mais comme d'autre part on n'obtient nul dérivé de l'hématine, les auteurs cités ci-dessus ont été conduits à reprendre les anciennes analyses de la brésiline et ont été conduits à une formule ne différant de celle de l'hématine que par deux équivalents d'oxigène en moins, soit :

$$\underset{\text{Hématine}}{C^{32}H^{14}O^{12}} = \underset{\text{brésiline}}{C^{32}H^{14}O^{10}} + \underset{\text{oxygène}}{O^{2}}$$

Les mêmes auteurs ont fait sur la brésiline divers travaux scientifiques, et entre autre un conduisant à l'obtention d'un dérivé, la *brésiléine*, analogue à l'hématéine du campêche.

La *brésiléine* s'obtient, comme l'hématéine, par l'action de l'oxygène sur une solution alcoolique de brésiline. La transformation est complète au bout de vingt-quatre à quarante-huit heures. Les acides précipitent alors de la solution une matière violacée qui prend, en se desséchant, des tons mordorés, et ne diffère de la brésiline que par deux équivalents d'hydrogène en moins.

$$\underset{\text{Brésiline}}{C^{32}H^{14}O^{10}} + 2\,O = \underset{\text{brésiline}}{C^{32}H^{12}O^{10}} + 2\,HO$$

Sorgho

Le sorgho sucré, ou canne à sucre de Chine, est une plante de la famille des graminées, importée de Chine en Europe assez récemment, autour de 1853. Cette plante, cultivée tant en France qu'en Allemagne pour le sucre qu'elle contient, donne en outre diverses matières colorantes rouges.

La moëlle du sorgho fournit après expression pour extraire le sucre, ou après fermentation pour en obtenir de l'alcool, ou bien encore par un traitement à l'acide sulfurique étendu, une matière colorante rouge, le *carmin de sorgho.*

L'enveloppe des fruits renferme aussi, d'après M. Sicard et divers expérimentateurs, deux pigments rouges, la *sorghotine* et la *sorghine.*

D'après Winter, on obtient de la tige, dépouillée de ses feuilles, une matière rouge, en épuisant, par une lessive de soude, les tiges, préalablement soumises à la fermentation, pour transformer le sucre en alcool, et séparées ensuite de l'alcool par la distillation. La solution sodique est précipitée par l'acide sulfurique qui donne naissance à des flocons rouges.

La matière rouge du sorgho est soluble dans l'alcool, les acides faibles et les solutions alcalines. Elle se fixe sur la laine et la soie à l'aide des mordants d'étain, et leur communique une teinte rouge, assez stable au savon et à l'air.

En dehors du rouge, le sorgho contient encore dans son écorce une matière jaune.

Il est regrettable, malgré les nombreuses tentatives faites, que cette plante n'ait pas eu de suite dans ses emplois pour la teinture, car sa culture aurait probablement rendu à nos départements du Midi quelque peu de la prospérité que lui a fait perdre l'abandon de la garance.

Sophora japonica

Le *sophora japonica* est un arbre de la famille des légumineuses, section des papillonacées, de l'ordre des sophorées. La soie alunée prend, dans une décoction de ses fleurs non épanouies, une couleur jaune d'une pureté remarquable, qui ne le cède à aucune autre sous ce rapport; elle est un peu plus solide et un peu plus dorée que celle de la gaude.

Ces fleurs furent rapportées de la Chine en 1847 par M. Isidore Hedde qui fit partie d'une expédition scientifique qui eut lieu à cette époque. Mais longtemps avant, cet arbre était acclimaté dans nos pays, où on le trouve dans nos jardins paysagers.

Malgré la beauté de la couleur obtenue, cette substance ne fut pas employée, quoique MM. Renaud frères aient fait à la même époque de sérieuses tentatives, la raison en est dans l'abondance des matières jaunes, avec lesquelles le teinturier est familier.

Bleu de Chinoline

Cette magnifique matière colorante bleue n'eut pour ainsi dire qu'un éclair d'apparition en teinture, et ne servit qu'à aiguillonner l'ardeur des chimistes, car sa beauté est compensée par sa très-grande instabilité ; en effet, les soies teintes sont décolorées en très-peu de temps à la lumière, c'est à peine si elles peuvent supporter la dessication.

Le bleu de Chinoline s'obtient en traitant cette base dite aussi *quinoléine* ou *leukol*, étudiée par Runge dans les dérivés du goudron de houille, où elle accompagne la picoline, l'aniline, etc. Le moyen principal, pour l'extraction, consiste à la retirer par la distillation de la cinchonine (base des quinquinas) avec un excès de soude caustique, et traitant la base huileuse qui distille dans ces conditions par l'iodure d'amyle.

On fait bouillir dix minutes un mélange de :

1 partie de chinoline,

1 partie e- 1/2 d'iodure d'amyle.

Le mélange se colore en rouge brun foncé et se prend en masse cristalline par le refroidissement.

Pour obtenir le bleu de ce mélange, on le traite par six fois son poids d'eau bouillante, la solution est filtrée, et on l'entretient à l'ébullition une heure, en remplaçant l'eau évaporée par de l'ammoniaque, étendue de son poids d'eau. Par le refroidissement la couleur se précipite entièrement sous forme résineuse.

100 parties de chinoline donnent peu de bleu, 4 parties ; les rendements sont dans le genre de ceux de l'harmaline.

Sous le nom de *cyanine*, le commerce a livré de magnifiques cristaux prismatiques, à faces briilantes, d'un éclat vert métallique à reflets dorés, peu solubles dans l'eau et l'éther, solubles dans l'alcool qu'ils colorent en bleu magnifique. Les acides détruisent la couleur, les alcalis précipitent la solution aqueuse en bleu. M. Hofmann assigne à ces cristaux la formule suivante :

$$C^{60}H^{39}Az^{2}I^{2}$$

L'iode paraît faire partie intégrante de ce bleu comme dans le vert à l'iode.

Ce beau produit teint facilement la soie sans mordants, malheureusement sa grande fugacité en éloigne complétement l'emploi. MM. Muller et Ce, de Bâle, avaient fondé un prix de 10,000 francs à la Société industrielle de Mulhouse, à donner à l'auteur d'un mode de fixation de ce bleu ; on n'a plus entendu parler de ce prix : faut-il voir en cela le découragement des chercheurs, produit par l'invasion des bleus d'aniline, de plus en plus perfectionnés sous les rapports de beauté et de prix. Il est regrettable que cette magnifique matière n'ait pas eu de suite, car sa fabrication eut donné de la valeur aux énormes quantités de cinchonine, alcali résidu des quinas, qui encombre de plus en plus les producteurs de quinine.

§ 135. — MÉTHODES GÉNÉRALES D'ANALYSE DES MATIÈRES COLORANTES ; DU COLORIMÈTRE.

L'appréciation des matières colorantes, comme valeur pour les teinturiers, joue un grand rôle, mais disons-le de suite, elle offre moins de difficultés qu'on ne le croirait la plupart du temps. Elle est souvent facile à première vue et le résultat d'une expérience pratique ; d'autres fois elle nécessitera quelques essais chimiques ou des essais teinctoriaux en petit ; elle peut encore se faire à l'aide d'un appareil fort peu employé, quoique cependant très-commode. Il y a donc quatre modes d'apprécier les matières colorantes que je vais étudier successivement.

Appréciation des matières colorantes à première vue

Dans cette catégorie rentrent tous les produits naturels, tels que les bois colorants, les racines, les tiges, les feuilles, les fruits, les graines, les excroissances, les galles, etc. Une pratique de quelque temps suffit au teinturier pour distinguer les qualités les unes des autres, d'après les caractères généraux.

C'est pour cela d'ailleurs que les teinturiers achètent généralement leurs bois, racines, graines, fruits, etc., en nature et les font débiter ou moudre eux-mêmes pour être plus sûrs de l'absence de tout mélange ; ainsi dans les bois il est plus difficile de reconnaître une qualité inférieure, d'une qualité supérieure, après le découpage, surtout si les copeaux ont été quelque peu arrosés.

Pour les cochenilles, on indique bien une falsification qui consiste à faire un bouillon avec la cochenille en nature, afin d'en retirer le premier colorant, puis à la faire sécher et la rouler un peu humide dans du talc ; je ne sache pas que cette falsification ait été jamais bien sérieuse.

Essais chimiques pour reconnaître la pureté des matières colorantes.

Ces essais portent sur les matières colorantes où la vue seule ne suffit pas pour apprécier la qualité de la substance, comme par exemple les poudres ou blocs, les extraits solides ou liquides. L'incinération et l'examen des cendres joue un grand rôle dans ces analyses. En général, les matières colorantes laissent peu de cendres, et d'après le résidu, comparé comme quantité et qualité avec celui qu'aurait laissé un bon produit normal, il sera facile d'apprécier les falsifications minérales. Dans ces analyses par incinération, il faudra se méfier lorsqu'on aura affaire à des grenats qui, pouvant contenir de l'isopurpurate de potasse, peuvent détonner avec force, ainsi qu'à des jaunes artificiels, acides picriques ou jaune de Martius, qui détonnent également, et il faudra, dans ce cas, opérer avec grande précaution.

Pour les méthodes particulières d'analyse, il faudra suivre les conseils indiqués à chaque matière colorante ou astringente.

Essais par teinture en petit

Ces essais sont pour le teinturier les plus sérieux de tous ; en se plaçant en petit comme s'il voulait opérer en grand, il aura vraiment le meilleur mode d'analyse en comparant les produits à essayer avec de bons produits types, et en même temps il obtiendra non seulement un aperçu du rendement, mais en même temps celui de la beauté du produit.

Pour ne pas toujours opérer sur de la soie, qui rendrait ces essais très-coûteux, le teinturier peut comparer ces produits sur des flottes de belle laine blanche de Saxe. La laine ayant sensiblement les mêmes affinités que la soie, lui donnera ordinairement la même certitude que celle-ci. Les essais devront, d'ailleurs, toujours être comparatifs.

Ce genre d'essais convient surtout pour les extraits de bois ou autres où la fraude peut s'exercer plus facilement que sur les produits naturels, ou sur les produits artificiels, bien cristallisés, comme la fuchsine, portant avec eux leur marque de fabrique. C'est même le genre le plus rationnel, car la fraude arrive à être tellement ingénieuse, qu'il est difficile de la reconnaître, même pour un opérateur habile; soit, par exemple, l'addition de matières sucrées, dans des extraits qui en contiennent toujours naturellement.

Essais colorimétriques

Houton de Labillardière a imaginé, pour apprécier la richesse des matières colorantes, un appareil qui a reçu le nom de colorimètre, et qui est basé sur la comparaison de deux solutions colorées, l'une solution type et l'autre la solution à comparer.

Cet appareil, dans sa plus grande simplicité, se compose :

1° De deux tubes de verre de 0m015 de diamètre et de 0m33 de longueur.

Ces deux tubes doivent être rigoureusement de même diamètre et de même épaisseur. Ils sont fermés d'un bout, et à partir de là, divisés en deux parties égales comprenant les 5/6 de leur longueur ; la première partie partant de la fermeture n'est pas divisée, mais la deuxième l'est en 100 parties en allant de la partie fermée vers la partie ouverte.

2° D'une boite rectangulaire, en bois, plus longue que large, sorte de chambre obscure, portant à une des petites faces extrêmes une ouverture unique, et à l'autre face ou extrémité deux ouvertures, devant lesquelles sont placés les deux tubes, passant pour cet effet par des ouvertures ménagées dans le couvercle de la boîte.

Pour apprécier la richesse d'une matière colorante, il faut toujours agir par comparaison avec un type d'une richesse connue, par exemple, deux parties égales d'un violet d'aniline type et du violet à comparer, sont dissous dans une quantité d'eau déterminée et égale pour les deux, puis les deux tubes du colorimètre sont remplis chacun d'une solution dans la première partie non graduée, et mis dans la boîte; si alors on interpose l'appareil entre l'œil et la lumiére en regardant par le trou, et si les deux tubes paraissent également colorés, les deux colorants sont de même force, mais s'ils le sont inégalement, il faudra ajouter de l'eau distillée jusqu'à ce que l'on ait obtenu la même richesse. Le colorant où il aura fallu ajouter de l'eau, sera évidemment le plus fort, et il suffira de lire le degré d'eau ajoutée pour avoir le rapport des deux colorants ; si, par exemple, il a fallu ajouter 50° sur les 100 divisions, comme la partie non graduée représente 100 divisions, cela voudra dire que ce colorant est à l'autre comme 100+50, soit 150 : 100. Encore une fois, les résultats donnés par le colorimètre ne sont que des résultats de comparaison, et demandent beaucoup d'habitude ; il faut que les colorants soient rigoureusement de même pureté et de même ton. Si les colorants ne se dissolvent pas dans l'eau pure, on peut opérer avec n'importe quelle solution, alcoolique ou autre, en ayant soin d'étendre le liquide le plus riche avec la même solution.

CHAPITRE VIII

SOMMAIRE. — Teinture en blanc, considérations générales. — Blancs sur soie écrue. — Blanchiment Beaumé. — Blanchiment à l'eau régale. — Blanchiment de M. Marnas au sulfate d'acide nitreux. — Soufrage des soies. — Teinture en blanc, avivage des soies écrues blanches. — Blanc sur soie cuite. — Cuite des soies pour blancs et soufrage. — Teinture des soies cuites en blanc, avivage. — Charge des soies cuites blanches. — Des blancs souples. — Blanchiment des souples. — Assouplissage des blancs. — Teinture en blanc des soies souples, avivage. — Charge des souples. — Des blancs sur soies fortement montées. — Des blancs sur fantaisie et ses dérivés fortement montés. — Des blancs sur soie tussah. — Des blancs sur cotons glacés.

§ 136. — CONSIDÉRATIONS GÉNÉRALES SUR LA TEINTURE EN BLANC.

Les soies, même les plus blanches, ne peuvent être employées telles quelles, et malgré les blanchiments auxquels elles sont soumises, elles ont toujours un petit œil de jaune, qu'il faut faire disparaître en se basant sur la loi des complémentaires, vue dans les théories optiques, chapitre VII, 3me partie, et généralement, non-seulement on couvre l'œil de jaune par un violet plus ou moins bleu, mais encore on dépasse la saturation optique, de manière à laisser à la soie un nouvel œil de bleu, de violet, de rouge, et quelquefois même d'un jaune, mais plus franc que le jaune naturel. Les blancs prennent alors divers noms, en rapport avec les caprices de la mode, et deviennent souvent des couleurs très-claires, plutôt que des blancs.

La teinture des soies en blanc constitue une opération des plus délicates, demandant les plus grands soins de propreté comme installation et comme main d'œuvre. Les ateliers doivent être séparés des autres ateliers, même de ceux des couleurs. La question des eaux joue un grand rôle, moindre depuis l'invasion des couleurs d'aniline et l'emploi du savon coupé ; à une époque les eaux ont fait pour ces genres la fortune de certains ateliers, comme ceux de la montée de Channa (maison Renard Frères) et du quai St-Vincent (maison Gonin, à Lyon). Elles jouent un rôle tout à la fois par leur composition chimique et par leur constance au point de vue physique ; au point de vue chimique, il faut des eaux calcaires et, contrairement à la plupart des autres teintures, il faut des eaux riches en sulfate de chaux ; au point de vue physique, il est évident que pour des articles aussi délicats il faut des eaux de source, à température et limpidité toujours constantes.

Les blancs seront examinés dans ce chapitre comme suit :

Les blancs sur soie écrue ;
Les blancs sur soie cuite ;
Les blancs sur soie souple ;
Les blancs sur soie sauvage ;
Les blancs sur cotons glacés.

Depuis quelque temps, dans beaucoup de tissus, le coton glacé a joué un rôle sérieux comme trame, et c'est ce qui m'a décidé à en parler d'une manière incidente et rapide.

§ 137. — BLANCS SUR SOIE ÉCRUE.

La soie est teinte en blanc écru, lorsqu'elle ne joue pas un rôle apparent ou lorsqu'il s'agit de lui garder toute sa raideur primitive, par exemple dans le premier cas, lorsqu'elle est destinée à former l'envers ou la toile du velours, ou bien encore lorsque, comme la trame dans des étoffes telles que le satin, elle ne joue aucun rôle apparent, celui-ci appartenant tout entier à la chaine ou organsin. Des articles tels que les dentelles, les faveurs sont également faits complétement en soie écrue et demandent à la soie de garder sa raideur primitive.

Longtemps, pour obtenir les blancs en soie écrue, le fabricant a disposé en teinture les soies naturellement blanches, dites *soies sina*, originaires de la Chine, mais aujourd'hui les soies colorées ou non sont employées indistinctement, le teinturier ayant à sa disposition plusieurs méthodes pour décolorer les soies jaunes.

En résumé, la teinture en blanc écru doit garder à la soie sa force, son apprêt naturel et son poids ; elle comprend peu d'opérations, qui sont : le dégraissage et mouillage, le blanchiment, l'azurage, l'avivage et la charge.

Le dégraissage a pour but tout à la fois de mouiller intimément les soies, en leur enlevant des impuretés, non inhérentes à leur constitution, telles que des matières grasses et autres, apportées dans les diverses manipulations subies par le bain avant sa mise en teinture dans les ouvraisons successives.

Cette opération s'opère en abattant les soies bien dressées et embatonnées sur un bain tiède à 30° ou 35° de chaleur, fait avec 6 à 8 °/ₒ de cristaux de soude, du poids de la soie. Les soies flottent d'abord sur ce bain, mais peu à peu elles se mouillent, et après quelques allées et venues sur la barque et *lisages*, elles sont intimément mouillées et ont abandonné leurs impuretés dans le bain. Il faut éviter de dépasser 40° centigrades, sinon elles éprouveraient dans le bain alcalin un ramollissement et un commencement de cuite. L'opération étant terminée, on écarte le bain alcalin au canal, puis l'on donne une eau sur la même barque, et de là les soies sont tordues à la main, puis essorées ou diablées et sont prêtes à suivre les opérations de teinture si ce sont des soies blanches ou les opérations de blanchiment, si ce sont des écrus jaunes.

Les opérations de blanchiment sont les suivantes :

Blanchiment Beaumé ;
Blanchiment à l'eau régale ;
Blanchiment au sulfate d'acide nitreux ;
Soufrage.

§ 138. — BLANCHIMENT BEAUMÉ.

Il n'en est question ici que pour mémoire et comme historique, ce blanchiment a été décrit, chapitre, page 33, et est complètement abandonné de nos jours.

§ 139. — BLANCHIMENT A L'EAU RÉGALE.

Dans une cuve en pierre de grès, inattaquable par les acides, on monte un bain permanent d'eau régale, étendue à 3 ou 4° Beaumé, et faite avec parties égales d'acide nitrique et d'acide chlorhydrique du commerce.

Les soies sortant de l'essorage sur le dégraissage, sont passées par petites parties sur ce bain, voire même matteaux par matteaux ; elles deviennent d'abord vert foncé, comme il a été dit page 96, en parlant de la matière colorante, puis cette couleur pâlit et devient gris-verdâtre ; à ce moment, soit au bout d'un temps assez court, on tord les matteaux et on les rince vivement à grande eau. Cette opération commence bien la destruction de la matière colorante, mais pour l'achever il faut encore faire subir à la soie l'opération vue plus loin du soufrage.

Le bain d'eau régale s'affaiblissant par les passages des soies mouillées, il est indispensable de le remonter de temps en temps en le *reponchonnant* ou additionnant des deux acides.

§ 140. — BLANCHIMENT AU SULFATE D'ACIDE NITREUX.

A la suite d'observations faites par M. Marnas, chez M. Guinon aîné, autour de 1850, relativement à la puissance décolorante de l'acide nitreux contenu dans les acides sulfuriques, mal fabriqués, livrés par le commerce, il fut conduit à introduire dans la teinture l'emploi du sulfate d'acide azoteux ou nitreux, dit aussi *cristaux des chambres de plomb*, pour blanchir les soies écrues jaunes en brûlant leur matière colorante.

Son emploi a un peu diminué de nos jours, car à côté de ses qualités il offre quelques inconvénients, qui ont un peu fait revenir à l'eau régale. Le produit *ad hoc*, livré par le commerce tout simplement sous le nom de *blanchiment*, s'obtient en saturant de gaz nitreux l'acide sulfurique à 66° du commerce, on obtient ainsi un produit d'un emploi et d'un transport dangereux, titrant 70° Beaumé ; le blanchiment forme un liquide encore plus sirupeux que l'acide sulfurique et devenant même butyreux par le froid.

Pour l'employer, il faut en verser de petites quantités dans un bain d'eau froide, il se dégage des vapeurs nitreuses au moment du contact avec l'eau ; ces vapeurs incommodent d'ailleurs fortement les ouvriers et peuvent, en se répandant dans l'atelier, altérer des couleurs délicates. Le bain bien brassé, comme doivent toujours l'être tous les bains de teinture, les soies bien dressées et embatonnées, prêtes sur des grilles, sont abattues, promenées et lisées vivement. Peu à peu la soie perd sa couleur jaune et se décolore ; mais il faut bien avoir soin de ne pas introduire trop de blanchiment dans les bains, sinon elle se colorerait alors en jaune d'une manière très-solide, par l'action de l'acide nitreux en excès, sur la soie même.

Les soies étant décolorées, le bain est écarté au canal et, comme précédemment, les soies sont rincées à grande eau, puis essorées et doivent être soufrées pour obtenir un blanchiment parfait.

§ 141. — SOUFRAGE.

Cette opération joue un grand rôle pour les blancs et les couleurs claires sur soie, et convient pour les trois genres écru, cuit et souple. Elle se pratique de temps immémorial et a subi peu de progrès ; elle consiste à exposer les soies à l'action de l'acide sulfureux-gazeux dans une chambre spéciale dite *soufroir* et qui fait partie de tout atelier de blancs et couleurs claires. Pour aller au soufroir, les soies doivent être soigneusement dressées à la cheville et humides, comme elles sortent d'ailleurs des diables après un bon essorage. On les dispose dans la chambre à soufre sur des perches élevées à une hauteur de deux mètres environ, et lorsque toutes les soies ont été disposées, on allume le soufre contenu dans une terrine de grès ou de fonte sise dans un coin de la pièce, de manière à ce que la flamme du soufre ne puisse brûler les matteaux ; le soufre étant bien allumé l'on abandonne la pièce et l'on ferme hermétiquement les issues.

Le soufre brûle tant qu'il trouve assez d'oxigène dans l'air confiné de la pièce, puis il s'éteint naturellement. L'acide sulfureux, produit par la combustion, agit sur la matière colorante et achève sa destruction commencée par les opérations précédentes.

L'action de l'acide sulfureux, simple au premier abord, est plus complexe en réalité ; en effet, l'acide sulfureux gazeux pur ou sa dissolution aqueuse concentrée ne donnent pas les mêmes résultats. Il faut, pour que l'acide sulfureux agisse, qu'il y ait le contact de l'air et surtout de l'oxygène, et pour arriver à détruire la couleur, il doit se produire, dans le soufroir, une suite de réactions. Il est même probable que l'acide sulfureux n'agit pas du tout, directement du moins ; peut-être qu'absorbé par l'humidité de la soie, et en vertu du pouvoir d'absorption des gaz que possède celle-ci, il se transforme au contact de l'air en acide sulfurique provoquant en même temps la formation d'une certaine quantité d'ozone, et que c'est ce dernier qui détruit la matière colorante. Il est probable également que, si l'on trouvait un mode de production économique de l'ozone, le soufrage serait remplacé, car il offre des inconvénients très-sérieux qui seront vus successivement. Le soufrage dure 5 à 6 heures, mais il est dans les habitudes de teinture de le commencer le soir et de laisser passer la nuit aux soies dans la chambre à soufre.

Le soufroir doit être placé dans un endroit où il n'incommode pas les ouvriers, ni les voisins lorsqu'on l'ouvre pour retirer les soies. Pour parer à ces inconvénients et en même temps, afin d'exercer une surveillance utile sur cette opération, M. Guinon a fait construire de petites chambres en maçonneries légères dans ses ateliers mêmes, et munies de deux forts tuyaux à soupapes, pouvant être manœuvrées de l'extérieur et placés l'un à la partie supérieure et l'autre à la partie inférieure. Le tuyau supérieur communique avec un tirage et le tuyau inférieur avec l'air extérieur. Les deux soupapes étant fermées, on procède au soufrage comme il vient d'être dit. L'opération terminée, l'on ouvre les deux soupapes, l'air de la chambre se rend dans le cheminée d'appel et est remplacé par de l'air pur, ce qui permet aux ouvriers de pénétrer dans le soufroir. Cette opération revient d'ailleurs à un prix fort minime, et si des essais ont été faits pour la remplacer, c'est plutôt au point de vue de la rapidité du temps que pour l'économie, car à ce point de vue elle défie toute con currence.

Comme après l'opération du soufrage, les soies retiennent une quantité notable d'acide sulfurique et surtout d'acide sulfureux, elles doivent être désoufrées avec soin en les rinçant avec de l'eau tiède en barque, et même il faut alcaliniser cette eau par un peu de cristaux de soude pour bien les dépouiller, principalement de l'acide sulfureux, très-nuisible dans les opérations de teinture.

Dans les opérations suivantes, l'acide sulfureux, retenu en quantité notable en vertu du pouvoir absorbant de la soie pour les gaz, et dont nous avons parlé chapitre III, page 87, peut être tellement nuisible que pour bien désoufrer les soies, il est encore bon, après les avoir fortement essorées sur le rinçage du désoufrage, de les maintenir un certain temps dans une étuve à 30 ou 40°, où elles laissent échapper une quantité très-notable d'acide sulfureux.

Le moyen le plus rationnel, sinon le plus pratique, pour les désoufrer complètement, serait sans nul doute de les soumettre, dans des appareils *ad hoc*, à l'action du vide.

Les soies, malgré ces opérations, blanchiment et soufrage, gardent toujours une teinte jaunâtre qu'il faut faire disparaître par l'opération de la teinture en blanc.

§ 142. — TEINTURE EN BLANC, AVIVAGE ET CHARGE DES SOIES ÉCRUES.

Depuis le siècle dernier, où la teinture en blanc, décrite par Macquer : *Art de la teinture*, s'effectuait comme de nos jours l'azurage du linge, en donnant à la soie un passage sur un bain de savon tenant de l'indigo en suspension et moulu très-fin, de grands changements ont eu lieu ; cette opération a fait de très-grands progrès, par l'emploi de produits solubles, tels que le carmin d'indigo, la cochenille ammoniacale, le rocou, et enfin, de nos jours, par celui des violets d'aniline.

La couleur destinée à masquer le ton jaune des soies, en le neutralisant, varie selon les demandes des fabricants. Il y a les blancs blancs, dits *blancs de lait*, *blancs de neige*; les blancs à tons bleutés, dits *blancs azurs*, les blancs à reflets violettés, les blancs à reflets rouges, les blancs à reflets jaunes ou orangés, dits *blancs de Chine*.

Au point de vue optique, il faut employer un violet convenable pour neutraliser le jaune de la soie; en l'employant en quantité voulue, on peut arriver à avoir une soie sans reflets, donnant les blancs blancs. En mettant un excès de violet, on donne à la soie un reflet violet; avec du bleu, un reflet bleu; pour obtenir un reflet rouge, l'on peut employer un violet rouge, et, enfin, par le rocou, on donne un reflet orangé assez agréable,

Pour teindre en blanc, il faut opérer avec des bains très-faibles en couleur, et éviter surtout qu'ils ne tirent trop vite; par conséquent, si l'on opère avec le carmin d'indigo et la cochenille ammoniacale, qui ont joué un grand rôle dans cette teinture, il faut que les bains soient neutres, et même les additionner d'une petite quantité de carbonate de chaux pour modérer la traction de la couleur par la fibre.

Pour le rocou, il faut donner cette couleur sur un bain de savon, et quant aux violets d'aniline, qui jouent maintenant un rôle sérieux, dans ces genres, il faut les donner sur un bain froid ou tiède de savon neuf, et avec les violets d'aniline, les eaux jouent par leur composition, un rôle bien moins sérieux qu'avec la cochenille ammoniacale et le carmin surfin d'indigo.

Il faut donc éviter l'emploi des bains concentrés et de tirer trop vite; on arrive à ce résultat par l'emploi des bains rendus alcalins, soit par le savon, soit par le carbonate de chaux, sinon l'on obtiendrait de véritables couleurs claires. Les soies teintes en blanc reçoivent une eau, ou sont rincées avec soin, si elles ont été teintes sur un bain de savon.

Selon les emplois, on leur donne un toucher craquant, en les passant dans un bain froid et faiblement acidulé à l'acide tartrique, acétique ou citrique (jus de citron). Cette opération s'appelle *avivage* et sert à exalter ce joli maniement, ce cri que fait entendre la soie lorsqu'elle sort de la cuite au savon. Si l'on ne tient pas, au contraire, à exalter ce maniement, on termine les soies purement et simplement sur le rinçage, et on les diable fort, puis on les dessèche à la chambre chaude, qui doit être peu éclairée, et chauffée avec ménagements.

Quelquefois on charge les blancs écrus, mais cette charge est très-limitée, et ne peut se pratiquer qu'avec des bains de sucre très-pur (méthode vue chapitre V, page 156). Je ne reviendrai pas sur le mode décrit dans ce chapitre, et pour terminer ce qui a rapport aux blancs écrus, il reste à dire que si les soies ne sont pas fraudées avant la mise en teinture par des matières solubles, elles ne perdent à peu près rien par la teinture en blanc, et comme elles peuvent gagner environ 15 °/₀ par l'emploi de la charge au sucre, le teinturier pourra rendre autour de 110 kilogrammes sur 100, qui lui auront été confiés, et de plus, il rendra la soie avec toutes ses propriétés.

§ 143. — BLANC SUR SOIE CUITE.

La soie est teinte en blanc cuit, lorsqu'il s'agit de mettre à profit toutes ses belles propriétés, qui en ont fait la reine des fibres textiles, soit : son brillant, sa douceur, etc., comme cela est nécessaire pour obtenir les beaux organsins blancs pour taffetas et satins, les poils pour velours. L'on fait également de belles trames cuites, mais généralement on les fait en souple.

De même que pour les blancs en cru, le teinturier peut faire à volonté des blancs magnifiques sur toute espèce de soie blanche ou jaune, L'obtention d'un blanc sur soie cuite comprend les opérations suivantes :

la cuite pour blancs,
le soufrage,
la teinture,
l'avivage et la charge.

Quelquefois la charge précède la cuite pour blancs, c'est lorsque l'on opère la charge avec les sels de baryte (chapitre V, page 159), ou la charge au bichlorure d'étain, dite charge X (chapitre V, page 158); dans ce cas, la cuite passant sur la charge ramène un peu, comme il a été dit, le toucher.

§ 144. — CUITE DES SOIES ÉCRUES POUR BLANC.

Elle ne diffère de la cuite, vue dans les généralités, que par les nombreuses précautions qu'elle réclame, en suite de la délicatesse du résultat final. Il faut d'abord employer de beaux savons d'olive, tout à fait supérieurs de qualité; ces savons, bien dissous, bien clarifiés et passés à travers une toile, doivent être additionnés de préférence à des bains d'eau purifiée des sels de chaux, comme il a été dit chapitre III, page 123, afin d'éviter la formation de savons calcaires, ou à des bains d'eau de condensation de vapeur.

La cuite complète se divise d'ailleurs en trois opérations, qui sont :

le dégommage,
la cuite,
le blanchiment.

Le dégommage se fait en passant les soies sur un bain de savon, à 33 °/. de savon de leur poids. Les soies passées en bâtons sont menées et lisées sur ce bain, maintenu à une témpérature très-voisine de l'ébullition sans cependant y arriver. Le dégommage a déjà été décrit chapitre III, pages 106 et 107 et comme il a été dit également dans le même chapitre, page 109, c'est sur cette opération qu'il convient de placer l'étirage si le fabricant le demande.

La cuite, décrite dans le même chapitre, page 107, a pour but d'achever l'œuvre du dégommage, et se fait ordinairement avec 17 °/. de savon neuf ; le bain de cuite peut servir comme savon neuf pour une opération suivante de dégommage.

Les soies retirées de la cuite sont vérifiées avec soin pour voir s'il ne reste pas des plaques non cuites dites *biscuit* ; dans ce cas, les matteaux offrant des biscuits, sont recuits avec d'autres soies.

Les soies sortant de la cuite, sont diablées fort pour recueillir le savon de cuite, et dressées avec soin à la cheville pour recevoir la troisième opération terminant la cuite, soit le blanchiment. Le *blanchiment* consiste en un savon neuf, à 10 °/₀ du poids de la soie, qu'on lui donne à une température de 50 à 60° de chaleur ; ce passage achève de la blanchir et de la dépouiller du savon de cuite. Les soies sortant du blanchiment sont relevées sur des grilles, égouttées, voltées et diablées fort pour être ensuite dressées à la cheville. Elles sont alors prêtes à subir un ou plusieurs soufrages, selon leur degré naturel de blancheur.

Il faut environ 50 à 60 °/₀ de bon savon d'olive pour cuire une soie pour blanc. Le savon de dégommage ne peut plus servir, sinon pour des noirs, mais cela a lieu rarement, car les ateliers de blancs vont peu avec ceux des noirs. Le savon de cuite, on l'a vu, peut être employé dans un nouveau dégommage.

Quant à l'installation, les barques de dégommage doivent être munies de serpentins pour maintenir facilement la température autour de 100°, et être à proximité des chaudières de cuite, ce qui permet de transvaser facilement le savon de cuite des chaudières dans les barques, surtout si celles-ci sont en contre-bas.

§ 145. — SOUFRAGE DES SOIES CUITES.

Le soufrage des soies cuites s'opère avec les mêmes précautions que le soufrage des soies crues ; les soies bien dressées et rangées sur les barres, sont abandonnées de six à douze heures dans le soufroir et, comme pour les soies crues, la théorie du soufrage est la même. La faible quantité de savon que contiennent les soies simplement diablées sur le blanchiment, favorise plutôt qu'elle ne gêne cette opération.

Un seul soufrage ne suffisant pas avec les soies colorées, il faut recommencer l'opération plusieurs fois. Les soies, amenées au plus grand degré de blancheur possible, sont aérées, puis soumises à l'opération du désoufrage, comme il a été dit pour les soies crues.

Le rinçage sur l'eau de cristaux de soude du désoufrage doit être fait avec un soin exceptionnel, pour bien priver les soies de tout corps gras; à la rigueur, deux eaux de cristaux de soude, successives, ne sont pas de trop pour éviter la formation de savons calcaires, qui conduisent plus tard à la formation de taches graisseuses sur les étoffes fabriquées.

Les soies, bien désoufrées, sont dressées avec soin à la cheville et prêtes à suivre en teinture.

§ 146. — TEINTURE EN BLANC DES SOIES CUITES.

La teinture des soies cuites, en blanc, comme celle des soies crues, a fait de grands progrès ; elle a les mêmes buts, couvrir l'œil jaune terne restant toujours à la soie, pour le remplacer par des tons plus agréables à la vue. Il faut éviter que les matières employées ne tirent trop vite et, comme pour les soies crues, pour arriver à ce résultat, il faut opérer avec des bains très-faibles en colorants et neutres, voire même saturés de carbonate de chaux, par des additions de craie ou de blanc d'albâtre en poudre dans l'eau, lorsqu'on opère avec le carmin d'indigo et la cochenille ammoniacale.

Comme pour les soies crues, les tons de rocou et de violet d'aniline peuvent se donner sur des bains de savon et à tiède.

Les soies cuites sortant de la teinture, on doit prendre pour elles les mêmes précautions que pour les blancs sur soie crue, afin de bien les rincer, puis elles sont avivées ou non, selon les demandes du fabricant.

L'organsin, teint en blanc cuit, constitue un des articles les plus délicats pour le teinturier, et depuis son entrée jusqu'à sa sortie du séchage il demande les plus grandes précautions, par contre c'est le genre qui conserve le mieux à la soie sa force et son élasticité.

§ 147. — DE LA CHARGE DES BLANCS SUR SOIE CUITE.

Les soies perdent à la cuite, selon les qualités, de 18 à 27 °/₀ ; on a vu que l'on pouvait les charger, avant la cuite, soit avec le sulfate de baryte, soit avec le bichlorure d'étain dit *charge X*, cette dernière charge donne ordinairement 25 °/₀ et peut aller à 40 °/₀, mais ces deux charges, purement métalliques, malgré le savon qui passe dessus, abiment le toucher de la soie et sont délaissées.

Par l'emploi d'un sirop de sucre très-pur, on arrive à rattraper une partie de la perte (voir chapitre V, charge au sucre), mais encore au détriment des belles propriétés de la soie. Il n'existe donc aucune charge rationelle pour blanc, et le meilleur pour le producteur d'étoffes est de s'en tenir à l'emploi de la soie pure.

§ 148. — DES BLANCS SOUPLES.

Les blancs en soie souple se font ordinairement sur la trame, et comme il a éte dit chapitre III, page 110, l'assouplissage est une opération toute moderne qui a créé un genre spécial de soie, intermédiaire entre la soie cuite et la soie crue. Le teinturier, dans l'obtention du blanc souple, doit chercher à obtenir la beauté du cuit, en laissant à la soie une partie de son grès, la partie albumonoïde, et lui conservant par conséquent plus de poids que par l'opération de la cuite.

La teinture en blanc sur souple comprend les opérations suivantes :

blanchiment pour souple,
assouplissage des soies décolorées,
teinture des soies assouplies, avivage,
charge des souples,
chevillage des souples.

§ 149. — BLANCHIMENT POUR SOUPLE.

Le blanchiment des soies destinées au souple, s'effectue rigoureusement comme s'il s'agissait d'une soie destinée à être finie en cru et la différence entre les deux genres ne commence qu'après la chambre à soufre. Les soies, au sortir du soufroir, sans être désoufrées, vont directement à l'assouplissage, opération des plus délicates, objet du paragraphe suivant.

§ 150. — ASSOUPLISSAGE DES SOIES POUR BLANC.

Cette opération, déjà vue chapitre III, page 110, prend les soies au sortir de la chambre à soufre quand il s'agit de souples pour blancs ; à la page 110, j'ai décrit l'assouplissage pour les couleurs foncées, commençant directement sur la soie non blanchie. Les détails restent d'ailleurs les mêmes et cette opération est toujours plus ou moins capricieuse. Les soies perdent par le traitement prolongé à l'eau presque bouillante et acidulée leur partie gélatineuse, et éprouvent un déchet pouvant aller dans les soies de pays jusqu'à 15 %. L'opération de l'assouplissage dans les blancs et couleurs est toujours complétée par celle vue plus loin dite du chevillage.

§ 151. — TEINTURE DES BLANCS SOUPLES.

La teinture des blancs pour souples, comme les précédentes, dispose des mêmes moyens et a les mêmes buts. Néanmoins, à cause du toucher des souples, craignant énormément l'influence des sels de chaux, il faut opérer de préférence, pour ces teintures, avec des eaux granitiques ou douces, comme celles de Saint-Chamond ou de Saint-Etienne, qui sont toujours légèrement alcalines par la présence d'un peu de silicate de potasse, qui agit en remplacement de l'addition de bicarbonate de chaux, dans les teintures avec la cochenille ammoniacale et le carmin d'indigo.

Les soies souples sont avivées ou non, selon l'emploi auquel elles sont destinées; dans tous les cas, elles ont toujours une tendance à se défiler et à duveter; pour parer à ces inconvénients, on introduit dans le bain d'avivage un peu de gélatine, 5 à 6 °/. du poids de la soie, de la variété dite façon colle de poisson; cette gélatine, en se séchant sur la fibre, colle les brins. Si l'on n'avive pas, on peut donner ce passage en gélatine isolément.

§ 152. — CHARGE DES SOUPLES.

Comme pour les soies cuites, la charge au sucre est la seule possible, et s'effectue avec les mêmes précautions.

En général, par le passage en sucre, le teinturier a en vue de rattraper le poids perdu par l'assouplissage, et par conséquent de rendre le poids qui lui a été confié à la mise en teinture.

§ 153. — DES BLANCS SUR SOIES FORTEMENT MONTÉES.

Les blancs sur soies fortement montées ne diffèrent des blancs sur soie cuite que par quelques questions de détail. Ils s'opèrent toujours sur soies cuites. Pour les grenadines, comme il a été vu, chapitre II, page 66, elles doivent être cuites avec des appareils tendeurs, tenant le mateau développé et tirant, sinon elles se crisperaient, par suite de leur forte torsion.

Les cordonnets et les floches peuvent être cuits indifféremment au savon ou à la soude caustique. (Voir la cuite aux alcalis caustiques, chapitre III, page 102).

Les précautions consistent surtout dans les rinçages, qui doivent être faits avec le plus grand soin, et aidés d'une batture sur la pierre, pour bien les dégorger sur la cuite.

Les soufrages se font comme pour les soies fines, et la teinture sur les soies bien décolorées se fait comme pour celles-là également.

La terminaison des grenadines, floches et cordonnets joue un grand rôle; quelquefois il faut leur donner un toucher craquant par un avivage acide, et pour aider à donner un peu de fermeté, ajouter de la gélatine comme pour les soies souples; d'autres fois, non-seulement il faut éviter de donner un toucher craquant, mais encore, dans le cas où elles sont destinées aux soies à coudre, il faut leur donner un toucher mou spécial, qui sera décrit en parlant des soies à coudre pour noir, chapitre XIII, au paragraphe dit *Terrage*, précédant les opérations suivantes, pour soies fortement montées, dites chevillage et pliage, destinées à leur donner le plus de lustre possible.

§ 154. — DES BLANCS SUR FANTAISIES, SHAPPES, FLOCHES ET CORDONNETS FANTAISIE.

La fantaisie et les shappes, qui dans ces genres sont les correspondants des soies fines, sont cuites comme celles-ci au savon, seulement un seul passage suffit. Il convient de cuire les fantaisies ou shappes en barque et sur un savon un peu gras.

Les floches et cordonnets fantaisie sont de préférence cuits à la soude caustique, qui, tout en les cuisant, brûle un peu le duvet.

Les précautions restent les mêmes que pour les soies fortement montées pour les rinçages, la teinture, l'avivage pour toucher craquant, ou le terrage pour toucher mou.

Sur la teinture et avant leur emploi, ces genres doivent subir une opération spéciale, dite *flambage* ou *gazage*, qui sera décrite chapitre XIII, et qui a pour but de détruire le duvet inhérent à leur qualité.

Les articles de soies ou fantaisies, fortement montées, sont destinés aux dentelles, à la passementerie, à la broderie, à la couture, etc., et sauf la cuite à la soude caustique, plus employée pour les fantaisies que pour les soies fortement montées, et le gazage ou flambage, usité seulement pour la fantaisie et ses dérivés, ils se font de même.

§155. — DE LA TEINTURE DES SOIES TUSSAH EN BLANC.

A la fin du chapitre III, paragraphe 29, j'ai montré que la soie sauvage, dite *Tussah*, malgré les tentatives faites à son égard n'avait pas encore pu rivaliser avec la soie ordinaire, la difficulté consistant dans son blanchiment et surtout à bien la couvrir en teinture.

Néanmoins, pour les blancs, on est arrivé à des résultats assez heureux, en suivant une méthode de blanchiment due à M. Teissié du Mottay.

Cette méthode comprend deux opérations, soit la cuite et le blanchissage.

La cuite n'offre rien de particulier sur celle qui a été décrite chapitre III, page 125, et s'opère avec ménagement dans un bain de soude caustique étendue, à une chaleur de 60 à 80°. Il y a plutôt nettoyage de la soie que cuite proprement dite. La perte est excessivement variable, de 10 à 30 %. Les soies bien dégorgées, ayant perdu en partie leur couleur brune, leur toucher dur et leur odeur repoussante, sont soumises au blanchiment.

Le *blanchiment de M. Teissié du Mottay* s'opère en passant les soies sauvages rincées soigneusement sur la cuite, dans un bain froid et faible d'hypermanganate de potasse. Peu à peu, en lisant les soies sur ce bain, elles se colorent en marron foncé, pendant que le bain se décolore. La réaction qui se passe est sans nul doute l'oxydation de la matière colorante de la soie par l'excès d'oxygène de l'hypermanganate. Il y a décoloration du bain, par suite de la destruction de l'acide hypermanganiqne, en même temps qu'un produit moins oxygéné du manganèse, le bioxyde, se dépose sur la fibre qu'il teint en marron.

Les soies sont alors passées sur un bain faible d'acide sulfureux ou de bisulfite de soude, pour enlever tout le dépôt de bioxyde de manganèse. Sous ces influences, successivement oxydantes et réductrices, la soie sauvage, à moins qu'elle ne provienne de vers ayant vécu sur des chênes, et, dans ce cas, trop riche en tannin pour pouvoir être décolorée, est assez bien blanchie pour pouvoir, après azurage ou passage en d'autres bains colorants, selon les tons de blancs désirés, rivaliser avec la soie ordinaire, dont elle est quelquefois le meilleur succédané.

§ 156. — DES COTONS GLACÉS TEINTS EN BLANC.

Depuis une quinzaine d'années, par suite de l'élévation du prix des soies, l'emploi de fils de coton, et spécialement de fils dits *cotons glacés* s'est introduit d'une manière sérieuse dans la pratique du tissage des étoffes de soie.

Les fils pour glaçage sont choisis aussi fins et régulièrement filés que possible, puis, après avoir subi les opérations de cuite et blanchiment, ils sont soumis à l'action du glaçage. qui a pour but de leur donner un brillant imitant celui de la soie.

Le glaçage, objet d'une industrie spéciale, s'obtient en déposant sur la fibre un mélange, véritable émulsion à formule variable, selon les genres et les producteurs, et composée de fécule amenée à l'état d'empois, et dans lequel on incorpore, pendant qu'il est encore chaud, divers corps gras ou cireux, soit : de l'acide stéarique, de la cire blanche et de la paraffine. Par le refroidissement, ce mélange fait à chaud reste mêlé intimement, surtout si l'on a la précaution de le remuer jusqu'à complet refroidissement.

Ce mélange étant bien déposé sur les flottes, et celles-ci étant séchées, on les soumet à l'action de brosses, en les faisant tourner, tendues sur deux cylindres, durant un certain temps; elles acquièrent alors, sous cette influence, un lustre et un brillant imitant celui de la soie.

CHAPITRE IX

SOMMAIRE. — Teinture des soies en couleurs franches. — Préparation des soies fines en cru, cuit et souple. — Teinture en violet. — Teinture en bleu. — Teinture en vert. — Teinture en jaune. — Teinture en orange. — Teinture en rose et rouge. — Charge des soies fines teintes en couleurs claires. — Teinture des couleurs claires sur soies fortement montées. — Teinture des fantaisies et dérivés fantaisie fortement montés. — Teinture de couleurs franches sur soie Tussah. — Cotons glacés teints en couleurs franches.

§ 157. — TEINTURE DES SOIES EN COULEURS FRANCHES.

Par couleurs franches, il faut entendre, comme on l'a vu dans les théories optiques, toutes celles dont les tons foncés ou clairs rentrent dans ceux des couleurs spectrales, soit toutes les couleurs sans mélange de noir.

Malgré cette définition, dans la pratique on admet comme couleurs franches celles qui ne s'en éloignent pas trop.

Les couleurs franches peuvent être obtenues soit par l'emploi de produits colorés les donnant directement, soit par des combinaisons de couleurs entre elles; dans ce cas, la couleur résultante n'est jamais aussi fraîche que celles obtenues directement.

Pour la description des couleurs franches, j'ai adopté l'ordre du spectre solaire, en commençant par le violet, et je n'ai gardé que 6 couleurs typiques, soit le violet, le *bleu*, le *vert*, le *jaune*, l'*orange* et le *rouge*.

Dans les violets, il faut considérer les tons les plus rouges, allant jusqu'aux tons les plus bleus, et dans cette classe, je fais rentrer les couleurs pensées.

Dans les bleus, depuis les bleus violets rappelant l'indigo, il y a également à suivre une gradation jusqu'aux bleus tirant sur le vert.

Dans les verts, en prenant les bleus verdâtres, en passant insensiblement par les verts purs, on arrive aux verts jaunâtres.

Les jaunes offrent moins de gradation, et des jaunes à tons verdâtres, on arrive assez vite aux tons orangés.

Les tons orangés conduisent aux tons rouges, ces deux dernières couleurs sont celles qui ont subi le moins de progrès.

Enfin, les rouges nous offrent une riche variété de nuances très-éclatantes, et l'on peut dire que sous le nom de rouge le vulgaire confond beaucoup de nuances qui ne sont, comme on l'a vu, rien moins que rouge. Dans le rouge, je comprends la description du pourpre, qui est le produit du mélange du rouge et du violet, et termine la série des couleurs.

Si l'on considère le cercle chromatique ci-contre, on se rendra facilement compte de cette gradation des couleurs.

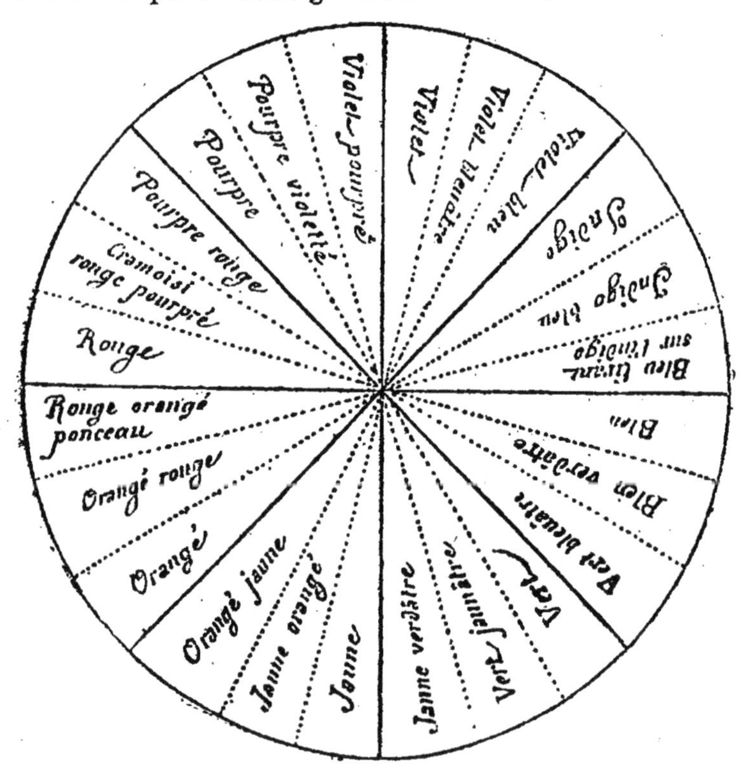

§ 158. — PRÉPARATION DES SOIES CRUES, CUITES ET SOUPLES POUR COULEURS FRANCHES.

Les soies crues, cuites et souples, préparées pour les couleurs très-claires, doivent l'être rigoureusement, comme pour les blancs; pour les autres couleurs, elles demandent un peu moins de précautions; ainsi, si plusieurs soufrages sont nécessaires pour un bleu de ciel ou bleu clair, un seul soufrage suffira pour un bleu foncé.

Les soies destinées aux couleurs doivent être désoufrées avec non moins de soin que les soies destinées aux teintures en blanc, et ne diffèrent de celles-ci qu'en ce que les quantités de couleurs qu'elles doivent recevoir sont plus considérables.

§ 159. — DE LA TEINTURE EN VIOLET.

La teinture en couleurs violettes est une des plus redevables aux progrès de la chimie moderne; on peut même dire que ce n'est guère que de la deuxième moitié du XIXe siècle que le teinturier aura pu faire de belles couleurs violettes dans les tons variant du violet le plus rouge au violet le plus bleu, en nuances éclatantes comparables à celles de l'arc-en-ciel, facilement et avec une solidité assez grande.

Les violets faits dans le siècle dernier se divisaient en deux classes, soit :

Les violets grands teints,

Les violets faux teints.

Les *violets grands teints* sont le résultat de la combinaison, sur la fibre textile soyeuse, de la couleur de l'indigo et du rouge de cochenille tirant plus ou moins lui-même sur le pourpre.

Pour les obtenir, on donne à la soie un pied de cramoisi de cochenille (1) (voir plus loin cramoisi de cochenille) et on couvre en bleu de cuve (voir plus loin bleu de cuve). On varie en ton rougeâtre ou bleuâtre, selon l'intensité relative du pied de cochenille et de la couverture en bleu de cuve.

Par suite de leur composition, ces violets sont très-solides, et quoique moins beaux que les violets modernes, il est évident que, par suite de leur solidité, ils conviennent mieux pour des articles de grand ameublement.

Déjà, dans le siècle dernier, pour diminuer leur prix de revient, on ajoutait de l'orseille au pied de cochenille; mais, en même temps, on diminuait la solidité.

Les *violets faux teints*, ainsi nommés à cause de leur peu de solidité, se font en remplaçant complètement le pied de cochenille par un pied d'orseille (voir plus loin teinture à l'orseille), et terminant au bleu de cuve. Ces violets sont très-instables et ne supportent pas la moindre quantité d'acide, qui ferait passer le ton violet de l'orseille au rouge grenat. De même que pour les violets grands teints, le ton du violet variait du rougeâtre au bleuâtre, selon les proportions respectives du pied d'orseille et de la couverture en bleu de cuve. Pour augmenter la rougeur de ces violets, il faut donner un pied de cramoisi faux au Brésil (voir plus loin: cramoisi faux au Brésil). L'on peut même terminer sans bleu de cuve, par une teinture en orseille. Ces violets sont encore moins solides que les précédents. L'orseille non virée aux acides donne par elle-même une variété de violet faux teint, dit *violet évêque*, ou violet à l'orseille.

(1) On appelle donner un pied à la soie, une première opération jouant un rôle capital sur le résultat final en teinture; ainsi on dit : donner un pied de cochenille, de bleu, de fer, etc. Mais la cuite n'est pas considérée comme un pied, parce qu'elle ne laisse rien sur la soie, et ne joue pas un rôle sur le résultat tinctorial.

Le *violet à l'orseille*, ou *violet évêque*, est des plus faciles à obtenir sur tous les genres de soie ; il suffit pour cela de liser la soie sur un bain neutre ou faiblement alcalin, obtenu par l'addition d'une décoction d'orseille ordinaire du commerce. La nuance obtenue est très-belle et très-pure, malheureusement elle est d'une très-grande instabilité. La moindre trace d'acide la ramène au rouge grenat ; il faut donc sur la teinture éviter tout avivage acide et se contenter de bien rincer les soies, et après les avoir diablées, les sécher à l'ombre.

Les *violets dits de campêche* ont joué un grand rôle dans le siècle dernier ; ils sont plus bleus que les précédents et un peu moins fugaces, quoiqu'ils le soient encore beaucoup.

Pour les obtenir, il faut aluner avec soin la soie et la passer ensuite dans un bain tiède de bois de campêche ou bois d'Inde. Les violets ainsi obtenus, comme toutes les couleurs faites avec l'aide des mordants et du bois de campêche, résistent bien à l'action du savon, même à chaud ; mais il n'en est pas de même de celle des acides étendus. Avec ceux-ci, surtout dans le cas des acides minéraux énergiques, surtout à chaud, ils sont complètement détruits ; l'alumine est dissoute et enlevée de dessus la soie, et la matière colorante fixée se dissout en jaune-orangé dans l'eau acide. Néanmoins, ces violets peuvent supporter l'action des acides très-dilués et à froid, tels que les acides tartrique, acétique, citrique, etc., en général, les acides organiques.

L'alun donne des violets rouges ; pour obtenir des violets tirant sur le bleu, il faut donner à la soie un mordançage au verdet, acétate de cuivre, et teindre dans un bain tiède de solution de bois de campêche. On rougira à volonté ces violets par des passages en solution d'alun plus ou moins concentrée, suivant la durée du temps d'action de l'alun.

Si l'on ajoute de la décoction, ou *jus de Brésil*, à la décoction de campêche, on porte plus au rouge les violets qu'avec le campêche seul. Pour obtenir les meilleurs résultats, il faut passer la soie alunée d'abord dans un bain de bois de Brésil, puis, le bain étant épuisé, y ajouter la dose voulue de bois de campêche, et pour terminer ajouter au bain un peu de cendres gravelées, ou une dissolution alcaline. Ces violets, ainsi que ceux à l'orseille, veulent être rincés avec soin, de préférence dans une eau calcaire, et, après tordage ou diablage, être séchés à l'ombre et avec une chaleur ménagée.

Les *violets au bleu Raymond*, obtenus par une addition de rouge à un bleu au prussiate de fer, ont joué un rôle assez sérieux; mais ils tiennent de toutes les couleurs dans lesquelles il entre du bleu Raymond (voir plus loin bleu Raymond), c'est-à-dire que la soie prend une certaine dureté ou âcreté.

Depuis l'introduction du bleu Raymond dans les violets, de grands progrès ont été faits pour l'obtention des violets, et de plus, les expressions de violet grand teint et de violet faux teint ont disparu complètement. Les violets modernes, en effet, sans avoir la grande solidité des violets au pied de cochenille et à la cuve d'indigo, peuvent tous être regardés comme beaucoup plus solides que les violets anciens, dits faux teints, soit les violets à l'orseille, au campêche, etc. On peut diviser les violets modernes comme suit :

les violets à l'orcanette;

les violets à la pourpre française;

les violets à l'harmaline;

les violets de phénylrosaniline;

les violets Hoffmann, ou violets dahlia;

les violets d'éthyle et de méthylrosaniline.

Les *violets à l'orcanette*, très-beaux et très-solides, sont réellement les premiers violets directs, pouvant mériter ce nom.

Vidallin, de Lyon, obtint une grande vogue avec l'orcanette, en 1843, 1844 et 1845. Son procédé consiste à aluner soigneusement les soies de préférence avec l'acétate d'alumine, puis à les teindre comme il a été dit, chapitre VII, page 297, à l'aide d'une solution alcoolique d'orcanette que l'on verse dans un bain de savon. Les soies mordancées en alumine avec soin acquièrent une belle couleur violette très-solide; malheureusement la grande quantité d'alcool indispensable pour ces genres de teinture n'a pas tardé à les faire abandonner, surtout devant les progrès récents.

Les *violets à la pourpre française* décrite chapitre VII, page 306, dont le nom rappelle celui des anciennes couleurs pourpres, ne sont rien moins que pourpre, mais bien une magnifique couleur violette, dans le genre de celle de l'orseille.

La pourpre eut un très-grand succès en 1857-1858, époque à laquelle elle cède le pas à l'harmaline de Perkins. Pour l'employer, après l'avoir dissoute dans l'eau, avec les prescriptions vues, chapitre VII, page 307, il suffit de liser la soie purement et simplement sur un bain neutre ou alcalin. Elle tire bien mieux sur les fibres animales et par conséquent sur la soie que l'orseille ordinaire. Elle lui donne immédiatement des nuances mauves et marguerites, qu'il est facile de virer en bleu par le carmin surfin d'indigo, ou à des nuances plus rouges par le safranum.

Les nuances de la pourpre française, quoique tenant, comme origine et comme beauté, de celles de l'orseille, sont relativement solides et ne virent pas par les acides organiques étendus. Les soies teintes avec cette substance sont donc susceptibles de pouvoir supporter des avivages faibles.

Le *violet d'harmaline*, dont il a été question, chapitre VII, page 326, dès son apparition, fit un bruit considérable et, dès 1868, porta un grand coup au violet précédent. Ce violet, livré jadis en pâte ou en liquide épais, est des plus faciles à appliquer ; il suffit, selon la quantité des soies à teindre, de dissoudre dans un bain faiblement acidulé une quantité voulue de la matière colorante, et d'y manœuvrer les soies. Si la nuance à obtenir est foncée, il faut mettre le colorant en plusieurs fois ; cette règle est d'ailleurs générale, sinon l'on s'exposerait à marbrer, en plongeant les soies au début dans des bains trop forts en couleur.

Les tons donnés par l'harmaline sont un peu rouges ; mais il est facile, comme pour le violet précédent, de les virer au bleu par le carmin surfin d'indigo, ou un bleu d'aniline. Le violet d'harmaline est d'ailleurs, une fois fixé sur soie, très-solide aux influences atmosphériques ; à ce point de vue, il est regrettable qu'il ait été abandonné devant de nouvelles couleurs violettes moins solides. Les acides minéraux le font virer au bleu ; mais les alcalis faibles ramènent la nuance ; à chaud, les solutions alcalines, même le savon, démontent cette couleur.

Les *violets de phénylrosaniline*, dits *violets pervenche* ou *violets de Parme* (voir chapitre VII), page 338), qui déplacèrent les violets d'harmaline, jouirent pendant quelque temps d'une très-grande vogue. Ils offrirent les premiers la possibilité de faire des violets variant depuis les tons rouges (violets pervenche) jusqu'aux tons bleus (violets de Parme), selon les produits demandés par le teinturier, ce que ne pouvait faire l'harmaline, ne donnant qu'une seule nuance à ton rouge définitif.

A côté de cette qualité, ils ont offert la même difficulté que l'orcanette, c'est-à-dire la nécessité de teindre dans des bains, en passant par des solutions alcooliques, vu leur insolubilité dans l'eau, et les violets solubilisés faits en dernier temps n'ayant jamais eu un grand succès.

Pour teindre avec ces violets, il faut verser la solution alcoolique du violet-rouge ou violet bleu, selon le ton voulu, ou d'un mélange, dans un bain chauffé à 80° et légèrement acidule à l'acide sulfurique, ou mieux à l'acide arsénique, qui unit mieux la couleur; dans ce cas, il faut prendre de grandes précautions pour les ouvriers, afin d'éviter les douleurs qui apparaissent sous les ongles, et faire teindre avec des gants de caoutchouc.

Le bain étant monté et bien mélangé, les soies sont manœuvrées; s'il est utile, c'est-à-dire si la couleur est foncée, on ajoute le liquide colorant en plusieurs fois. Plus le bain sera fort en acide et plus la couleur virera au bleu, outre qu'elle s'unira mieux; il y a cependant des limites, sinon on altérerait la fibre.

Le violet fini, on rince les soies, puis on les avive ou non avant de les sécher.

Ces violets, après avoir tué celui de l'harmaline, furent à leur tour déplacés par l'apparition du violet dahlia, en 1862.

Violets Hoffmann, violets dahlia.

Ces violets, décrits chapitre VII, page 355, ne tardèrent pas, en teinture, à faire sensation; car, outre leur grande solubilité, ils offraient sur les précédents l'avantage d'une grande fraîcheur.

Au début, ces violets, qui ne sont autres que les dérivés éthyliques de la rosaniline, étaient surtout des violets à tons rouges; ils reçurent le nom de *violets dahlia.* Leur emploi ne fut d'ailleurs qu'un emploi de transition, et, à leur tour, ils cédèrent le pas aux violets suivants, dont ils ne diffèrent que par le mode de fabrication et l'introduction du méthyle, concurremment à l'éthyle.

Leur emploi est des plus simples; il suffit de manœuvrer ou liser les soies sur un bain de ces violets, acidulé à l'acide acétique; il faut éviter l'emploi des acides minéraux énergiques.

Les soies finies sont rincées et avivées, s'il y a lieu, avec l'acide acétique, avant d'aller au séchage. Ces violets sont plutôt remarquables dans les tons rouges que dans les tons bleus, auxquels ils n'arrivent pas d'ailleurs sans des additions de bleu.

Des bains trop chauds et l'emploi des acides minéraux les altèrent; ils sont cependant plus solides, une fois fixés sur la fibre textile, comme tous les violets d'aniline; ils sont démontés par l'emploi des liqueurs alcalines, même du savon, surtout à chaud.

Violets de méthyle, violets de Paris

Ces violets, décrits chapitre VII, page 358, offrent la gamme des couleurs les plus riches dans les couleurs d'aniline et dans les couleurs violettes. Comme on l'a vu dans leur description, il est possible d'obtenir, par leur emploi, les tons les plus variés, depuis les violets les plus riches (violets d'éthyle) jusqu'aux tons les plus bleus (violets de méthyle), avec les produits que livrent les fabricants.

Leur emploi est des plus faciles; il suffit de les dissoudre à l'eau bouillante et de filtrer soigneusement la dissolution pour éviter les parties goudronneuses qu'ils retiennent toujours et qui terniraient les soies à place.

Pour teindre, il faut manœuvrer les soies, bien dressées, sur un bain tiède et acidulé à l'acide acétique, ou sur un bain faible de savon coupé dans lequel la solution du violet du ton que l'on désire, est ajoutée en une ou plusieurs fois, selon l'intensité de la nuance que l'on veut obtenir. Les soies finies sont rincées et reçoivent un léger avivage, s'il y a lieu, pour des touchers craquants.

Ils tiennent des mêmes propriétés que les précédents pour la solidité; mais ils offrent sur ceux-ci l'avantage d'être livrés à plus bas prix par les fabricants, et par l'introduction du méthyle dans leur composition, la possibilité de faire des violets beaucoup plus bleus.

En présence des nombreux avantages qu'ils offrent au teinturier, il n'est donc pas étonnant qu'ils aient à peu près détrôné tous leurs rivaux, pour l'obtention des violets francs.

Couleurs pensées diverses

Je rattache à la teinture des violets les couleurs pensées, qui, d'après la théorie de M. Lembert, se produisent par des combinaisons de violet et de jaune; on variera les tons de pensée, selon la nature du violet et du jaune employés. Les violets seront les violets précédents, donnés sur une soie ayant reçu un *pied de gaude* (voir plus loin, même chapitre, teinture en jaune), ou bien le teinturier donnera d'abord un fond de violet et terminera par un passage sur un bain d'acide picrique ou d'épine-vinette, ou encore de curcuma.

§ 160. — TEINTURE EN INDIGO ET BLEU.

Dans ce paragraphe, je range toutes les couleurs comprises dans le cercle chromatique, page 434, commençant aux violets bleus et se terminant aux bleus-verts, soit les couleurs *indigo* et *bleu*.

Pendant longtemps, le bleu de cuve d'indigo et le bleu de campêche, donnant, comme pour les violets, des couleurs dites *grand teint* et *faux teint*, ont joué un rôle considérable et ont même été les seuls bleus connus. Le champ du coloriste était donc des plus restreint; on peut même dire qu'il ne se faisait pas de bleus proprement dits; mais aujourd'hui ce champ s'est considérablement agrandi par les progrès modernes, ainsi que le montre le résumé des couleurs ci-dessous, soit :

bleus de cuve ou bleus indigo;

bleu au campêche;
bleu au carmin d'indigo;
bleu Raymond;
bleu d'azuline;
bleu d'aniline.

Bleu de cuve

Ce bleu, donnant des tons indigo, plus ou moins obscurci, après avoir joué un grand rôle, est aujourd'hui complètement abandonné, et je ne le donne ici que pour mémoire, quoique peut-être un jour il sera de nouveau employé dans certains cas, non comme couleur éclatante, mais comme couleur complémentaire, pour donner des tons bleus très-solides dans des couleurs composées et les noirs qui l'emploieront avec succès dans certains cas.

La cuve d'indigo, dite cuve à chaud pour soie, décrite dans le chapitre VII, page 185, faisait autrefois partie indispensable de tous les ateliers de teinture. Cette cuve demande de grands soins et des ouvriers exercés pour la conduire, et si l'emploi du bleu de cuve revenait, on trouverait, par les progrès modernes, une grande simplification dans l'emploi des cuves au zinc, qui nous sont venues d'Allemagne, sous le nom de *cuves au préparat*. Le mot de préparat désigne le zinc en poudre impalpable.

On peut monter des cuves pour soie, remplaçant les cuves à chaud, simplement en agitant ensemble un mélange de :

Indigo finement pulvérisé	1 kil.
Zinc en poudre.	1 kil.
Ammoniaque du commerce	3 lit.

Ce mélange, bien remué, s'échauffe par suite de la réaction (voir pour la théorie, page 384), devient jaune et offre, comme les cuves, des fleurées vertes cuivrées à la surface, puis il s'épaissit peu à peu et devient ferme; il est convenable de préparer la masse à l'avance, soit la veille.

Au moment de s'en servir, il suffit de prendre une quantité convenable du mélange, d'après le bleu à obtenir, qu'on délaye dans un bain d'eau tiède additionnée d'une faible quantité de sulfure de sodium. Ce bain, ainsi préparé, offre les apparences d'une cuve à chaud.

On arrive au même résultat en traitant du bisulfite de soude à 35° Beaumé par du zinc en poudre. Sous cette influence, il se forme du sulfure de sodium et du sulfure de zinc. Au bout d'une heure, la réaction est terminée, on décante pour séparer le zinc excédant et on additionne la liqueur d'un lait de chaux, qui précipite l'oxyde de zinc, on filtre à l'abri de l'air autant que possible, et la liqueur, qui n'est en réalité qu'un mélange de sulfure de sodium et de calcium, dissout très-bien l'indigotine, et monte d'excellentes cuves.

Je préfère la première formule, qui satisfait à tous les besoins et est plus simple; elle a été indiquée par M. Stahlschmidt, en 1868, soit de dissoudre l'indigo dans l'ammoniaque à l'aide du zinc; on obtient des dissolutions mélangées d'indigotine et d'oxyde de zinc dans l'ammoniaque; le sulfure ajouté au bain de teinture a pour but d'empêcher l'oxydation, dans le bain même, de l'indigotine réduite par le mélange de la préparation et du bain; il se fait bien un précipité laiteux de sulfure de zinc, mais qui ne gêne en rien.

Le bain étant préparé, les soies sont lisées dessus à tiède, puis elles sont retirées; ici il conviendrait de pouvoir enlever toute la partie à la fois, en levant les bâtons de lise à l'aide d'un cadre s'enlevant par des poulies, de manière à laisser égoutter sur le bain même. Les soies sont ensuite, après égouttage, abandonnées à l'air, et même lisées, car ce n'est que l'action de l'oxygène de l'air qui développe le bleu. La fixation, pour être bien faite, demande un certain temps, au moins une heure; peu à peu les soies, qui sont sorties jaunes, deviennent verdâtres, puis bleues. Selon le degré du bleu indigo voulu et la richesse du bain colorant, un seul passage peut suffire; mais, ordinairement, il faut plusieurs passages pour arriver à ce résultat; dans ce cas, il faudrait, après chaque oxydation, redescendre le cadre sur la barque et manœuvrer un moment les soies sur le bain, un passage de dix à quinze minutes suffit pour imprégner de nouveau la soie.

Pour obtenir de bons résultats, il faut des cuves permanentes et travaillant constamment; la soie ne fixe l'indigo à l'état coloré que comme le coton, à l'aide de l'oxygène de l'air et n'épuise nullement les bains, ce que fait la laine. C'est pour cette raison que la cuve doit être permanente, et qu'il faut opérer avec des bains concentrés et par petites parties de soie.

Le bleu, une fois fixé sur la soie, reste toujours un peu vert; pour le déverdir et lui donner un ton convenable, c'est-à-dire un ton indigo, il faut lui donner un passage dans une eau aiguisée d'acide sulfurique.

Le bleu de cuve bien fait donne des tons indigos, mais moins riches que celui de l'arc-en-ciel; les tons sont toujours souillés par du noir. Sauf l'action des agents oxydants, tels que le chlore, l'acide nitrique, on peut dire que le bleu de cuve résiste à tout, et de là le nom de *grand teint* qu'il avait reçu.

Dans le paragraphe précédent, on a vu que le bleu de cuve servait dans les violets grands teints, qui sont délaissés de nos jours.

Les *bleus au bois d'Inde* ou *bleus faux teints*, dont le rôle comme couleur a disparu ou à peu près, s'obtiennent en mordançant avec soin les soies dans un bain léger de verdet ou acétate de cuivre cristallisé, à 5 % de verdet du poids des soies. Les soies lisées sur ce bain demi-heure, sont égouttées et tordues à la cheville ou diablées fortement, puis elles sont lisées à froid, sur un bain contenant 50 % de bois d'Inde du poids de la soie. Elles prennent alors une couleur bleue, qu'un passage dans un bain de savon chaud avive; mais cette couleur est tout à fait faux teint; elle passe à l'air en devenant gris de fer, et le moindre avivage à un acide minéral la touche, et si l'avivage est un peu fort, elle est démontée complètement. La soie rougit, puis se décolore ou à peu près.

Les bleus au bois d'Inde servaient surtout à falsifier les bleus de cuve; en effet, si le prix de revient de ceux-ci est très-élevé, celui des bleus au bois d'Inde est, au contraire, très-minime.

On a vu dans le paragraphe précédent que l'on combinait ces bleus à la cochenille, à l'orseille et pour l'obtention de violets plus ou moins éclatants. Depuis l'invasion des nouvelles couleurs, les bleus de bois d'Inde ont été abandonnés; mais en quittant les couleurs franches, ils ont trouvé un asile dans les noirs fins, qui seront vus au chapitre XI, où combinés avec les fonds donnés à la soie, ils acquièrent une certaine solidité, donnent un ton noir-bleu dégagé; de plus, comme ils supportent impunément l'action du savon, même bouillant, ils conviennent bien pour ces genres qui veulent être finis sur des bains de savon.

Le *sulfate d'indigo* est venu, dans le siècle dernier, constituer le premier progrès sérieux dans les bleus. Mais, quoique Barth l'ait indiqué dès 1710, il ne paraît avoir été mis en pratique que vers la fin du siècle, car Macquer n'en parle pas dans son art de la teinture, écrit en 1763.

Au début, le teinturier a dû teindre exclusivement avec la *dissolution* ou *composition d'indigo* (page 288), puis il a employé l'indigo dit indigo distillé (page 288), et ce n'est que de notre siècle que date l'emploi du carmin d'indigo (page 288) (1).

(1) La première fabrique de carmin d'indigo est due à MM. Ribollet frères, de Lyon, et remonte à 1835. Aujourd'hui, cette industrie a pris une extension considérable.

La teinture avec ces produits est des plus simples, pour teindre avec la *composition d'indigo*, comme elle est très-acide, il convient de saturer une partie de l'acide sulfurique par du carbonate de soude, puis de délayer le produit dans le bain, chauffé à 40° environ. Les soies sont manœuvrées sur ce bain. La couleur monte assez rapidement; comme toujours, il convient, pour obtenir les nuances foncées, d'ajouter la couleur en plusieurs fois.

Les soies teintes sont rincées avec précaution, puis reçoivent un léger avivage à l'acide sulfurique, pour toucher craquant, sinon elles sont gardées telles quelles sur le rinçage. La composition d'indigo donne des tons verdâtres un peu brunis ; complètement abandonnée pour les nuances pures, elle a trouvé un refuge dans la production des couleurs combinées, où elle joue quelquefois un rôle sérieux ; elle couvre mieux que le bleu distillé et le carmin d'indigo.

La *teinture au bleu distillé ou au carmin d'indigo* est également des plus faciles; il faut dissoudre soigneusement les produits livrés par le commerce, ordinairement à l'état de pâte, rarement à l'état sec (1), puis les ajouter au bain de teinture, qui doit être faiblement acidulé, car le carmin d'indigo étant neutre, quelquefois même alcalin, tirerait mal et même pas du tout.

La soie manœuvrée sur un bain monté dans ces conditions se couvre assez bien, prend des tons bleus-vérts plus purs que ceux de la composition; finie, il faut également la rincer avec précaution et l'aviver, s'il y a lieu, sur un bain faiblement acidulé.

Les bleus faits avec les dérivés sulfuriques de l'indigo sont malheureusement très-peu solides, ne résistent pas aux solutions alcalines, même au savon, qui les démontent avec la plus grande

(1) Le carmin d'indigo, livré à l'état sec, a pris divers noms, tels que ceux d'indigoferrine, indigotine, etc.

facilité ; ils craignent également la lumière et les agents atmosphériques, aussi ont-ils été vite déplacés par les bleus venus plus tard. En se combinant avec l'acide sulfurique, on peut dire que l'indigotine a perdu complètement ses propriétés, elle a même changé de couleur, car les bleus à l'indigo solubilisé tirent sur le vert, et sont loin de la teinte de l'indigo de cuve.

Bleu Raymond

Le *bleu Raymond*, qui eut ses années de splendeur, aujourd'hui, comme ceux qui précèdent, complètement abandonné pour la teinture des bleus, est le résultat de l'action du prussiate de potasse acidulé sur l'oxyde ferrique fixé sur la soie, réaction étudiée dans le chapitre VI, pages 221 à 229.

Je ne crois pouvoir mieux décrire la teinture en bleu Raymond qu'en donnant une analyse de la brochure publiée à Paris, en 1810, par ordre de son excellence le comte de Montalivet, ministre de l'intérieur, et intitulée :

« *Description raisonnée d'un procédé sûr et facile pour teindre la soie en bleu de Prusse, d'une manière égale, solide et brillante, dans les nuances les plus foncées, sans lui ôter une de ses qualités.* »

Raymond commence par exposer, pages 9, 10, 11, 12 et 13, la fabrication du *mordant*, qu'on a vu dans le chapitre VI, page 201, être l'origine de la fabrication du rouil.

Raymond recommande, pour obtenir ce mordant, de calciner de la couperose au rouge, dans un creuset, jusqu'à apparition de fumée blanche à odeur d'acide sulfureux, puis de traiter une partie de cette couperose calcinée dans seize parties d'eau chaude. La liqueur, tirée à clair ou filtrée, convient pour passer les soies, et n'est autre chose qu'une dissolution étendue de sulfate ferrique.

Plus tard, il modifia sa manière d'opérer, et obtint le rouil pro-

prement dit par l'action de l'acide nitrique sur la couperose; il créa de plus la première fabrique de rouil, qui existait encore en 1830, à Lyon. Il constate également la grande différence de propriétés entre la dissolution de fer ainsi obtenue et toutes les autres dissolutions de fer, moins oxydées.

Déjà Chaptal, dans sa chimie appliquée aux arts, avait étudié cette dissolution dans ses réactions avec l'acide gallique, et Berthollet, dans ses éléments de l'art de la teinture, avait constaté que cette dissolution de fer avait une grande facilité à abandonner de l'oxyde de fer à la soie. Mais, malgré ces faits, on peut considérer Raymond comme le créateur du rouil et du rouillage des soies.

Dans la description de la deuxième opération, l'auteur traite de l'application de cette solution de fer sur la soie. Il recommande, comme pour le bleu de cuve, de bien dégorger la soie cuite de son savon, puis, après l'avoir bien dressée, de la manœuvrer sur un bain de sel de fer, qui doit, pour être de bonne qualité, titrer 5° aréométriques et avoir une couleur jaune-rougeâtre. Les soies bien imprégnées de rouil sont tordues et égouttées sur le bain même, puis rincées à grande eau ou en rivière, avec une ou deux battures, afin de ne garder sur le brin absolument que le fer combiné.

Pour modérer le tirage de l'oxyde de fer par le passage de la soie sur le bain de fer, et obtenir par conséquent des bleus plus clairs, Raymond recommande d'ajouter dans ce cas au bain de fer du sulfate de fer acidulé ou de l'acide chlorhydrique *(acide muriatique)*.

A la page 17 du Mémoire, l'auteur décrit la troisième opération, qui forme le bleu de Prusse sur la soie et qui consiste à passer les soies bien rincées, sur le mordant de fer, égouttées et exprimées à la main, dans un bain chauffé à 60° et contenant environ 8 % de prussiate de potasse bien cristallisé, du poids de la soie, pour les nuances foncées, dites *bleu impérial*, *bleu de roi*, et une quantité égale d'acide muriatique. Les soies sont lisées sur ce bain, jusqu'à ce qu'elles aient pris la nuance bleue voulue, puis elles sont alors rincées soigneusement à l'eau courante, et reçoivent, pour faciliter le rinçage, comme pour celui sur le mordant de fer, deux ou trois battures.

Page 24, Raymond décrit la quatrième et dernière opération, qui consiste à passer les soies sortant du rinçage sur le bleu, dans un bain froid contenant 2 °/₀ du poids de la soie d'ammoniaque ou alcali volatil à 21° du pèse pour les spiritueux. Sous cette influence, le bleu éprouve, selon les expressions de l'auteur, *un merveilleux virage*. La nuance se fonce beaucoup et devient en même temps éclatante. La soie est retirée du bain, qui doit garder une légère odeur ammoniacale, puis, après un rinçage à l'eau courante, sans batture, on la sèche en la laissant traîner à l'air pour achever de faire monter la nuance.

La théorie du virage du bleu de Prusse par l'ammoniaque, donnée par Raymond, qui l'attribue à un plus grand degré de suroxydation du fer, est fausse. On sait aujourd'hui que le bleu de Prusse est susceptible de se combiner à l'ammoniaque, pour former un ferrocyanure double de fer et de ferrammonium. (Expériences de Monthiers. Voir Ch. Gerhardt, tome I, page 335). On sait également que ce ferrocyanure est plus stable que le bleu de Prusse ordinaire.

Raymond avait d'ailleurs été conduit à cette théorie, en examinant l'action des alcalis sur une soie passée dans son mordant de fer. La nuance d'une soie passée en mordant ferrique, ou mieux rouillée, est jaune pâle sur un rinçage à l'eau courante, et fonce beaucoup par un passage sur un alcali, mais non pas comme l'a cru l'auteur du mémoire, par un effet de suroxydation, mais par la formation définitive d'oxyde ferrique sur la soie, plus foncé que le sous-sel qui y restait après le lavage simple.

Enfin, pour terminer l'analyse de ce mémoire, Raymond avait constaté qu'il ne fallait pas augmenter outre mesure la dose de prussiate de potasse, sinon une partie du bleu se dissolvait. Par le fait, Raymond a entrevu le bleu de Prusse soluble décrit dans Ch. Gerhardt, d'après les expériences de Monthiers (vol. I, p. 335), et sur lequel je reviendrai plus loin.

La beauté de ce bleu fut augmentée plus tard par l'addition de sel d'étain dans le bain de rouil. A côté des avantages de beauté et de bas prix de revient, il offre de très-grands inconvénients, principalement celui de durcir la soie. Naguère les soies teintes en bleu, dit bleu de France, bleu Marie-Louise, bleu Napoléon, bleu Raymond, étaient la terreur des ouvrières dévideuses.

Ce bleu ne supporte pas l'action des alcalis à chaud, même celle du savon. Dans le cas d'action d'alçalis à chaud, on obtient finalement une soie rouillée; en place, il résiste bien à l'action des acides.

Sa grande beauté, même à la lumière artificielle, fit faire des tentatives pour appliquer sur soie directement le bleu de Prusse soluble.

Le *bleu de Prusse soluble* s'obtient en versant lentement du perchlorure de fer neutre dans une solution contenant un excès de prussiate jaune; on obtient un précipité qu'on recueille sur un filtre et qu'on lave avec le moins d'eau possible pour écarter le chlorure de potassium restant dans la liqueur, qui le rend insoluble. Quand les eaux de lavage passent bleues, on arrête l'opération, et le produit égoutté sous forme de pâte ressemble au carmin d'indigo.

Ce produit se dissout dans l'eau pure, mais il est très-instable. Les sels de chaux, la chaleur appliquée brusquement, le rendent facilement insoluble. De plus, il tire fort mal sur la soie, et c'est surtout à ce fait qu'il faut attribuer son abandon qui suivit les essais, malgré les efforts de M. Teissier, en 1860. (Voir la préface, page 45).

Bleus d'azuline et d'aniline

L'*Azuline*, dont l'apparition date de 1862, produisit dès le début une très-grande sensation, qui fut d'ailleurs de courte durée. L'azuline étant insoluble dans l'eau, il faut, pour la dissoudre et teindre avec, passer par l'intermédiaire de l'alcool.

La solution alcoolique, bien filtrée et aussi concentrée que possible, est versée dans un bain de *savon coupé* et chaud (1). Le bain étant prêt, les soies bien dressées sont lisées avec soin. Il faut teindre à une température de 80° environ; elles prennent sur ce bain un ton bleu gris, et pour obtenir tout l'éclat de cette couleur, il faut passer les soies sur un deuxième bain acidulé à l'acide sulfurique. Cette teinture en deux temps constitue une difficulté sérieuse de l'azuline, et demande des coloristes exercés pour arrêter les soies sur le premier bain, afin d'obtenir un résultat final conforme à l'échantillon.

L'azuline solubilisée à l'aide de l'acide sulfurique, comme l'indigo, commençait à être employée, et, comme avec les carmins d'indigo, rien n'était aussi simple que de teindre avec l'azuline solubilisée ; malheureusement pour ce produit, les bleus d'aniline sont venus accaparer pour eux seuls toutes les teintures de la soie en bleu. (Azuline, chapitre VII, page 321 et suivantes).

(1) On appelle un *savon coupé*, ou *tranché* ou *tourné*, celui dans lequel on a introduit de l'acide pour décomposer le sel à acide gras, oléate ou margarate, de manière à former une émulsion très-fine du corps gras. Ordinairement, on prend un bain de savon de cuite qu'on additionne d'acide sulfurique avec ménagement, sans arriver à aciduler le bain. Le grès contenu dans le bain de cuite fait le meilleur effet Cette opération, que les ouvriers appellent encore embourber un bain, a surtout pris rang depuis les couleurs artificielles, et elle aide beaucoup à obtenir des tons plus unis, plus dégagés, surtout pour les couleurs insolubles dans l'eau.

L'azuline donne des tons bleus assez purs, et dits *lumières;* elle se marie bien avec l'harmaline pour l'obtention de nuances violettées. Les tons de l'azuline insoluble sont assez solides, quoiqu'ils ne résistent cependant pas à l'action des alcalis et même du savon à chaud; ceux de l'azuline solubilisée sont moins solides.

Le *bleu d'aniline,* dit *bleu de Lyon,* fut lancé par la maison Renard frères, de Lyon, presque en même temps que l'azuline, en 1862-1863, et il offrit au début les mêmes difficultés que celle-ci, c'est-à-dire consistant dans son insolubilité dans l'eau. Il ne faut pas moins de 40 à 50 litres d'alcool pour dissoudre un kilogramme de bleu pur. Aujourd'hui, le teinturier, après avoir eu des bleus insolubles ne répondant pas à ses désirs, a à sa disposition des bleus solubilisés répondant à tous ses besoins. Néanmoins, il se fait encore des bleus sur soie, à l'aide des bleus insolubles, en passant par la dissolution alcoolique.

La dissolution du bleu de Lyon dans l'alcool offre ceci de particulier que si on l'opère graduellement, les premières portions qui se dissoudront seront plus rouges que les dernières, qui représenteront les bleus les plus purs. Au début de l'emploi de ces bleus, il est même arrivé que deux maisons de teinture employant le même bleu, n'obtenaient pas les mêmes résultats; ainsi l'une dissolvant le bleu avec toute la quantité voulue d'alcool, obtenait un ton bleu unique, et l'autre, faisant des dissolutions graduées, obtenait successivement des bleus ordinaires, non lumières, et finalement des bleus verdâtres de toute beauté.

La teinture avec les bleus solubles à l'alcool, ressemble à celle de l'azuline, avec la différence que la beauté de la couleur apparaît immédiatement sur le bain de savon coupé. De nos jours, les teintures au bleu soluble à l'alcool ne se font absolument que pour les nuances bleues très-fines, et demandant un peu plus de solidité que les bleus faits avec les produits solubilisés.

La teinture avec les bleus solubilisés est des plus faciles, ils tirent facilement sur soie; il est convenable d'opérer également avec des bains de savon coupé. Les tons obtenus varient à l'infini, selon les produits employés, depuis le bleu-rouge jusqu'au bleu-vert. Pour les rougir, on peut très-bien les allier à la fuchsine ou à un violet.

Les soies finies sont rincées à grande eau, et avivées, s'il y a lieu, pour toucher craquant. Les couleurs ainsi faites sont assez solides aux acides, mais moins aux influences atmosphériques, et ne résistent pas du tout aux solutions alcalines, qui les démontent complètement, surtout à chaud.

Les *bleus de diphénylamine, ou bleus directs*, donnent des nuances très-pures et ne sont jamais employés que pour obtenir des nuances très-délicates. En général, ils donnent des tons bleu-bleu, tandis que les précédents donnent, dans leur plus grand état de pureté, des tons bleu-vert. Ils s'emploient de même soit sous forme soluble à l'alcool, soit sous forme soluble à l'eau, et avec les mêmes précautions. Leur emploi est d'ailleurs limité par leur prix très-élevé.

Je termine ici la teinture en bleu; j'ai laissé de côté la teinture en bleu de chinoline, qui n'offre aucun intérêt, vu son instabilité absolue.

§ 161. — DE LA TEINTURE DES VERTS.

Pendant longtemps, comme pour les bleus, les ressources du teinturier ont été très-faibles, et se résumaient dans des combinaisons de bleu de cuve, ou de bois d'Inde, avec le jaune de gaude. On peut même dire que le teinturier, dans le siècle dernier, ne produisait pas du vert pur.

Il n'en est plus de même aujourd'hui, les ressources se sont considérablement agrandies, par l'introduction de nouveaux bleus et de nouveaux jaunes, et, finalement, par l'apparition de verts de toutes pièces, soit : vert de Chine, vert d'aldéhyde et vert d'aniline.

Les verts anciens avaient cependant un mérite indiscutable, quand ils étaient à fond de bleu de cuve; ils offraient une assez grande solidité, et ils offrent encore de l'intérêt quand il s'agit d'obtenir des soies pour grand ameublement. Quant à la fraîcheur, ils ne peuvent supporter la comparaison avec ceux plus modernes. Pour l'étude de la teinture des verts, je vais décrire successivement :

les verts à la cuve, au bois d'Inde et à la gaude,

les verts au bleu d'indigo (composition ou carmin) et à la gaude,

les verts au bleu Raymond et à la gaude, ou à l'acide picrique,

les verts au vert de Chine,

les verts à l'azuline ou au bleu d'aniline et à l'acide picrique,

les verts à l'aldéhyde,

les verts d'aniline.

Verts à la cuve d'indigo ou au bois d'Inde et à la gaude

Ces verts, qui ont été les seuls obtenus dans le siècle dernier, ne se font pour ainsi dire plus de nos jours, et n'offrent, comme il est dit plus haut, de l'intérêt que pour les articles de grand ameublement.

Pour obtenir ces verts, il faut donner à la soie un pied de jaune à la gaude (voir plus loin jaune à la gaude), puis la passer ensuite au bleu de cuve, si l'on désire un vert très-solide; par économie, on peut diminuer la quantité de bleu de cuve et terminer avec un passage en bleu au bois d'Inde; mais, dans ce cas, le bleu obtenu est bien moins solide.

Verts au bleu d'indigo (composition ou carmin)

Ces verts constituent les premiers progrès réalisés dans ces genres de teinture.

Pour les obtenir, on peut employer la composition d'indigo ou le carmin. La composition par elle-même donne des nuances plus vertes, plus fournies, mais moins pures que le carmin, et dans le cas de la composition d'indigo, il faut saturer, avant de l'employer, le grand excès d'acide sulfurique qu'elle renferme.

Les soies ayant reçu un pied de gaude, sont couvertes par un bain de composition d'indigo ou de carmin; dans tous les cas, le bain doit être très-peu acide.

On peut encore obtenir des verts en alunant les soies, puis les passant sur un bain monté avec de la dissolution d'indigo, de la graine de Perse et de la dissolution d'étain.

A partir de 1850, l'emploi de l'acide picrique a joué un grand rôle dans l'obtention de ces verts, par la facilité de son emploi et sa combinaison avec l'indigo; ces deux nuances tirant sans mordant se marient bien ensemble.

En résumé, ces verts sont très-peu solides, par la nature de la dissolution d'indigo; ils craignent les dissolutions alcalines, les agents atmosphériques, etc., et ils ne se font plus que pour des nuances rabattues. Comme éclat, ils ne peuvent d'ailleurs supporter la comparaison avec les verts d'aldéhyde et d'aniline; de plus, ils ne sont pas *lumières*.

Verts au bleu Raymond

Les verts au bleu Raymond n'ont pu se faire réellement qu'après l'apparition de l'acide picrique, à cause de la présence du fer dans sa constitution, lequel, brunissant toutes les matiè res jaunes naturelles employées, telles que la gaude, la graine de Perse, etc., rend impossible l'obtention de verts clairs et francs.

L'acide picrique se donne en couverture sur la soie ayant reçu un fond de bleu Raymond; le vert obtenu est lumière, il est comme ceux à la dissolution d'indigo, peu solide, et craint les liqueurs alcalines; il craint moins les acides et supporte bien les avivages.

Il s'est fait et il se fait encore des verts au quercitron donné sur le bleu Raymond; ces verts, dits *gros verts*, se font surtout pour l'article de parapluie; dans ce cas, on fonce un peu le bleu, afin d'obtenir une certaine charge, et on termine par un passage en quercitron. (Voir le paragraphe suivant, jaune au quercitron).

Le *vert de Lo-Kao* ou *vert de Chine* est le premier vert direct, c'est-à-dire fait sur soie de toute pièce et non par la combinaison de jaune et de bleu. Son ton est vert-bleu, et son application assez délicate sur soie.

La dissolution de la matière est elle-même assez difficile, et pour bien réussir, il faut, d'après Michel, de la Quarantaine, à Lyon, opérer comme suit :

5 grammes de vert sont traités par 550 grammes d'une dissolution froide d'alun agissant 24 heures, et répéter quatre fois ce traitement. Les quatre liqueurs déposées sont tirées à clair chaque fois, et forment deux litres environ de solution alunée de la matière verte. Un cinquième lavage sert de solution pour commencer le traitement de 5 autres grammes. Dans ces conditions, ce qui reste est complètement épuisé de la matière verte.

La dissolution de matière verte, étendue d'eau distillée, ne trouble pas; mais, étendue avec de l'eau renfermant du bicarbonate de chaux, elle ne tarde pas à précipiter une matière colorante, qui est une véritable laque alumineuse. La présence de la chaux est donc indispensable pour aider à précipiter la couleur contenue dans la solution alumineuse, afin d'aider à la fixer sur la soie. La soie cuite et bien rincée, plongée dans cette solution peu étendue ou étendue d'eau distillée, ne prend que peu de couleur. Si, au contraire, la solution alumineuse est trop étendue dans l'eau calcaire, le dépôt trop abondant vient ternir la soie; il y a donc une juste proportion fixée par Michel à un litre de solution verte pour quinze litres d'eau calcaire, dans le genre de celle de la Saône, à Lyon, c'est-à-dire titrant 15 à 17° à l'hydrotimètre.

Pour teindre, il suffit de passer les soies, bien rincées en dernier lieu sur une eau calcaire, dans un bain monté avec :

vert.	10	gr.
soit : solution	4	litr.
pour eau calcaire . .	30	litr.
et soie	1	kilog.

Au bout d'un quart d'heure, le bain est épuisé, et l'on obtient une teinte claire, qu'on fonce à volonté par de semblables passages, en ayant soin de rincer la soie, sur chaque passage, dans une eau calcaire, et de la laisser même immergée 24 heures, afin de bien laisser réagir les sels de chaux de l'eau, qui sont absorbés de nouveau par la soie, et lui donnent une nouvelle affinité pour la matière verte.

Malgré cela, l'affinité pour le vert de Chine diminue rapidement, et dans les nuances foncées, les soies sont exposées à déteindre par le seul frottement et à prendre un mauvais toucher; on remédie à ces deux inconvénients par un passage dans un bain de terre à foulon, précédant un rinçage définitif.

En résumé, l'application du vert de chine, pour les nuances foncées, était longue et difficile; la nuance obtenue, magnifique à la lumière artificielle, était médiocre de jour, et elle ne fut pour ainsi dire qu'une transition précédant les verts dérivés de la houille. Je crois même qu'il ne s'est jamais fait sérieusement des teintures avec ce vert. (Extrait de la brochure de Michel, de la Quarantaine, publiée par ordre de la Chambre de commerce de Lyon, en 1856).

Verts à l'azuline, au bleu d'aniline et à l'acide picrique

Ces verts, qui se sont faits un moment, sont des plus faciles à obtenir; il faut d'abord donner à la soie un fond de bleu d'azuline ou d'aniline, selon le ton qu'on désire, et terminer par un passage en acide picrique. (Voir, paragraphe suivant, acide picrique). Ces verts sont assez beaux et lumières; ils supportent les bains acides pour les avivages, moins bien les influences atmosphériques et surtout les bains alcalins, qui, à chaud, les démontent complètement. Ils sont complètement laissés de côté pour les verts d'aldéhyde et les verts d'aniline.

Verts d'aldéhyde

Ils s'obtiennent par l'emploi du vert d'aldéhyde, qui, comme il est dit, chapitre VII, page 351, tend toujours à se modifier, et, pour cette raison, est préparé par le teinturier lui-même, au fur et à mesure de ses besoins, sous forme de pâte claire, ou de solution.

Son emploi est des plus faciles: il suffit de verser la solution dans un bain d'eau tiède, acidulé, le vert tire directement sans mordant. Quant à la nuance obtenue, elle est d'autant plus bleue que le teinturier a employé moins d'hyposulfite dans sa préparation, *et vice versa*. Rien n'est plus facile d'ailleurs que de le bleuir par un peu de bleu soluble d'aniline, et de le jaunir par l'acide picrique.

Ce vert, quoique assez beau à la lumière artificielle, et très-solide, ne s'emploie cependant plus que rarement; le prix de revient et les embarras de sa fabrication d'une part, d'autre part la couleur plus éclatante des verts dits d'aniline sont la cause de son abandon, en grande partie. On l'a conservé pour les articles demandant une certaine solidité.

Verts à l'iode, verts d'aniline

Ces verts, décrits chapitre VII, page 361, et dont l'emploi remonte à 1866, sont d'une application des plus faciles et donnent les tons les plus riches; il n'est donc pas étonnant qu'il aient complètement accaparé la teinture des soies en vert.

Pour l'emploi, il suffit de dissoudre les magnifiques produits livrés par le commerce, cristaux ou poudre, et d'ajouter la solution verte concentrée, passée sur un filtre, dans un bain préparé soit au savon coupé, soit acidulé faiblement à l'acide acétique. Il faut éviter soigneusement la présence d'acides énergiques dans le bain, sinon avec l'aide de la chaleur, le vert serait détruit et l'on aurait du violet bleu; le vert d'aniline devient d'ailleurs plus solide, une fois fixé sur la fibre.

Les soies manœuvrées sur ce bain tirent très-facilement, et l'on peut jaunir à volonté le ton du vert par l'emploi de l'acide picrique. En général, il n'est pas besoin de bleuir ces verts, car ils sont à l'état pur toujours assez bleus; s'il était cependant utile de le faire, rien ne serait plus facile par l'emploi du bleu d'aniline soluble.

Les soies finies sont rincées avec soin, et avivées pour toucher craquant sur un bain d'acide acétique faible, il faut éviter soigneusement l'emploi d'un acide minéral.

§ 162. — DE LA TEINTURE EN JAUNE.

La teinture en jaune est celle qui, pour la beauté, a fait le moins de progrès, et les matières jaunes employées depuis fort longtemps, telle que la gaude, le curcuma, l'épine-vinette, la graine de Perse, etc., le sont encore. Divers produits sont plutôt venus enrichir la palette du coloriste que déplacer les anciennes matières jaunes, exemple : le quercitron et ses dérivés, l'acide picrique, le jaune Martius. Quelques matières naturelles étudiées dans les produits jaunes, tels que le bois jaune, le fustet, ne sont pas employées pour l'obtention des jaunes éclatants, mais seulement pour des couleurs rabattues, dans lesquelles il entre du jaune. Dans ce paragraphe, il y a donc à étudier successivement les jaunes, qui suivent :

les jaunes à l'*épine-vinette*,

les jaunes au *curcuma*,

les jaunes à la *gaude*,

les jaunes à la *graine de Perse ou d'Avignon*,

les jaunes au *quercitron ou avec ses dérivés*,

les jaunes à l'*acide picrique*,

les jaunes de *Martius*,

les jaunes à la *coralline*.

Les *jaunes à l'épine-vinette* s'obtiennent très-facilement; la matière jaune de l'épine-vinette, la *berbérine*, tirant sans mordant, le teinturier emploie à volonté la racine découpée, dont il extrait lui-même le colorant ou les extraits. L'épine-vinette donne des jaunes pâles, l'emploi de l'alun augmente peu son affinité naturelle pour la soie.

Le *curcuma* donne des jaunes dorés magnifiques et faciles à obtenir. La matière colorante du curcuma ou *curcumine*, tire, comme la précédente, sans l'action des mordants. Malheureusement, elle est tout à fait fugace et n'acquiert pas de solidité par l'action des mordants; les soies teintes en curcuma se décolorent par une simple exposition au soleil. Malgré cette grande fugacité, il se passe pour la matière jaune du curcuma ce qui a lieu pour beaucoup de matières fugaces comme elle ; combinées avec d'autres plus solides, dans des couleurs composées, elle acquiert une assez grande solidité, et devient une complémentaire très-employée.

Pour teindre avec le curcuma, il faut délayer la poudre de curcuma dans un bain chauffé de 70 à 80° et manœuvrer les soies sur ce bain. Quoique la curcumine soit peu soluble, peu à peu la soie monte en couleur et atteint un jaune doré assez intense, que la moindre quantité d'alcali fait tourner au rouge-brun; ce caractère différencie le jaune de curcuma de tous les autres jaunes. La couleur revient d'ailleurs sous l'influence des acides étendus.

L'épine-vinette et le curcuma sont les seules matières jaunes naturelles qui tirent sans avoir besoin de mordants. Tous les jaunes qui suivent nécessitent l'emploi de mordants variés.

La *gaude*, qu'on peut considérer comme la reine des matières jaunes naturelles, donne des tons jaunes légèrement verdâtres et de toute beauté, jouissant de plus d'une certaine solidité. Elle ne se fixe sur soie que par l'intervention des mordants, et elle exige, pour donner des jaunes, des mordants d'alumine aussi purs que possible de toute trace de fer, car la moindre quantité de celui-ci en altère la pureté, en la faisant virer au brun-verdâtre.

Les soies, bien alunées et rincées, sont passées sur un bain de gaude, à une température de 40 à 50°. Ce bain est obtenu avec une décoction faite ordinairement par le teinturier lui-même;

néanmoins, il existe dans le commerce des extraits de gaude. Pour avoir des nuances foncées, deux parties de gaude suffisent pour une partie de soie.

Quand la couleur s'est suffisamment développée sur le bain, on relève les soies sur des grilles, et l'on additionne le bain d'un peu de potasse du commerce; on abat de nouveau les soies et l'on continue de liser un moment, pour bien fixer la couleur. Si l'on veut dorer le jaune, on ajoute à la solution alcaline de potasse un peu de rocou, qui se marie très-bien, dans ces conditions, avec la gaude.

En résumé, les tons de la gaude, additionnée ou non de rocou, sont très-beaux et relativement assez solides. Comme toutes les couleurs tirant avec l'emploi des oxydes métalliques pour mordants, ils résistent à l'action des alcalis; en place, ils sont démontés par l'emploi des acides. Les avivages des jaunes à la gaude demandent donc à être faits avec beaucoup de ménagement, et avec de l'acide acétique.

Les *jaunes à la graine de Perse, ou à la graine d'Avignon*, rappellent, comme procédé et comme qualités, les jaunes à la gaude, avec la différence qu'ils sont moins solides. Le bain se prépare comme avec celle-ci, en faisant bouillir les graines, ou par l'emploi des extraits. Dans le cas de l'emploi de la graine, il faut passer avec soin la décoction au travers d'un tamis serré, pour écarter les débris qui s'attacheraient à la soie; quant à la teinture, elle se fait sur soie alunée. Les précautions sont les mêmes que pour la gaude, il est donc inutile d'y revenir. Les jaunes à la graine de Perse ou d'Avignon sont plus dorés que les précédents, qui tirent, comme on l'a vu, légèrement sur le verdâtre.

L'emploi du *quercitron* et de *ses dérivés*, la *flavine* et la *chryséine*, conduit à de beaux résultats. Les premières tentatives sont dues à Bancroft, et depuis lui, le quercitron a été successivement remplacé par la flavine et la chryséine.

Pour teindre avec le quercitron, il faut aluner les soies, et les manœuvrer dans un bain monté avec une décoction de quercitron, ou même avec son extrait. Le bain est chauffé à une température de 80 à 90°, on peut l'additionner de sel d'étain pour embellir la nuance. Les tons donnés par le quercitron sont un peu rabatus, aussi ont-ils été remplacés par ceux donnés par la flavine et la chryséine, produits dérivés, qui, comme on l'a vu chapitre VII, page 271, représentent la matière colorante du quercitron dans un grand degré de pureté et de concentration; sauf les doses à employer qui sont bien moindres, il faut les mêmes soins pour teindre avec ces matières qu'avec le quercitron ou ses extraits.

Les jaunes obtenus avec la flavine ou la chryséine sont très-beaux, nourris et solides, mais dans des tons plus orangés que ceux de la gaude et se prêtent moins que les tons de celle-ci pour l'obtention des verts; néanmoins, comme on l'a vu précédemment, le quercitron s'emploie pour l'obtention des verts pour parapluies, dits *gros verts*.

L'*acide picrique* date de 1849, et donne facilement des tons jaunes, variant du jaune pâle au jaune citron; quoique très-estimé et employé des teinturiers, son emploi a cependant baissé. Le rendement de cette matière colorante est énorme, un gramme suffit pour teindre en jaune-paille un kilogramme de soie.

Avec l'acide picrique pur et cristallisé, tel que le fournit le commerce aujourd'hui, rien n'est plus facile que de teindre; il suffit de manœuvrer les soies sur un bain, sans le concours d'aucun mordant, l'absorption est très-rapide.

Malheureusement, si ce produit est commode à employer, il offre très-peu de solidité; il demande déjà des précautions au rinçage, et ne supporte pas l'action des liqueurs alcalines qui, après en avoir foncé la teinte, la démontent complètement.

Son emploi pour les verts, sans avoir disparu complètement, s'est considérablement restreint depuis l'introduction des couleurs vertes d'aldéhyde ou d'aniline.

Les soies passées à l'acide picrique gardent une saveur amère très-caractéristique, et ont naturellement un toucher craquant.

Le *jaune de Manchester*, ou *jaune de naphtylamine*, ou *jaune de Martius*, donne des tons dorés magnifiques, et son emploi très-restreint deviendrait considérable, si l'on pouvait le fixer sur soie.

Cette belle matière colorante, d'un pouvoir colorant considérable, offre, en effet, un inconvénient peut-être unique, c'est celui d'être volatile, même une fois fixée sur la soie, et à des températures relativement basses.

Ainsi, une soie teinte en jaune d'or, au jaune de Martius, tache peu à peu en un beau jaune les objets ou tissus qui l'environnent dans un espace limité, surtout dans les mois chauds de l'année, et sans perdre, malgré cela, sensiblement de sa richesse en couleur.

Cette propriété, très-curieuse, établit bien, comme je l'ai indiqué chapitre IV, page 129, que beaucoup de teintures se faisant sans l'action des mordants, peuvent être comparées à l'action du charbon de bois ou d'os sur les divers colorants dissous dans l'eau, c'est-à-dire qu'il n'y a pas combinaison entre la fibre et la couleur.

Pour teindre avec le jaune d'or, il suffit de manœuvrer les soies sur un bain neutre de ce jaune. Il faut éviter l'emploi des liqueurs acides, qui en pâlissent considérablement la nuance, et empêchent d'obtenir des teintes nourries; ce jaune fait surtout bon effet pour l'obtention de teintes vert clair, additionné à du bleu ou du vert.

La *coralline jaune* donne des tons jaunes assez purs; elle est d'un emploi facile, et ordinairement les teinturiers emploient de préférence la coralline jaune soluble à l'eau. Il suffit de la dissoudre et de la verser dans un bain acidulé à l'acide sulfurique, et de manœuvrer les soies sur ce bain pour faire tirer la couleur. Les soies finies possèdent une assez belle nuance, malheureusement peu solide.

§ 163. — TEINTURE EN ORANGE

La teinture orangée, comme la teinture en jaune, a fait peu de progrès; le rocou continue à défier toute concurrence des couleurs artificielles, par sa beauté, sa commodité d'emploi et son bas prix. La phosphine (chapitre VII, page 366) est trop chère pour être employée couramment sur la soie. La coralline rouge s'est cependant introduite dans la pratique, mais elle donne des tons moins solides que le rocou; je l'étudie d'ailleurs dans le paragraphe des rouges, desquels elle se rapproche plus que des orangés.

Il y a donc à examiner dans ce paragraphe seulement deux orangés directs, soit les *orangés au rocou*,
les *orangés à la phosphine*,
et les *orangés par combinaison*.

J'étudie, de plus, dans ce paragraphe, une question fort intéressante pour l'industrie lyonnaise, celle de l'*aurification* de la soie.

Le *rocou* donne une série de tons orangés magnifiques tirant sur le jaune ou le rouge, suivant qu'il est combiné avec des matières jaunes ou rouges. Par lui-même, il donne des tons très-riches et variables, selon les modes d'emplois.

La couleur du rocou (bixine et orelline, chapitre VII, page 253) doit être dissoute dans un bain alcalin, et de préférence dans un bain de potasse, qui agit mieux que ne le fait la soude. Il faut de 0.50 à 0.75 du poids d'un bon rocou en potasse ou cendres gravelées, pour le bien dissoudre.

Le bain de rocou se donne à une température tiède et même au delà ; la couleur tire sans le concours des mordants. Le ton, au sortir du bain de teinture, tire plus sur le jaune que sur le rouge, et prend le nom d'*aurore* au *rocou ;* si l'on rince simplement la soie sur le bain, cette nuance est conservée, mais si l'on avive avec de l'acide acétique ou du jus de citron, la nuance fonce et devient orangé plus rouge. Le même effet se produit par un alunage donné après la teinture et à froid.

La couleur du rocou est peu solide ; elle entre sous forme de pied dans la combinaison avec divers rouges, pour former des ponceaux, qui seront vus plus loin, et, dans ce cas, suivant une règle déjà vue pour le curcuma, elle devient plus solide.

La *phosphine,* dont l'emploi est limité par son prix élevé, donne de très-beaux orangés, qu'il est facile de rougir par la fuchsine ou la safranine.

Elle tire comme l'acide picrique sur des bains neutres ou peu acides.

Une fois fixée sur la soie, cette couleur est assez solide, et comme sa base est insoluble dans les liqueurs alcalines, elle peut résister très-bien à leur action sans se démonter, sa nuance se fonce plutôt.

La question de prix est d'ailleurs la seule qui modère l'emploi de cette magnifique couleur, plus connue des imprimeurs que des teinturiers.

Les *orangés par combinaison* se produisent par des mélanges de jaune et de rouge, et peuvent varier à l'infini de noms et de modes. Il est évident que pour l'obtention des orangés, le coloriste devra combiner des jaunes tirant naturellement sur l'orangé, comme la coralline jaune, et des rouges tirant également sur l'orangé.

Aurification de la soie

Longtemps le problème de la dorure électrique de la soie a été cherché; mais malheureusement, par suite de son faible pouvoir conducteur pour l'électricité, les essais faits dans ce sens ont toujours été infructueux, ainsi que les essais similaires d'argenture.

Par des procédés chimiques, il y a quelque vingt ans, un expérimentateur, M. Gonin, est cependant parvenu à dorer la soie. Pour obtenir ce résultat, il opère en plongeant les soies dans un bain de sel d'or assez concentré, puis quand elles sont bien imprégnées de ce sel, il les exprime fortement, les dresse avec soin et les soumet à l'influence d'un gaz réducteur, tel que l'hydrogène; sous cette influence, l'or se réduit et se fixe sur la fibre. Après rinçage et dessication, les soies sont soumises à un brunissage qui leur donne un beau poli, et paraissent être de vrais fils d'or. Ce procédé, saturant d'or un brin de soie, donne bien de beaux résultats, mais malheureusement à un prix inabordable. La soie revient au prix de l'or, c'est le cas de le dire.

L'aurification superficielle de la soie, et non l'aurification de la masse, serait cependant un des problèmes des plus importants à résoudre, car le goût des étoffes où entrent des combinaisons d'or et d'argent a existé de toute antiquité.

D'après les belles recherches de M. Brossard, de Lyon, ce goût existait déjà du temps des Romains. Apollinaire nous montre, au deuxième siècle, dans sa description du gynécée de Leontius Pontius (situé au confluent de la Dordogne et de la Garonne), la femme de celui-ci filant de nombreuses quenouilles à la Syrienne, enroulant des fils de soie sur une canne légère, et entrelaçant *l'or rendu ductile sur une trame fauve.*

L'expression de trame fauve employée par Apollinaire indique que la soie était à l'état écru. Dans ces recherches de M. P. Brossard il n'est pas sans intérêt pour l'industrie lyonnaise de suivre les progrès de l'aurification des étoffes de soie employées en Europe, depuis le deuxième siècle, époque à laquelle la femme de l'empereur Héliogabale porta la première robe de soie, jusqu'au milieu du XIVe siècle que la culture de la soie se répandit dans le midi de l'Europe après s'être développée dans le Péloponèse dès le VIIe siècle, et qui, depuis, a changé son nom contre celui de Morée, par rapport à la grande extension qu'y prit la culture du mûrier.

Toujours d'après M. Brossard, l'or s'employait en lames minces, fixées par la broderie ou collées à l'aide d'un fer chaud sur l'étoffe. Ce procédé, qui date de l'époque mérovingienne et byzantine, dura jusqu'à la fin de la période ogivale.

Il s'employait en lames étroites mêlées à la trame du tissu, procédé carlovingien, ainsi qu'on le voit par les restes de dorure du tombeau de Charlemagne, à Aix-la-Chapelle.

Sous le nom d'*or retors*, on employait un fil de soie enveloppé par une lame d'or ; ce procédé, qui est celui décrit par Apollinaire, se pratiquait encore au XVIe siècle.

En fil trait ou *or de Chypre*, l'or était fréquemment employé dans les étoffes de soie au moyen-âge, et ces étoffes mixtes devinrent célèbres au XIVe siècle.

De nos jours, on sait que la dorure sur soie consiste à envelopper un fil de soie d'un fil d'argent, doré lui-même pour raison d'économie.

J'ai cité ces recherches historiques de M. P. Brossard, pour montrer le puissant intérêt qu'offrirait la découverte d'une méthode de dorure galvanique de la soie, donnant à celle-ci une couleur orangée métallique d'un éclat incomparable. Le problème se résoudrait facilement, si l'on rendait la soie bonne conductrice de l'électricité. L'argenture offre moins d'intérêt, par l'inconvénient que possède l'argent de noircir facilement par les émanations sulfureuses.

§ 164. — TEINTURE EN ROUGE ET POURPRE.

La teinture des soies en rouge offre un champ très-vaste, qui s'est considérablement agrandi par l'apparition des nouvelles matières colorantes. Sous le nom de rouge, le vulgaire comprend d'ailleurs une foule de couleurs, qui rappellent bien le rouge, mais ne le sont pas, dans le sens théorique du mot.

Si l'on suit le cercle chromatique (voir page 434), les rouges viennent immédiatement après les couleurs orangées, et l'on trouve d'abord les rouges très-orangés dits *ponceaux* ou *feu*, les rouges rouges dits *rouges sang*, puis les rouges légèrement teintés de pourpre, dont les nuances claires sont dites *roses*, et les nuances foncées dites *cerises*; les rouges un peu plus mêlés de pourpre sont dits *cramoisis*, et enfin on termine par la huitième couleur spectrale, d'après la théorie de M. Lembert, ou la couleur *pourpre*, dont les tons les plus violettés viennent se fondre avec les violets rouges dans le même cercle.

En suivant, comme précédemment, le même ordre pour l'étude des rouges, commençant par les couleurs les plus anciennes, on a successivement :

les roses, cerises, rouges, ponceaux au safranum;
les roses, cerises, rouges, ponceaux au Brésil;
les rouges, ponceaux, cramoisis à la cochenille;
les rouges de garance;
les roses et rouges de fuchsine;
les ponceaux à la coralline rouge;
les roses de Magdala;
les roses, rouges et ponceaux à l'éosine;
les pourpres à la murexide;
les pourpres divers.

Roses, cerises, rouges et ponceaux au safranum.

Longtemps le safranum a trôné pour l'obtention de ces magnifiques couleurs, et s'il défie toute concurrence pour la beauté, il n'en est malheureusement pas de même pour le prix actuellement.

Employé seul, il donne dans les teintes claires des roses, et dans les teintes foncées des cerises. Pour teindre avec, les soies crues, cuites ou souples, désoufrées avec le plus grand soin, sont passées sur un bain monté avec du safranum additionné de jus de citron, qui, de toutes les liqueurs acides, par son acide citrique, est celle qui développe le mieux la couleur du safranum. Le bain étant bien mélangé, les soies sont manœuvrées à froid; si l'on reste dans les tons clairs, on obtient des roses (mélange de rouge éclairci et de pourpre), mais si l'on fonce par des additions successives de matière colorante, on obtient des rouges violettés foncés dits cerises. Ces couleurs reviennent fort cher par suite du haut prix de la matière employée, et demandent de très-grands soins dans la manipulation. Il faut éviter le voisinage de toutes émanations acides ou alcalines, une trop grande lumière solaire dans l'atelier; les soies finies reçoivent un avivage à tiède au jus de citron pour bien développer la couleur, puis elles sont tordues, essorées et séchées à l'ombre.

Même fixée sur la soie, la carthamine est peu solide, et à la longue les roses disparaissent. Actuellement l'emploi du safranum tend à disparaître, remplacé par la safranine, le rose de Magdala et l'éosine.

Si, au lieu de passer la soie blanche directement sur un bain de safranum, on lui donne un pied de rocou, par l'apport du ton orangé du rocou, on obtient des rouges à ton jaune de toute beauté, dits *ponceaux*, *nacarats*, etc. Les tons varient, d'ailleurs, selon les proportions respectives des matières employées; si le rocou domine, on obtient des tons rappelant les couleurs dites *saumon*; les différences sont surtout notables dans les couleurs claires et deviennent moins sensibles dans les couleurs foncées.

Les ponceaux au safranum dits *ponceaux fins*, ont joui d'une très-grande vogue; mais, comme pour les cerises, le prix de revient les a fait à peu près délaisser pour les ponceaux modernes.

Pour en diminuer le prix de revient, s'élevant jusqu'à 40 fr. le kilog. de soie teinte, le teinturier mettait de l'orseille qui, virée par les acides, donne des tons grenats, rappelant les tons ponceaux, mais ternes, et cette addition se faisait au détriment de la beauté.

Roses, cerises, rouges et ponceaux au Brésil

Le bois de Brésil donne une grande variété de tons roses, rouges et ponceaux, assez beaux, mais très-peu solides; aussi ont-ils toujours reçu les noms de *roses faux*, *ponceaux faux* et *cramoisis faux*, par opposition à ceux du safranum et de la cochenille.

Le *rose faux* est la moins belle des couleurs fournies par le bois de Brésil. Pour l'obtenir, il suffit de passer les soies alunées, crues, cuites ou souples sur un léger bain de Brésil. Ce rose, peu employé dans le temps, ne l'est plus du tout maintenant, et n'est cité ici qu'à titre historique.

Le *rouge* ou *cramoisi faux* au bois de Brésil, est la plus belle des couleurs dérivées de ce bois. Son prix de revient, bien inférieur à celui des couleurs similaires faites à la cochenille (voir plus loin cramoisi de cochenille), l'a fait longtemps employer concurremment à celle-ci. Son obtention est des plus faciles; il se fait comme le rose faux, mais en opérant à tiède au lieu d'opérer à froid, et en donnant du bain coloré suffisamment, pour arriver à toute hauteur de nuance.

Le *ponceau faux*, moins beau que celui fait au safranum, est encore moins solide. Pour l'obtenir, on donne aux soies crues, cuites ou souples, un léger pied de rocou moins fort que s'il s'agissait de terminer avec du safranum. Le pied étant donné, les soies sont rincées, puis alunées et teintes ensuite sur un bain tiède de Brésil; ce bain peut être additionné d'un peu de savon de cuite pour unir la nuance. Les soies arrivées au ton voulu, sont rincées avec soin, la nuance est embellie par des rinçages dans une eau calcaire, de préférence à une eau douce. Cette remarque s'applique d'ailleurs aux couleurs dérivées du bois d'Inde. Le savon additionné au bain de bois de Brésil, peut être remplacé par un pied de noix de galle donné sur celui de rocou. Dans ce cas, les soies prennent une certaine charge, et la nuance, obtenue un peu moins fraîche, est en place un peu plus solide. Il se fait encore quelque peu de ponceau au Brésil.

La *physique rouge* (voir chapitre VII, page 250) a permis d'obtenir des tons rouges très-beaux et plus solides que les précédents dans des tons rouges légèrement ponceaux.

La teinture en physique rouge se fait simplement en passant les soies bien rincées, crues, cuites ou souples sur un bain léger de physique rouge, qui apporte par sa composition tout à la fois le colorant et le mordant. Les bains de teinture, comme la physique elle-même, étaient ordinairement permanents, afin d'obtenir des nuances plus pures, plus dépouillées. Après chaque passage de soie, il faut les remonter par des additions convenables de physique rouge.

La physique rouge a permis de remplacer la garance dont elle se rapproche pour la teinte, mais non pour la solidité.

Roses, rouges, cramoisis et ponceaux à la cochenille.

Les couleurs dérivées de la cochenille se rapprochent de celles faites au safranum, et si elles n'en ont pas la beauté, elles offrent en place une grande solidité; aussi la cochenille a-t-elle longtemps, pour les rouges, joué le rôle de l'indigo pour les bleus. La teinture en cochenille n'a jamais lieu sans le concours des mordants, et il est regrettable que, vis-à-vis de la soie, elle n'ait pas les mêmes affinités que pour la laine, et ne donne pas des résultats aussi éclatants qu'avec celle-ci. La teinture en cochenille offre donc des difficultés assez sérieuses sur soie, et c'est là un peu la cause de son abandon.

En réalité, il n'y a qu'une teinture en rouge cochenille qui, dans les tons clairs, donne des roses, prenant le nom de rouge cramoisi ou rouge plein, légèrement pourpré dans les tons foncés, et tournant au ponceau par l'addition d'une matière jaune, ou au cramoisi violetté par l'addition d'une matière violette. Les couleurs de cochenille prennent le nom de *cramoisi* et *ponceau* fin, comme les couleurs du safranum, par opposition aux couleurs dérivées du bois de Brésil.

Les soies, pour être teintes en cramoisi fin, n'ont pas besoin d'être soufrées sur la cuite, car le petit ton jaune qu'elles gardent est plutôt utile que nuisible. Après rinçage sur le savon, elles reçoivent un fort alunage de 10 à 12 heures, puis sont rincées avec soin, et reçoivent une battue ou deux sur la pierre pour achever de les dégorger. Elles sont alors prêtes à recevoir la teinture sur un bain monté comme suit : de la galle fine réduite en poudre, en quantité variable selon le poids qu'on désire donner à la soie, ordinairement 25 à 30 % du poids de celle-ci, est additionnée de 10 à 20 % de belle cochenille moulue; le cramoisi de cochenille offre, en effet, l'exemple d'une teinture qui donne en même temps du poids à la soie. On fait bouillir les deux substances ensemble, et c'est sur cette ébullition que peut se faire l'épurage à l'alun dont il a été question chapitre VII, page 234. Le bain ayant bouilli et étant épuré du gâteau des matières fauves et résineuses qui vient se former par l'addition de la petite quantité d'alun, est additionné de 6 °/. de crème de tartre et 6 °/. de dissolution d'étain du poids de la soie. Il est ensuite versé dans la barque où doivent se teindre les soies, et étendu d'une quantité d'eau convenable, pour que les soies se teignent facilement, soit, comme d'habitude, environ vingt fois le poids du bain pour celui des soies à teindre.

Celles-ci sont lisées sur ce bain, et la température est portée graduellement à 100° à l'aide du feu nu ou par un serpentin à vapeur ; on maintient ensuite deux heures à 100° sans bouillir, et en lisant constamment ; au bout de ce temps, on arrête la source de chaleur, et l'on abandonne les soies en sotte durant cinq ou six heures ; puis elles sont sorties du bain et lavées avec soin à la rivière, on aide même le lavage d'une batture sur la pierre pour bien les approprier.

L'action prolongée de la température de 100° rend impossible la teinture en soie écrue ; on ne peut obtenir des cramoisis cochenille que sur des soies cuites ou souples ; dans le cas des souples, l'assouplissage se fait en teignant.

Le cramoisi de cochenille est très-solide, résiste bien à l'air, au savonnage, etc., et se fait surtout pour les articles de grand ameublement.

Comme on l'a vu précédemment, le ton en est rouge plein, légèrement teinté de pourpre. Par l'addition d'une matière violette, on le vire en cramoisi violet; par l'action d'un sel de fer, on le brunit, et on obtient le cramoisi brun; par l'addition du jaune, de la gaude, par exemple, on obtient le ponceau de cochenille. Dans les tons clairs, il constitue le rose de cochenille.

Rouge de garance

Le rouge de garance, qui joue un si grand rôle dans la teinture des foulards imprimés pour garancés, est bien peu employé actuellement, si toutefois il l'est encore, dans la teinture des flottes. Ce rouge, en effet, offre des difficultés sérieuses dans son obtention, et malgré sa grande solidité il est dépassé en beauté par le ponceau de cochenille, et comme beauté et commodité d'emploi par les matières colorantes rouges, telles que la fuchsine et la coralline rouge.

La teinture en rouge de garance donne le vrai rouge, correspondant au rouge du spectre ; il est facile de le jaunir par des additions de gaude, de curcuma ou de quercitron : elle demande de grandes précautions. Ne tirant pas directement, les matières colorantes de la garance, mélangées dans les produits naturels, alizarine, purpurine et xanthine, exigent l'emploi d'alun ou produits alumineux très-purs, surtout exempts de fer dont la moindre trace fait brunir les couleurs garancées.

Pour l'obtention de ces rouges, la garancine (chapitre VII, page 242) est ce qui convient le mieux parmi les dérivés de la garance ; la garance même et la fleur donnent des nuances trop jaunes, les extraits faits à l'aide du pétrole également ; l'alizarine, surtout l'alizarine artificielle, des tons trop violets, et la purpurine des tons trop roses ; il faut donc opérer avec la garancine, qui offre le mélange convenable d'alizarine, de purpurine et de xanthine, pour obtenir, par l'apport des tons jaunes de celle-ci, le rouge du spectre.

Ces considérations générales admises, il faut, sur les soies bien désoufrées, donner un bon alunage, de préférence avec l'acétate d'alumine ; elles sont, comme pour le cramoisi à la cochenille, rincées avec soin, et même battues avant de suivre la teinture.

Le bain de teinture monté avec de la garancine, additionné de son et de sumac de Sicile qui, tous les deux, exercent une influence heureuse sur le résultat final, est porté à une température de 35 à 40° centigrades, puis les soies prêtes sont lisées dessus constamment. En même temps qu'on lise, on élève lentement la température, comme pour le cramoisi de cochenille, puis, arrivé à l'ébullition, on maintient celle-ci 10 à 15 minutes. La couleur se développe lentement à mesure que la température s'élève et acquiert toute sa beauté et sa solidité durant la courte ébullition, qui doit d'ailleurs être très-faible pour ne pas embrouiller les soies. Il est indispensable de monter lentement la température, sinon l'on s'exposerait à former des laques sur la soie, à marbrer, etc. La nuance, finie dans toute sa plénitude, est le rouge plein, rouge feu ; elle peut d'ailleurs se faire indifféremment sur la soie crue, cuite ou souple, le bain restant peu de temps à la température de 100°.

La nuance finie, on l'avive par un passage dans un bain de savon, coupé avec un peu de sel d'étain ; ce passage se donne ordinairement à une température de 50 à 60°. Après cet avivage, les soies sont rincées avec soin, essorées et séchées.

Ordinairement, pour jaunir les rouges garancés, on ajoute du curcuma dans le bain de teinture, et peu à peu la couleur de celui-ci se fixe comme celle de la garancine ; le curcuma, dont la couleur est peu solide par elle-même, donne alors des tons beaucoup plus solides. L'emploi du quercitron, ou mieux de ses dérivés flavine et chryzéine, donne des tons plus solides mais moins purs.

On peut aviver la nuance de la garance par l'adjonction du rouge faux du Brésil qui, dans ce cas, tout en l'avivant, acquiert une certaine solidité.

Roses et rouges de fuchsine

La fuchsine, dont l'apparition causa une si grande sensation en 1859, offre au teinturier les plus grandes facilités pour l'emploi, tout en lui permettant l'obtention de belles nuances, relativement assez solides.

Dans les nuances claires, elle donne des roses légèrement vineux, et dans les tons foncés des rouges franchement cramoisis, tirant au mordoré, si l'on fonce trop. Ainsi que toutes les couleurs artificielles, sauf l'alizarine, elle tire sans le concours des mordants et donne des tons uniques, variant seulement du clair au foncé. Rien n'est plus facile que de teindre avec elle ; pour préparer le bain de teinture, il suffit de verser dans celui-ci, ordinairement tiède et faiblement acidulé, une quantité convenable de dissolution, bien filtrée, pour séparer les matières goudronneuses qu'elle peut retenir; puis les soies crues, cuites ou souples, bien désoufrées, sont manœuvrées sur ce bain. On obtient d'abord des tons roses clairs qui foncent par des additions successives de matière colorante. On rince avec soin, et l'on avive pour les touchers craquants. Les soies finies sont diablées fortement et séchées.

Le ton de la fuchsine se marie assez bien avec des tons jaunes, ce qui permet de faire des ponceaux, soit à la fuchsine et avec un pied de gaude, à la fuchsine et au curcuma, etc.

Les couleurs données sont relativement assez solides aux agents atmosphériques, sauf à l'action de la lumière, mais ne résistent pas à l'action des alcalis, même du savon, surtout à chaud.

Roses et rouges de coralline.

Les *roses et rouges de coralline*, dont les premières applications remontent à 1862, s'obtiennent facilement, comme les oranges de coralline faits avec la coralline jaune. Ils sont malheureusement comme ceux-ci peu solides. Ordinairement on emploie la coralline rouge soluble, et un bain tiède acidulé à l'acide tartrique. Les soies crues, cuites ou souples, manœuvrées sur ce bain, tirent sans mordant la matière colorante, et, selon les doses de couleur, on a des roses ou des rouges dont les tons rappellent celui du corail rouge. Les nuances de la coralline rouge se marient bien, d'ailleurs, avec celles de la fuchsine.

Roses et rouges de safranine.

Les *roses et rouges de safranine*, qui, comme les noms l'indiquent, rappellent ceux du safranum, s'obtiennent avec la plus grande facilité sur soie écrue, cuite ou souple, et sur bains acides, neutres ou faiblement alcalins. Les nuances obtenues sont très-pures et dégagées de violet ; à côté d'elles, celles de la fuchsine paraissent comme noires et salies. Les nuances de la safranine se marient très-bien avec celles de la fuchsine ou des violets d'aniline, qui les vinent et les violettent, ou avec celles de la phosphine. Dans ce dernier cas, on obtient de très-beaux ponceaux, rivalisant avec ceux au safranum.

Rose de Magdala.

Le *rose de Magdala*, malgré son prix très-élevé, remplace actuellement tous les roses très-clairs ; c'est, d'ailleurs, la seule nuance que l'on produise avec le rouge de Magdala ou de naphtylamine. On ne cherche pas, en effet, à obtenir avec ce produit des nuances foncées, tant à cause du prix élevé, que par la facilité de les obtenir avec d'autres produits.

Pour l'obtention du rose de Magdala, il faut dissoudre celui-ci dans l'alcool, et ajouter la solution à un bain tiède faiblement acidulé ; les soies crues, cuites ou souples, manœuvrées et lisées sur ce bain, y prennent une nuance rose légèrement violettée et très-délicate. Malgré le prix très-élevé de ce produit (7 à 800 fr. le kilog.) dans les nuances pâles, il défie toute concurrence. Les tons roses obtenus sont plus pourprés que ceux des autres roses.

Roses et rouges à l'éosine

L'*Eosine* ou *Nopaline*, introduite très-récemment dans l'industrie, est venue porter le dernier coup au safranum, et modérer l'emploi de la cochenille.

Par elle-même, elle donne des roses et des rouges de toute beauté et d'une obtention des plus faciles. En effet, cette substance, soluble dans l'alcool, ou solubilisée, se présente dans le commerce sous ces deux aspects, et pour l'application il suffit de verser la solution alcoolique ou la solution aqueuse dans un bain d'eau tiède légèrement acidulé, et d'y manœuvrer les soies crues, cuites ou souples. Elles y prennent des tons roses, tournant au rouge en fonçant et moins violettés que ceux du rose de Magdala. Comme il a été dit à la description de l'Eosine, chapitre VII, page 377, cette couleur est fluorescente, et les nuances obtenues sont comme les dissolutions de cette belle matière colorante, variables selon le point de vue; roses ou rouges vues au plein, c'est-à-dire vues en face, elles paraissent saumonées vues par reflet.

Les nuances de l'Eosine reviennent, d'ailleurs, assez chères, mais elles se marient facilement avec celles de la fuchsine.

Pourpre à la Murexide

Les couleurs pourpres terminent la gamme des rouges qui commencent aux tons ponceaux. D'après la théorie optique de M. Lembert, ce sont des mélanges de rouge et de violet, et ce mot de pourpre rappelle tout de suite à l'imagination le symbole de la grandeur et de la puissance. Jadis la pourpre s'obtenait à l'aide d'un coquillage, le *murex*, qui se trouve en assez grande quantité, rejeté par les flots sur les côtes de l'Océan, principalement sur celles du Portugal. Mais ce moyen n'a jamais été employé par l'industrie moderne ; il était d'ailleurs, vu la faible quantité de couleur contenue dans chaque coquillage, bon à une époque où cette couleur ne s'utilisait que pour les empereurs romains, et non de nos jours où se teignent des masses considérables de soie ou autres fibres textiles en n'importe quelle nuance.

La *murexide* (chapitre VII, page 309), nommée ainsi par analogie avec la pourpre du murex, eut ses instants de splendeur autour de 1856-1857. Mais la difficulté d'emploi ne tarda pas à la faire abandonner, surtout devant l'invasion des autres produits similaires comme nuance, quoique moins pourprés qu'elle, et conséquemment tirant au violet, tels que l'harmaline, la pourpre française.

Pour teindre en pourpre avec la murexide, il faut manœuvrer la soie dans un bain chaud et monté avec de la murexide et du bichlorure de mercure ; ce dernier offre par son emploi de réels dangers pour les ouvriers. Les tons obtenus sont beaux et assez solides.

Pourpres divers

Ces couleurs, qui terminent la série des rouges, se rapprochent assez des violets rouges, dont elles ne diffèrent que par des tons un peu plus rouges. Il suffit donc d'ajouter à des violets rouges, tels que l'harmaline, la pourpre française, le violet dahlia, etc., un peu de rouge, tel que la fuchsine, pour obtenir des nuances pourprées.

L'on peut faire également des pourpres à la cochenille, en additionnant du violet à du cramoisi de cochenille, soit un violet d'aniline, ou de la pourpre française.

§ 165. — CHARGE DES SOIES TEINTES EN COULEURS CLAIRES ET FRANCHES.

La charge des soies teintes en couleurs franches, et surtout en couleurs très-claires, offre peu de ressources, comme celle des soies teintes en blanc. Généralement elle ne peut se faire qu'au sucre additionné de sel de magnésie. Quant à la charge au sulfate de baryte et la charge X ou charge au bichlorure d'étain, elles offrent les mêmes inconvénients que ceux vus pour celle des blancs.

Dans les couleurs franches, mais plus foncées que les couleurs très-claires, les ressources du teinturier s'agrandissent et l'on peut employer les tannins avec modération. En parlant du cramoisi à la cochenille et du rouge de garance, on a vu l'emploi de la galle fine et du sumac qui donnent un peu de poids dans ces teintures ; pour les autres couleurs assez foncées, pour que le ton toujours jaunâtre apporté par l'emploi des tannins soit aussi faible que possible, on engalle à froid les soies une fois finies. Il faut employer la galle fine ou la galle de Chine, en suivant les prescriptions décrites chapitre V, page 161. Le bain d'engallage peut être permanent, assez fort au début; il est entretenu, chaque fois que l'on y passe des soies, par une addition de décoction correspondant à 50 °/₀ en galle du poids de la soie.

Si l'on a des soies foncées et claires à engaller, il convient de monter le bain complètement, dès le début, pour le poids total des soies, et d'y faire passer d'abord les soies foncées, qui le purgent de sa matière colorante, et ensuite les couleurs claires.

Dans tous les cas, les soies engallées ne veulent jamais être savonnées, ce qui ferait tomber le tannin fixé tout en les grisant. Par l'opération de l'engallage, elles prennent de 10 à 15 °/₀ de poids;

si elles étaient engallées à chaud, elles pourraient prendre jusqu'à 25, mais au détriment de la beauté.

Les anciens connaissaient déjà la propriété de la soie, de prise de poids sur l'engallage, car Macquer en parle dans son *Art de la Teinture*, de 1763, à propos des cramoisis de cochenille.

Pour terminer ce qui a rapport aux engallages, il est bon de rappeler qu'un engallage bien fait donne un certain corps à la soie, et que des soies faibles gagnent plutôt qu'elles ne perdent comme force par cette opération.

§ 166. — TEINTURES EN COULEURS CLAIRES ET FRANCHES SUR SOIES FORTEMENT MONTÉES.

L'obtention des couleurs claires et franches sur les grosses soies, grenadines, floches et cordonnets, n'offre rien de particulier, si ce n'est qu'elles se font toujours sur soie cuite, avec les précautions vues en parlant des blancs sur mêmes genres.

Les soies, cuites et désoufrées, sont bien dégorgées et battues avec soin, et quant aux opérations de teinture, elles doivent se faire sur des bains faibles et très-lentement, pour donner à la matière colorante le temps de bien pénétrer jusqu'au centre du brin, sinon toute la couleur se plaquerait à la surface, pendant que l'intérieur serait blanc ; il faut donc laisser traîner sur les bains de teinture.

Pour la charge, elles offrent les mêmes difficultés que les soies fines, et se chargent de même, par des engallages à froid, rarement par des engallages à chaud.

La question du toucher joue un plus grand rôle, et quelquefois, pour les soies à coudre, un toucher mou spécial est nécessaire. Dans ce cas, comme pour les soies à coudre teintes en blanc, un passage en terre à foulon est indispensable et se pratique de même, après la teinture (voir page 428).

§ 167. — TEINTURE DES FANTAISIES ET DÉRIVÉS FANTAISIES FORTEMENT MONTÉS.

Les opérations préliminaires pour ces genres de teinture, cuite et soufrage, sont les mêmes que celles pour les fantaisies destinées à être teintes en blanc, et quant aux opérations de teinture et aux précautions à prendre, elles rappellent celles vues dans le paragraphe précédent.

Le teinturier devra tenir compte de l'influence du gazage, opération indispensable pour terminer les fantaisies, schappes, floches et cordonnets fantaisie, afin de leur donner tout le brillant possible, et qui généralement jaunit les couleurs.

Le toucher joue un grand rôle, et, selon les applications, ces genres seront terminés sans avivage, et même sur un terrage s'il faut un toucher mou. S'il faut aviver pour obtenir un toucher craquant, il est bon, comme il a été dit en parlant des blancs, page 429, de mettre un peu de colle dans le bain d'avivage.

Quant à la charge, elle est également limitée et se fait de même que pour les genres précédents.

§ 168. — DES COULEURS CLAIRES SUR SOIE TUSSAH.

La soie sauvage blanchie comme pour blancs, voir chapitre VIII, page 428, donne d'assez jolis résultats en couleurs claires; mais il n'en est pas de même pour les couleurs foncées, cette matière étant rebelle aux opérations de teinture, et se couvrant très-mal. L'emploi des tannins peut faciliter l'absorption des couleurs.

L'introduction d'un peu d'huile dans les avivages de la soie Tussah, fonce toujours un peu la nuance, et peut venir en aide au teinturier, mais néanmoins ce moyen doit être employé avec la plus grande modération. Il ne sera pas question de la soie sauvage pour les couleurs rabattues et foncées, qu'elle prend très-difficilement.

Quant à la charge de la soie sauvage, sauf la charge au sucre, il n'y faut pas songer.

§ 169. — TEINTURES EN COULEURS CLAIRES ET FRANCHES DES COTONS GLACÉS.

De même que les cotons blancs glacés, cette classe de cotons teints n'est citée ici que pour mémoire. La teinture des cotons destinés à être mêlés ordinairement comme trames dans les étoffes de soie, demande de grands soins pour arriver aux mêmes nuances que les soies avec lesquelles ils doivent être employés. Il est des couleurs qui, telles que la carthamine, le lo-kao, ont une affinité spéciale très-grande pour le coton, mais il en est d'autres qui, comme les couleurs d'aniline, en ont fort peu.

Ces couleurs, que le teinturier doit produire sur coton, constituent de nos jours une des plus grandes difficultés de l'atelier du teinturier en soie, afin d'arriver à des nuances rigoureusement conformes.

Divers procédés ont été proposés pour rendre le coton apte à se teindre comme la soie, soit des bains de matière azotée dans l'ammoniaque, tels que des solutions de caséine ou d'albumine afin de l'animaliser ; soit des passages en tannins, tels que la galle, le sumac, l'acide tannique, etc. ; soit des passages en sels métalliques, bains de sels d'alumine, de zinc, d'émétique, etc., ou encore des couleurs spéciales préparées pour coton, tels que les bleus d'Ibels, de Bruxelles (voir page 348).

Je ne cite d'ailleurs tous ces moyens qu'à titre de renseignements, le cadre de cet ouvrage concernant surtout la teinture des soies.

Quant au glaçage des cotons teints en couleurs, il n'offre rien de particulier sur celui des cotons teints en blanc. (Voir chapitre VIII, page 348).

CHAPITRE X

SOMMAIRE. — Teintures en couleurs rabattues; considérations générales. — Préparation des soies en cru, cuit et souple. — Couleurs rabattues où domine le violet. — Couleurs rabattues où domine le bleu. — Couleurs rabattues où domine le vert. — Couleurs rabattues où domine le jaune. — Couleurs rabattues où domine l'orange. — Couleurs rabattues où domine le rouge. — Charge des couleurs rabattues. — Couleurs rabattues sur soies fortement montées. — Couleurs rabattues sur fantaisie et dérivés fantaisie fortement montés. — Analyse qualitative d'une soie teinte. — Dosage de la charge d'une soie teinte.

§ 170. — COULEURS RABATTUES; CONSIDÉRATIONS GÉNÉRALES.

Dans le chapitre précédent, j'ai décrit la teinture des couleurs franches obtenues directement ou par la combinaison de deux couleurs voisines, et répondant à tous les tons possibles des groupes de rayons colorés du spectre.

Dans les couleurs franches et pures, il est impossible, comme il a été dit en parlant des théories spectrales, de les foncer outre mesure, c'est-à-dire de dépasser le ton correspondant dans les rayons colorés du spectre. Par l'addition du blanc, ou mieux en en appliquant peu sur la soie, on les éclaircit considérablement en restant toujours dans le même ton.

Dans ce chapitre, j'examine les couleurs dites *rabattues*, selon la théorie spectrale ordinaire, ou *obcurcie* selon celle de M. Lembert.

Les couleurs rabattues ou obscurcies s'obtiennent comme les précédentes, directement ou par des mélanges binaires et ternaires de couleurs, dont l'une au moins est rabattue. Elles correspondent toutes à des rayons du spectre, mais avec une addition d'une forte proportion de noir. Elles peuvent donc, grâce à cette addition, être beaucoup plus foncées que les couleurs spectrales, et atteindre même des tons très-voisins du noir lui-même.

Dans une couleur rabattue, il faut distinguer :

1° La nuance, répondant à un des groupes colorés du spectre;

2° Le ton, c'est-à-dire si la nuance tire sur une de ses voisines plus ou moins;

3° Le degré d'obscurcissement ou d'addition de noir;

4° L'intensité générale de la couleur.

C'est dans l'obtention d'une couleur de ce genre, que l'ouvrier teinturier trouve le plus de difficultés, et non dans les couleurs franches. En effet, pour celles-ci il n'a à tenir compte que de la nuance, du ton et de l'intensité ; tandis que pour les couleurs rabattues, il faut qu'il tienne compte de la quantité de noir à ajouter pour obtenir l'effet désiré.

Aujourd'hui surtout que les fabriques de produits chimiques livrent des matières colorantes dans tous les tons possibles et aussi purs que ceux du spectre, la teinture en couleurs éclatantes ne demande que de grands soins de propreté et de manipulations. Les difficultés de la vieille teinture, ainsi que les anciennes matières colorantes, se sont réfugiées dans les couleurs rabattues, dont le débouché est considérable pour les pays du Nord principalement. La teinture a fait dans cette branche peu de progrès ; elle emploie encore ici les bois, les racines, les plantes, les écorces, les extraits, les astringents, les mordants, etc., se modifiant les uns par les autres de mille manières et à la volonté du coloriste. Elle emploie cependant quelquefois les nouveaux produits, mais, disons-le, après s'être engouée de quelques-uns, elle est revenue aux anciens, qui offrent plus de solidité et surtout plus d'économie.

Les nuances rabattues varient à l'infini, de même leurs appellations; vouloir entrer dans des détails pour chacune, est une chose impossible. Aussi, après avoir indiqué les préparations générales pour soie écrue, cuite ou souple, j'étudie toutes les couleurs rabattues rapportées à six groupes comme les couleurs franches, soit :

1° les couleurs rabattues dans lesquelles domine le violet;
2° les couleurs rabattues dans lesquelles domine l'indigo et le bleu ;
3° les couleurs rabattues dans lesquelles domine le vert ;
4° les couleurs rabattues dans lesquelles domine le jaune ;
5° les couleurs rabattues dans lesquelles domine l'orange ;
6° les couleurs rabattues dans lesquelles domine le rouge et le pourpre.

§ 171. — PRÉPARATION POUR COULEURS RABATTUES DE LA SOIE ÉCRUE, CUITE ET SOUPLE.

Les soies destinées à ces genres de teinture se préparent comme celles destinées aux couleurs claires, avec la différence qu'elles demandent moins de précaution pour le blanchiment, le ton jaune qu'elles peuvent garder ayant moins d'importance, devant être couvert ordinairement par une masse colorée.

Ainsi, pour les écrues jaunes, il suffit de détruire la couleur par un passage en eau régale ou au sulfate d'acide azoteux ; le soufrage n'est pas indispensable. Les autres précautions restent les mêmes.

Pour les soies destinées à être cuites, colorées ou non, la cuite s'opère ordinairement en deux opérations seulement, le dégommage et la cuite. On emploie de 35 à 40 % de savon ; l'étirage se fait sur le dégommage, et les soies mises en poche sont cuites sur le bain même de dégommage. Rincées avec soin sur cette opération, il est ordinairement inutile de les soufrer ; elles peuvent suivre les opérations tinctoriales telles quelles.

Le soufrage n'est nécessaire que lorsqu'on désire obtenir des couleurs très-claires, comme des gris perle, ou des crêmes, etc.

Les soies souples sont préparées comme celles écrues, et si elles sont soufrées, c'est surtout pour aider à l'assouplissage qui précède ordinairement la teinture (voir chapitre III, page 111). Quelquefois il peut arriver que l'assouplissage se fasse dans l'opération même de la teinture, avec le contact d'un astringent, galle, cachou, etc. Ce mode d'opérer, comme on le verra plus loin, est très-avantageux au point de vue de la charge.

Les soies, pour couleurs rabattues, sont souvent mordancées en alun, sel de cuivre, sel de fer, etc., avec les précautions vues précédemment.

Quant à la charge, elle peut se faire soit au début, soit dans le courant, soit après la teinture ; elle sera, d'ailleurs, comme dans les deux chapitres précédents, l'objet d'un paragraphe spécial.

§ 172. — COULEURS RABATTUES DANS LESQUELLES DOMINE LE VIOLET.

De toutes les couleurs rabattues, c'est sans contredit celles qui se rapprochent le plus des couleurs franches, et les plus faciles à obtenir.

Dans le chapitre précédent, j'ai décrit des violets qui, en réalité, devraient l'être ici, soit les violets à la cuve d'indigo sur un pied de cochenille, et les violets au campêche, qui sont loin d'être éclatants ; mais ces couleurs ayant été les seuls violets anciens, j'ai cru convenable de les laisser parmi les couleurs franches.

Pour obtenir les violets rabattus, le teinturier a à sa disposition une foule de matières violettes, outre le violet dérivé du campêche, les violets à la cochenille et à la cuve d'indigo étant complètement abandonnés.

Il devra se préoccuper : 1° de la teinte ou ton du violet qu'il désire ; 2° du degré d'obscurcissement ; 3° de l'intensité générale.

Selon le ton de l'échantillon qui lui est remis par le fabricant, il devra, à première vue, se rendre compte s'il peut faire la couleur directement ou par des mélanges de violets, dans tous les cas tomber sur les tons pourprés ou bleus selon l'échantillon. Quant au degré d'obscurcissement ou de mélange de noir, il devra se rendre compte s'il peut y arriver directement en teignant en violet, ou par des additions supplémentaires, dites *brunitures*. Il devra, de plus, se rendre compte des effets d'addition, pour l'intensité générale, c'est-à-dire ne pas ajouter une trop forte bruniture qui serait mal couverte par le violet, enfin faire son possible pour arriver directement sans être obligé de démonter s'il a outrepassé, ou d'ajouter, s'il n'est arrivé, de l'un ou de l'autre des ingrédients employés.

Les violets au campêche additionnés ou non de rouge de Brésil, décrits chapitre IX, page 436, donnent les tons variant du violet rouge au violet bleu, déjà naturellement obscurcis ; par l'addition des sels de fer dans le bain, ils bruniront un peu en virant au bleu. Pour les obscurcir davantage, une addition, dans le bain de teinture, de bois de fustet ou de bois jaune, donnant des tons verdâtres par les sels de fer, est indispensable. Ces violets résistent bien au savon, qui les unit et les embellit ; le savon est donné à froid s'il s'agit de soies crues ou souples, et à chaud si elles sont cuites. En place, ils résistent moins bien à l'action des bains acidulés, qui, à chaud et un peu forts en acides, les démontent complètement.

Ces violets peuvent toujours être embellis par l'addition donnée en couverture des violets d'éthyle ou de méthyle. Il est d'ailleurs impossible d'obtenir des violets rabattus avec les nouvelles couleurs seules, qui même, dans les marques inférieures employées à cet égard, sont encore trop pures. Quant à l'orseille, elle peut être employée, mais en vue de son ton grenat seulement, une fois virée par les acides, étant trop peu solide autrement. La pourpre française, la murexide, ne s'emploient pas pour cet usage. Le teinturier n'a donc à sa disposition que des combinaisons de bois d'Inde, de bois de Brésil, de bois de fustet, de bois jaune, et les violets de méthyle et d'éthyle, avec les mordants d'alun, de cuivre et de fer.

En résumé, ils sont le produit de violets naturellement rabattus ou additionnés de vert sombre, et en les fonçant on arrive au noir violetté, ou en les dégradant, à des tons gris violettés.

Pour l'obtention de ces derniers, il faut employer fort peu de matières colorantes ; on peut encore les obtenir par le gris Casthelaz décrit chapitre VII, page 329, ou par des combinaisons de cochenille ammoniacale et de carmin d'indigo en faisant dominer la première.

§ 173. — COULEURS RABATTUES OU DOMINE LE BLEU.

Les couleurs rabattues où domine le bleu varient à l'infini, et dans les tons foncés, allant comme précédemment jusqu'au noir.

Les bleus du siècle dernier étaient, en réalité, tous des bleus à tons rabattus, soit en bleus grands teints obtenus par le bleu de cuve, ou des bleus faux teint obtenus à l'aide du campêche.

L'introduction des bleus modernes est venu de nos jours agrandir les ressources du teinturier. Le bleu Raymond, viré par l'ammoniaque (voir page 452) employée à faible dose, est plutôt une couleur mêlée de noir qu'une couleur franche; en l'additionnant d'orseille, de rouge de Brésil, de cochenille ammoniacale ou de physique violette (voir page 437), on obtient des bleus tirant sur le violet; en l'additionnant, au contraire, de matières jaunes, sans cependant aller jusqu'au vert, on obtient des bleus tirant sur le vert.

Pour ces derniers, les dissolutions d'indigo tirant naturellement sur le vert conviennent mieux. Le bois d'Inde seul donne de très-beaux bleus foncés presque noirs, qui sont même employés comme noirs dans la fabrication des velours pour la teinture du poil.

Pour les obtenir, on alune la soie cuite bien lavée, puis on lui donne une bruniture, c'est-à-dire que rincée sur l'alun, on la passe dans un bain fait avec 50 °/ₒ de bois d'Inde du poids de la soie, et additionné de 2 à 3 °/ₒ de verdet cristallisé, et de 5 à 6 °/ₒ de couperose verte. Les soies sont lisées une heure sur ce bain chauffé à 60 ou 70°, puis sortant de là elles sont égouttées et aérées un peu, ou mieux on les laisse revenir une heure sur la bruniture, et on les rince à grande eau, pour les teindre ensuite sur un bain de bois d'Inde à 50 °/ₒ additionné de 50 °/ₒ de savon blanc. On élève la température au début à 50°, puis on réchauffe sur le bain à 70°. Ordinairement la teinture est terminée au bout d'une heure, le bain est épuisé ou mieux tourné, et les soies ont acquis leur degré maximum d'intensité. On les rince à grande eau; si on veut les terminer avec toucher craquant, on les avive légèrement, sinon on les laisse telles quelles. Si on les destine au velours, on leur donne comme avivage un léger savon à tiède, on les tord fortement sur ce savon, on les diable et on les sèche. Ces bleus vus au plein paraissent bleu foncé, mais vus au reflet ils paraissent presque noirs.

L'introduction des bleus d'aniline, et principalement pour ces emplois, des bleus inférieurs à tons rouges, est venu supprimer l'emploi des bains de bois d'Inde. Pour les brunir et rougir convenablement, on peut y arriver par des additions d'orseille virée par les acides. Récemment, les couleurs bleues rabattues ont eu une très-grande vogue sous le nom de *bleus marines*.

Les gris bleus, c'est-à-dire du bleu très-riche en brun et dans les nuances claires, peuvent s'obtenir par des combinaisons d'orseille, de cochenille ammoniacale et de carmin d'indigo ; on y arrive également par des combinaisons de couleurs correspondantes dérivées de l'aniline, ou en additionnant le gris Casthelaz de bleu d'aniline.

§ 174. — COULEURS RABATTUES DANS LESQUELLES DOMINE LE VERT.

Comme les précédentes, ces couleurs varient à l'infini, selon le ton, la hauteur et le degré du brun qu'elles possèdent. Les noms qui leur sont appliqués sont très-nombreux et rappellent en général des corps avec lesquels elles offrent de l'analogie de teinte, tels que : *vert canard, vert pistache, vert bouteille*, etc.

En suivant l'ordre établi pour les verts francs dans le chapitre précédent, on a successivement :

les verts rabattus à base de bleu de cuve,

les verts rabattus à base de bleu de campêche,

les verts rabattus à base de sulfate d'indigo,

les verts rabattus à base de bleu Raymond,

Je dis les verts à base de bleu, plutôt qu'à base de jaune, car généralement le bleu varie de préférence au jaune, qui est presque toujours le même. Les verts rabattus sont presque toujours le résultat de mélange de bleu et de jaune ; les verts purs d'aniline ne s'employant, pour ainsi dire, jamais pour ces genres, si ce n'est pour les aviver.

Les *verts rabattus à base de bleu de cuve* s'obtiennent comme les verts francs (voir page 456), en donnant à la soie préparée, cuite, crue ou souple, un pied de gaude, ou mieux de fustet, additionné de rocou ou de bois d'Inde, selon la nuance voulue. Le rocou et surtout le campêche brunissent fortement la nuance, en apportant de la rougeur. Sur le pied arrivé à la hauteur voulue, on donne une couverture de bleu de cuve. Ces verts sont très-solides et conviennent bien pour les articles de durée, grand ameublement, etc.; malheureusement ils sont pour ainsi dire abandonnés.

Les *verts rabattus à base de bleu de campêche* se font comme les précédents, mais avec la différence qu'on les termine sur un bain de campêche, au lieu de les terminer en bleu de cuve (voir bleu au campêche, page 446); ils sont moins solides que les précédents, mais d'un coût bien inférieur.

Les *verts rabattus à base de bleu au sulfate d'indigo* sont les premiers verts qui se soient faits commodément; pour cet emploi, la composition d'indigo (voir page 287) convient mieux que les carmins d'indigo; celle-là apporte du vert, et en même temps du fonds, tandis que le carmin est trop pur. En général on donne le sulfate d'indigo sur les soies ayant reçu un pied de jaune comme précédemment, la teinture en sulfate d'indigo est d'ailleurs des plus faciles (voir page 448).

Les *verts rabattus à base de bleu Raymond* ont joué un assez grand rôle sous le nom de *gros verts* ou *verts parapluies*. Ils s'obtiennent en donnant à la soie ayant reçu un fonds de bleu Raymond, une couverture au jaune de quercitron (voir jaune au quercitron, page 456); ces verts sont très-pleins, très-nourris, très-solides aux intempéries, malheureusement ils tiennent des couleurs Raymond, et communiquent à la soie une grande dureté.

Les couleurs dites *olives* sont des gris verdâtres ou des gris jaunâtres; pour les olives verdâtres, il faut du bleu, mais moin que pour les verts. On obtient de belles nuances en donnant aux soies crues, cuites ou souples, bien alunées, une décoction de gaude à laquelle on ajoute du bain de campêche ; après avoir lisé quelque temps sur ce bain, on relève les soies, et on ajoute au bain une petite quantité de potasse ou de cendres gravelées ; on lise à nouveau, puis les soies bien unies sont lavées, rincées et séchées. Si l'on veut un olive très-jaune, on ajoute du fustet au lieu de la dissolution de cendres gravelées.

Dans les nuances très-claires, les olives et les bronzes donnent les gris verdâtres.

§ 175. — COULEURS RABATTUES DANS LESQUELLES DOMINE LE JAUNE.

Ces couleurs, allant du vert à l'orange, ont reçu dans la teinture les noms qui les caractérisent assez bien, de *beurre frais*, *crême*, également celui de *mode*, etc. Elles constituent une famille peu variée, mais offrant beaucoup de difficultés par suite de leur délicatesse, quoique rabattues. Elles ne sont d'ailleurs jamais bien foncées ; en effet, dans les nuances foncées, elles n'offrent aucun éclat, et paraissent surtout passées ; dans les tons très-clairs, elles prennent le nom de gris jaunâtres, tel que le crême qui vient d'avoir un très-grand succès.

Des jaunes examinés dans le chapitre précédent, il reste seulement pour ce genre les couleurs suivantes :

les jaunes rabattus à l'épine-vinette ;

les jaunes rabattus à la gaude ;

les jaunes rabattus à la graine de Perse ;

les jaunes rabattus au quercitron.

Le jaune de curcuma n'est pas assez solide, et les jaunes à

l'acide picrique et de Martius sont laissés de côté; en place, le teinturier a à sa disposition :

les jaunes rabattus au fustet;

les jaunes rabattus au bois jaune.

Il peut également faire des jaunes avec le rouil, dits : jaunes rouillés, et mettre à contribution les couleurs artificielles, telles que le brun bismarck et autres bruns similaires.

L'épine-vinette donne des jaunes (voir chap. IX) qui, quoique vus dans les couleurs franches, sont déjà quelque peu rabattus; on achèvera de les brunir par une *très-faible* addition de bois d'Inde dans le bain de teinture, la soie ayant été alunée préalablement.

Les *jaunes rabattus à la gaude* (voir jaune à la gaude, chap. IX) seront rabattus par le même moyen.

Les *jaunes rabattus à la graine de Perse*, moins employés que les précédents, sont plus dorés et se feront de même.

Les *jaunes au quercitron* sont très-solides et se brunissent comme les précédents.

Les *jaunes au fustet et au bois jaune* se font sur soies alunées, en donnant un bain de fustet ou de bois jaune, à une température de 40 à 50°; ils sont naturellement rabattus, et l'on peut augmenter l'intensité de la bruniture par l'addition de très-peu de bain de campêche.

Il est à remarquer que toutes les matières jaunes qui viennent d'être vues brunissent par l'action des sels de fer. En donnant un passage aux soies finies, sur un bain léger de couperose ou de pyrolignite, on les brunit à volonté; mais en même temps on leur communique un ton verdâtre et on les durcit. Les sels de fer doivent donc être employés avec précaution, ainsi que les sels de cuivre, qui donnent des résultats analogues. Pour les jaunes rabattus, il n'est pas utile, par conséquent, d'employer comme pour les jaunes francs des aluns très-purs de sels de fer, les aluns ferrugineux donnant au contraire de meilleurs résultats.

Les *jaunes rouillés* s'obtiennent en passant les soies crues, cuites ou souples, sur un bain de rouil, avec des précautions différentes, selon l'état de la soie (voir rouillage des soies, chap. VI, pag. 209 à 213), et les laissant sur le rouil, savonnées ou soudées. La nuance varie selon le nombre des rouils; elle est assez jolie, mais elle offre un grand inconvénient, c'est d'opérer peu à peu la combustion de la soie, par suite de l'action du peroxyde de fer. Les noms donnés à ces jaunes, selon le degré de foncé, sont ceux de *beurre frais, ventre de biche, revers de botte, nankin.*

Comme il est dit plus haut, les jaunes très-foncés et très-obscurcis se font peu, ils prennent le nom de *fauves*, et dans ce cas le fustet joue le plus grand rôle; dans les tons très-clairs, ils constituent les gris jaunes, dits *gris noisette.*

Le *gris noisette* s'obtient en passant les soies alunées dans un bain de fustet et d'orseille, additionné de très-peu de bois d'Inde. On passe les soies sur ce bain, et lorsqu'il est à peu près épuisé, on relève les soies sur des grilles, on y ajoute de la couperose pour le brunir, puis on repasse les soies qui sont ensuite rincées avec soin, et même battues pour les adoucir.

Si par l'emploi des sels de fer, on brunissait trop les couleurs vues dans ce paragraphe, on y remédierait par un avivage acide un peu fort, qui, en démontant le fer fixé, ferait tomber la bruniture.

Le brun bismark (voir page 304), sous l'influence de l'alun, donne des tons jaune brun, et peut venir en aide au teinturier, pour l'obtention de nuances dites *havane, cuir botte*, etc., seul ou donné en couverture; dans tous les cas, le concours de l'alun est indispensable, car isolément il donne des tons marrons. Le commerce livre d'ailleurs des bruns dits *bismark jaune.* L'emploi en est des plus faciles et se fait en teignant les soies préparées crues, cuites ou souples sur un bain de brun et à tiède.

§ 176. — DES COULEURS RABATTUES DANS LESQUELLES DOMINE L'ORANGE.

Les couleurs comprises dans ce paragraphe, comme les couleurs vertes, sont très-nombreuses; leur ton varie à l'infini selon les proportions relatives de jaune et de rouge qui entrent dans leur composition. Les noms très-nombreux également rappellent de même des analogies de couleurs; ainsi on a les couleurs *grenade*, *capucine*, *cassis*, *chamois*, *mordoré*, *cannelle*, etc.

Pour leur obtention, le teinturier doit avoir recours aux matières jaunes, orangées et rouges vues dans le chapitre précédent; comme elles se rattachent aux rouges rabattus tirant sur le jaune, j'ai jugé convenable de les décrire avec celles-ci dans le paragraphe suivant.

§ 177. — COULEURS RABATTUES DANS LESQUELLES DOMINENT LE ROUGE ET LE POURPRE.

Ce paragraphe, qui termine la série des couleurs rabattues, avec l'addition du précédent, forme le plus important et le plus intéressant de tous. L'on peut dire sans crainte que c'est ici que se sont réfugiées les plus grandes difficultés, et que se trouve l'emploi des matières les plus variées. Indépendamment de toutes celles vues dans le chapitre précédent pour l'obtention des orangés, des rouges et des pourpres, il y a l'emploi d'une nouvelle matière très-intéressante, le cachou (voir page 184), pour l'obtention des marrons solides.

Dans ces couleurs allant du jaune au violet, en passant par l'orange, le rouge et le pourpre, il y a toujours du rouge ; aussi comme pour les verts où je considère le bleu comme la couleur faisant base, ici j'attribue le même rôle au rouge, plus ou moins additionné de jaune ou de violet, et plus ou moins obscurci.

J'étudie successivement :

les couleurs rabattues à base de bois de Brésil,

» » » cochenille,

» » » garance,

» » » d'orseille,

» » » de rocou.

Quelques couleurs très-fines, tels que le rose de magdala, l'éosine, la safranine, le safranum, ne s'emploient pas du tout pour ces couleurs ; d'autres, telle que la murexide, ont disparu de la consommation, et enfin je ne considère pas la fuchsine ainsi que la coralline rouge qui s'emploient plutôt pour aviver ces nuances, leur donner de la fraîcheur, que pour leur donner du fond, comme base des rouges rabattus, quoiqu'on s'en serve pour les obtenir. Aux matières citées comme base des rouges rabattus, il faut ajouter le cachou et les bruns rouges, tels que les grenats artificiels.

Les matières jaunes naturelles, lorsqu'il s'agit d'obtenir des tons orangés, sont toutes mises en réquisition par le teinturier, et souvent l'apport de bleus ou de violets est indispensable pour obtenir des effets d'obscurcissement voulus ; le champ est donc des plus variés.

Comme pour toutes les couleurs précédentes, en augmentant le degré de brun, le teinturier peut arriver au noir tirant sur le rouge ; mais comme pour les jaunes, ces nuances sont peu estimées et demandées. En dégradant ces mêmes noirs rouges par beaucoup de blanc, le teinturier obtient au contraire des gris rouges qui peuvent s'obtenir par l'intervention des matières astringentes, galles, sumac, etc., de la famille des tannins bleus combiné avec celui des sels de fer.

Couleurs rabattues à base de Brésil.

Dans le chapitre précédent, on a vu que le bois de Brésil pouvait donner une assez grande variété de nuances dites de faux teint, vu leur peu de solidité, soit des roses et des rouges s'il est employé seul, et des ponceaux s'il est additionné de rocou (voir page 473).

Rien n'est plus facile que d'obscurcir ces diverses couleurs et d'obtenir des bruns ponceaux et cramoisis; il suffit pour cela de donner aux soies teintes un léger passage sur un bain de sel de fer. On augmentera encore le degré de brunissement si, au bain de bois de Brésil, on ajoute un peu de décoction de bois d'Inde.

Les *couleurs rabattues à base de cochenille* s'obtiennent facilement par un passage des soies après teinture dans un bain léger de couperose. Il faut pour cela, après teinture, les rincer, même les battre pour bien les dégorger des débris de cochenille, et les liser soigneusement sur le bain de couperose; comme elles ont été teintes avec l'aide d'une addition de noix de galle dans le bain de teinture, elles contiennent une forte proportion d'acide tannique et brunissent facilement. Pour maintenir l'œil jaunâtre dans le cas où la bruniture le couvrirait trop, il est convenable de mettre dans le bain une décoction de bois de fustet; l'emploi du bois d'Inde est inutile pour brunir les rouges de cochenille. Les tons bruns fournis par la cochenille sont très-solides et varient du rouge brun au noir rouge.

Les *couleurs rabattues à base de garance* sont très-solides et varient comme les précédentes dans des tons dits *puce, marron* et *noir;* elles offrent à la vue beaucoup d'analogie avec ces couleurs ; on peut les obtenir de même, en passant les soies teintes en rouge garance (voir page 477) dans un bain de couperose ou de pyrolignite de fer, ou mieux, en mordançant les soies avec un mélange d'acétate d'alumine et d'acétate de fer ou pyrolignite de fer.

L'alumine tend à donner du rouge et le fer du noir, et de la proportion respective des deux mordants dépendra le ton obscurci, qui le sera d'autant plus que le fer sera en plus grande quantité, jusqu'à arriver au noir rouge. Dans ces deux classes de rouges rabattus à la cochenille et à la garance, il faut remarquer que le tannin fixé sur la soie joue un grand rôle, et c'est surtout avec son concours que l'on peut arriver à des noirs gardant toujours un ton rouge, mais qui néanmoins ont un certain succès en impression.

Le curcuma se marie assez bien à ces rouges et leur donne un ton jaune très-recherché dans l'impression des étoffes de soie, dans les genres dits *indiens*. Pour l'employer, il suffit, selon le ton qu'on désire, de l'ajouter à la garancine dans le bain de teinture (voir page 478).

Les *couleurs rabattues, à base d'orseille*, offrent beaucoup d'intérêt ; ce sont les plus communes. L'orseille, comme on l'a vu, peu solide à l'état naturel, devient très-solide une fois virée au rouge grenat par les acides. Combinée alors avec d'autres couleurs, et principalement le jaune de curcuma, et le bleu du carmin d'indigo, elle donne une foule de couleurs très-estimées, qui constituent la famille si importante des *marrons*.

Les marrons sont donc le résultat du mélange de rouge, de bleu et de jaune, que je considère, ainsi que je l'ai dit page 397, comme rentrant dans la couleur appelée *brous* par M. Lembert. Ils varient à l'infini comme tons, et sont des plus simples à obtenir ; il suffit de liser les soies crues, cuites ou souples sur un bain monté à une température de 70 à 80°, et contenant les doses voulues d'orseille, de curcuma et de sulfate d'indigo ; généralement pour ce dernier, on emploie, de préférence au carmin, la composition d'indigo. Le bain, afin d'obtenir le tirage de l'indigo dans le cas où l'on emploierait le carmin, doit être acidulé; dans tous les cas, les soies sont finies sur un avivage acide. Ces couleurs ainsi faites sont solides aux acides, mais sont démontées facilement par les bains alcalins.

En dehors des tons variant du jaune au rouge, à l'infini, et recevant une foule de noms rappelant des analogies de nuance, tels que : *mordoré, canelle, souci, carmélite, capucin, bois, havane, brique, cuir de Russie,* etc., etc., il est quelquefois utile d'obscurcir davantage les couleurs obtenues par le mélange de l'orseille, du curcuma et du bleu d'indigo; dans ce cas, on peut donner un petit alunage aux soies, avant la teinture, afin de pouvoir faire tirer un peu de campêche avec le bain, et si l'on veut brunir plus fortement, on ajoute au bain de teinture, outre le campêche, de la couperose.

Pour les marrons, on emploie encore des couleurs d'aniline; ainsi, des bleus d'aniline à ton rouge peuvent remplacer le sulfate d'indigo avec succès. On peut également aviver les marrons finis par des passages en rouge de fuchsine, ou mieux de violets rouges communs. Les corallines peuvent encore se donner en couverture; mais généralement les marrons se font entièrement avec les vieilles couleurs.

Les *marrons au cachou,* qui ont d'abord été faits par les imprimeurs de Mulhouse, jouent maintenant un rôle considérable dans la teinture en soie. Ils offrent, une fois fixés, une très-grande solidité, rappelant celle des couleurs de bleu de cuve et de garance; de plus, la soie prend toujours à la teinture une assez forte charge.

Les soies crues, cuites ou souples, préparées, bien rincées et dressées, sont lisées sur un bain de cachou à 50 % du poids de la soie employée et à une température pouvant aller de 70 à 80°.

On peut employer de préférence le cachou brun, mais le cachou jaune conduit aux mêmes résultats et donne plus de poids. Les soies peuvent également avoir reçu un ou plusieurs rouils, pour augmenter la prise du poids. Après une heure de lisage, on peut considérer les soies comme cachoutées convenablement; on les sort de la barque, puis on les rince très-soigneusement; elles ont pris un ton jaunâtre, et dans cet état, le cachou ne résisterait pas à un savonnage à chaud. Pour fixer le cachou et en même temps donner aux soies une teinte marron rouge, on les passe sur un bain tiède de bichromate de potasse acidulé, sur lequel on les manœuvre jusqu'à ce que la nuance soit amenée. Il se produit, dans ce cas, une oxydation du cachou, qui est fixé alors d'une manière indélébile sur la soie et comme poids et comme nuance; la prise de celui-là peut aller jusqu'à 30 °/..

On peut varier la teinte du marron par la combinaison de l'orseille, du curcuma et du bleu d'indigo donnés en couverture; mais aujourd'hui on préfère aviver ces marrons avec une couleur d'aniline dans les tons de la couleur voulue.

§ 178. — CHARGE DES COULEURS RABATTUES.

La charge, qui offrait déjà plus de ressources pour le teinturier dans les couleurs franches que pour les blancs, en offre encore davantage pour les couleurs rabattues.

Généralement pour ces genres, l'emploi du sucre et des charges solubles est laissé de côté. La charge au bichlorure d'étain, dite charge X, peut se pratiquer, mais elle offre des inconvénients sérieux; en effet, souvent les couleurs rabattues s'obtiennent à l'aide des vieilles couleurs, sur lesquelles une forte dose de bioxyde d'étain fixée dès le début peut agir et aller à l'encontre des besoins du teinturier.

Les charges offrant le plus d'intérêt, sont le résultat de l'action des sels de fer et des tannins.

Les premières, résultant de l'action du rouil transformé ou non en bleu de Prusse, pour les soies dites rouillées, ou pour les bleus et les gros verts, ont été assez bien décrites chapitre VI, pour qu'il soit inutile d'y revenir ici.

Les deuxièmes, provenant de l'action des tannins, offrent les plus grandes ressources. S'il s'agit de couleurs très-claires, le teinturier devra suivre les mêmes précautions que celles conseillées pour les couleurs franches (voir page 483); mais s'il a affaire à des couleurs foncées, il pourra employer des tannins moins fins que la galle fine et la galle de Chine, soit des myrobolans, du dividivi, et même de l'extrait de châtaignier ou *gallique*, du cachou, etc., et de plus, il pourra opérer à chaud. La soie, dans ces conditions, prend jusqu'à 25 et même 30 °/₀ de son poids, mais la prise ne résiste pas à l'action des alcalis et du savon, surtout à chaud; les soies doivent donc être finies sur l'engallage. Si elles ont reçu un fond de bleu de Prusse, la prise est plus considérable; mais il faudra éviter d'engaller au-dessus de 50°, pour ne pas modifier et marbrer la teinte du fond.

Si, dans les combinaisons tinctoriales, il entre des sels de fer ou de cuivre, comme ils réagissent sur les tannins, le teinturier devra en tenir compte, comme on l'a déjà vu page 501, en parlant des rouges de cochenille et de garance, où la présence d'un tannin, tel que le sumac, permet d'arriver, à l'aide des sels de fer, jusqu'au noir.

Dans le cas d'une couleur marron, les tannins bleus sont remplacés avec succès par le cachou, qui apporte du fond en même temps que du poids, et qui, une fois fixé par le bichromate de potasse, forme une charge indestructible résistant même au savon bouillant, et atteignant jusqu'à 50 %.

§ 179. — COULEURS RABATTUES SUR SOIES, FANTAISIE ET DÉRIVÉS FANTAISIE FORTEMENT MONTÉS.

Les soies, les fantaisies et dérivés fantaisie fortement montés, exigent pour les couleurs rabattues les mêmes préparations préliminaires que pour les couleurs franches, sauf pour l'opération du soufrage, qui est inutile, à moins qu'il ne s'agisse de couleurs très-claires.

Les teintures se font comme pour les couleurs fines, en ayant soin de laisser traîner sur les bains, encore plus que pour les couleurs franches sur les mêmes genres.

Si le concours des brunitures, résultant de l'action des sels de fer et de cuivre sur les bois colorés, dans le bain même, est indispensable, comme dans ce cas celui-ci est toujours boueux, il faut plus de temps sur la bruniture et également laisser revenir soigneusement à l'air.

Le rinçage, pour bien écarter les précipités non combinés à la soie, et qui rendraient celle-ci terne après la dessication, devra être accompagné d'une ou plusieurs battures.

Pour la charge, les ressources restent les mêmes que pour les soies fines, et l'emploi des tannins permettra de gonfler un peu le brin, de l'arrondir, qualité qui est surtout demandée pour les floches et les cordonnets.

Le toucher demande les mêmes précautions que pour les couleurs franches, sur mêmes genres (voir pages 484 et 485). Dans le cas de couleurs très-rabattues et chargées par l'action des tannins et des sels de fer, on facilitera un bon maniement par un avivage avec un peu d'huile qui donnera en même temps du brillant (voir pages 114 et 525).

La même observation, faite pour les couleurs franches, relativement au flambage ou gazage des fantaisies et dérivés fantaisie, s'applique ici pour l'influence qu'elle exerce sur la nuance qu'elle jaunit toujours, ce dont le teinturier devra tenir compte.

§ 180. — ANALYSE QUALITATIVE ET DOSAGE DE LA CHARGE D'UNE SOIE CUITE.

Je joins dans le même paragraphe ces deux recherches qui sont intimément liées, et qui se complètent mutuellement.

Après de nombreux essais, j'ai adopté l'ordre suivant pour les recherches à faire sur une soie teinte, soit :

1° Dosage de l'humidité.

2° Action de l'eau distillée.

3° Action de l'éther ou de la benzine.

4° Action de l'acide chlorhydrique étendu.

5° Action des liqueurs alcalines étendues.

6° Incinération et recherche des cendres.

7° Essais particuliers pour la recherche des matières colorantes déposées sur la soie.

1° Dosage de l'humidité.

Cette opération, qui correspond à celle vue en parlant du conditionnement des soies, page 72, offre beaucoup de difficultés dans le laboratoire. Elle est indispensable dans toute bonne analyse, et pour bien la pratiquer, il faut prendre un poids connu de soie, que l'on tiendra dans une étuve chauffée au bain d'huile à 130° ; les pesées devront se faire rapidement pour éviter la reprise d'humidité à l'air. Lorsque la soie ne perdra plus rien, on aura sensiblement la perte ; je dis à dessein sensiblement, car pour bien opérer il faudrait opérer rigoureusement comme dans les conditions des soies, et peser celles-ci dans le bain d'air chaud. La perte normale est de 10 à 15 % ; plus forte, elle indiquera ou que les soies ont été tenues dans un endroit très-humide à dessein, ou qu'elles contiennent une matière hygroscopique.

2° *Action de l'eau distillée.*

Sous cette influence, toutes les matières solubles sont entraînées. La soie, bien lavée à plusieurs eaux, séchée après, indiquera par sa perte de poids, de laquelle il faudra déduire l'humidité, la quantité de matières solubles qu'elle contient. Une perte de un à deux pour cent doit être négligée ; généralement, les charges vont à 10, 15 et même 20 % (1).

Pour bien faire comprendre ma pensée, je prends trois cas, soit sur soie écrue, sur soie cuite et sur soie souple :

1° Soie écrue. Supposons que par les recherches ont ait trouvé que 10 gr. de soie teinte contiennent :

humidité. . . . . 10 %
charge . . . . . . 20 %
Il reste donc : soie . . . . 70 %

A ces 70, il faut ajouter l'humidité adopté par les usages commerciaux, soit 11 % ; d'où on a 70 + 11 % = 77 gr. environ.

Ces 77 gr. ont pris : charges diverses, 20 gr.; d'où on a :

$$77 : 20 :: 100 : X = 26\ \%$$

2° Soie cuite. Supposons qu'on ait trouvé comme ci-dessus :

humidité. . . . . 10 %
charge . . . . . . 20 %
soie . . . . 70 %

(1) *Ainsi qu'il a été dit page 157, il faut toujours ramener les charges données en teinture au poids écru, et, dans le cas de soies ayant perdu à la cuite ou à l'assouplissage, on ne compte réellement la charge qu'après que le poids écru a été compensé.*

A ces 70, il faut ajouter non-seulement les 11 °/₀ d'humidité, mais encore la perte du grès, pouvant varier, selon les qualités, de 20 à 28 °/₀; supposons 25 °/₀, en tout 36 °/₀ du poids écru. Le calcul est un peu plus complexe, et il faut dire, sachant que 100 gr. de soie écrue, cuite, perdent 36 °/₀, grès et humidité, il reste 64 °/₀ de soie pure; d'où on a :

64 : 100 :: 70 : X = environ 109 gr.

Les 70 gr. de soie représentent donc primitivement 109 gr. de soie mise en teinture, d'où on a pour la charge

109 : 20 :: 100 : X = environ 18 °/₀

qui ne compensent pas encore le poids perdu à la cuite.

3° Pour le cas de la soie souple, le raisonnement est le même que pour la soie cuite, mais il est plus difficile d'apprécier, car la perte des soies à l'assouplissage est très-variable.

Les eaux distillées, chargées des principes solubles, sont concentrées par l'évaporisation, et il sera facile d'examiner la nature du résidu par les méthodes ordinaires d'analyse. Généralement on a affaire à du sucre additionné ou non de glycérine et de sulfates de soude ou de magnésie.

Si le résidu chauffé sur la lame de platine brûle sans résidus, il n'y a pas de matières minérales, sinon il est facile de les reconnaître.

3° Action de l'éther ou de la benzine.

La même soie lavée à l'eau distillée, bien séchée, traitée par les dissolvants en question, abandonnera les corps gras qu'elle pourrait contenir, et qu'il sera facile de retrouver dans le résidu de la distillation de l'éther ou de la benzine.

Cette recherche devra être faite avec beaucoup de soins, car de la présence d'un corps gras et de la nature de celui-ci, peuvent dépendre deux grands inconvénients pour les étoffes fabriquées, soit les dangers d'odeur de rance et d'inflammabilité des étoffes par combustion lente d'abord, mais qui est accélérée par l'élévation de température produite, qui peut être portée jusqu'à l'inflammation.

4° Action de l'acide chlorhydrique étendu.

Pour cette recherche, il faut employer de l'acide chlorhydrique pur, et étendu de deux fois son volume d'eau distillée. Cette action éclairera sur une foule de questions et devra être suivie soigneusement.

Dans le cas de soies teintes rouillées, tout l'oxyde de fer absorbé par la soie, ainsi que le bioxyde d'étain, dans le cas des charges au bichlorure d'étain, seront dissous par la liqueur, et après une immersion d'une demi-heure, l'échantillon soumis à l'analyse, rincé dans une première eau acidulée, puis dans l'eau pure, séché et pesé, donnera, la perte consistant en oxydes métalliques par la différence de poids sur le poids précédent; car on opérera toujours sur le même échantillon.

Mais c'est surtout comme analyse qualitative qu'il faudra suivre cette action avec soin ; en effet, toutes les couleurs tirant avec l'aide des mordants seront modifiées, ainsi qu'on l'a vu page 130, par le contact de l'acide chlorhydrique, qui, en s'emparant des oxydes métalliques, fera pâlir les nuances, et quelquefois même tomber la couleur dans le bain, exemple pour les couleurs au campêche; dans ce cas, la liqueur prendra une belle teinte rose.

Les combinaisons toujours brunes des tannins avec les oxydes de fer et de cuivre, seront complètement détruites, et le ton obscurci fera place à des tons roussâtres.

Les couleurs tirant au contraire sans le concours des mordants ne seront pas modifiées sensiblement, ou tout au moins si elles le sont par la grande concentration de la liqueur en acide, elles reprendront leur teinte normale au rinçage, excepté pour le violet de l'orseille qui restera grenat, et le safranum qui sera détruit.

Dans la liqueur acide, il sera facile de rechercher les oxydes métalliques par les méthodes ordinaires d'analyse.

5° *Action des liqueurs alcalines étendues.*

Cette action complète la précédente. Il conviendra, pour bien l'employer, d'opérer sur de la soie simplement lavée à l'eau et à l'éther, et sur de la soie traitée à l'acide chlorhydrique.

Sur celle-ci, toutes les couleurs doivent disparaître, et il ne restera plus qu'un fond gris sale, et même blanc ; sur celle-là, toutes les couleurs fixées à l'aide des mordants seront plutôt avivées que tombées, et les couleurs tirant sans mordants, seront détruites ainsi qu'il a été dit page 130.

Il n'y a que deux exceptions sérieuses à cette règle, c'est dans le cas où l'on aura affaire à des marrons au cachou, qui, ainsi qu'on l'a vu, sont très-solides et résistent à tout, ou à du bleu de cuve.

L'action des alcalis, soit surtout celle du savon bouillant, agissant sur les soies engallées ou cachoutées simplement, fera tomber tout le tannin ; mais dans le cas où celui-ci aurait été combiné avec des sels de fer, il faudra opérer sur les soies traitées au préalable à l'acide chlorhydrique. Par la perte de poids, il sera donc facile de doser les charges au tannin.

Dans le cas où on aura affaire à des couleurs bleues ou vertes, à base de bleu de Prusse, par l'action du savon bouillant, la combinaison de ferrocyanure de fer étant détruite, il restera un fond de rouil sur la soie, qu'un nouveau passage en acide chlorhydrique fera tomber complètement.

Il est cependant une exception, c'est celle où des tannins auraient été donnés sur le bleu de Prusse ; dans ce cas, la combinaison, ainsi qu'on l'a vu page 222, est plus stable, mais finit quand même par se détruire, par des passages successifs en savon bouillant et acide chlorhydrique.

6° *Incinération et recherche des cendres d'une soie teinte.*

Il convient de pratiquer cette opération sur la soie simplement lavée à l'eau distillée. Elle est toujours fort longue, et pour incinérer complètement quelques grammes de soie dans une capsule de platine, il faut plus d'une heure. Les cendres pesées indiqueront, par leur poids et leur aspect, la quantité et la qualité de la charge. Si elles sont en petite quantité, moins de 1 %, on aura affaire aux cendres normales de la soie; si elles passent 1 %, mais sans aller au-delà de quelques centièmes, on sera en présence de mordants plutôt que d'une charge; mais si elles atteignent 10 pour cent et même au-delà, elles indiqueront une charge.

Leur couleur rouillée ou brune indiquera la présence ou du fer ou du cuivre. L'examen détaillé de leur nature sera vu avec soin à la suite des noirs, où cette recherche offre un grand intérêt (voir chapitre XIV, dernier paragraphe).

7° *Essais particuliers pour les recherches des matières colorantes déposées sur la soie.*

Ces essais demandent, outre les connaissances chimiques, une grande habitude de la teinture, pour faire intervenir les probabilités d'emploi de telle ou telle matière colorante.

Dans le chapitre VII, j'ai indiqué les propriétés des matières colorantes ; il est inutile d'y revenir ici. Avec l'aide de l'action des acides et des alcalis sur une soie teinte, on a pour ainsi dire les éléments pour reconnaître une couleur ; ce n'est que dans le cas d'une nuance complexe que le problème devient plus difficile.

Le tableau joint à la fin de l'ouvrage représente une marche dichotomique, pour rechercher les diverses matières colorantes sur une soie teinte, classées en suivant toujours l'ordre adopté.

CHAPITRE XI

SOMMAIRE. — Des noirs. — Classification. — Noirs sur soie écrue. — Classification. — Noirs anciens à la galle et au pied. — Noirs modernes à la galle et au pied. — Noirs à fond de bleu et terminés à la galle et au pied. — Noirs anglais sur soie écrue. — Noirs légers. — Du pied ancien. — Du pied moderne. — Avivages des noirs.

§ 181. — DES NOIRS. — CLASSIFICATION.

Depuis la lecture de la préface à la Société des Sciences industrielles de Lyon, j'ai jugé à propos de modifier légèrement le sommaire concernant la partie descriptive si importante des noirs, laquelle comprend quatre chapitres. J'ai d'abord, ainsi que cela se pratique dans les ateliers, divisé les noirs en trois grandes classes, soit :

les noirs sur soie écrue,

les noirs sur soie cuite,

les noirs sur soie souple.

De la classe des noirs sur soie cuite, j'ai fait deux grandes subdivisions, soit :

les noirs sur soie fine,

les noirs sur soie grosse, fantaisie, shappes, floches, etc.

Les noirs sur soie écrue sont l'objet du chapitre XI.

Les noirs sur soie cuite fine sont l'objet du chapitre XII.

Les noirs sur soies grosses, fantaisie, shappes, floches, cordonnets fantaisie, sont celui du chapitre XIII.

Et enfin les noirs sur soie souple, celui du chapitre XIV.

Je suis toujours le même ordre successif : soie écrue, cuite, souple, qui m'a paru le plus rationnel, prenant d'abord la soie à son état naturel et telle qu'elle a dû être teinte au début, c'est-à-dire écrue, puis la cuite étant venue après, et enfin l'assouplissage, qui ne date que de ce siècle.

§ 182. — DES NOIRS SUR SOIE ÉCRUE. — CLASSIFICATION.

Les noirs sur soie écrue se sont faits dès le début et ont dû précéder les noirs cuits; ils se font encore de nos jours couramment et par des méthodes qui diffèrent peu des anciennes. Ils se font toutes les fois que la soie est destinée, organsin ou trame, à former un tissu qui, comme pour la toile du velours, ne joue qu'un effet d'envers et demande une certaine fermeté que la cuite enlèverait à la soie, ou pour des articles tels que les satins, dans lesquels la trame est complètement couverte par un flotté de chaîne qui seul fait l'effet désiré et où, à la rigueur, on pourrait remplacer la soie par du coton apprêté pour cela ou non. Le teinturier, pour teindre les soies écrues en noir, a peu à se préoccuper de l'élasticité et de la force, qui sont ménagées naturellement par le grès, mais en place il a moins de ressources à sa disposition, les soies ainsi teintes ne pouvant supporter nulle action de la part du savon chaud.

Dans les noirs écrus, comme dans tous ceux qui suivent, les opérations de la charge se lient à leur production et font partie de la teinture même; elles ne sont donc plus indépendantes comme dans les teintures en blanc, couleurs claires et couleurs rabattues.

De même, il est diverses opérations nouvelles qui, tel que le lustrage, s'y lient également et sont vues à la suite de chaque noir.

Je divise les noirs écrus en quatre classes, soit :

les noirs sur soie écrue anciens, par galle et pied;

les noirs sur soie écrue modernes, par galle et pied ;

les noirs sur soie écrue bleutés, terminés par galle et pied ;

les noirs sur soie écrue ne pouvant supporter une foule d'opérations, tels que ceux sur soie grége et faits en noirs fins, ou noirs anglais, noirs légers.

En résumé, ce que l'on demande aux noirs écrus, c'est plutôt, à cause de leur destination, de la fermeté et de la plénitude dans la nuance que des nuances dégagées. De plus, par la présence du grès, l'on peut arriver à des rendements considérables, jusqu'à 200 °/₀; aussi ces noirs prennent souvent le nom de *gros noirs*, et nécessitent de forts adoucissages pour ramener un bon toucher.

§ 183. — NOIRS ANCIENS SUR SOIE ÉCRUE, PAR GALLE ET PIED.

Au milieu du siècle dernier et au commencement de ce siècle, on teignait en écru les soies écrues jaunes, de préférence aux écrues blanches. Les soies, dénouées et mises en matteaux, bien mouillées à l'eau tiède, étaient soumises à un fort engallage à froid. On commençait par les liser sur le bain pour les imprégner à froid, puis on les mettait en cordes et on les abandonnait plusieurs jours au fond de la barque. Il est assez curieux de voir conseiller l'engallage à froid dans les recettes anciennes ; cela doit venir sans nul doute de ce que dans des engallages à chaud, en chauffant imprudemment, quelques teinturiers ont dû obtenir des commencements d'assouplissage, et que ne pouvant régulariser cette action, qu'ils ne pouvaient s'expliquer, ils ont dû avoir de graves mécomptes, et ont alors préféré recourir à l'action du temps, pour suppléer à celle de la chaleur.

Les soies suffisamment engallées, on les retirait de la barque, on les laissait bien égoutter, puis on les lavait avec soin et on les égouttait de nouveau. On les passait à plusieurs reprises sur un pied de noir plus faible que pour les cuits, vu leur grande affinité pour la teinture, déjà nettement constatée au temps où écrivait Macquer. Le tannin employé pour l'engallage était toujours la *galle fine* ou les *velanèdes*. Quant au pied, dont la base était un sel de fer, rien d'aussi complexe que sa composition et sa fabrication. Le pied ancien et le pied moderne sont l'objet des deux derniers paragraphes de ce chapitre.

Les soies engallées écrues étaient donc lisées sur un pied faible, ou quelquefois même sur la *disbrodure*, ou première eau de lavage en barque des soies cuites sortant d'un pied concentré. Peu à peu, dans ces conditions, le fer contenu dans le pied se fixe sur la soie, et au bout d'une heure à froid, elle a pris une teinte gris d'acier; les soies étaient alors levées sur des grilles, pour laisser retomber dans la barque l'excès de bain qu'elles contenaient, puis égouttées; elles étaient ensuite mises avec les bâtons sur deux grandes barres de bois dites *vergues*, situées dans le prolongement de la barque de pied, et à la même hauteur. On lisait ces soies, *dans l'air*, en les faisant aller et venir sur les vergues, absolument comme dans la barque, afin de les aérer; peu à peu la couleur montait au noir. Les soies, promenées sur les vergues, laissent égoutter du bain, qui se rassemble dans une rigole pour venir dans une cavité, d'où on le remonte peu à peu dans le pied, qui sert donc indéfiniment.

Les soies, après un premier aérage sur les vergues, étaient remises sur le pied, et repassées sur les vergues. Cette opération était répétée jusqu'à trois fois, car c'est d'elle que dépend l'intensité du noir, par la formation d'un composé magnétique de tannin et de fer.

Le noir était alors lavé à la rivière, et recevait une ou plusieurs battures, pour bien le dégorger des précipités interposés, mais non combinés. Les soies étaient ensuite égouttées et séchées.

Le noir obtenu dans ces conditions avait un ton noir bleu, un peu clair, un peu plombé, un toucher dur, ce qui était sans importance pour les articles auxquels on le destinait : gazes, dentelles, etc. L'auteur (Macquer) ne dit rien du rendement ; mais il est probable que les teinturiers obtenaient de 25 à 30 %.

Si nous avons décrit avec tant de soin le mode d'obtention de ces noirs, c'est que depuis Macquer ils n'ont subi que des progrès très-faibles, et sont restés, sauf quelques légères modifications, ce qu'ils étaient en soie écrue et en soie cuite, comme nous le verrons dans le paragraphe suivant, et, pour les soies cuites, dans le chapitre XII. Les modes d'opérer, les expressions même, tout est resté, et de nos jours, pour des articles spéciaux, ces noirs sont arrivés à un grand degré de perfection et ont porté la charge à sa plus grande expression.

La théorie de la formation du noir est la même que celle de la formation de l'encre ancienne : le tannin étant fixé sur la soie par voie d'affinité chimique, attire l'oxyde de fer contenu dans les pieds, et, comme on le verra en parlant de ceux-ci, pour remplacer cet oxyde de fer, il faut constamment maintenir de la ferraille dans des barques de pied ; cette fixation du fer sur la soie se fait surtout sur les vergues, au moment de l'aérage. Encore une fois, je ne saurais trop le répéter, les combinaisons de tannins et d'oxyde de fer qui se forment sur la soie sont des combinaisons magnétiques, et pour y arriver, il faut passer par l'intermédiaire des sels ferreux, et dans ce cas ce sont les *pieds* qui les apportent. La soie lisée sur les vergues contient du tannin fixé ; elle est de plus mouillée par un sel ferreux ; peu à peu, au contact de l'air, il se forme de l'oxyde magnétique qui se combine au tannin, et l'acide reste dans l'eau qui mouille la soie. Cela est tellement vrai, que si l'on prenait un sel ferrique pour pied, le résultat ne serait plus le même, par la raison que celui-ci brûlerait, par son excès d'oxygène, le tannin fixé sur la soie.

§ 184. — NOIRS MODERNES A LA GALLE ET AU PIED.

Ces noirs ont subi peu de progrès sur les anciens, et les améliorations consistent principalement dans l'emploi du *gallique* ou *extrait de châtaignier*, dû à M. Michel de Lyon, et à une modification du pied par l'emploi du pyrolignite de fer. Le mode d'opérer est sensiblement le même. Les soies colorées en jaune sont quelquefois décolorées par le blanchiment à l'eau régale ; dans tous les cas, bien mouillées, elles sont soumises à une suite d'opérations selon le poids désiré, soit :

Premier engallage.

Pour le premier engallage, les soies sont lisées sur un bain neuf, ou sur un vieux bain de gallique à une température de 40 à 45°; au bout de ce temps, les soies sont égouttées, lavées avec soin. On peut opérer avec un bain contenant 100 °/. de gallique du poids de la soie.

Premier pied.

Les soies rincées et diablées fort, sur le premier engallage, sont lisées sur un pied à une température ne dépassant pas 50 à 60°; après quelques lises, elles sont levées sur les grilles, puis promenées une demi-heure sur les vergues pour les aérer convenablement, et développer la combinaison du tannin et du fer. Après cette première aération, on les repasse au pied dans les mêmes conditions, et on les aère de nouveau.

Le noir peut être arrêté sur ces deux opérations, mais généralement il n'a ni la charge voulue, ni le ton de noir assez plein. On rince donc les soies à grande eau, avec une petite batture pour bien les dégorger, et on recommence.

Deuxième engallage.

Ce deuxième engallage se donne dans les mêmes conditions que le premier, avec la différence que la charge attirée par l'oxyde de fer prenant plus abondamment, on met 150 % d'acide gallique à 10° Beaumé au lieu de 100 % du poids de la soie; on opère à la même température, mais en laissant traîner davantage les soies sur ce bain. On remarquera que les soies perdent en nuance sur les engallages, qui suivent le premier pied, et qu'il faut toujours les finir sur le pied pour ramener la nuance; en même temps, l'on observe que le brin gonfle sensiblement. Les soies engallées, le bain est écarté au canal; il est d'ailleurs à la fin complètement tourné, noirâtre et boueux, de jaune brun limpide qu'il était au début. Les soies sont rincées à grande eau et reçoivent une batture pour bien les dégorger des précipités mécaniques qui les ternissaient; puis, diablées fort sur le rinçage, elles sont prêtes à recevoir le deuxième pied.

Deuxième pied.

Ce deuxième pied se donne dans des conditions analogues au premier; la nuance, dégradée au deuxième engallage, remonte par cette nouvelle action des sels de fer. Les soies peuvent être finies sur ce deuxième pied, elles ont acquis une charge et un ton noir bleu convenable.

Sur un engallage et un pied, elles prennent environ 30 %.

Sur 2 engallages et 2 pieds; elles prennent environ 70 %.

On remarquera que la prise est proportionnelle aux engallages, et que les derniers donnent toujours plus que les précédents. Ainsi, par

3 engallages et 3 pieds, on peut obtenir 120 à 130 %, et par

4 engallages et 4 pieds, on peut aller de 180 à 200 %,

charge énorme pour si peu d'opérations. Néanmoins ce rendement nécessite souvent cinq passes complètes à la galle et au pied, au lieu de quatre, ce qui est encore fort beau.

La question des eaux joue un rôle considérable dans ce genre de noirs, en opérant les rinçages avec des eaux granitiques; les sels de fer sont bien moins fixés, les résultats sont irréguliers, et il faut de plus trois passes complètes pour obtenir l'effet de deux, obtenu par le rinçage dans les eaux calcaires du Rhône et de la Saône.

Adoucissage.

Les soies sortant de ces passages ont pris un toucher un peu dur, et un aspect qui serait terne si on les séchait sur le rinçage du pied. Pour leur rendre en partie leurs qualités, on les adoucit en les passant sur un savon froid fait avec 30 à 40 % de savon blanc du poids de la soie; on les lise durant une demi-heure sur ce bain, puis on les rince à grande eau avec une petite batture, elles sont alors prêtes à être avivées.

Avivage.

L'avivage, que nous avons déjà vu dans les couleurs, a une bien plus grande importance dans les noirs; il est toujours accompagné de l'emploi de l'huile d'olive. Celle-ci a pour but de donner de la souplesse, du brillant à la soie, et de garnir le noir. Ainsi tel noir, séché sans addition d'huile, qui paraîtra griser, gagnera en plein par une très-petite addition de ce corps; il ne faut cependant pas tomber dans un excès contraire, car l'on s'exposerait à de graves mécomptes.

L'avivage se fait ordinairement avec 6 à 10 et même 12 % d'huile selon les noirs; la quantité de 6 % augmente à mesure que la charge en rend, par son accroissement, l'utilité indispensable. Cette opération si importante dans l'art de la teinture en noir forme d'ailleurs l'objet d'un paragraphe spécial à la fin de ce chapitre. Il suffit donc de savoir pour le moment que l'avivage complète un noir par l'apport de l'huile, et qu'il en augmente toujours le ton.

Le bain d'avivage pour les soies est monté tiède, et dans ce cas on peut employer un acide minéral, l'acide chlorydrique, de manière à donner à l'eau une saveur aigrelette; l'huile est alors ajoutée émulsionnée convenablement, le bain est vivement brassé, et les soies toutes prêtes avec leurs bâtons, sur des grilles sont abattues et lisées vivement quatre ou cinq fois; l'avivage est alors complet et les soies ont pris un bon toucher craquant. Le bain est écoulé; les soies égouttées, diablées modérément, sont portées et étalées sur des perches à l'étendage. Par une température trop élevée à la chambre chaude, le noir jaunit toujours quelque peu. Généralement les opérations précitées, bien faites, sont mathématiques et donnent des résultats certains comme rendements à quelques centièmes près. Mais il peut arriver que le poids obtenu soit de beaucoup inférieur à celui désiré; dans ce cas, on recommence une nouvelle passe, et pour éviter de trop rendre, on donne l'engallage avec une quantité de galle déterminée avec soin.

§ 185. — NOIRS A FOND DE BLEU DE PRUSSE TERMINÉS A LA GALLE ET AU PIED.

Ces noirs diffèrent des précédents, en ce que pour modifier quelque peu le ton, et accélérer en même temps le poids donné par les engallages, on donne dans ce cas deux ou un plus grand nombre de rouils, par les méthodes décrites chapitre VI, et de plus un bleutage. L'ensemble de ces opérations donne 8 °/₀ de poids à chaque rouil bleuté, soit 24 °/₀ pour 3 rouils bleutés avec un fond de bleu très-prononcé, déjà presque noir; de plus, sur le premier engallage qui suit immédiatement ces opérations, le tannin, au lieu d'être attiré purement par l'affinité de la soie, l'est en même temps par affinité du bleu de Prusse, et dans ces conditions la première passe, faite identiquement comme sur la soie pure, mais avec plus de gallique, 150 °/₀ au lieu de 100 °/₀, donnera environ 40 °/₀ et même 50 °/₀, au lieu de 30, car les rendements peuvent varier quelque peu. Comme teinte, le fond de bleu joue réellement un certain rôle pour la nuance, de même que pour le poids; il est vrai que celui donné par le bleu de Prusse revient plus cher que celui donné par le gallique et le pied, mais le noir a un bien plus joli ton.

En résumé, sur soie crue, bleutée sur trois rouils et une passe complète, l'on peut obtenir jusqu'à 70 °/₀ et atteindre plus de 200 °/₀ en quatre passes complètes.

Les soies ainsi commencées sont ensuite traitées rigoureusement comme si l'on partait de la soie pure. Avant de quitter ce genre en soie écrue, je terminerai en disant que si l'on désire, mais le cas est rare, des noirs plus dégagés, l'on remplace le gallique par une décoction de galle fine ou de *dividivi*, qui joue un grand rôle dans les noirs comme succédané de celle-là.

§ 186. — NOIRS LÉGERS SUR SOIE ÉCRUE. — NOIRS ANGLAIS.

Les noirs qui précèdent ne peuvent s'appliquer que pour des soies écrues montées, susceptibles de pouvoir résister aux nombreuses manipulations et à la grande charge dont elles sont l'objet; mais il est des cas où ces méthodes ne peuvent s'appliquer. Dans ce cas, on peut faire d'assez beaux noirs légers en peu d'opérations, en imitant les noirs anglais, qui seront vus pour les noirs cuits, qui se font en deux passes seulement et sans se préoccuper de donner du poids. Les opérations comprennent surtout : une bruniture, une teinture et, pour terminer, un adoucissage et un avivage.

Bruniture.

Cette opération consiste à promener les soies écrues bien mouillées dans un bain chauffé d'abord à 40 ou 50° et contenant :

la décoction de 50 à 60 % de bois d'Inde;
— 25 à 30 % de bois jaune;
— 4 à 5 % couperose;
— 1 à 2 % verdet raffiné en cristaux.

Le bain doit être fait de manière à représenter en volume vingt fois celui de la soie. Les décoctions de bois mélangées sont additionnées des solutions des deux sels. Vivement agité, le bain est alors tourné et moitié précipité, mais susceptible quand même de teindre, sous l'influence de ces réactions multiples des deux bois et des deux sels.

Les soies sont abattues sur ce bain, lisées une demi-heure, puis relevées sur des grilles, pour permettre de réchauffer le bain à 60° ; plongées de nouveau, elles sont encore lisées une demi-heure, et ont acquis une teinte brunâtre. Le bain épuisé, noir boueux, est écoulé au canal, les soies sont laissées dans la barque pour les faire égoutter, et on les laisse revenir à l'air en les lisant sur les vergues pour les aérer; au bout d'une heure, on peut les rincer. Une petite batture est d'ailleurs utile pour bien les dégorger ; bien rincées, diablées fort, elles sont prêtes à suivre les opérations et à aller en teinture.

Teinture.

Cette opération a pour but d'enrichir la nuance, en fixant une masse nouvelle de campêche, grâce aux mordants fixés par la bruniture ; pour ce, les soies sont, après avoir été dressées et passées de nouveau en bâton, lisées sur un bain chauffé à 50° et contenant la décoction de 50 °/. de bois d'Inde, environ une heure. Le bain épuisé et tourné peut alors être jeté au canal, et les soies sont alors nourries en couleur; il ne reste plus qu'à les écouler, les rincer, pour les terminer par un adoucissage et un avivage.

Adoucissage.

Cette opération a pour but non-seulement d'adoucir les soies, mais encore de développer la belle couleur du campêche. Nous la reverrons fréquemment et avec plus de détails; pour le moment, je me contenterai de dire que les soies, après avoir été diablées fort sur l'opération précédente, sont lisées dans un bain de savon contenant de 30 à 50° de savon blanc, environ une heure et à tiède. Au bout de ce temps, les deux effets désirés étant obtenus, les soies sont levées, le bain est écarté au canal; égouttées, elles sont rincées à grande eau, et après diablage, prêtes à être avivées.

Avivage.

L'avivage doit être fait comme précédemment, mais il demande moins d'acide, et même un acide végétal, l'acide acétique ou une liqueur acide, le jus de citron, conviennent mieux; puis les soies diablées modérément sur l'avivage sont séchées. Le noir obtenu est assez fin, à ton vert et ne rend aucun poids.

Pour résumer, il serait possible de faire d'autres noirs sur soie écrue, en modifiant les combinaisons qui seront vues plus loin, dans les autres genres; mais cela a peu d'importance. Les noirs cités répondent à tous les besoins en soie écrue, qui joue d'ailleurs un rôle modéré dans les tissages, et souvent un rôle effacé où quelquefois, tel que dans les articles satins, on peut la remplacer par du coton dans les effets de trame. Ce que l'on demande souvent à la soie écrue, tel que pour les genres velours, c'est de garder sa fermeté due au grès, qu'il faut donc ménager avant tout.

§ 187. — DU PIED DE FER ANCIEN.

Je donne à titre historique le pied de fer ancien, tel qu'il se faisait au temps de Macquer, et même au commencement de ce siècle, avant les progrès de la chimie moderne. Avant d'aborder la partie technique, disons que le pied était contenu dans des caisses longues, en cuivre épais, ayant la forme de barques, et montées sur des foyers, de manière à pouvoir être chauffées à feu nu, l'emploi de la vapeur étant alors inconnu. Le pied était, on l'a vu, suivi dans le sens de la longueur de barres de bois, maintenues horizontales par des supports, et dites *vergues*, destinées à faire subir une aération aux soies sortant du pied, après égouttage sur des grilles. En même temps, une rigole contenue entre les pieds des vergues recevait l'excès de liquide qui s'écoulait des soies pendant cet aérage, pour le conduire dans un récipient, d'où on le remontait de temps en temps dans la barque en cuivre. Voilà pour la partie mécanique. Quant à la composition de ce bain, rien d'aussi complexe, et Macquer lui-même avoue que les trois quarts des ingrédients constituants peuvent être supprimés sans inconvénient ; je cite d'ailleurs Macquer à titre de curiosité.

Art de la Teinture, par Macquer, 1763, page 172

« En général, toute teinture noire est composée, pour le fond, « des ingrédients avec lesquels on fait l'encre à écrire; c'est tou- « jours du fer dissous par les acides, et précipité par des matiè- « res astringentes végétales.

« Les diverses manufactures ont différentes méthodes de faire « le noir; mais elles reviennent toutes à peu près au même pour « le fond. Nous allons donner ici, pour faire cette couleur, un « procédé qui est en usage dans plusieurs bons ateliers, et qui « nous a bien réussi, quoiqu'il paraisse qu'il entre dans la recette « beaucoup d'ingrédients superflus.

« Il faut prendre vingt pintes de fort vinaigre, le mettre dans un « baquet et y faire infuser à froid une livre de noix de galle noire, « pilée et passée au tamis, avec cinq livres de limaille de fer bien « propre et qui ne soit point rouillée. Pendant que cette infusion « se fait, on nettoie la chaudière où l'on veut poser le pied pour « noir, et l'on pile les drogues suivantes, savoir :

8 livres de noix de galle noire.
8 — de cumin.
4 — de sumac.
12 — d'écorce de grenades, encore employée de nos jours dans le Midi par quelques petits teinturiers.
4 — de coloquinte.
3 — d'agaric.
2 — de coques du Levant.
10 — de nerprun, ou de petits pruneaux noirs.
6 — de graine de psillium ou de graine de lin.

« On se sert, pour faire bouillir toutes ces drogues, d'une chau- « dière qui tient la moitié de celle où l'on veut faire le pied de « noir et on l'emplit d'eau; on y jette ensuite vingt livres de bois

« de campêche hâché, qu'on a soin de mettre dans un sac de toile, « afin de pouvoir le retirer commodément, si on n'aime mieux « le retirer avec un cassin percé ou autrement, parce qu'il faut le « faire bouillir une seconde fois avec les autres drogues.

« Quand le bois d'Inde a bouilli environ pendant une heure, on « l'ôte et on le conserve proprement; pour lors, on jette dans la « décoction du bois d'Inde toutes les drogues ci-dessus mention- « nées, et on les y fait bouillir l'espace d'une bonne heure, ayant « l'attention de rabaisser de temps en temps le bouillon avec de « l'eau froide, lorsque le bain menace de s'enfuir.

« Quand cette opération est finie, on coule le bain dans une « barque, au travers d'un tamis ou d'une toile, pour qu'il ne passe « point de gros marc, et on le laisse reposer; il faut avoir soin de « conserver le marc de toutes ces drogues pour le faire bouillir « une seconde fois.

« On met alors dans la chaudière destinée au pied de noir, « le vinaigre chargé de sa noix de galle et de sa limaille de fer, « et on y verse le bain où ont bouilli toutes les drogues dont « nous venons de parler; ensuite on met dessous un peu de feu « et on y jette aussitôt les ingrédients suivants :

20 livres de gomme arabique pilée et écrasée.
3 — de réalgar.
1 — de sel ammoniac.
1 — de sel gemme.
1 — de cristal minéral.
1 — d'arsenic blanc pilé.
1 — de sublimé corrosif.
20 — de couperose verte.
2 — d'écume de sucre candi.
10 — de cassonade.
4 — de litharge d'or ou d'argent pilée.

5 livres d'antimoine pilé.

2 — de plumbago, ou plomb de mer pilé.

2 — d'orpiment pilé.

« Il faut que toutes les drogues pilées soient passées au tamis; « au lieu de gomme arabique, on peut employer de la gomme « de pays, qu'on fait fondre de la manière suivante (suit une « description pour faire fondre la gomme dans la décoction de « bois d'Inde, que nous croyons inutile de citer).

« Lorsque les ingrédients dont nous venons de parler sont « dans le pied de noir, il faut avoir soin de donner une chaleur « suffisante pour faire fondre la gomme arabique, supposé qu'on « l'ait employée, et les sels; mais il ne faut jamais laisser bouil- « lir ce bain. Quand le bain est suffisamment chaud, on ôte le « feu et on saupoudre de la limaille bien propre, en quantité « suffisante pour recouvrir le bain.

« Le lendemain, on remet le feu sous la chaudière où l'on a « fait bouillir les drogues, et l'on y refait bouillir le bois d'Inde « dont on s'est déjà servi; on le retire ensuite, et l'on met dans « cette seconde décoction les drogues ci-après, savoir :

2 livres de noix de galle noire pilée.

4 — de sumac.

4 — de cumin.

5 — de nerprun.

6 — d'écorce de grenades pilée.

1 — de coloquinte pilée.

2 — d'agaric pilé.

2 — de coques du Levant pilées.

5 — de psillium ou de graine de lin.

« On fait bouillir toutes ces drogues; on passe le bain, on le « verse dans le pied de noir, comme il a été dit ci-dessus, et l'on « garde le marc. On met un peu de feu sous la chaudière, comme

« la première fois, et l'on y met aussitôt les drogues suivantes,
« savoir :

8 onces de litharge d'or ou d'argent pilée.
8 — d'antimoine pilé.
8 — de plomb de mer aussi pilé.
8 — d'arsenic blanc pilé.
8 — de cristal minéral.
8 — de sel gemme.
8 — de fénugrec.
8 — de sublimé corrosif.
6 livres de couperose.
20 — de gomme arabique ou de pays.

« Quand le bain est devenu suffisamment chaud, on retire le « feu, on saupoudre le bain, comme les premières fois, avec de « la limaille, et on le laisse reposer deux ou trois jours.

« Au bout de ce temps, on pile deux livres de vert-de-gris qu'on « délaye avec six pintes de vinaigre dans un pot de terre, et on y « ajoute environ une once de crême de tartre ; on fait bouillir le « tout pendant une bonne heure, ayant attention de rabattre le « bouillon avec du vinaigre froid, lorsqu'il veut s'enfuir, et l'on « garde cette préparation pour la mettre dans le noir lorsqu'on « veut teindre. »

Nous voici arrivé au terme de cette longue citation du pied de noir, tel qu'il se faisait dans le siècle dernier, et si nous l'avons donnée, ce n'est pas à titre de pure curiosité, mais pour montrer à quels écarts peut se livrer l'empirisme, lorsque la théorie ne vient pas à son aide. En résumé, le pied des anciens, comme celui que nous verrons dans le paragraphe suivant, avait pour but de donner avec facilité du fer à la soie engallée, à l'aide de l'acétate ferreux qu'il contenait. Chercher à établir une théorie rationnelle de toutes ces *drogues* mélangées est impossible, aussi nous y renonçons. Pour terminer ce qui a rapport au pied dont nous avons vu l'emploi précédemment, disons que les soies sortant du pied étaient rincées dans un très-petit volume d'eau, ce que l'on appelait *lisbroder* ou *disbroder*, et l'eau du lavage, assez concentrée pour servir de pied dans quelques cas spéciaux, prenait le nom de *lisbrodure* ou *disbrodure* ; ce nom est encore resté dans la pratique, et s'applique toutes les fois que l'on rince dans un petit volume d'eau pour garder la première eau de lavage.

§ 188. — DU PIED DE FER MODERNE (1).

Le pied de fer moderne, s'il a conservé ses allures comme installation, a bien changé dans sa préparation, et en cela la théorie est venue rendre un service considérable à la pratique.

Comme installation, les pieds modernes, sont généralement chauffés à la vapeur à l'aide de longs serpentins, et non par des rameaux persillés, qui introduiraient de l'eau de condensation dans le pied. Les pieds sont formés par des barques à liser ordinaires, mais plus profondes d'environ 20 centimètres ; comme dans les anciens, ils sont suivis par des vergues pour aérer les soies. En général, dans un atelier important, il y a plusieurs pieds que l'on tient dans un endroit isolé des autres manœuvres, à cause de la malpropreté inhérente à cette opération.

Comme constitution chimique, le pied moderne, après une suite de transformations successives depuis le siècle dernier, est arrivé de nos jours à être tout simplement une solution de *pyrolignite de fer*, ce sel si important que nous avons étudié dans le chapitre VI. Ordinairement le pied titre de 9 à 10° Beaumé, et on

(1) Voir page 200, § 67. *Emploi du pied et du pyrolignite de fer.*

l'entretient à ce titre par des additions de pyrolignite normal titrant 15 à 16° Beaumé.

De tous les nombreux ingrédients qui entraient dans les anciens pieds, les teinturiers en ont conservé deux seulement : la gomme et le sucre ou mieux la mélasse. Il est en effet d'une bonne pratique d'ajouter à un pied un peu de gomme, ce qui se fait en maintenant, dans un des bouts de la barque, un petit sac de toile plein de gomme arabique ou de Sénégal de basse qualité ; quant à la mélasse, on en ajoute de temps en temps.

Chaque passage de soie affaiblit le pied, et par l'eau qu'elle renferme, et par l'oxyde de fer qu'elle lui soutire. Pour remplacer l'affaiblissement du titre par l'eau apportée par la soie, il est de règle de faire bouillir les pieds, à la fin de chaque journée, un moment pour les concentrer, et comme on tient dans le fond de la barque de la menue ferraille (c'est pour cette raison que les barques de pieds sont plus hautes que les barques ordinaires, à cause du volume de la ferraille), cette ferraille se dissout avec dégagement d'hydrogène et maintient le pied saturé de fer. Pendant l'ébullition, il monte à la surface du pied des matières noires poisseuses, qu'il faut avoir soin d'écumer. Les soies sortant des vergues, dans un atelier bien installé, ne doivent pas aller directement au rinçage, elles doivent être diablées fort, et le liquide qui s'écoule, recueilli avec soin, doit être réajouté au pied.

Pour terminer, les pieds ne doivent pas trop travailler, sinon ils n'ont pas le temps de remplacer le fer soutiré par la soie, et ils donnent de moins bons résultats comme rendement et comme nuance ; il faut donc nécessairement avoir plusieurs pieds montés, et au besoin les laisser reposer un jour de temps en temps.

§ 189. — AVIVAGE OU ADOUCISSAGE DES NOIRS.

Nous avons déjà vu que dans les couleurs, l'avivage jouait un certain rôle, pour donner aux soies teintes ce toucher doux et craquant, qui est leur apanage ; mais c'est dans les noirs que l'avivage joue le plus grand rôle, et souvent, outre le toucher qu'il donne, il complète la nuance. Dans les avivages pour noirs, la présence de l'huile est indispensable, et il faut en tenir compte, cette addition faisant toujours monter un peu la nuance ; dans certains cas, on ajoute également de la colle forte à l'avivage, lorsqu'il s'agit de donner de la fermeté à la soie teinte, et surtout lorsque celle-ci est formée par des brins qui tendent à s'écarter, à former le duvet, comme dans les noirs sur fantaisie, les noirs souples.

L'avivage a généralement pour but de donner un toucher craquant ; il y a cependant un avivage spécial pour donner un toucher mou, ce qui fait qu'il faut diviser les avivages en deux catégories, soit :

les avivages pour toucher mou,

les avivages pour toucher craquant.

Avivage pour toucher mou, avivage aux deux huiles.

Lorsque les soies sont destinées à des articles devant subir certains apprêts, tel que l'apprêt dit *moirage*, elles doivent avoir un toucher mou spécial dit toucher pour moire. Ce toucher se donne à l'aide d'un avivage spécial, très-difficile à bien exécuter, et dont il a déjà été question (voir page 114). Cet avivage se fait en décomposant, selon le terme des ateliers, de l'huile d'olive par de l'acide sulfurique à 66° Beaumé, ou huile de vitriol, de là le nom d'*avivage aux deux huiles;* pour ce, on bat dans une casse en cuivre poids égaux d'huile et d'acide, de manière à former une émulsion, qui n'est autre chose, quand elle est terminée, qu'un mélange d'acides sulfo-margarique, sulfo-oléique et sulfo-glycérique. Cette émulsion, faite avec 5 à 6 % d'huile du poids des soies, est vivement délayée dans l'eau d'avivage toute prête et tiède ; d'autre part, les soies également prêtes sur des grilles et sur la barque, doivent être abattues et lisées immédiatement. Règle générale, tous les avivages veulent être menés avec une grande célérité, aussi les soies abattues sur les barques sont menées et lisées cinq ou six fois très-rondement ; au bout de cinq ou six lises, l'avivage est terminé, et l'huile émulsionnée est fixée sur la fibre. On écarte le bain des barques par les soupapes, et les soies écoulées sont diablées sur l'avivage sans les rincer, puis soumises au séchage. A la suite de l'avivage aux deux huiles, les soies ont perdu tout maniement, et de plus ont pris un toucher mou spécial. Dans quelque cas on peut enlever le toucher, en terminant les soies par un avivage sur un bain de savon blanc, sur lequel on ne rince pas. C'est ainsi que l'on termine les soies noires pour velours.

Avivage pour toucher craquant.

Ces avivages sont les plus importants et sont ceux qui jouent le plus grand rôle ; ils ont toujours pour base principale la présence d'une acide, lequel peut être un acide minéral ou un acide végétal (voir page 113).

L'acide sulfurique et l'acide chlorhydrique peuvent être employés ; dans tous les cas, ils doivent l'être avec ménagement, car à haute dose ils peuvent faire tomber la nuance de certains noirs délicats. On emploie de préférence l'acide chlorhydrique, car l'acide sulfurique, en se concentrant sur la fibre, peut l'altérer et la brûler. L'acide chlorhydrique s'emploie surtout dans les cas d'avivages sur soies teintes, par passages successifs en gallique et pieds. Ces noirs, moins délicats que ceux qui seront vus plus loin, demandent également un acide énergique pour relever le toucher; néanmoins un excès d'acide fait toujours jaunir les nuances. On peut employer jusqu'à 10 à 12 °/. d'acide chlorhydrique du commerce pour certains noirs; d'autres fois, 6 à 8 °/. suffisent.

Les acides végétaux les plus employés pour les noirs fins, sont les acides acétique et citrique; ce dernier est représenté dans le commerce par le jus de citron. Les acides tartrique et oxalique sont laissés de côté, ce dernier parce qu'il altère le traitement des soies, et l'acide tartrique n'est pas entré dans les habitudes du teinturier en soie, comme dans celles du teinturier en laine.

L'acide acétique s'emploie à la dose de 10 à 12 °/. ; il laisse un très-bon toucher, et n'offre aucun danger ni pour le traitement, ni pour la nuance ; malheureusement, cet acide étant volatil, les soies perdent peu à peu leur maniement, inconvénient que n'offrent pas les avivages faits au jus de citron. Ce produit, dont il s'emploie des quantités considérables à Lyon principalement, est le produit de l'expression des citrons ; il forme un liquide jaune louche, à odeur parfumée de citron, à saveur acide agréable due à une quantité notable d'acide citrique. On l'emploie à la dose de 20 à 25 °/. du poids des soies, auxquelles, outre un bon toucher, il laisse une bonne odeur de citron.

Quel que soit l'acide employé, les bains d'avivage étant montés ordinairement à 25° ou 30° de chaleur, l'acide nécessaire y étant ajouté, on y verse, avant d'abattre les soies, la préparation d'huile émulsionnée, faite comme suit :

Émulsion de l'huile pour avivage.

L'huile employée pour les avivages doit être toujours une huile d'olive surfine ; malheureusement, il n'en est pas toujours ainsi, et le teinturier, comprenant souvent mal ses intérêts, emploie des huiles d'olive de qualités inférieures, qui souvent l'exposent à de graves mécomptes, par l'odeur qu'elles peuvent laisser à la soie. Cette huile doit être émulsionnée, c'est-à-dire réduite à l'état de globules microscopiques tenus en suspension dans de l'eau, et ressemblant à du *lait*.

Pour obtenir ce résultat, il faut battre l'huile avec une dissolution de carbonate de potasse ou de soude à tiède. La solution de carbonate de potasse est celle qui fait le mieux ; par économie, on peut employer une solution mixte. La quantité d'huile voulue, 6 à 10, même 12 °/. du poids de la soie, est battue vivement avec un balai dans un vase cylindrique avec son volume de solution étendue des carbonates ci-dessus, jusqu'à ce que le mélange forme un véritable lait persistant quelque temps. Dans certains cas, on emploie la soude caustique en plaques à faible dose pour obtenir ce résultat ; c'est lorsqu'on avive avec des acides minéraux. L'émulsion étant bien faite, pendant qu'un ouvrier brasse vivement la barque d'avivage dans laquelle l'acide a été préalablement ajouté, un autre ouvrier verse cette émulsion dans le bain, et après un brassage énergique et rapide, si l'émulsion a été bien faite, l'huile reste en fines gouttelettes dans le bain, et ne doit pas monter à la surface.

Emploi de gélatine.

Dans certains cas, il est dans l'habitude de mettre dans la barque d'avivage 6 à 10 °/. de colle forte ou gélatine dissoute à l'avance dans l'eau ; on l'introduit quand l'acide. En général, on emploie pour cet usage des colles inférieures comme blancheur, les colles de menuisier, mais qui ont plus de force que les autres.

CHAPITRE XII

NOIRS SUR SOIE CUITE

SOMMAIRE. — Des noirs sur soie cuite. — Préparation de la soie pour noirs cuits. — Noirs anciens à la galle et au pied. — Noirs modernes à la galle et au pied. — Noirs fins, noirs anglais sur soie cuite. — Noirs rouillés, cachoutés ou non terminés en noirs anglais. — Noirs velours non chargés. — Noirs velours chargés. — Noirs bleutés terminés en noirs fins. — Noirs bleutés, terminés avec cachou et teinture au campêche, noirs minéraux. — Noirs bleutés terminés avec bruniture au pyrolignite de fer entre deux cachous et teinture au campêche. — Noirs bleutés avec addition du sel d'étain sur le cachou, terminés avec teinture au campêche. — Noirs précédents terminés avec bruniture au pyrolignite de fer entre deux cachous et teinture au campêche. — Noirs à plusieurs teintures. — Emploi du violet d'aniline dans les noirs. — Du lustrage des noirs cuits. — Noirs sur soie Tussah.

§ 190. — DES NOIRS SUR SOIE CUITE.

Les noirs sur soie cuite, dits aussi noirs fins, ont reçu des modifications considérables depuis la fin du siècle dernier. Après avoir suivi d'abord les mêmes progrès que les noirs précédents sur soie écrue, c'est-à-dire des changements notables dans l'engallage et dans le pied, les noirs primitifs ont été peu à peu abandonnés devant l'apparition d'autres noirs faits par des méthodes nouvelles et donnant des résultats supérieurs.

Dans l'exposé des divers procédés, après avoir donné les noirs anciens et modernes à la galle et au pied, je suis comme classification, un ordre allant du plus simple au plus composé, et en même temps des noirs légers aux noirs lourds. Les premiers noirs tout à fait légers qui se présentent dans cet ordre d'idées, sont : les noirs dits noirs anglais, ne rendant rien; puis viennent les mêmes noirs rouillés au préalable, et cachoutés ou non, terminés comme les précédents et susceptibles de rattraper une partie du poids perdu par l'opération de la cuite; viennent ensuite les noirs pour velours, non chargés, et qui sont de véritables bleus foncés. Déjà vus au chapitre X, ces noirs velours perdent comme les précédents; néanmoins il est possible de rattraper une partie du poids perdu à la cuite, et même de rendre quelque peu dans les noirs velours chargés. Enfin on peut considérer que les noirs dits légers se terminent par les noirs bleutés et cachoutés terminés en noirs fins. Dans les noirs qui viennent immédiatement après, et que j'appelle noirs demi-lourds, c'est-à-dire qui commencent à rendre plus que le poids confié, on trouve d'abord les noirs minéraux, faits sur fond de bleu de Prusse, avec un emploi plus important du cachou, et le tout terminé par une teinture au campêche; puis les mêmes noirs avec une opération de plus, celle de la bruniture au pyrolignite de fer entre deux cachous, avant la teinture au campêche, pour développer la nuance. Après les noirs demi-lourds, l'application du sel d'étain sur le premier cachou a permis de porter la charge à son maximum et de créer les noirs lourds, qui, par suite de l'introduction de ce sel, joignent au poids une plus grande beauté de la nuance. Ces noirs peuvent se terminer par une teinture sur le sel d'étain, ou, comme les précédents, avec une bruniture au pyrolignite entre deux cachous et une teinture au campêche. De nos jours l'on est arrivé à pousser ces noirs à leurs dernières limites de poids et de beauté, dans les noirs dits à plusieurs teintures, et de plus on a trouvé moyen d'y introduire l'emploi des violets d'aniline.

Enfin, pour terminer ce chapitre, je décris l'opération si importante et intéressante du *lustrage* dans les noirs fins, et, comme appendice, je parle des noirs sur soie Tussah.

Dans les noirs sur soie cuite, ne sont vus absolument que les noirs sur soie fine. Les noirs sur soies fortement montées, grenadines, floches, cordonnets soie, et sur fantaisie, schappes, floches et cordonnets fantaisie, sont l'objet du chapitre suivant. Il y a beaucoup de considérations générales sur les noirs fins, mais qui seront vues après le chapitre des noirs souples, soit le chapitre XIV, dans les considérations générales pour tous les noirs.

§ 191. — PRÉPARATION DE LA SOIE POUR NOIRS CUITS.

La soie pour les noirs cuits se prépare comme pour les couleurs foncées, vues au chapitre X. Il est évident qu'il est inutile, pour la production de noirs, de soufrer et de se préoccuper du petit ton jaune laissé à la soie par la cuite; il faut cependant éviter soigneusement les places non cuites, dites *biscuitées*, et, dans ce cas, remettre les pantimes qui auraient de ces plaques dans une cuite suivante, car l'on s'exposerait à des taches correspondant à ces plaques.

Si la cuite pour noir demande peu de soins pour le blanchiment, il n'en est pas de même pour le traitement, car les opérations multipliées, nécessaires pour faire certains noirs, altèrent passablement la soie, et il faut donc la ménager le plus possible à la cuite, et quoique généralement une ébullition prolongée sur le savon soit indispensable pour lui donner toutes ses qualités, et surtout l'aptitude à bien se charger, comme on l'a vu à l'article cuite des soies, chapitre III, il faudra néanmoins, dans le cas de soies fines, comme les organsins d'un denier peu élevé et de provenance des nouvelles races du Japon surtout, cuire avec les plus grandes précautions dans des savons gras, en barque, sans faire bouillir et dans le minimum de temps possible.

On peut cuire les soies pour noir, en les dégommant dans un bain contenant 33 % de savon d'acide oléique, à moins que l'on ne cuise pour des noirs ne se savonnant plus; dans ce cas, il faut employer du savon d'olive. Les soies dégommées sont cuites dans le savon de dégommage et en poches, ou si elles sont trop *tendres*, on les laisse traîner sur le bain de dégommage pour achever de les cuire. Le savon de cuite des noirs n'est jamais perdu ; il sert toujours, avec des additions de savon neuf, pour savonner les rouils, et c'est là l'échec de tous les procédés pour remplacer le savon dans la cuite des noirs.

Pour terminer ce qui a rapport à la cuite pour les noirs, disons que c'est surtout pour les noirs que la cuite au *piano* (voir chap. III, page 108) s'exécutait et qu'elle ne fut abandonnée qu'à la suite d'accidents sérieux.

L'opération de l'étirage sur la cuite, que l'on a vue dans le chapitre III, a une grande importance dans les noirs; on la pratique, pour ainsi dire, couramment, à 2 % d'étirage. La soie gagne du brillant et du lustre sans perdre trop sensiblement de ses propriétés, mais au delà elle perd de sa force et de son élasticité.

§ 192. — NOIRS ANCIENS A LA GALLE ET AU PIED.

Déjà du temps de Macquer les noirs se divisaient en *noirs légers* et en *noirs pesants*. L'engallage, analogue à celui que nous avons vu pour les noirs écrus, se faisait en une fois pour les noirs légers et en deux fois pour les noirs pesants, sur les soies bien dégorgées de leur savon de cuite; les tannins employés étaient la galle ou les gallons, et l'engallage se faisait à chaud.

Les soies étaient engallées avec soin, ce qui se faisait en les laissant traîner dix à douze heures en *solte*, après les avoir bien lisées sur le bain de galle ; puis bien rincées, elles étaient passées au pied de noir et à chaud, avec les mêmes précautions que pour les noirs sur soie écrue, c'est-à-dire qu'on les aérait à trois reprises sur les vergues durant le passage sur le pied, en ayant soin de réchauffer celui-ci avant chaque passage des soies.

Ordinairement, les soies étaient passées une seule fois sur la galle et une seule fois, par conséquent, sur le pied ; elles avaient alors acquis une charge modérée, rattrapant le poids perdu à la cuite et un peu au delà, et avaient un ton noir bleu suffisant. Pour les terminer, après les avoir rincées soigneusement sur le pied, on les adoucissait par un passage d'une demi-heure sur un bain léger de savon froid, sur lequel on les séchait après les avoir fortement écoulées à la cheville ; par cette opération, dite adoucissage, on leur ôtait un cri et une âpreté désagréable dans la fabrication.

§ 193. — NOIRS MODERNES A LA GALLE ET AU PIED.

Les mêmes perfectionnements, que nous avons vu effectuer pour les noirs à la galle et au pied, sur soie écrue, sont venus modifier la teinture des mêmes noirs sur soie cuite. Mais, malgré cela, ces noirs ne sont cités que pour mémoire, car, peu à peu, depuis l'introduction du bleutage et du cachou, ils ont complètement disparu de la teinture. Les perfectionnements dans ces noirs ont consisté dans l'introduction du *gallique*, ou *extrait de châtaignier*, et c'est le principal, en 1818, et dans l'emploi de pieds plus rationnels.

Les engallages se font à chaud, ainsi que les passages en pied, et vers la fin de ces noirs, au lieu de se contenter d'un engallage et d'un pied, on réitérait ces opérations plusieurs fois, afin de donner le plus de poids possible. Pour terminer ces noirs, après les avoir adoucis comme précédemment par un savon froid, on les avivait à l'acide chlorhydrique, avec addition d'huile émulsionnée, pour en augmenter le brillant.

L'introduction, comme pour les noirs écrus, d'un fond de bleu de Prusse, n'eut pas un grand emploi, car presque à la même époque est venu le cachou, qui a changé complètement la face de la teinture pour les noirs cuits.

Avant d'aborder les noirs où le bleu de Prusse et le cachou réunis jouent un si grand rôle, il nous reste à décrire les noirs modernes dits *noirs fins, noirs légers,* rendant au plus le poids perdu à la cuite, et perdant souvent de 15 à 25 %.

§ 194. — NOIRS FINS, NOIRS ANGLAIS SUR SOIE CUITE.

Ces noirs sont les premiers qui soient venus, par leur mode de teinture, faire diversion sur les précédents; ils ne rendent absolument rien sur la soie cuite, c'est-à-dire que la soie rendue perd tout le poids de son grès. Il en a déjà été question dans le chapitre précédent; mais c'est pour les noirs cuits qu'ils jouent le principal rôle.

La teinture des noirs anglais, outre la cuite, comprend quatre phases, soit : la *bruniture*, la *teinture*, l'*avivage* et le *lustrage*. Ces noirs s'emploient seulement pour des soies très-tendres, ne pouvant supporter les opérations réitérées pour la charge, ou pour des soies destinées à être combinées dans des effets de tissage avec des soies blanches ou de couleurs, non chargées; enfin, dans le plus grand nombre de cas, les noirs anglais se font pour les genres dits *reteints*, c'est-à-dire pour des soldes de soies blanches ou teintes en couleurs, dont l'ensemble forme des petites parties remises au teinturier pour être couvertes en noir anglais. Dans ce cas, ces soies déjà cuites subissent un *soudage*, ou passage dans un bain de cristaux de soude à 40 ou 50°, pour faire tomber les couleurs fixées, autant que possible, afin d'obtenir une teinte plus uniforme dans l'ensemble. Il est à remarquer que les soies teintes en marron cachou ne peuvent plus être couvertes, et teintes en noir, elles gardent toujours un aspect marron.

Bruniture des noirs anglais sur soie cuite.

La bruniture, comme son nom l'indique, a pour but de donner à la soie un fond noir brun; elle provient, comme on l'a vu dans le chapitre précédent, de la réaction multiple des sels de fer et de cuivre sur un mélange de bois d'Inde et de bois jaune, ce dernier amenant, par l'action des sels métalliques employés, un ton noir verdâtre, qui complète heureusement le ton noir violet apporté par le campêche.

Pour la bruniture, on emploie les décoctions de 50 °/. de bois d'Inde et de 50 °/. de bois jaune, avec 5 à 6 °/. de couperose et 2 à 3 °/. de verdet raffiné. Le bain étant monté à une température de 50 à 60°, a un aspect noirâtre; les soies y sont manœuvrées une demi-heure, puis relevées sur des grilles; le bain est réchauffé à 70°; les soies, abattues de nouveau, sont encore lisées une demi-heure; enfin le bain est jeté au canal, et on laisse égoutter et revenir les soies, environ une heure, en les laissant dans la barque, sur les bâtons. Les soies sont ensuite bien rincées et prêtes à suivre en teinture.

Teinture pour noirs anglais.

Cette opération se fait en passant les soies brunies sur un bain monté avec 50 °/. de savon et une décoction de 50 °/. de bois de campêche; les soies sont entrées sur ce bain à une température de 50 à 60° centigrades, et après les avoir lisées une demi-heure, elles sont levées sur des grilles, et le bain est réchauffé de 70 à 75° de chaleur; les soies sont alors terminées par un nouveau manœuvrage de même durée que le premier. Le bain de teinture se coupe peu à peu et, d'une nuance rouge violettée assez jolie, devient violet sale ; en même temps les soies se couvrent d'un noir assez fin à ton verdâtre. La teinture étant finie, le bain est écoulé au canal, et les soies peuvent recevoir une première eau dans la même barque, puis on les rince à grande eau; diablées sur ce rinçage, elles sont prêtes à recevoir l'avivage.

Avivage des noirs anglais.

Cet avivage se fait pour toucher craquant seulement ; les soies n'étant pas chargées, il suffit de très-peu d'huile dans le bain d'avivage, de 2 à 4 °/o seulement.

Lustrage des noirs anglais.

Cette opération, spéciale aux noirs, a pour but d'augmenter le brillant de la soie et quelquefois de foncer le noir, s'il ne l'était pas assez au sortir de la teinture. Elle est d'ailleurs l'objet d'un paragraphe spécial à la fin de ce chapitre.

§ 195. — NOIRS ROUILLÉS, CACHOUTÉS OU NON TERMINÉS EN NOIRS ANGLAIS.

Dans les noirs qui précèdent, comme on l'a vu, le teinturier obtient bien un noir supérieur comme qualité aux précédents, mais sans aucune prise de poids. Pour remédier à cet inconvénient, il ne faut pas songer à donner un tannin avant la bruniture, car ce serait peine perdue au point de vue du poids, le savon de la teinture le faisant complètement tomber; le premier progrès a consisté à donner une charge stable par l'emploi des rouils, suivis ou non d'un petit cachoutage. Ces noirs se divisent donc en cinq opérations après la cuite, soit le rouillage, la bruniture, la teinture, l'avivage et le lustrage.

Rouillage pour noirs anglais.

Ce rouillage s'effectue comme il a été dit pour le rouillage des soies cuites, au chapitre VI. On donne plusieurs rouils, cependant trois paraît être le nombre maximum, et, sous cette influence, on peut rattraper la moitié du poids perdu à la cuite. Les noirs anglais rouillés, dits *noirs pour peluches*, ont été longtemps rouillés avec l'acétonitrate ferrique dit *rouil pour peluches*; mais il est à peu près avéré aujourd'hui que le rouil ordinaire fait aussi bien. Ainsi, dans ces noirs, par trois rouils, on donne 12 % environ d'oxyde ferrique à la soie; mais c'est une charge dont il ne faut pas mésuser, à cause de l'action pernicieuse de l'oxyde ferrique sur toutes les matières organiques, et surtout sur les fibres textiles.

Sur la soie rouillée pour la dernière fois, on peut donner un léger cachou à 50 ou 60° de chaleur, puis on fait suivre, comme pour les noirs anglais précédents, sur la bruniture, la teinture, l'avivage et le lustrage. Les noirs ainsi faits, à cause de la masse d'oxyde de fer donnée avant le cachou, et qui agit sur la matière du campêche, sont plus pleins et moins verts que les précédents; ils peuvent même, en diminuant le bois jaune, arriver à un ton violet bleuâtre assez fin.

§ 196. — NOIRS VELOURS NON CHARGÉS.

Ces noirs, qui sont plutôt de véritables couleurs bleu foncé, ressemblent aux précédents, en ce qu'ils ne rendent absolument rien ; ils doivent avoir un toucher doux non craquant : vus au plein ils doivent paraître bleus, et vus par réflexion ils paraissent noir bleu. Ils se font toujours pour la partie du velours faisant endroit et dite *poil du velours* ; cette partie, qui est coupée à chaque coup de trame, forme la chaîne d'endroit du velours, dite *chaîne de poil.* Ainsi dans un velours, il y a deux chaînes, une chaîne de fond ou d'envers, destinée à faire le tissu, et qui doit garder toute sa carte, toute sa dureté, et est presque toujours en soie écrue ; une chaîne de poil, qui se marie avec la précédente, et qui est en soie cuite, faisant tout l'effet recherché à l'endroit de la pièce ; le tout est relié par une trame qui peut être en soie écrue, souple ou même en coton. La teinture du poil pour velours demande donc seule de grandes précautions, et dans les velours non chargés elle comprend, après la cuite, quatre opérations, qui sont l'alunage, la bruniture, la teinture et le dernier savonnage. En résumé, comme dans les noirs qui précèdent, il faut que le bois d'Inde fasse la nuance, pour ainsi dire ; mais comme il faut ici des noirs bleus dégagés, il faut éviter l'emploi du bois jaune, qui assommerait la nuance par les tons vert olive qu'il apporterait en se combinant avec les mordants.

Alunage pour les noirs velours.

Cet alunage n'offre rien de particulier sur cette opération décrite d'une manière générale au chapitre IV, page 134. Les soies, bien alunées, rincées convenablement, sont prêtes à recevoir la bruniture. Le but de l'alun dans ces noirs est, par sa combinaison avec le bois d'Inde, d'éclaircir la nuance, de la maintenir dans des tons bleus violettés, en un mot de modérer l'action des sels de fer employés dans la bruniture, et qui seuls porteraient trop au noir en agissant sur le campêche.

Bruniture pour noirs velours.

Cette bruniture diffère de celle pour les noirs anglais, en ce qu'elle se fait exclusivement sur un bain de bois d'Inde à 50 °/. du poids de la soie, additionné de 3 à 4 °/. de verdet cristallisé, et d'un peu de couperose, en moindre quantité que pour les noirs anglais. La bruniture s'effectue d'ailleurs de la même manière que précédemment.

Teinture et adoucissage pour velours.

Les soies, bien rincées sur l'opération précédente, sont teintes comme s'il s'agissait d'un noir anglais, dans les mêmes conditions, seulement l'absence du bois jaune fait que l'on ne sort jamais des teintes bleu foncé dues au bois d'Inde. Les soies teintes, c'est-à-dire au bout d'environ une heure, le bain étant complètement tourné est écarté au canal, et les soies peuvent recevoir une légère eau de cristaux de soude pour les laver, puis elles sont soumises à l'adoucissage pour velours.

Cette opération doit remplacer l'avivage. Elle a pour but de laisser au poil pour velours un toucher doux, mais non craquant; ce dernier offrirait de la résistance dans l'opération du tissage, dite *coupage du poil*, de plus la présence d'un acide, nécessaire pour l'avivage craquant, émousserait vite le rabot employé par l'ouvrier veloutier pour couper le poil. Pour obtenir le toucher doux non craquant, sortant de l'eau de rinçage sur la teinture, les soies sont passées sur un bain de savon blanc et tiède, puis elles sont égouttées et diablées fortement sur ce léger savon, et séchées sans être rincées.

Lustrage pour velours.

Cette opération peut se pratiquer sur les soies finies et sèches, comme précédemment (voir également à la fin de ce chapitre); mais il faut éviter de les lustrer humides, et surtout de les laisser traîner sur le lustrage, ce qui ferait monter la nuance. En effet, on a vu que les noirs velours doivent avoir un ton dégagé, et ne paraître noirs que vus au plein, tout en présentant des reflets bleus très-agréables à l'œil, vus par réflexion.

§ 197. — NOIRS VELOURS CHARGÉS.

Ces noirs s'obtiennent par des méthodes différentes de la précédente. Une bonne marche consiste à donner à la soie cuite un ou deux rouils et à les bleuter, on peut même aller à trois rouils. Une soie ainsi bleutée, comme on l'a vu au chapitre VI pour le bleutage du cuit, prend 8 °/₀ par rouil bleuté, soit donc 16 °/₀ pour deux rouils et 24 °/₀ pour trois rouils bleutés ; dans ces dernières conditions, on rattrappe déjà le poids perdu à la cuite. Les soies bleutées sont terminées par un passage à la galle fine, puis une teinture et un adoucissage.

Engallage des noirs velours chargés.

Cet engallage a pour but de compléter le poids donné par le bleu de Prusse, et comme le noir pour velours constitue plutôt une couleur délicate qu'un noir, il doit se faire avec les mêmes précautions que s'il s'agissait d'une couleur claire, c'est-à-dire à froid, et avec de la galle fine ou de la galle de Chine. On engalle les soies bleutées avec un bain tiède au plus et contenant 50 % de galle de leur poids. Les soies peuvent traîner sur ce bain; mais comme il est indispensable que le bleu de Prusse ne soit pas altéré, il faut que l'engallage ne dépasse pas 50° et n'agisse que sur la soie et non sur le fond de bleu. Par cet engallage, les soies prennent de 10 à 15 % à ajouter au poids pris par le bleutage; une fois engallées elles sont rincées avec soin et prêtes à passer en teinture.

Teinture des noirs velours chargés.

La présence du bleu de Prusse et de la galle rend impossible la teinture dans les conditions précédentes, c'est-à-dire avec savon et bois d'Inde. Dans ces conditions, le savon, par son action sur le bleu de Prusse et le tannin fixé sur la soie, ferait monter la nuance dans des tons noirs très-foncés. On arrive cependant à fixer une quantité de campêche convenable, pour couvrir le ton bleu de la soie, en passant les soies bleutées et engallées à froid sur un bain de *physique violette* (voir au chapitre VII, page 293).

L'emploi de bleus rouges d'aniline et de violets bleus a été également fait avec succès; mais, en réalité, le bois d'Inde, sous forme de physique violette, est le plus apte à couvrir ces genres de noirs. Les soies, après un passage en physique violette, ou couleurs spéciales d'aniline, sont rincées avec soin et prêtes à subir l'adoucissage.

Adoucissage des noirs velours chargés.

Cette opération a pour but, comme précédemment, de laisser un toucher doux sans craquant aux soies fines, et en même temps de monter légèrement la nuance par l'action du savon sur le tannin et le bleu de Prusse combinés à la soie; elle s'opère en manœuvrant les soies sur un bain à 25 ou 30 % de savon blanc, du poids de la soie et à froid, tout au plus à 25 ou 30° de chaleur, pour éviter toute action pernicieuse du savon à chaud sur le tannin et le bleu de Prusse. A froid, le savon fait légèrement monter la nuance; à chaud, outre qu'il la brunirait trop, il démonterait une partie du poids, en réagissant surtout sur le bleu de Prusse, qui ne devient capable de résister à l'action du savon chaud que lorsqu'il a été engallé ou cachouté à chaud.

Si la soie a été couverte à l'aide de la physique violette, elle ne perd rien dans le bain de savon; mais si elle l'a été à l'aide des bleus-rouges ou violets-bleus d'aniline, une bonne partie de la couleur tombe dans le bain de savon, ce qui en nécessite l'emploi d'une quantité beaucoup plus considérable que celle nécessaire.

Après avoir été lisées un temps variant de vingt minutes à une demi-heure, sur un bain de savon froid, celui-ci est écarté de la barque, et les soies égouttées et diablées fortement, sont mises au séchage comme précédemment.

On peut arriver en trois rouils bleutés à faire rendre jusqu'à 10 % au-dessus du poids perdu à la cuite, mais, disons-le, au détriment des autres qualités requises pour les noirs velours.

§ 198. — NOIRS BLEUTÉS TERMINÉS EN NOIRS FINS.

Ces noirs rendant ordinairement poids pour poids, ou tout au plus 5 à 10 %, constituent les plus beaux noirs sous tous les rapports; plus nourris et plus solides que les noirs anglais, ils offrent une charge modérée, nécessaire pour garnir le brin de soie, sans tomber dans les excès des noirs lourds, qui seront vus plus loin. Ils ont d'ailleurs obtenu et obtiennent encore un grand et légitime succès.

La marche suivie pour ces noirs comprend après la cuite, deux ou trois rouillages, un bleutage, quelquefois un rouil sur le bleutage, puis un cachoutage léger, un alunage sur le cachou, un passage en bruniture, une teinture, un avivage et le lustrage.

Bleutage pour noirs légers.

Les précautions prises sont les précautions générales vues au chapitre VI, pour les rouillages. Ordinairement, pour ces noirs on se contente de deux rouils, rarement trois. Avec le bleutage, on obtient un rendement de 16 % sur bleu de Prusse pour deux rouils, ou 24 % sur bleu de Prusse pour trois rouils; dans ce cas, sur le bleu on rattrape le poids perdu à la cuite.

Pour ces noirs, l'introduction de l'alun dans le bleutage, avec les précautions indiquées chapitre VI, page 218, peut jouer un grand rôle pour la beauté finale du noir, par la quantité de ferrocyanure d'alumine, qui se fixe à l'état insoluble sur la soie, et réagit ensuite sur le bois d'Inde.

Rouillage sur le bleu de Prusse.

Cette opération se fait en passant les soies bleutées, rincées et essorées sur un bain de rouil, comme si elles sortaient de la cuite. Par ce nouveau rouillage que l'on fixe simplement par le rinçage, mais non par un savon bouillant, comme les autres rouils, car l'on détruirait tout le bleu de Prusse, on donne encore à la soie environ 4 % de poids, ce qui fait :

20 % pour deux rouils bleutés, rouillés à nouveau ;

28 % pour trois rouils bleutés, rouillés à nouveau.

Dans le premier cas, les soies perdent encore quelques centièmes sur la cuite, selon les qualités, et rattrappent même un peu au-delà le poids écru dans le deuxième.

Cachoutage pour noirs légers.

La première action sérieuse du cachou apparaît pour les noirs légers, et, règle générale, dans tous les noirs qui, comme ceux-ci, doivent subir l'action finale des savons chauds, il faut renoncer aux tannins bleus, dont les combinaisons avec les composés ferrugineux rougissent trop sous cette influence, pour avoir recours aux tannins verts, dont les combinaisons verdâtres sont toujours heureusement couvertes par les teintures violacées au campêche.

Dans tous les noirs devant être savonnés à chaud, le cachou a donc pris un rôle de plus en plus considérable, et s'emploie de deux manières. Dans les noirs légers, il faut éviter de passer la température de 50° centigrades; dans ces conditions, comme on l'a vu au chapitre V, à l'article cachou, cet astringent donne peu de poids, mais en même temps il donne peu de couleur à la soie, et de plus, comme on l'a vu chapitre VI, page 222, il n'agit pas sensiblement sur le fond de bleu de Prusse, qui joue un rôle dans les noirs légers; tandis que si l'on cachoute à chaud et au-delà de 50 à 60°, il y a prise de poids plus considérable, et en même temps un changement de nuance plus profond, qui ne pourrait plus être couvert convenablement par les méthodes terminant les noirs fins légers.

Les noirs, objet de ce paragraphe, rincés sur le rouil donné sur le bleu de Prusse, sont donc cachoutés à une température ne dépassant pas 50°, et dans un bain faible à 3 ou 4° Beaumé de vieux cachou, qui n'est d'ailleurs pas épuisé par cette opération et qui, après le cachoutage, est conduit dans de vastes réservoirs en tôle, où on maintient son titre par l'addition de bains de cachous neufs et concentrés. Les cachous vieux, constituant le roulement d'un atelier, sont indispensables pour sa bonne marche; l'expérience a démontré que les vieux bains entretenus par des additions de cachou neuf donnent toujours des résultats supérieurs comme poids et comme nuance. Ce fait est attribué, dans les ateliers de noirs, à la petite quantité de fer dont ils s'enrichissent en passant sur les soies saturées de ce métal, rouillées ou bleutées, peu importe.

Dans cette opération, les soies ont pris une teinte plus verdâtre et ont acquis une surcharge de 15 %, qu'elles garderont en grande partie malgré l'action des savons chauds. Sortant du cachou au bout d'une heure, elles sont rincées et diablées et prêtes à être alunées.

Alunage des noirs bleutés légers.

Cet alunage n'offre rien de particulier, sinon que l'on peut employer des aluns ordinaires, et que le bain se jette chaque fois.

Bruniture des noirs bleutés légers.

La bruniture de ces noirs est une opération excessivement importante qu'il faut faire avec soin, mais qui n'offre rien de particulier sur la bruniture des noirs anglais, vue précédemment page 543.

Teinture des noirs bleutés légers.

Cette opération, comme la précédente, n'offre rien de particulier sur la teinture pour noirs anglais, seulement la présence de l'alumine, qui joue un grand rôle dans ces noirs, nécessite de plus grandes précautions; pour éviter la formation de plaques dues à des combinaisons trop intenses de la matière colorante du bois d'Inde, et de l'alumine fixée soit dans le bleutage, soit dans l'alunage, il faut opérer avec des bains de savon très-gras contenant jusqu'à 100 °/₀ du poids de la soie. La température du bain, pour entrer les soies, est de 50 à 60°, et peu à peu, par divers réchauffages, il faut porter la température jusqu'à 80-85°. Dans ces noirs, les soies prennent souvent un aspect marron mordoré dû à la grande quantité de campêche fixé, qui disparait peu à peu en les laissant traîner sur le bain et en élevant la température. La teinture peut durer jusqu'à 5 ou 6 heures; aussi, dans les journées d'hiver, faut-il la commencer du matin, pour pouvoir arriver à la nuance dans le courant de la journée.

La teinture finie, le bain est écarté au canal; de rouge violacé qu'il était avant l'entrée des soies, il a pris un aspect noir bleu sale. Sitôt écarté, il est utile d'arrêter la réaction, et pour cela il faut inonder les soies dans la barque même, avec une première eau, privée autant que possible de sels calcaires, et leur donner quelques lises, puis elles sont ensuite soigneusement rincées à grande eau, et prêtes à être avivées.

Avivage des noirs bleutés légers.

Cette opération a une grande importance, et comme il s'agit de noirs très-fins, on emploie toujours le jus de citron comme acide, et l'huile d'olive surfine à la dose de 4 à 6 °/₀ comme corps gras.

Lustrage des noirs bleutés légers.

Cette opération joue un grand rôle et complète souvent ces noirs en montant la nuance, comme on le verra plus loin.

En résumé, ces noirs rendent de 5 à 15 °/₀ ; ils offrent les meilleures conditions de toucher et de brillant, et de plus une nuance noir bleu dégagée. Il est regrettable que le fabricant ne se soit pas tenu à l'emploi de ces noirs, et que le haut prix de la soie ait été un stimulant pour l'obtention des noirs chargés, objet des paragraphes qui suivent.

§ 199. — NOIRS BLEUTÉS TERMINÉS AU CACHOU AVEC TEINTURE AU CAMPÊCHE. — NOIRS MINÉRAUX.

Ces noirs, inférieurs aux précédents comme beauté de nuance, leur sont supérieurs comme charge ; ils datent de 1845 environ, et sont les premiers noirs demi-lourds où le cachou soit venu faire révolution. Ces noirs, dont la nuance tire sur le noir verdâtre comme les noirs anglais, peuvent rendre de 25 à 30 °/₀, et comprennent, après la cuite, les opérations suivantes : bleutage sur trois ou quatre rouils, rouillage sur le bleu, cachoutage à chaud, teinture au savon et au bois d'Inde, avivage et lustrage.

Rouillage et bleutage des noirs minéraux.

Ces opérations n'offrent rien de particulier, et rentrent toujours dans ce qui a été dit chapitre VI pour le rouillage et le bleutage des soies cuites. En donnant quatre rouils avec bleutage, on obtient un rendement de 32 °/₀, soit environ 5 à 10 °/₀ au-dessus de la perte à la cuite, selon les qualités de soie.

Rouillage sur le bleu des noirs minéraux.

Comme dans les noirs précédents, on est dans l'habitude de donner un rouil sur les soies bleutées et rincées; ce rouil, qui donne encore 4 °/₀ de poids à la soie, n'offre rien de particulier, sinon que, comme précédemment, on se contente de rincer la soie sur ce rouil, sans chercher à le fixer par le savon.

Cachoutage des noirs minéraux.

Pour la première fois, nous voyons l'application du cachou à une température élevée, afin d'obtenir le maximun de poids. Sous cette influence, le cachou tire plus abondamment, non-seulement en se fixant en plus grande quantité sur la soie, mais encore en se combinant avec le bleu de Prusse, et formant, comme on l'a vu chapitre VI, paragraphe 79, une combinaison de tannin et de bleu de Prusse, ramené à l'état de ferrocyanure magnétique par l'action du tannin, dont une partie est détruite, pour produire cet effet. Dans ces conditions, le cachou, au lieu de donner comme précédemment une charge de 10 à 15 %, peut aller jusqu'à 25 ou 30 % qui, ajoutée à la prise du bleu de Prusse, permettent des rendements de 25 à 30 et même 35 % après la teinture.

Comme pour les noirs précédents, on cachoute dans un bain à 3 ou 4° Beaumé, formé par de vieux bains ayant déjà servi et remontés par du cachou neuf; de même le bain après le cachoutage n'étant pas épuisé, est remonté dans les réservoirs à vieux cachous.

Dans les cachoutages à chaud, la soie gonfle sensiblement, la nuance, de bleu noir, devient vert foncé, et se marbre fortement par la combinaison du cachou et du bleu de Prusse, qui est complète à 70-75° et au bout d'une heure. Les soies cachoutées sont rincées avec soin et prêtes à suivre en teinture.

Teinture des noirs minéraux.

La teinture des noirs minéraux a pour but, comme les précédentes, de couvrir la teinte verte laissée par le fond de cachou, à l'aide du campêche; elle n'offre rien de particulier, se fait comme pour les noirs anglais, et offre moins de difficulté que celle des noirs légers précédents. Les noirs finis offrent d'ailleurs une teinte qui rappelle celle des noirs anglais, soit une teinte verdâtre, profonde, au lieu de la teinte bleue dégagée des noirs précédents.

Avivage des noirs minéraux.

Cet avivage rentre dans la classe des avivages précédents. Dans quelques cas, la nuance étant trop nourrie, trop noire, on emploie l'avivage à l'acide chlorhydrique, au lieu du jus de citron ou du vinaigre Mollerat, pour faire tomber un peu le bois d'Inde dans le bain d'avivage.

Lustrage des noirs minéraux.

Comme les précédents, il sera décrit à la fin du chapitre. Pour résumer, les noirs décrits dans ce paragraphe sont inférieurs aux précédents comme nuance, et à ceux qui vont suivre, à la fois comme poids et comme nuance. Abandonnés pour ainsi dire de nos jours, ils ont fourni cependant de très-belles étoffes, pour la durée surtout ; leur nom de minéraux vient de ce qu'ils ont pour base de leur charge une grande quantité de bleu de Prusse.

§ 200. — NOIRS BLEUTÉS AVEC BRUNITURE AU PYROLIGNITE ENTRE DEUX CACHOUS, TERMINÉS AVEC TEINTURE AU CAMPÊCHE.

Ces noirs sont par le fait des noirs minéraux, car ils ne diffèrent des précédents que par l'introduction d'une bruniture au pyrolignite de fer, donnée entre deux cachous, ce qui a permis, tout en augmentant légèrement le poids, d'améliorer la beauté de la nuance. Ces noirs comprennent les opérations suivantes après la cuite, savoir : 2, 3 ou 4 rouils, le bleutage, le rouillage sur le bleu, un cachoutage à chaud, une bruniture au pyrolignite de fer, un nouveau cachou tiède, une teinture au savon et au bois d'Inde, l'avivage et le lustrage. Comme jusqu'à la bruniture au pyrolignite de fer, ils ressemblent aux noirs minéraux ordinaires, nous ne commencerons la description de ces noirs qu'à ce point.

Bruniture au pyrolignite des noirs minéraux.

L'application du pyrolignite de fer entre deux cachous est venue améliorer, comme nous l'avons dit ci-dessus, surtout la beauté des noirs ; cette opération prend le nom de bruniture au pyrolignite, et se fait en passant les soies bien rincées sur un bain léger et tiède de pyrolignite de fer, à 2 ou 3° Beaumé.

Le teinturier ne saurait être trop exigeant pour la bonne qualité du pyrolignite, et les soins apportés à son emploi. Les soies lisées une demi-heure sur la bruniture, le bain est écarté au canal, ou, dans les ateliers bien outillés, le bain est élevé dans de vastes réservoirs en tôle, contenant de la ferraille, pour le maintenir toujours saturé de fer, et comme il s'affaiblit chaque fois par le passage des soies mouillées, on maintient son titre en y ajoutant de temps en temps du pyrolignite neuf du commerce à 16° Beaumé. L'expérience a démontré qu'il faut donner le pyrolignite à 25 ou 30° de chaleur seulement ; les soies doivent être rincées à une eau sur cette bruniture, car si l'on teignait directement sur le bain sans rincer, le bois d'Inde, tirant trop activement, donnerait des résultats fâcheux ; l'on donne toujours sur cette opération un petit cachou avant la teinture.

Cachou donné sur la bruniture au pyrolignite.

Ce cachou a donc pour but de couvrir un peu le fer donné par la bruniture, mais il ne doit pas se donner à une température au-delà de 50°, sinon l'effet de la bruniture serait complètement détruit, et pour cet emploi un vieux cachou est toujours préférable. On opère donc en lisant les soies ayant reçu une eau sur la bruniture, pendant une demi-heure, dans un bain tiède de vieux cachou à 5° Beaumé; le bain n'est pas jeté, il est reconduit dans les réservoirs de vieux cachous. Les soies sont ensuite rincées avec soin, diablées fortement, dressées et finies comme précédemment par une teinture, un avivage et un lustrage. Les soies brunissent toujours un peu par le passage dans le bain de pyrolignite, et par le deuxième cachou elles prennent encore 5 à 6 °/₀ de poids; mais c'est surtout pour la nuance qu'on brunit, le fer apporté par le pyrolignite donne un ton plus noir, plus bleu, que dans les noirs minéraux ordinaires.

§ 201. — NOIRS BLEUTÉS, CACHOUTÉS AVEC ADDITION DE SEL D'ÉTAIN TERMINÉS AVEC TEINTURE AU CAMPÊCHE.

L'application du sel d'étain dans les cachous est venue constituer le progrès le plus remarquable pour la charge des noirs fins, et même pour l'amélioration de la nuance. Cette introduction remonte à environ 1850, et c'est de cette date que les noirs lourds, sur soie fine, sont arrivés graduellement à rendre jusqu'à 80 °/₀, tout en ayant de belles nuances; mais, disons-le cependant, au détriment de la force et de l'élasticité. Les premiers noirs qui se sont faits avec emploi du sel d'étain, l'étaient comme suit : les soies recevaient plusieurs rouils sur la cuite, avec les précautions vues chapitre VI, pour le rouillage des cuits; de nos jours on a poussé le rouillage jusqu'à donner 6 et même 7 rouils; dans ces conditions, on donne à la soie de 24 à 28 °/₀ par le rouil seulement, puis par le bleutage on double ce poids, c'est-à-dire que sur le rouil on rattrape le poids perdu à la cuite, et que sur le bleu on rend 24 à 30 %. Le rouillage sur le bleu de Prusse n'offre aucun intérêt pour ces noirs ; on donne alors un cachou avec sel d'étain, puis les soies sont savonnées ou non, et reçoivent un deuxième cachou. Finalement elles sont teintes avec un bain de savon et de bois d'Inde, et terminées comme précédemment. Dans ces noirs il nous suffira d'examiner avec soin les soies sur les cachous et la teinture, le restant des opérations étant déjà décrit.

Du cachoutage avec le sel d'étain.

Il a déjà été question (chapitre VI, page 244) de cette opération, qui est venue modifier si profondément les noirs ; comme elle demande beaucoup de soins de la part du teinturier, elle ne saurait être décrite trop minutieusement.

Les soies prises sur le bleu de Prusse, donné sur 3 rouils pour les soies destinées à des charges demi-lourdes, et sur 6 à 7 rouils pour celles destinées à des noirs très-lourds, sont, après avoir été bien dressées à la cheville sur le bleutage, passées sur un bain de cachou neuf, à 100 ou 150 % du poids de la soie, et lisées une demi-heure à 50° de chaleur ; la barque doit être de dimension convenable, les soies doivent même être plutôt serrées que séparées les unes des autres, et l'on doit, autant que possible, avoir des barques assez grandes pour passer toute une partie, même de cent à cent cinquante kilogrammes à la fois. Cette précaution est d'ailleurs bonne pour toutes les opérations de noirs, à partir des cachous, et encore plus pour les teintures, sinon le teinturier s'expose à avoir autant de tons que de parties secondaires, dans lesquelles il aura divisé pour sa commodité la partie principale confiée.

Les soies lisées sur ce cachou à 50° sont levées sur des grilles, et le bain est réchauffé à 70 ou 80°, puis additionné d'une solution de 8 à 12 °/₀ de sel d'étain du poids de la soie. Par cette addition, le bain tourne immédiatement du brun au jaune clair et en même temps il se précipite en partie; les soies sont alors abattues de nouveau et lisées environ une heure. Il faut éviter le plus possible le contact de l'air sur les soies, et pour cela la barque doit être presque remplie par le bain, et c'est encore pour cette raison qu'il faut liser serré : l'expérience a, en effet, démontré que si l'emploi du sel d'étain est redoutable pour le bon traitement des soies, c'est surtout par le contact de l'air.

Par leur passage dans ce bain, les soies gonflent sensiblement, le ton du bleu de Prusse disparaît pour faire place à une nuance verte, jaunâtre et toute marbrée. L'opération est sensiblement complète au bout de une à deux heures, mais généralement on est dans l'habitude de donner le sel d'étain le soir, et de laisser les soies mises en sotte passer la nuit au fond de la barque, en évitant soigneusement qu'aucune partie ne *veille*, c'est-à-dire n'apparaisse au-dessus du bain. En prenant cette précaution, les soies peuvent rester impunément, les veilles de fêtes, deux jours dans la barque.

Une foule d'essais ont été faits, dans l'intention de modifier l'emploi du sel d'étain, additionné ou nom d'acide chlorydrique, ou d'ammoniaque, ou de sel ammoniac, etc. ; mais la pratique a toujours fait revenir à l'emploi tel quel du sel d'étain, que le commerce fournit d'ailleurs très-pur.

Les soies levées de la barque, le bain est écarté au canal, car il ne vaut plus rien, et l'on procède au rinçage des soies, qui doit se faire soigneusement; elles dégorgent beaucoup, soit qu'on les lave à la main ou mécaniquement, néanmoins une batture n'est pas nécessaire. Dans ce rinçage, la nuance, presque jaune, remonte un peu au vert sombre; dans tous les cas, le ton du bleu de Prusse a complètement disparu.

Du savon sur le cachou du sel d'étain.

Les soies ont pris sur l'opération précédente un toucher assez dur, et c'est à cela qu'on attribuait au début le mauvais traitement qui a longtemps accompagné la teinture de ces noirs. Pour corriger cet effet, on donne un savon aux soies rincées sur le cachou du sel d'étain; mais cette opération, jugée indispensable par les uns, l'est différemment par d'autres. Pour nous, nous croyons que l'action du savon, donné convenablement, étant toujours favorable à la soie, elle ne peut ici qu'être utile.

On savonne ordinairement les soies sur le sel d'étain, dans un bain contenant 33 % de savon, quelquefois même 50 %, et à une température de 50 à 60° centigrades, une demi-heure à une heure. Les soies prennent alors un toucher plus doux, ainsi que du brillant; elles montent et s'unissent en nuance dans les tons verts foncés. Disons ici une fois pour toutes que la nuance du bleu de Prusse, dans les noirs finis au campêche, donné sur des savons chauds, n'a point d'importance pour le résultat final; que tout l'effet de coloration vient d'une action bien entendue du bois d'Inde, venant couvrir les fonds donnés par les combinaisons de bleu de Prusse et du cachou.

Les soies savonnées, le bain est écarté au canal, et les soies rincées et diablées sont passées sur un deuxième cachou.

Cachou donné sur le sel d'étain.

On peut dire que ce cachou, donné directement sur celui du sel d'étain, la soie étant savonnée ou non, en est le complément indispensable. En effet, ce n'est la plupart du temps que sur ce cachou que les soies prennent le maximum de poids, pouvant aller jusqu'à 40 et même 50 % de leur poids : la prise est d'ailleurs en raison du bleu de Prusse qu'on y a fixé ; ainsi les soies bleutées sur deux rouils ne prennent que 25 à 30 %. On peut dire que chaque rouil donne ensuite 5 % de poids ; il est donc facile de calculer la prise totale, en admettant pour le poids pris sur le bleu 8 % par rouil, et 25 à 30 % sur les cachous avec sels d'étain pour les soies bleutées sur deux rouils, et 5 % environ en plus pour chaque rouil en sus.

Ainsi, dans ces conditions, une soie donne les rendements suivants :

bleutée sur deux rouils, 45 % en admettant 25 % perte à la cuite, cela reste à . . . . 20 %
bleutée sur trois rouils, 60 % . . . . 35 %
bleutée sur quatre rouils, 75 % . . . . 50 %
bleutée sur cinq rouils, 90 % . . . . 65 %
bleutée sur six rouils, 100 % . . . . 75 %
bleutée sur sept rouils, 110 % . . . . 85 %

Le cachou prend beaucoup plus sur les deux premiers rouils que sur les suivants ; car, outre la prise par le bleu de Prusse, il y a celle propre à la soie. Les uns dans les autres, dans les noirs très-chargés, on peut admettre que chaque rouil bleuté et cachouté, avec addition de sel d'étain, donne une prise de 13 à 15 %, sur laquelle les savons même bouillants sont sans action.

Le deuxième cachou se donne en lisant les soies sur un bain de cachou à 100 % et à 70°-75° centigrades durant une heure ; au bout de ce temps, les soies sont égouttées sur des grilles, et le bain qui n'est pas épuisé est conduit dans les réservoirs des vieux cachous. Les soies sont ensuite rincées avec soin et prêtes à suivre à la teinture après avoir été diablées fortement, et dressées à la cheville.

Teinture des premiers noirs au sel d'étain.

Au début, les soies étaient teintes sur ce deuxième cachou, dans un bain formé avec 50 °/o de bois d'Inde et 50 à 60 °/o de savon. L'oxyde d'étain qui s'est fixé sur la soie, après avoir joué un rôle pour la prise de poids, sert de mordant pour la couleur du bois d'Inde, qu'il aide à fixer en un violet un peu rouge qui, couvrant le ton vert de la combinaison du cachou et du bleu de Prusse, donne un noir à ton violetté et même rouge. Les soies sont entrées à une température de 50 à 60° dans le bain de teinture, et après une demi-heure de lisage, le bain est porté à une température de 70-75°. Les soies suffisamment couvertes, et arrivées à la hauteur de l'échantillon sont levées de dessus le bain, qui est écarté au canal, et après rinçage sont avivées et lustrées comme précédemment.

Ce noir s'est considérablement amilioré par l'application du pyrolignite de fer, objet du paragraphe suivant.

§ 202. — NOIRS PRÉCÉDENTS AVEC BRUNITURE ENTRE DEUX CACHOUS.

Ces noirs diffèrent des précédents, au même titre que les noirs minéraux, avec bruniture entre deux cachous, diffèrent des noirs minéraux simples. L'application du pyrolignite de fer, donnée entre deux cachous et précédant la teinture, a permis de corriger leur ton toujours un peu rougeâtre, en leur en donnant un noir bleu plus convenable. Dans la description de ces noirs, nous n'indiquerons que la bruniture, le cachou sur la bruniture et la teinture, les autres opérations restant les mêmes.

Bruniture au pyrolignite sur le deuxième cachou.

Les soies, bien rincées sur le deuxième cachou, sont manœuvrées une demi-heure à une heure, sur un bain faible de pyrolignite de fer; dans quelques cas on a employé d'autres sels ferreux, tels que le chlorure, mais l'on est à peu près fixé pour employer exclusivement le pyrolignite de fer. La bruniture pour ces noirs demande de grands soins, et, finies, les soies sont levées sur des grilles (le bain étant écarté au canal, ou remonté dans de vastes réservoirs, comme il a été dit précédemment), et reçoivent une eau ; puis, diablées fortement, elles sont prêtes à suivre sur un dernier cachou.

Cachou donné sur la bruniture.

Ce cachou est toujours un vieux cachou, et doit être donné à une température maximum de 50° centigrades. Les soies sont lisées une demi-heure sur un bain à 3 ou 5° Beaumé; leur ton vert brunit par ces deux opérations successives, et elles prennent encore 4 à 5 % de poids. Le cachoutage étant fini, les soies sont levées sur des grilles, puis, après égouttage, elles sont bien rincées, diablées et prêtes à suivre en teinture. Le cachou n'étant pas altéré sensiblement, est remonté dans les réservoirs des vieux cachous pour servir de nouveau après addition de cachou neuf.

Teinture des noirs avec sel d'étain et bruniture au pyrolignite.

Cette teinture se fait ordinairement, comme les précédentes, avec 50 % de bois d'Inde et 50 à 60 % de savon, mais elle demande de bien plus grandes précautions; les soies sont entrées à une température de 50 à 60° centigrades, et se couvrent peu à peu; le bain est réchauffé à 70-75°, quelquefois il arrive que les soies prennent un ton rouge qu'on ne peut faire tomber qu'en chauffant le bain à 80-85° et quelquefois même en le réadditionnant de savon. La teinture finie, le bain est tourné en bleu noir sale; il est écarté au canal, et les soies reçoivent immédiatement une eau dans la même barque, puis elles sont rincées à grande eau et diablées fortement pour suivre sur l'avivage et le lustrage. L'avivage n'offre de particulier que la nécessité de mettre un peu plus d'huile que dans les noirs légers, 6 à 8 % environ.

§ 203. — NOIRS A PLUSIEURS TEINTURES.

Ces noirs sont venus, autour de 1868, permettre de porter les noirs lourds au maximum de beauté, tout en les portant au maximum de la charge: ils rivalisent même, s'ils ne les surpassent, avec les noirs fins légers.

La teinture de ces noirs a pour base de donner une masse de bois d'Inde, combinée à une grande quantité d'oxyde de fer, apporté par des brunitures au pyrolignite, afin de couvrir le fond verdâtre laissé par le cachou. Les soies finies du paragraphe précédent, prises sur la teinture et après rinçage et diablage, reçoivent successivement :

un cachou faible à 50° de chaleur,
une bruniture au pyrolignite de fer,
un nouveau cachou à 50°,
une nouvelle teinture au bois d'Inde.

Ces quatre opérations sont données comme précédemment, la teinture seule demande davantage de savon dans le bain, pour éviter les plaques mordorées, et une fois arrivées à la hauteur de nuance, il faut écarter vivement le bain au canal, et donner rapidement une eau en barque pour arrêter son action.

Ces noirs ont reçu le nom de noirs à deux teintures, ou *noirs bis*. Mais on ne s'en est pas tenu là, et l'on est arrivé à répéter une seconde fois l'ensemble de ces quatre opérations, pour obtenir des noirs à tons plus bleus violettés ; les précautions à prendre sont encore plus grandes sur la teinture que précédemment. Les noirs ainsi faits dits *noirs ter*, sont toujours mal unis et plaqués, quelques précautions qu'on prenne ; mais leur ensemble dans les étoffes tissées est bon. Les plus grandes précautions à prendre doivent l'être surtout pour les trames : il est nécessaire de teindre avec des savons très-gras, d'élever la température à 80-85° et de faire traîner. Dans la répétition des opérations, par suite de celles du cachou et du pyrolignite, il y a chaque fois prise de poids pouvant aller de 5 à 10 %. On peut donc arriver, dans de belles nuances, à des rendements de 100 %, quoique l'on se tienne de 50 à 70 %.

Je ne quitterai pas ces noirs sans montrer par un tableau les nombreuses manipulations exigées, et quelles doivent être, en conséquence, les précautions à prendre à tous les points de vue de la part du teinturier, pour ménager la matière délicate qui lui est confiée durant quinze jours de travaux, à travers les nombreuses manipulations mécaniques et chimiques qu'elle doit subir.

Résumé d'un noir à trois teintures sur sept rouils bleutés.

1. *Reconnaissage et pantimage.*
2. *Mise en bâtons, dégommage.*
3. *Etirage.*
4. *Cuite.*
5. *Rinçage et diablage.*
6. *Rouillage, rinçage, diablage, mise en bâtons.*
7. *Savonnage, rinçage, diablage, mise en bâtons.*

8. *Deuxième rouillage, rinçage, diablage, mise en bâtons.*
9. *Deuxième savonnage, rinçage, diablage, mise en bâtons.*
10. *Troisième rouillage,* » » » »
11. *Troisième savonnage,* » » » »
12. *Quatrième rouillage,* » » » »
13. *Quatrième savonnage,* » » » »
14. *Cinquième rouillage,* » » » »
15. *Cinquième savonnage,* » » » »
16. *Sixième rouillage,* » » » »
17. *Sixième savonnage,* » » » »
18. *Septième rouillage,* » » » »
19. *Septième savonnage,* » » » »
20. *Dressage des soies à la cheville, bleutage, rinçage, diablage, mise en bâtons.*
21. *Cachoutage avec sel d'étain, rinçage, diablage, mise en bâtons.*
22. *Deuxième cachoutage, rinçage, diablage, mise en bâtons.*
23. *Bruniture au pyrolignite, rinçage, diablage, mise en bâtons.*
24. *Troisième cachou, rinçage, diablage, dressage à la cheville, mise en bâtons.*
25. *Teinture au bois d'Inde, rinçage, diablage, mise en bâtons.*
26. *Quatrième cachoutage, rinçage, diablage, mise en bâtons.*
27. *Deuxième bruniture,* » » » »
28. *Cinquième cachoutage,* » » » »
29. *Deuxième teinture,* » » » »
30. *Sixième cachoutage,* » » » »
31. *Troisième bruniture,* » » » »
32. *Septième cachoutage,* » » » »
33. *Troisième teinture,* » » » »
34. *Avivage, diablage.*
35. *Séchage.*
36. *Lustrage.*
37. *Reconnaissage et mise en main pour être rendue au fabricant.*

Après l'examen de ce tableau, résumant les noirs les plus compliqués, il ne sera plus permis, comme beaucoup le croient, d'admettre que le teinturier en noir est inférieur au teinturier en couleurs comme capacités, et de plus l'on restera convaincu que la soie est vraiment une fibre textile merveilleuse, pour pouvoir s'assimiler tant de matières, successivement, et supporter d'aussi nombreux travaux, et des variations aussi grandes et aussi répétées de température. De même l'on se rendra compte des quantités énormes de produits exigés par ces nombreuses manipulations : rouil, savon, prussiate, cachou, sel d'étain, pyrolignite, bois d'Inde, jus de citron, huile d'olive.

Pour simplifier ces nombreuses manipulations, des teinturiers ont imaginé de diabler les soies dans des essoreuses spéciales, avec leurs bâtons, ce qui supprime les voltages à la main et les passages en bâtons.

§ 204. — EMPLOI DES VIOLETS D'ANILINE.

Partant de ce principe, que, dans la teinture des noirs fins, le bois d'Inde agit en couvrant les couleurs verdâtres, résultant des opérations préliminaires, par les tons bleus violettés qu'il prend, en se combinant avec les divers mordants métalliques fixés sur la soie, l'on est arrivé à employer les violets d'aniline de qualités inférieures avec quelque succès, pour remplacer les teintures au campêche ; mais, disons-le de suite, entre les mains d'un tenturier habile, rien ne vaut la teinture au bois d'Inde. Les violets d'aniline, en effet, apportent bien leur ton, mais ce ton n'est pas susceptible de la moindre variation, tandis que le bois d'Inde donne des tons variables selon les températures, les quantités de savon employées, etc. Le teinturier pourra donc toujours saisir un instant où la nuance sera arrivée au degré le plus convenable, ce qui n'a pas lieu avec les produits d'aniline.

Pour employer les violets d'aniline, il faut toujours en employer une quantité plus considérable que celle nécessaire : les soies sortent avec une couleur plaquée, marron cuivré.

Pour obtenir ensuite un ton convenable, on lise les soies sortant du violet d'aniline, sur un bain de savon gras et froid. L'excès de la couleur fixée tombe dans le bain, et il en reste assez sur la fibre pour lui donner le ton voulu, joint à l'unisson.

§ 205. — LUSTRAGE DES NOIRS FINS.

Cette opération est comme le complément d'une bonne teinture en noirs fins ; elle vient donner aux soies un lustre, un brillant considérable, et en même temps, en égalisant les brins, un aspect des plus flatteurs, pour être rendues au fabricant. Le lustrage s'exécute à l'aide d'un appareil des plus simples dit *lustreuse*, dont il y a deux variétés : les *lustreuses à froid* et les *lustreuses à chaud*. Les lustreuses à froid sont construites identiquement comme les lustreuses à chaud, sauf une question de détail, le chauffage ; d'ailleurs aujourd'hui toutes les lustreuses dans les ateliers pouvant disposer de la vapeur, c'est-à-dire dans presque tous, sont à chaud, pouvant à volonté faire fonction de lustreuse à froid ou à chaud.

En résumé, une lustreuse se compose essentiellement, comme les laveuses Berthaud, que nous avons vues chapitre VI, page 216, de deux cylindres en fer poli, parallèles et tournant horizontalement dans le même sens ; ces deux cylindres, dont l'un est fixe et l'autre mobile, sont susceptibles d'écartement en maintenant leur parallélisme. Ce résultat s'obtient à l'aide d'un mécanisme manœuvré à bras d'homme, qui éloigne ou rapproche à volonté le cylindre mobile du cylindre fixe. Les cylindres sont d'abord rapprochés, afin de permettre à l'ouvrier lustreur d'étaler dessus un ou deux matteaux de soie, c'est-à-dire de manière à ce qu'ils couvrent les cylindres, et que les diverses flottes de soie des matteaux soient placées d'une manière parallèle; puis, à l'aide du mécanisme, les cylindres sont écartés autant que possible, de manière à rendre les soies tirantes, comme dans l'opération de l'étirage sur la cuite. Les soies bien développées et tendues, le cylindre, fixé par son organisation, est soumis à un mouvement de rotation, soit à bras d'homme, soit, et c'est le cas général aujourd'hui, à l'aide d'une transmission par courroie d'une machine à vapeur.

Sous cette influence, les soies, entraînées par la rotation de ce cylindre et de plus tendues, prennent peu à peu un grand brillant; les brins qui tendaient à *friser* dans le matteau, s'égalisent. Dans le lustrage à froid, l'opération s'exécute comme nous venons de le décrire; mais dans le lustrage à chaud, il est nécessaire de faire intervenir la vapeur d'eau. Pour obtenir ce résultat, les cylindres lustreurs sont contenus dans une caisse en tôle, dont la moitié supérieure se relève à volonté, pour permettre de mettre et retirer les soies; celles-ci mises sur les cylindres, la partie supérieure est abattue pour fermer la lustreuse, et pendant que les cylindres tournent, on ouvre un échappement de vapeur. Dans ces conditions, les soies prennent un très-grand brillant; la nuance, sous l'influence de cette chaleur humide, monte également, et un bon ouvrier lustreur est souvent indispensable. En effet, si une nuance n'est pas assez montée, on peut la terminer au lustrage; de même quelquefois il convient de faire durer, pour la même raison, le lustrage aussi peu que possible: cette opération ne prend jamais plus de quelques minutes.

§ 206. — NOIRS SUR SOIE SAUVAGE.

Nous avons vu, dans les chapitres des couleurs claires et rabattues, les difficultés qu'offre la teinture des soies sauvages ; des difficultés plus grandes existent encore pour les teindre en noir, et il est presque impossible d'y faire un noir proprement dit. De plus, ces soies sont à peu près rebelles aux opérations de la charge : les rouils n'y prennent pour ainsi dire pas ; on peut dire qu'elles se rapprochent, pour le teinturier, du coton et des autres fibres textiles végétales qui ne se chargent pas.

Dans leur préparation, ces soies doivent avoir subi l'action de quelque astringent, qui leur a laissé le ton gris jaunâtre qu'elles possèdent, et en même temps a profondément modifié leurs propriétés. Il est cependant un fait à noter digne de remarque, c'est que les noirs par passages successifs dans un astringent et sur le pied de fer, n'y donnent pas de meilleurs résultats que les autres, ce qui contredirait ce que nous avançons.

Nous avons eu souvent l'occasion de faire des noirs sur soie Tussah, et nous avons obtenu les meilleurs résultats en opérant comme suit :

1° Cuire à la soude caustique, comme pour les blancs et couleurs.

2° Donner un rouil ou deux fixés à la soude caustique.

3° Bleuter avec un bain faible de prussiate de potasse.

4° Engaller sur un bain faible de châtaignier.

5° Passage au pied de fer.

Répéter ces deux dernières opérations, non pour donner du poids, mais pour donner du fond.

6° Donner un avivage avec 6 à 8 % d'huile d'olive.

Le teinturier peut d'ailleurs à volonté varier les méthodes vues pour les noirs fins, sur cette soie ; mais la nuance, belle sur la barque, est toujours grise et écorchée après la dessication. Ces soies, comme on l'a déjà vu, servent surtout pour faire des effets de trame dans des tissus où la chaîne joue le principal rôle, et conviennent alors aussi bien que les cotons glacés ou non.

§ 207. — COTONS NOIRS GLACÉS.

Pour terminer le chapitre des noirs sur soie fine, il nous reste à dire quelques mots des cotons noirs glacés, qui ont pris une assez grande vogue, pour remplacer la trame soie dans des tissus velours, satins, etc. Comme pour les cotons glacés, vus dans les blancs et couleurs, on emploie des cotons filés aussi régulièrement que possible, que l'on cuit d'abord soigneusement à l'eau bouillante, et qui sont ensuite teints en noirs fins, en les passant successivement :

1° sur un rouil faible, fixé au carbonate de soude ;

2° sur un bleutage au prussiate, pour lequel on peut employer de vieux bains de prussiate ayant servi pour la soie ;

3° sur un alunage faible ;

4° sur un bain de bois d'Inde ;

5° sur un bain de bichromate de potasse, pour fixer et tourner au noir la matière colorante du campêche.

Les noirs ainsi faits sur coton, par leurs tons bleutés, sont les plus aptes à entrer dans des combinaisons avec la soie teinte en noir.

Le lustrage s'opère comme pour les couleurs, c'est-à-dire en soumettant les cotons par petites flottes étalées et tendues sur deux cylindres animés d'un mouvement lent de rotation dans le même sens, à l'action de brosses métalliques, après avoir été humectées avec un empois de fécule ou d'amidon où l'on a délayé à chaud du blanc de baleine, de la paraffine, de l'acide stéarique, etc., en un mot, des matières grasses ou cireuses de bonne qualité. Les cotons glacés reçoivent un assez beau brillant, qui, sans égaler celui de la soie, permet cependant de mieux dissimuler le mélange.

CHAPITRE XIII

Sommaire. — Noirs sur soies fortement montées, généralités; noirs sur grenadine. — Noirs sur floches; noirs à la galle et au pied; noirs fins sur floches. — Soies à coudre. — Noirs sur cordonnets; noirs à la galle et au pied : noirs fins sur cordonnets. — Noirs sur fantaisies ; noirs sur schappes ; noirs à la galle et au pied; noirs fins. Noirs sur floches fantaisies; noirs à la galle et au pied; cuite à la galle; noirs fins sur floches fantaisies. — Floches fantaisies à coudre. — Noirs sur cordonnets fantaisies; noirs à la galle et au pied; noirs fins. — Avivage des grosses soies ou fantaisies. — Charge au plomb. — Terrage. — Gazage des fantaisies. — Du battage des soies. — Du choix des eaux.

§ 208. — NOIRS SUR SOIES FORTEMENT MONTÉES.

Ces noirs comprennent les noirs sur grenadine, floches et cordonnets; ils sont très-variés dans leurs modes d'obtention, et dans les applications auxquelles on les destine. En dehors des méthodes qui vont être successivement décrites pour chaque noir, une précaution générale et indispensable consiste à opérer les rinçages aussi parfaitement que possible, ce qui ne peut se faire sans le concours de battures sur chaque rinçage, aussi ces noirs entraînent-ils, pour la plupart de ceux décrits dans ce chapitre, des mains-d'œuvre multipliées, et nécessent-ils la présence d'une grande quantité d'eau soit qu'on lave en rivière, soit qu'on lave dans des lavoirs situés dans les ateliers. Le battage des noirs sera d'ailleurs décrit avec soin à la fin de ce chapitre, car il constitue une manipulation capitale. Sauf les grenadines, la plupart des soies fortement montées sont destinées à des usages autres que ceux du tissage des étoffes.

§ 209. — NOIRS SUR GRENADINES.

Les grenadines sont les plus fines des soies fortement montées, et, comme on l'a vu chapitre II, page 66, on peut les considérer comme des organsins fortement montés, destinés à certains tissus pour articles de gilets, pour la passementerie et la fabrication des dentelles. Les noirs sur grenadine, en raison de leur emploi et de la texture de la soie, doivent avoir et ont toujours un aspect noir profond; des noirs clairs conviendraient peu pour ce genre d'ouvraison.

La cuite est la première opération par laquelle on commence ces noirs; elle doit se faire avec soin, comme il a déjà été dit, sur des appareils tendeurs, avec 33 % de savon. La cuite, à cause des appareils, se fait toujours sur un *bain large,* c'est-à-dire que le volume de liquide est bien plus considérable que pour les ouvraisons ordinaires. Les soies grenadines bien cuites, après plusieurs heures d'ébullition, sont lavées et dégorgées avec soin par une batture; après diablage, elles peuvent se teindre en noir de diverses manières.

Noirs sur grenadines à la galle et au pied.

Les soies reçoivent un premier engallage à l'extrait de châtaignier, à une température de 46 à 50°, durant deux ou trois heures, et à 100 %, puis, après rinçage avec batture et diablage, elles reçoivent un pied, donné comme pour les soies fines (voir chapitre XII, page 541). On réitère une fois ces deux opérations et quelquefois même deux, selon le poids qu'on désire. Avec deux engallages complets, on peut rendre 30 à 40 °/₀ et 60 à 70 °/₀ avec trois engallages complets. Les soies finies sont avivées soigneusement avec un avivage à l'acide chlorhydrique, puis séchées et rendues telles quelles sans lustrage.

Noirs à fond de bleu, terminés à la galle et au pied sur grenadines.

Ces noirs ne diffèrent des précédents que par un fond de bleu de Prusse donné sur un ou plusieurs rouils. Sauf la question de lavage, les grenadines se rouillent et se bleutent comme les fines, il faut cependant les laisser traîner un peu plus sur les opérations.

Noirs fins sur grenadines.

Les noirs fins sur grenadines n'offrent rien de particulier sur ceux qui se font sur soies fines ; les plus courants se font en donnant aux grenadines, rincées et diablées sur la cuite :

1° un ou plusieurs rouils, identiquement comme pour soies fines ;
2° un bleutage également dans les mêmes conditions ;
3° un cachou avec sel d'étain ;
4° un cachou nouveau ;
5° une bruniture au pyrolignite de fer ;
6° un petit cachou à 50° de chaleur ;
7° une teinture avec savon et bois d'Inde ;
8° un avivage.

Quelquefois, au lieu d'un toucher craquant, on demande aux grenadines un toucher mou spécial, obtenu par l'opération dite terrage (voir page 601), ou par l'avivage dit *avivage aux deux huiles* (voir page 5[illegible]4).

§ 210. — NOIRS SUR FLOCHES SOIE.

Les floches soie, comme il a été dit chapitre II, page 68, sont des organsins montés à deux bouts, mais très-forts; teintes en noir, leurs emplois sont très-variés, comme ceux des grenadines, et pour citer les principaux, nous dirons que les floches servent comme soies à coudre, comme soies de passementerie pour les franges, etc. Les noirs sont, comme pour les grenadines, aussi variés que les emplois, avec lesquels ils correspondent d'ailleurs, et nous les distinguerons en trois grandes classes :

les noirs à la galle et au pied,

les noirs fins,

les noirs pour soies à coudre.

§ 211. — NOIRS A LA GALLE ET AU PIED, SUR FLOCHES.

Les floches sont cuites de deux manières, soit, comme les fines, au savon bouillant, en barque ou en poche, ou, comme il a été dit chapitre III, page 102, à la soude caustique. Quel que soit le mode de cuite, les floches doivent être, après cette opération, soigneusement dégorgées du bain de cuite, savon ou soude caustique qu'elles renferment; diablées fort, elles sont prêtes à suivre les opérations de teinture, consistant, comme dans les noirs analogues vus précédemment, en engallages et pieds. Les engallages se font toujours à l'extrait de châtaignier, à une température de 40 à 50°. Le premier engallage peut se faire avec 150 °/₀ d'extrait à 10° Beaumé. Comme l'on opère avec de la soie n'ayant subi aucune opération, le bain n'est pas tourné par les sels métalliques et peut être reponchonné par une addition de gallique frais pour servir à un nouvel engallage; il n'en est pas de même des engallages suivants, qui, complètement tournés par les sels de fer fixés sur la soie, doivent être jetés au canal après les opérations.

Les floches, engallées une première fois, reçoivent une ou deux battures pour aider le rinçage, puis elles sont passées au pied; ces deux opérations répétées ensuite une ou deux fois, tout en amenant une nuance noire prononcée, chargent les floches et en arrondissent le brin; c'est là, outre le poids, le but principal: une certaine charge est utile pour donner du corps à ce genre de soie. Les teintures ainsi faites doivent, comme c'est la règle, être finies sur le pied pour avoir toute leur plénitude, et la quantité de gallique doit toujours aller en augmentant avec le numéro d'ordre des engallages, les soies tirant en effet d'autant plus sur l'engallage qu'elles sont plus avancées. En général, on termine les floches sur le troisième engallage complet, sur lequel elles rendent de 80 à 100 %, quantité suffisante pour en arrondir le brin sans en compromettre la force.

Les soies finies sur le dernier pied, bien rincées, battues et essorées, sont avivées, s'il faut leur donner un toucher craquant, avec un avivage à l'acide chlorhydrique, additionné d'huile émulsionnée, comme il a été dit chapitre XI, page 533, et une addition de colle forte pour donner de la force au brin.

Les floches ainsi teintes servent à la passementerie, pour des articles destinés à l'Orient, la Grèce, la Turquie, etc. Au lieu d'un toucher craquant, il faut souvent un toucher doux spécial, qui sera produit par un passage en terre à foulon, dit *terrage*, suivi ou non d'un autre passage en sous-acétate de plomb, qui charge en même temps (voir, à la fin du chapitre, ces opérations, pages 601-602).

Pour terminer ce qui a rapport à ces genres, de même que pour les grenadines, on peut améliorer la nuance du noir en donnant un fond de bleu de Prusse sur un ou deux rouils, ce qui augmente également le rendement.

§ 212. — NOIRS FINS SUR FLOCHES SOIE.

Ces noirs, comme ceux sur grenadines, ne diffèrent de ceux sur soies fines que par les précautions nécessitées par leur montage spécial.

Les floches, cuites à la soude caustique ou au savon, sont bien rincées, battues et diablées fortement, rouillées plusieurs fois, ordinairement elles reçoivent deux ou trois rouils, puis elles sont bleutées, toujours comme les fines, et peuvent suivre la même série d'opérations, c'est-à-dire :

cachou avec sel d'étain sur le bleu de Prusse,
deuxième cachou sur le cachou du sel d'étain,
bruniture au pyrolignite,
petit cachou à 50° de chaleur sur la bruniture,
teinture avec bois d'Inde et savon.

Selon les emplois, les soies finies sont avivées pour toucher craquant, ou pour toucher mou, comme précédemment ; soit à l'avivage avec acide, huile émulsionnée et colle forte, pour toucher craquant, ou passage en sous-acétate de plomb et terrage, pour certains touchers mous.

De même que dans les soies fines, les rendements sont en raison des rouils fixés précédemment.

On peut également obtenir de beaux noirs sur floches en remplaçant le cachou ou l'extrait de châtaignier par la galle fine ou le dividivi ; dans ce cas, on traite les soies sur le bleu de Prusse, par un bain de dividivi, ordinairement, avec addition de sel d'étain, et l'on teint dessus avec un bain de bois d'Inde et de savon. On obtient ainsi des nuances plus rouges que les précédentes, mais dont le ton convient dans certains emplois. Quant à l'avivage désiré, on opère comme précédemment, selon le toucher.

§ 213. — SOIES A COUDRE.

Les soies noires pour soies à coudre constituent une branche très-intéressante de la teinture en noir. Longtemps Paris eut le monopole de ces teintures; mais peu à peu Lyon est arrivé à lui faire concurrence, et l'on peut dire qu'aujourd'hui ces deux villes se disputent sérieusement cette branche d'industrie.

Les noirs pour soies à coudre sont faits ordinairement avec des floches soie, quelquefois avec des cordonnets soie, et les qualités inférieures avec des floches et cordonnets fantaisie.

Les noirs pour soies à coudre sont aux noirs ordinaires, dans les grosses soies, ce que les noirs velours sont aux noirs fins dans les soies fines. Pour les exigences de la couture, on demande, aux soies noires à coudre, des soies à reflets bleus, à toucher doux, spécial, ce dernier facilitant le passage du fil, dans l'étoffe, dans les travaux de couture. Ces noirs, peu connus, sont l'apanage de quelques maisons spéciales de Paris et de Lyon, qui, tenant leurs procédés et tours de mains secrets, ont monopolisé ce genre de teinture. Ces noirs ayant un reflet bleu prononcé, ont reçu le nom de *noirs gros bleus*, ou *noirs d'Orient*. En général, on ne demande pas aux belles soies à coudre un grand rendement, 30 à 40 °/. suffisent ordinairement; mais dans certains cas on donne pour des soies inférieures des charges bien plus prononcées.

On peut obtenir de bons résultats comme soies à coudre, en *noirs bleus d'Orient*, en suivant le procédé suivant :

1° cuire au savon bouillant;

2° rouiller trois, quatre ou cinq fois et fixer les rouils comme sur les fines;

3° bleuter comme pour les fines;

4° engaller sur le bleu de Prusse à une température de 60 à 80° centigrades, six à huit heures, et terminer par une addition de sel d'étain dans le bain de galle (galle fine ou dividivi);

5° Passer sur un *pied de fer* spécial, pour soies à coudre, qui ne diffère du pied ordinaire que par la présence d'un sel de cuivre qui lui est additionné. Le passage au pied se fait à une température de 60 à 70° centigrades.

Les soies finies ayant été bien rincées sur chaque opération, avec battures, sont terrées, puis terminées avec un avivage à l'huile d'olive émulsionnée, *mais sans acide*, pour éviter le toucher craquant. Sonvent, pour les charger davantage et pour augmenter le toucher doux, on les passe dans un bain de sous-acétate de plomb. Enfin les soies à coudre sortant de chez le teinturier, avant d'être livrées à la consommation, subissent encore les opérations mécaniques du tordage et du pliage, pour achever de leur donner du lustre, et les mettre en petites flottes pour les couturières.

§ 214. — NOIRS SUR CORDONNETS SOIE.

Les cordonnets sont de grosses soies montées comme les floches, mais à trois ou quatre bouts. Tandis que les teintures des floches ne demandent souvent pas des rendements exagérés, les cordonnets, pour les effets de passementerie auxquels ils sont destinés, exigent de grandes charges, qui ont pour but, tout en chargeant le brin, de le gonfler et en même temps de l'arrondir. C'est d'ailleurs dans ces genres que les charges ont été exagérées jusqu'à obtenir des rendements de 250 à 350 °/₀, et alors les soies ainsi traitées, affaiblies et énervées, ont mérité à juste titre le surnom de *brûlées*, qu'elles ont dans les ateliers de teinture.

Les noirs sur cordonnets se divisent en :

noirs à la galle et au pied,

noirs fins sur cordonnets soie,

noirs pour soies à coudre. (Nous ne reviendrons pas sur cette dernière classe, qui se confond pour les résultats avec les floches à coudre).

§ 215. — NOIRS A LA GALLE ET AU PIED SUR CORDONNETS SOIE.

Ces noirs sont les plus importants de tous les noirs sur cordonnets, et sont faits par une série de passages alternatifs à la galle et au pied. Les cordonnets, comme les floches, sont cuits au savon bouillant ou à la soude caustique, à une température de 60 à 70° centigrades, puis ils subissent le premier engallage à une température modérée de 45 à 50° centigrades, avec 150 °/₀ d'extrait de châtaignier à 10° Beaumé; bien rincés avec batture sur ce premier engallage, ils subissent un premier pied à 60-70°, avec les précautions voulues, et cet engallage complet avec pied est réitéré jusqu'à six fois, selon le poids désiré. Les engallages tirant d'autant mieux que le numéro d'ordre avance, il est indispensable d'augmenter la quantité de châtaignier à chaque engallage, et le dernier engallage arrive à se faire avec 250 °/. environ d'extrait de châtaignier.

Deux engallages complets, nécessaires pour faire un beau noir, donnent environ un rendement de 50 °/., trois engallages 100 °/. et six engallages peuvent aller à 250 °/₀; la soie contient alors une énorme quantité de tannate d'oxyde de fer de 4/3. Les soies finies sont terminées, selon le toucher désiré, sur un bain d'avivage acide, comprenant en outre une émulsion d'huile d'olive, dont la quantité va jusqu'à 12 % dans les noirs très-chargés, avec addition de colle forte, si l'on désire un toucher ferme et craquant; mais si l'on veut un toucher mou, les soies sont terminées par un terrage et un passage en sous-acétate de plomb. Nous avons analysé dans le temps une soie *plombée*, contenant 100 % de sous-acétate de plomb, et nous avons constaté qu'avec les engallages elle devait être chargée à 350 %.

Ces noirs peuvent être améliorés dans leur teinte par un fond de bleu de Prusse sur deux ou trois rouils, mais seulement dans le cas où il s'agit de charges modérées, sinon la nuance du bleu de Prusse est absolument écrasée par la masse de matières fixées, surtout si l'on fait intervenir l'action du sel d'étain dans le premier engallage.

§ 216. — NOIRS FINS SUR CORDONNETS SOIE.

Ces noirs n'offrent rien de particulier sur ceux vus précédemment, § 212, sinon que l'on peut porter plus loin les charges, c'est-à-dire donner un plus grand nombre de rouils, afin d'obtenir un plus grand poids par les passages en cachou. De même que les noirs similaires sur floches, ils se terminent selon le toucher par un avivage acide pour toucher craquant ou un terrage et un passage en plomb pour toucher mou.

§ 217. — NOIRS SUR FANTAISIE.

Sous la dénomination de noirs sur fantaisie, nous comprenons non-seulement les noirs sur la fantaisie proprement dite, mais encore les noirs sur dérivés de la fantaisie, tels que noirs sur schappes, floches et cordonnets fantaisie. Ces divers noirs ont pris une extension considérable, et, comme les soies à coudre, ont été longtemps le monopole de Paris, aujourd'hui disputé et partagé par Lyon.

Avant d'aborder les noirs sur dérivés de la fantaisie, disons quelques mots des noirs sur fantaisie même.

La fantaisie proprement dite, comme on l'a vu chapitre II, page 70, provient des déchets de soie, et, montée comme une trame, s'emploie comme telle. Généralement on s'en sert avant teinture, pour l'obtention de tissus dits *foulards*, formés par une chaîne soie et une trame fantaisie, dont la teinture est du domaine de la teinture en pièce (chapitre XV), mais il arrive aussi qu'il soit utile de la teindre en flottes avant tissage.

La première opération consiste dans la cuite, qui s'opère par l'action du savon bouillant, 20 à 25 °/₀, et comme la matière soyeuse a déjà perdu 10 à 12 °/₀ de son grès dans les travaux du cardage, par le traitement des résidus de cocon, à l'eau bouillante qui, d'ailleurs, est indispensable pour désagréger ces déchets, les fantaisies perdent bien moins que les soies. Une fois cuites, on peut les considérer comme des soies fines ordinaires, et les teindre par les méthodes vues au chapitre XI, avec la différence qu'elles supportent moins bien les charges réitérées, qui d'ailleurs ont ici bien moins d'importance, la charge ayant surtout pour but d'abaisser le prix de la soie; or, celui de la fantaisie est ordinairement deux ou trois fois moindre.

Les noirs sur fantaisie proprement dite ressemblent donc aux noirs fins; les plus courants se font soit comme les noirs anglais, soit comme les noirs ordinaires au sel d'étain.

Les noirs anglais (chapitre XII, page 542) perdent de 10 à 12 °/₀, et les noirs au sel d'étain rendent en raison du nombre de rouils fixés. On passe rarement, pour des raisons de traitement, le nombre de trois à quatre rouils, et le rendement total de 40 à 50 °/₀.

Pour l'avivage, on observe les mêmes règles que pour les soies fines; quant au lustrage, il ne joue aucun rôle pour les fantaisies qui, à cause du duvet qu'elles ont toujours, sont l'objet, avant leur emploi dans le tissage, d'une opération spéciale dite gazage, déjà entrevue au chapitre II, page 71, et qui sera revue de nouveau à la fin de ce chapitre, page 608.

Outre les fantaisies pour trame, il y a les fantaisies montées comme grenadines, pouvant servir d'organsin, mais leur montage ne change absolument rien aux considérations précédentes.

§ 218. — NOIRS SUR SCHAPPES.

Les schappes (voir chapitre II, page 71) sont des fantaisies qui, montées à un seul bout, peuvent servir de trame; à deux ou plusieurs bouts, elles servent d'organsin. Elles ont une très-grande importance dans les articles de chaussure et dans la fabrication des lacets. Généralement on leur demande des tons noirs pleins, avec des rendements moyens; il y a trois types de noirs sur schappes, soit: les noirs légers, les noirs fins, et les noirs à la galle et au pied.

Noirs légers sur schappes.

Les schappes sont cuites, comme les fantaisies, dans un bain de savon bouillant, puis, rincées sur la cuite, elles sont finies comme un noir anglais (chap. XII, p. 542), c'est-à-dire qu'elles reçoivent :

une brunilure au bois d'Inde et au bois jaune, avec addition de couperose et de verdet;

une teinture avec savon et bois d'Inde.

Pour l'avivage, si l'on demande un toucher craquant, il faut aviver avec très-peu d'huile et un peu de jus de citron. Le toucher devant être mou, il faut terminer les schappes sur un terrage. Dans tous les cas, les schappes étant duveteuses, comme tout ce qui tient à la fantaisie, doivent être gazées avant leur emploi au tissage.

Noirs fins sur schappes.

Ces noirs se font comme sur soie fine, en débutant, sur les schappes cuites, par des rouils donnés identiquement comme pour les fines, bleutant de même, et terminant par le cachou, avec ou sans sel d'étain : un deuxième cachou, une bruniture au pyrolignite, un troisième cachou, puis une teinture au savon et au bois d'Inde ; tout dépend de la nuance que l'on veut obtenir. Mais, comme pour les fantaisies, la charge a moins d'importance que pour les soies fines, une charge de 40 à 50 °/$_o$ suffit ordinairement. Les observations, pour le toucher et le gazage, sont les mêmes que pour les noirs anglais sur schappes.

§ 219. — NOIRS A LA GALLE ET AU PIED SUR SCHAPPES.

Les noirs à la galle et au pied sur schappes se font comme les autres noirs à la galle et au pied vus précédemment. Les schappes cuites peuvent recevoir directement un engallage ; mais il convient mieux de leur donner plusieurs rouils ; selon le poids désiré, de bleuter sur ces rouils, et d'engaller sur le fond de bleu. L'engallage peut se faire avec l'extrait de châtaignier ; mais pour les nuances fines, il convient d'engaller avec une décoction de galle fine ou de dividivi. L'opération s'exécute comme toujours à une température de 45 à 50 °/$_o$ centigrades, et en faisant traîner plusieurs heures. Les schappes engallées sont ensuite terminées sur un pied à une température de 60 à 80°. Les pieds donnés pour les soies fines le sont à une température de 60°, mais pour les fantaisies et dérivés, on porte le pied à une température de 80°, si la force du brin le permet. L'effet de cette température élevée est de faire perdre du duvet, mais au détriment de la force. Encore une fois, les passages au pied, sauf ces questions de température, se font toujours de même, comme pour les soies écrues (chapitre XI, page 518).

Ordinairement on se contente d'un engallage et d'un pied pour terminer les schappes ayant reçu un fond de bleu, et le rendement peut atteindre jusqu'à 70, même 80 °/o, suivant le nombre de rouils.

Comme pour les noirs précédents, les schappes sont avivées à l'acide avec très-peu d'huile, si l'on veut un toucher craquant, et terminées sur un terrage si l'on veut un toucher mou.

Les nuances doivent toujours être, au sortir de la teinture, tenues plus rouges que l'échantillon, car le gazage les modifie, les jaunit, et si on les tenait dans le ton de l'échantillon, à la teinture, elles paraîtraient plus jaunes et passées après le gazage.

§ 220. — NOIRS SUR FLOCHES FANTAISIE.

Les noirs sur floches fantaisie ont le même but et disposent des mêmes moyens que les noirs sur floches soie. Leur emploi, par suite de la qualité de la matière première, est pour des usages plus communs : il s'en est fait un moment une production énorme, sous le nom de *filets*, ce genre étant employé pour retenir les cheveux des dames ; de là le nom de *filets*, synonyme de *résilles*, *invisibles*, etc.

On fait donc sur les floches fantaisie les mêmes noirs que sur les floches soie :

noirs à la galle et au pied,
noirs fins,
noirs pour soies à coudre.

La cuite des floches fantaisie diffère notamment de celle des floches soie, et s'opère de deux manières, soit à la soude caustique, *soit à la galle*. Elle mérite une attention toute particulière, car elle joue un grand rôle dans le traitement et le rendement, comme celle des cordonnets fantaisie, et offre les mêmes particularités. Nous les décrivons ensemble dans le paragraphe suivant.

§ 221. — CUITE DES FLOCHES ET CORDONNETS FANTAISIE.

1° Cuite à la soude caustique.

Les floches et cordonnets fantaisie sont presque toujours cuits à la soude caustique, avec ménagement ; les flottes, passées en bâtons, sont, comme il est dit page 88, chapitre III, lisées à une température de 60° environ, sur un bain faible à quelques centièmes de soude caustique, durant une demi-heure environ ; peu à peu elles perdent de leur couleur brune : de gommeuses elles deviennent, une fois cuites, sèches au toucher, et il faut éviter soigneusement une température trop élevée, une trop grande quantité de soude caustique et une trop longue durée. Les teinturiers emploient ordinairement la soude en plaques, qui offre plus de garanties pour la pureté et la régularité, à la dose de 3 à 6 %, selon le volume du bain, par rapport au poids de la soie.

Les fantaisies bien cuites, le bain est écarté au canal, et elles sont rincées avec soin ; une batture est indispensable pour bien les dégorger. Par la cuite à la soude caustique, elles perdent environ 10 à 12 %, à moins qu'elles ne soient fraudées; dans ce cas, elles perdent davantage.

Dans cette opération, non-seulement les fantaisies se cuisent, mais encore la soude caustique brûle le duvet inhérent à leur constitution physique, et c'est là le grand avantage de la soude caustique sur le savon; elle convient d'ailleurs à tous les genres de noirs possibles.

Néanmoins, quoiqu'elle convienne pour tous les genres de noirs, lorsqu'il s'agit de teintures pour soies à coudre, par rapport au traitement, qui demande à être ménagé le plus possible, il est préférable de cuire au savon, comme pour les floches et cordonnets soie, surtout s'ils sont faiblement montés. Dans tous les cas, après la cuite au savon, les matteaux veulent être encore plus soigneusement rincés que sur la soude caustique, à cause des savons métalliques qui pourraient se former dans l'intérieur du fil.

2° *Cuite à la galle.*

Autour de 1870, un progrès sérieux est venu, pour certains genres de noirs sur floches et cordonnets fantaisie, modifier leur teinture. Ce progrès a consisté dans la suppression de la cuite à la soude caustique, pour la remplacer par celle à l'extrait de châtaignier, dite cuite à la galle.

Pour cuire à la galle, il faut liser une demi-heure à une heure les floches et cordonnets fantaisie sur un bain d'acide gallique à 6° Beaumé et bouillant. Au bout de ce temps, les floches sont retirées avec une couleur marron, ayant un peu l'aspect qu'elles ont au sortir du premier engallage sur la cuite, et au lieu d'avoir perdu 12 % et plus, elles sortent ordinairement avec un rendement de 10 à 15 %; elles sont donc cuites et engallées tout à la fois.

Il est probable que l'expression de cuite est ici tout à fait impropre, et que l'extrait astringent bouillant agit, comme nous le verrons dans le chapitre suivant, pour l'assouplissage ; le duvet est d'ailleurs bien moins brûlé que dans la cuite à la soude caustique, mais en place le traitement est mieux ménagé. Il est évident que cette cuite, commençant par engaller la fibre soyeuse, ne peut convenir que pour les noirs anciens à la galle et au pied.

§ 222. — NOIRS A LA GALLE ET AU PIED SUR FLOCHES FANTAISIE.

Ces noirs, sauf la question de la cuite, se font sensiblement comme les noirs sur floches soie (pag. 211). Si les floches sont cuites à la soude caustique, elles reçoivent un premier engallage; si elles sont cuites à la galle, elles sont passées immédiatement au pied, à une température variable de 60 à 80°. On les termine également sur trois engallages complets avec pieds, suffisants pour donner le rendement de 70 à 80 et même 100 %; au-delà on compromettrait la force.

Sur le dernier pied, les floches bien rincées avec battures sont, selon les usages, avivées pour toucher craquant ou terrées pour toucher mou. L'avivage pour toucher craquant, est fait avec de l'acide chlorhydrique et 6 à 8 % d'huile émulsionnée à l'aide de la soude caustique, et de plus on ajoute toujours une quantité assez forte de colle forte, 6 %, dont le but est de donner de la force en collant les brins qui tendent à s'écarter, par suite des nombreuses manipulations mécaniques subies.

Après un terrage indispensable pour les touchers doux, on avive quelquefois avec une simple émulsion d'huile, sans acide; l'huile est d'ailleurs presque indispensable pour donner du brillant à ces noirs. On est aussi dans l'habitude de passer ces soies dans un bain de sous-acétate de plomb, pour obtenir des surcharges énormes et un toucher très-mou, comme il a été dit en parlant des cordonnets (voir page 584).

De même que pour les noirs à la galle et au pied sur floches soie, on peut améliorer la beauté du noir, en donnant un fond de bleu de prusse, sur deux rouils ordinairement. Le rouil, au lieu d'être fixé par un savon bouillant, l'est par un passage en soude caustique, et le bleutage s'effectue à une température de 40 à 45 °/. en laissant traîner un peu.

§ 223. — NOIRS FINS SUR FLOCHES FANTAISIE, FLOCHES FANTAISIE POUR SOIES A COUDRE.

Comme les noirs précédents, ces noirs n'offrent dans leur obtention, avec ceux vus précédemment (pag. 512), que des différences de détails inhérents à la différence de matières. Les noirs fins et les soies à coudre sur floches fantaisie, toujours plus communs que sur floches soie, sont également pour des usages plus ordinaires. Pour arriver aux mêmes nuances que pour les floches soie, il faut tenir compte de l'opération du gazage, qui ne se pratique pas pour celles-ci.

Une règle générale, c'est que si les floches ont été cuites à la soude caustique, il faut éviter l'emploi du savon pour les fixages de rouils, et ne l'employer strictement que là où l'on ne peut s'en passer, comme pour les teintures au bois d'Inde, et si elles ont été cuites au savon, il faut toujours continuer par le savon.

§ 224. — NOIRS SUR CORDONNETS FANTAISIE.

Les noirs sur cordonnets fantaisie nous offrent les mêmes exemples de teinture que sur les cordonnets soie, et, comme dans ceux-ci, l'on peut dire que la charge a atteint son maximum, et, ainsi que nous l'avons fait remarquer page 582, on a outrepassé les limites d'une charge rationnelle. Les effets désirés dans la teinture des cordonnets fantaisie sont les mêmes que pour ceux en soie, et tout en chargeant le brin, il faut l'arrondir, et de flasque qu'il est à son entrée en teinture, il faut le rendre gonflé, dur, ferme et *pesant*, imitant la torsade et tombant naturellement, qualité très-appréciée pour les franges surtout. Les mêmes rendements de 250 à 350 %, indiqués page 582, peuvent s'obtenir sur les cordonnets fantaisie, mais les mêmes inconvénients se présentent, et ces genres de teinture prennent aussi le nom de *brûlées*.

Je ferai observer en parlant de ces genres que le poids proprement dit a plus d'importance que dans les fines; dans celles-ci, en effet, la charge a surtout pour but de garnir la fibre, de la gonfler et, à la rigueur, si l'on pouvait obtenir ce résultat sans la charger de sels métalliques, cela ne vaudrait que mieux; tandis que dans les cordonnets, pour franges surtout, il est indispensable qu'ils aient une certaine densité pour les faire retomber.

Pour la cuite, on l'a vu, les cordonnets fantaisie peuvent se cuire, soit à la soude caustique, soit à la galle, et quant aux teintures possibles, comme pour les articles similaires en soie, on peut les distinguer en trois classes, soit :

les noirs au pied et à la galle,
les noirs fins,
les noirs pour soie à coudre.

§ 225. — NOIRS AU PIED ET A LA GALLE SUR CORDONNETS FANTAISIE.

Ces noirs ressemblent, pour les moyens d'obtention, à tous les noirs au pied et à la galle vus précédemment ; néanmoins, comme ils représentent la plus haute expression de la charge, nous allons décrire avec soin un noir à 250 %, opérations par opérations.

La cuite peut s'effectuer à volonté à la soude caustique ou à la galle. Si l'on cuit à la galle, on peut considérer cette opération comme premier engallage ; de plus, le bain de cuite n'étant ni épuisé, ni tourné, on le conserve, et avec une addition de gallique frais il servira pour un deuxième engallage. Si le cordonnet a été cuit à la soude caustique, les matteaux, bien rincés sur la cuite avec une batture et diablés fort, sont prêts à suivre sur un premier engallage.

Premier engallage.

Les matteaux mis en bâtons sont lisés avec soin, durant cinq heures, sur un bain monté avec 150 % de leur poids de gallique à 10° Beaumé et à 45°-50° centigrades. Au bout de ce temps, le bain est épuisé en partie, mais n'est pas tourné ; en le reponchonnant, il peut servir comme le bain de cuite à la galle pour un deuxième engallage.

Les matteaux sortant de la cuite à la galle, ou du premier engallage, sont rincés à grande eau et reçoivent deux battures, puis ils sont diablés fort, pour suivre sur les pieds.

Premier pied.

Pour ce premier pied, les cordonnets ayant encore toute leur force, on peut élever la température à 80 %, afin de brûler le duvet.

Le passage se fait en deux fois avec aérage chaque fois sur les vergues. Après le dernier aérage, les matteaux sont diablés fort pour recueillir l'excès de pied, puis ils sont rincés à grande eau avec deux battures, et diablés fort. Le rendement est encore faible, environ 20 °/o, et le brin n'a pas changé de tournure; comme nuance, il est devenu noir pâle.

Deuxième engallage.

Il peut se faire en ajoutant 100 °/o de gallique à 10° Beaumé au bain de cuite, c'est-à-dire au premier bain d'engallage des cordonnets cuits à la soude, les matteaux sont lisés sur le bain à une température de 45 à 50° maintenue par des réchauffages, durant 4 à 5 heures. Le brin prend, comme sur tous les engallages, un ton plus gris; en même temps, il se gonfle un peu. L'engallage étant terminé, le bain complètement décomposé et boueux comme de l'encre, est vidé au canal, et les matteaux sont rincés avec deux battures et diablés fort pour aller sur le deuxième pied. Dans ce deuxième engallage, le poids pris est supérieur à celui du premier; il ira d'ailleurs toujours crescendo. Ce sont les engallages de la fin qui tirent le mieux, par conséquent il faut augmenter la quantité de gallique à chaque engallage.

Deuxième pied.

Ce deuxième pied peut encore se donner comme le premier à une température supérieure à 70°, soit à 75° ou 80° centigrades, pour brûler le duvet; il se donne d'ailleurs identiquement comme le premier, ainsi que le rinçage. Les cordonnets ont pris une teinte noire plus prononcée, le brin s'est un peu gonflé, mais ne s'arrondit pas encore. Quant au rendement, il peut arriver à 60 ou 70 °/o sur ce deuxième engallage et pied.

Troisième engallage.

Cet engallage se donne avec 200 °/₀ de gallique à 10° Beaumé à la même température et dans les mêmes conditions que les précédents. Au bout de cinq ou six heures, le bain étant tourné complètement est écarté au canal, les soies sont rincées avec trois battures, et diablées fort pour suivre sur le troisième pied.

Troisième pied.

Ce pied se donne comme les précédents, mais comme le brin commence à se gonfler et perdre de sa force, il est bon de ne pas passer 70° de chaleur. Sur ce pied, les matteaux après le rinçage, avec trois battures, ont pris dans des conditions normales jusqu'à 120 ou 130 °/₀, et peuvent être finis pour des emplois n'exigeant pas un grain tout à fait arrondi et gonflé.

Quatrième engallage.

Cet engallage ressemble aux précédents; il se donne avec 200 °/₀ de gallique, les cordonnets commencent à s'arrondir et à gonfler fortement. L'engallage fait dans les conditions des précédents terminé, les matteaux sont rincés avec trois battures, diablés fort, pour suivre sur le quatrième pied.

Quatrième pied.

Ce pied se donne comme le précédent, mais il est prudent de tenir la température à 65° centigrades. Les soies dans ces conditions, si tout a bien marché, rendant 170-180 °/₀ et même quelquefois 200, il est bon de les arrêter là, mais la charge a été poussée encore plus loin, au détriment de la qualité.

Cinquième engallage.

Cet engallage est celui qui donne le plus de rendement et doit se faire avec 250 °/₀ de gallique à 10° Beaumé. Au sortir de ce bain, le brin est tout à fait arrondi et plein ; il faut comme précédemment lui donner un bon rinçage avec trois battures.

Cinquième pied.

Ce pied qui est le dernier, doit se donner avec modération, à une température de 55° à 60° centigrades, les cordonnets commençant à être maltraités par tous ces traitements. Sur le dernier pied, qui doit finir la nuance, il est bon de faire trois aérages sur les vergues au lieu de deux. Enfin les matteaux étant rincés avec trois battures, diablés fort, le brin qui a pris un rendement allant dans les conditions normales à 250 °/₀, fortement gonflé et faisant la torsade, est prêt à subir les opérations d'avivage ou d'adoucissage : avivage pour toucher craquant, adoucissage pour toucher mou.

Avivage pour toucher craquant.

Il rentre dans les avivages acides. L'acide employé est l'acide chlorydrique, avec 10 à 12 °/₀ d'huile émulsionnée. Une assez grande quantité d'huile est indispensable, car c'est à cette huile émulsionnée que les cordonnets devront de prendre un aspect brillant, sinon, avec cette forte charge fixée moitié chimiquement, moitié mécaniquement, ils *poudreraient* par le séchage et seraient ternes.

Dans le bain d'avivage, on ajoute également 6 à 8 °/₀ de gélatine ou colle forte, pour donner de la force et coller le duvet. Le bain d'avivage étant tiède, l'acide chlorhydrique, puis la colle, sont bien mêlés et enfin l'huile émulsionnée est ajoutée, et les matteaux tout prêts en bâtons sur des grilles sont abattus et lisés vivement pendant un quart d'heure.

Les cordonnets finis sont diablés forts, séchés avec précaution et surtout emballés par petites quantités, car avec cette masse d'huile et de fer fixés sur la fibre, ils fermentent facilement, s'échauffent et prennent feu; on doit à cette cause de nombreux incendies : un moment même les Compagnies de chemins de fer ont dû imposer des conditions spéciales d'emballage pour ces genres de soies teintes.

Avivage pour toucher doux.

Souvent, au lieu du toucher craquant, on réclame un toucher doux et moelleux. Dans ce cas, les soies sur le rinçage du dernier pied subissent l'opération du terrage (voir page 601), puis un avivage à l'huile émulsionnée, sans acide et sans colle. Quelquefois même on donne encore un passage au plomb (voir page 602), afin d'augmenter encore le rendement.

Noirs à la galle et au pied sur fond de bleu.

Ces noirs à la galle et au pied, sur fond de bleu, ont déjà été étudiés plusieurs fois; ordinairement, dans ce cas, on donne un fond de bleu avec deux rouils fixés à la soude caustique, puis l'on engalle sur le bleu avec ou sans sel d'étain pour le premier engallage. Comme il a été déjà dit plusieurs fois, le fond de bleu a de l'importance pour la nuance finale, si l'on ne dépasse pas une charge modérée, trois engallages et trois pieds, mais il n'en a plus dans les charges exagérées à quatre ou cinq engallages et pieds.

Noirs à la galle et au pied, bleutés à la fin.

Dans les noirs ainsi faits, il y a une masse de fer, sous forme de tannate magnétique. Si l'on manœuvre une soie ainsi faite sur un bain tiède de prussiate jaune ou rouge non acidulé, il y a réaction entre le prussiate du bain et le fer fixé sur la soie; il se forme du bleu de Prusse en grande quantité, malheureusement la nuance, modifiée dans un sens très-heureux, verge ou marbre beaucoup. Pour mener à bien ce perfectionnement, il faut opérer sur l'avant-dernier engallage; les marbrures sont alors couvertes par ce dernier engallage. Il reste néanmoins encore un inconvénient très-grave : les soies sèches poudrent facilement.

Ce perfectionnement, assez récent, s'applique d'ailleurs aux articles vus précédemment teints par des passages en engallages et pieds.

§ 226. — NOIRS FINS, NOIRS POUR SOIES A COUDRE SUR CORDONNETS FANTAISIE.

Ces noirs offrent les mêmes difficultés que leurs similaires sur floches fantaisies; en plus, on leur demande toujours une plus grande charge.

En dehors des noirs que nous avons vus pour floches, on peut faire un noir fin assez joli sur cordonnets fantaisie, en suivant la marche suivante :

cuire à la soude caustique;
rouiller deux ou trois fois, et fixer les rouils à la soude caustique;
bleuter;
cachouter avec ou sans sel d'étain;
teindre avec bois d'Inde et savon,

et terminer par plusieurs engallages et pieds successifs, selon les poids que l'on désire.

Les conditions d'avivage restent les mêmes que pour les noirs précédents, ainsi que les conditions de lavage, qui doivent toujours s'exécuter avec le plus grand soin.

§ 227. — AVIVAGE DES GROSSES SOIES ET FANTAISIES EN GÉNÉRAL.

Quoique les avivages aient été vus en particulier, on ne saurait trop insister sur cette opération, qui diffère sensiblement de celle pour les soies fines. Les avivages se divisent en deux grandes catégories, comme on l'a vu :

les avivages pour toucher craquant,

les avivages pour toucher mou.

Les avivages pour toucher craquant se divisent eux-mêmes en deux classes : les avivages craquants pour noirs fins, c'est-à-dire ceux terminés au bois d'Inde, et ceux pour les noirs à la galle et au pied.

Les avivages craquants pour les noirs fins doivent être faiblement acides, et de préférence à l'acide acétique, l'acide chlorhydrique faisant toujours un peu jaunir les couleurs de campêche.

Les avivages craquants pour les noirs à la galle et au pied sont faits, au contraire, à l'acide chlorhydrique ; le bain doit avoir un goût faiblement acidulé ; non-seulement l'acide chlorhydrique convient mieux pour donner un bon toucher, mais en même temps il dépouille toujours les soies d'un peu de tannate de fer magnétique, déposé mécaniquement, et ayant échappé aux avages.

La quantité d'huile émulsionnée va en augmentant selon les charges ; elle peut varier de 6 à 8 et même 12 %. Comme on l'a vu, l'émulsion se fait à l'aide de la soude caustique ; il faut choisir de préférence, pour ces soies et fantaisies, des huiles dites *ournantes*, c'est-à-dire faisant facilement l'émulsion avec les solutions alcalines, malheureusement c'est souvent au détriment de la qualité et de la bonne odeur,

Enfin, pour terminer les avivages craquants, la gélatine ou

colle forte (celle des menuisiers convient très-bien) joue un grand rôle dans les fantaisies chargées, dont elle soude les brins, et auxquelles elle donne de la rigidité, qualité demandée.

Les avivages pour touchers mous se font simplement en passant les soies finies sur un bain additionné d'une émulsion d'huile, mais non acide. L'huile a pour but de donner le brillant, toujours altéré dans les grandes charges, surtout celles par engallages et pieds successifs. La quantité d'huile, comme pour les précédents, va en augmentant avec la charge.

Pour achever de donner le toucher mou, on donne le *terrage*, et quelquefois un passage en plomb, objets des deux paragraphes suivants.

§ 228. — TERRAGE DES SOIES ET FANTAISIES.

Cette opération, dont nous avons parlé à plusieurs reprises, se pratique principalement pour les soies et fantaisies fortement montées, surtout pour celles destinées à la couture; elle a pour but de leur donner une douceur et une mollesse, dans le genre de celles données aux soies fines pour la moire antique par l'avivage aux deux huiles.

Ces résultats s'obtiennent à l'aide d'une terre argileuse spéciale, dite *terre anglaise*, espèce de terre à foulon que l'on délaye très-soigneusement, de manière à former avec de l'eau une bouillie claire et sans grumeaux. Les matteaux, diablés fort sur la dernière opération, sont passés un à un, et sont pour ainsi dire pétris quelques minutes dans le bain d'argile, puis ils sont tordus à la main, voltés et mis en tas dans une couverture. On les abandonne ainsi quelques heures, on peut même les laisser passer une nuit sans crainte sur le terrage, puis on les rince avec beaucoup de soin, à grande eau courante, pour les dégorger de la terre; si sur ce rinçage ils ne gardent pas un toucher convenable, on recommence un deuxième terrage. Diablés forts, les matteaux vont ordinairement au séchage, mais quelquefois on leur fait encore subir l'opération du passage en plomb.

§ 229. — CHARGE AU PLOMB.

Cette opération, qui n'est pas sans offrir quelques dangers par l'emploi d'un sel éminemment toxique, le sous-acétate de plomb, a pour but principal, disons-le, de donner une charge exagérée et facile spécialement aux grosses soies et fantaisies. Excepté pour les soies et fantaisies à coudre, où la présence d'une quantité modérée de plomb convient pour achever de donner de la douceur et en même temps une nuance bleuâtre spéciale qui convient pour ces genres de soies, le passage en plomb est une des plus mauvaises opérations de la teinture.

Le bain de sel de plomb titre ordinairement de 5 à 10° Beaumé et se monte en faisant dissoudre du pyrolignite de plomb ou de l'acétate de plomb; ces deux sels sont de même nature, sauf la pureté qui est plus grande dans le deuxième. Dans la dissolution bouillante, on fait dissoudre de la litharge en paillettes, ou oxyde de plomb, jusqu'à refus, de manière à former un sous-acétate aussi basique que possible. Le bain étant ainsi monté, les soies finies que l'on passera dessus, par la grande quantité de matières astringentes qu'elles contiennent, attireront l'excès d'oxyde de plomb, du sous-sel, dont elles se satureront; en même temps le bain s'appauvrira en oxyde de plomb, et pour le maintenir, il est indispensable de tenir au fond de la barque une certaine quantité de litharge et de remuer fréquemment le bain ; et de plus, comme à chaque passage de parties, les soies emportent une certaine quantité du bain, il faut également additionner de temps en temps le bain d'acétate ou de pyrolignite de plomb.

Plus les soies ou fantaisies auront été chargées, et surtout par des engallages et pieds successifs, plus le sel employé sera basique, et plus elles prendront du poids, jusqu'à 100 %.

Page 584, nous avons cité l'analyse d'une flotte de cordonnets, faite par nous, contenant 100 % d'oxyde de plomb et 250 % de charge par les engallages; ce cordonnet était donc chargé à 350 %, c'est-à-dire qu'un kilogramme avait rendu fini 4 k. 500. C'est par des charges pareilles que l'on arrivera sûrement à tuer les genres chargés.

Au sortir du passage en plomb, les soies reçoivent un léger rinçage; souvent elles sont poudreuses après dessication, il faut alors leur redonner un certain brillant en les passant dans un avivage à l'huile et sans acide.

Les soies et fantaisies ainsi traitées, offrent des dangers d'intoxication d'autant plus grands pour les personnes qui les emploient, que malheureusement cette opération n'est jamais déclarée, et constitue, la plupart du temps, une tromperie; aussi est-il arrivé de fréquents accidents, à une époque surtout où elle se pratiquait beaucoup plus que maintenant.

§ 230. — DU CHOIX DES EAUX EMPLOYÉES.

C'est dans les teintures décrites dans ce chapitre que le choix des eaux a une importance capitale, dans les noirs par galle et pied surtout. Les eaux calcaires sont d'une nécessité pour ainsi dire absolue, et c'est pour avoir voulu employer des eaux douces et granitiques, que plusieurs maisons ont échoué dans ces genres, réclamant impérieusement la présence du bicarbonate de chaux, pour fixer les combinaisons de tannins et de fer, agglomérées sur le brin de soie. Avec des eaux calcaires, telles que celles de la Saône et du Rhône à Lyon, la Seine à Paris, les noirs par engallages et pieds arrivent aux rendements voulus par les opérations indiquées précédemment avec une régularité presque mathématique; mais il n'en est pas de même avec les eaux douces, telles que celles du *Furand* à St-Etienne, et du *Doux* à Tournon. Si l'on opère avec ces eaux, l'on est pris entre deux échecs très-graves que nous avons vus par expérience : ou l'on rince convenablement pour le toucher, le brillant, etc., dans ce cas les eaux enlèvent toute la charge, ou l'on rince peu pour garder la charge, dans ce cas les soies gardent leur poids, mais deviennent ternes et poudreuses. Une teinture placée dans de bonnes conditions pour ces genres devrait avoir à sa disposition des eaux granitiques et douces pour les rinçages sur les engallages, et des eaux calcaires pour les rinçages sur les pieds de fer. Avec des eaux exclusivement douces, il peut même arriver que sur un engallage on obtienne moins de poids qu'avec le précédent ; dans tous les cas, dans des opérations bien menées, on peut compter sur des rendements de 25 à 30 °/ₒ plus faibles qu'avec les eaux calcaires.

§ 231. — DU BATTAGE DES SOIES.

A diverses reprises, nous avons parlé du lavage des soies avec *battures* : ce lavage, qui ne s'emploie à peu près que pour les soies et fantaisies fortement montées, a pour but de les dépouiller à fond des matières déposées mécaniquement, et qui pourraient rester dans l'intérieur des brins à la faveur du montage spécial pour ces genres.

Le battage joue donc un rôle très-sérieux et est indispensable pour ces genres ; il constitue la partie la plus considérable de la main-d'œuvre dans la teinture des grosses, et l'on peut dire que dix ouvriers placés aux barques pour teindre, en occupent cent au lavoir.

Le battage comme le lavage peut s'effectuer à la main ou à la mécanique; dans les deux cas, il demande de grandes masses d'eaux, et la règle pour les deux, c'est de cesser le battage lorsque les matteaux ne dégorgent plus sensiblement dans l'eau. Ceci dit, nous allons successivement décrire le battage à la main et à la mécanique.

Battage des grosses à la main.

Ce battage s'effectue encore de nos jours comme il s'effectuait le siècle dernier, et dans les ateliers bien outillés, il nécessite, au milieu de l'atelier, la présence d'un lavoir où de grandes quantités d'eaux peuvent circuler, soit naturellement, soit à l'aide de pompes. Ordinairement ces lavoirs, comme tous les lavoirs de teinture, doivent être divisés en deux parties d'égales longueurs, une partie supérieure et une partie inférieure. Les eaux arrivent naturellement à la partie supérieure, et après avoir coulé sur un plan horizontal, durant une longueur variable depuis un mètre jusqu'à vingt-cinq mètres, selon l'importance des ateliers, sautent sur un petit barrage transversal, pour entrer dans la partie inférieure du réservoir, d'où elles s'échappent ensuite sur un deuxième barrage pour s'écouler au canal. Les barrages sont établis pour maintenir un fond d'eau de 0m30 dans chaque partie; ils sont munis à la partie inférieure d'une soupape qu'on ouvre sur chaque changement de rinçage, pour permettre de vider le lavoir à fond, et le nettoyer au besoin.

La largeur d'un lavoir est d'environ un mètre, et de chaque

côté longitudinal il est bordé d'un parapet en bois ou mieux en pierre polie, dans le genre du calcaire lithographique. Ces parapets, d'une hauteur de 0m70, sont inclinés, de manière à ce que la section d'un lavoir présente la forme d'un trapèze, dont la petite base représente le fond. A un mètre de chaque bande du lavoir, sont des bancs sur lesquels sont déposées les parties à laver.

La règle générale est de ne jamais laver, dans un lavoir, que des soies ayant subi les mêmes opérations, et de plus, dans un travail bien compris, il faut commencer le lavage et battage à la partie inférieure, pour le terminer dans la partie supérieure.

Lorsque le lavage et battage s'effectue, comme dans beaucoup de cas à Lyon, dans des bateaux dits *plattes*, flottant dans une grande masse d'eau courante, ces précautions ont moins d'importance, à cause de la masse d'eau; néanmoins il convient encore de laver les soies de mêmes opérations, sur les mêmes bandes du bateau.

Pour laver et battre les soies et fantaisies montées, l'ouvrier prend, selon l'importance des matteaux, ou mieux selon le degré de la charge, un ou deux matteaux, qu'il rince soigneusement en bien étalant le matteau dans l'eau; puis il l'exprime entre les mains, et le prenant d'une main par une extrémité, il le laisse retomber avec force sur la bande qui est devant lui et répète cette opération dix fois, puis il fait changer le matteau de place. Après trois changements, il a exécuté l'opération dite *batture*, et le matteau dégorge alors de nouveau fortement dans l'eau. Quelquefois une ou deux battures suffisent, mais souvent il est indispensable d'en donner trois et même quatre; le travail est d'ailleurs guidé par le rinçage après chaque batture. Dans un lavoir, tout doit se faire de manière à ce que tous les laveurs d'une bande marchent à l'unisson, c'est-à-dire, lavent et battent de la même main, et laissent également retomber les matteaux en cadence, ce qui ne laisse pas de produire un certain bruit assourdissant. Les soies étant lavées et battues convenablement, sont voltées et diablées fortement, afin de pouvoir suivre les opérations ultérieures; d'un bon lavage et de bonnes battures dépend en grande partie la réussite du travail. Si l'on pèche par un manque, le rendement de poids s'obtient plus vite, mais en même temps on s'expose à avoir des flottes ternes et poudreuses; si, au contraire, on bat trop, la charge peut partir en grande partie, comme on l'a dit précédemment.

Du battage à la mécanique.

Diverses machines à battre ont été proposées, mais l'emploi s'en est moins répandu que pour les machines ordinaires à laver.

La plus simple, à notre avis, et celle qui imite le mieux la main de l'homme, est représentée par une machine à laver, du genre de Berthaut (vue chapitre VI, page 216), à laquelle une addition a été faite, et qui consiste en deux lames horizontales, dont l'une passe dans le matteau à la partie supérieure, et l'autre au-dessus; pendant le rinçage, le matteau, comme dans les machines Berthaud, est entraîné horizontalement, et les deux plaques sont légèrement écartées, pour ne pas gêner le mouvement; un tuyau percillé de trous, parallèle aux deux cylindres et aux plaques, déverse constamment de l'eau pour le rinçage. A chaque tiers d'évolution du matteau, sur les cylindres, il y a arrêt dans la rotation, et alors le plateau supérieur, soulevé par un taquet, retombe avec force sur la partie du matteau comprise entre les deux plaques, poussé par la détente d'un ressort qui se comprime, durant son élévation, puis les cylindres reprennent leur mouvement de rotation. Ce qui caractérise cette machine à laver et battre, qui imite le mieux la main de l'homme, c'est que les mouvements sont combinés de manière à ce que celui de rotation s'arrête durant le battage, pour reprendre après. L'ouvrier dirigeant ces appareils se guide d'ailleurs sur les eaux qui s'écoulent des laveuses pour arrêter les opérations. Relativement, cette machine demande moins d'eau que le lavage à la main.

Diverses laveuses et batteuses ont été construites sur le même principe ; d'autres genres, tels que les *foulons*, ont donné, dans quelques cas, de bons résultats, à la condition de mettre les matteaux dans des sacs, dont il se fait une grande consommation. La roue à laver ou *Wash-Weel* des Anglais a été également essayée, mais elle demande les mêmes précautions que pour l'emploi du foulon, c'est-à-dire la mise en sacs ; de plus, ces deux systèmes ont le grand inconvénient d'embrouiller les fils, et de faire de nombreux bouts. Il est à souhaiter cependant que les laveuses et batteuses mécaniques réalisent tous les progrès voulus, car de toutes les opérations de la teinture, le lavage avec battage est le plus pénible pour l'ouvrier.

§ 232. — DU GAZAGE ET GLAÇAGE DES FANTAISIES ET DÉRIVÉS FANTAISIE. — DU CHEVILLAGE ET PLIAGE DES SOIES ET FANTAISIES FORTEMENT MONTÉES.

Au chapitre II, page 72, j'ai déjà parlé du gazage des fantaisies et dérivés fantaisie fortement montés, comme indispensable pour brûler le duvet inhérent à ce genre de soie et leur donner un brillant analogue aux produits filés et non cardés.

Dans les noirs, comme dans les couleurs foncées, le gazage termine la filière des opérations, le changement de nuance qu'elle amène n'ayant plus la même importance, comme pour les blancs et les couleurs claires où il précède la teinture.

Le principe, comme on l'a vu, consiste, dans les procédés modernes, à passer rapidement le brin à gazer au travers d'une flamme de gaz; autrefois on employait de petites lampes à alcool.

Pour faciliter l'entraînement, les matteaux rendus par le teinturier sont dévidés sur des bobines, puis ils sont redévidés une seconde fois sur de nouvelles bobines, et c'est dans l'intervalle d'une bobine à une autre que le brin est flambé, grillé ou gazé. Un ouvrier gazeur peut conduire un assez grand nombre de brins se gazant ensemble; pour cela, les bobines sont disposées sur deux lignes parallèles, au nombre de vingt ou trente sur chaque ligne. La première ligne comprend celles non gazées, et la seconde celles gazées, qui sont animées par une transmission mécanique d'un mouvement de rotation convenable, et c'est entre ces deux lignes parallèles que se trouve, sur une troisième ligne parallèle aux deux premières, les becs de gaz correspondant aux fils.

Au début, l'ouvrier prend le fil qu'il tient par côté de la flamme, puis avec un peu de salive il le colle sur la bobine d'enroulement, et l'abandonne en le laissant retomber sur la flamme du gaz. Comme la régularité des bobines d'enroulement exige de la part du fil un certain mouvement de va et vient dans le sens de la longueur, qui ferait vaciller le fil dans la flamme, celle-ci est comprise entre deux guides fixes qui forment avec elle une ligne droite perpendiculaire aux parallèles, et ce n'est qu'après le deuxième guide et avant l'enroulement que le fil subit le mouvement de va et vient, nécessaire pour la régularité des bobines, de la part d'un troisième guide mobile.

Les fantaisies fines, les schappes, destinées à des articles de tissage sortant du gazage, sont finies et peuvent, celles destinées à la chaîne, être ourdies, et celles destinées à la trame, être mises en canettes pour les besoins du tisseur ; mais celles qui sont fortement montées, comme les floches et les cordonnets, doivent subir une nouvelle opération mécanique, dite chevillage, pour achever de leur donner tout le lustre désirable, et pour cela elles doivent être de nouveau mises en flottes.

Du glaçage.

Le gazage offrant de grands inconvénients, entre autres celui de jaunir les nuances, a été remplacé depuis quelque six ans par le *glaçage*, opération analogue à celle du glaçage des cotons.

Elle consiste à passer les fils disposés sur des bobines, comme précédemment, et appelés sur d'autres, au travers d'une solution de gomme. Avant l'enroulement, les brins passent sur un cylindre chauffé à son intérieur à la vapeur ou au gaz, afin de les sécher et de les lustrer. Cette méthode donne des résultats supérieurs à la première, et il faut croire que son emploi se répandra de plus en plus.

Du chevillage.

Cette opération, purement mécanique, qu'il ne faut pas confondre avec le chevillage des souples, se pratique pour les soies et fantaisies fortement montées ; elle leur donne un très-grand lustre et est indispensable pour les articles destinés à la couture.

Pour la pratiquer : sur une cheville mobile, fixée à volonté dans un bâtis comme les chevilles fixes des ateliers de teinture, l'ouvrier développe un matteau, et à l'aide d'un chevillon il opère une torsion spéciale dite *en boudin ;* arrivé au dernier degré de cette torsion, il engage une extrémité du chevillon sous la cheville, de manière à ce que la forte torsion donnée au matteau ne puisse se défaire, puis il emporte le tout dans un coin de l'atelier, et l'abandonne un certain nombre d'heures. Pour un même matteau, il réitère quelquefois ces opérations durant dix à quinze jours, en ayant soin à chaque nouvelle torsion de faire courir le matteau sur la cheville, pour ne pas toujours tordre les mêmes endroits.

Les soies et fantaisies chevillées destinées à la couture vont ensuite au *pliage*, qui n'est autre chose que la mise en petites flottes, de longueurs et poids connus, pour la facilité de la vente au détail.

CHAPITRE XIV

PREMIÈRE PARTIE

SOMMAIRE. — Des noirs souples. — Du rouillage et bleutage des soies pour souples. — Assouplissage sur le bleu, des divers tannins employés, assouplissage avec addition du sel d'étain. — Noirs souples terminés, à la galle et au pied, dits souples gros noirs. — Noirs souples précédents terminés par un bleutage. — Noirs souples fins terminés avec l'aide du bois d'Inde. — Noirs souples terminés avec l'aide des violets d'aniline. — Avivage et chevillage des noirs souples.

§ 233. — DES NOIRS SOUPLES.

Ces noirs qui, ainsi qu'on l'a vu, se font surtout sur la trame, sont d'invention toute moderne, et datent à peine de quarante ans. D'un emploi timide au début, ils ont pris aujourd'hui une importance considérable, et les ateliers de St-Chamond, qui, par suite de l'excellence de leurs eaux douces, ont pour ainsi dire monopolisé ces genres, ont pris aujourd'hui une très-grande extension, rivalisant par leur grandeur avec ceux pour noirs cuits et crus de Lyon. Ce progrès dans l'application de ces noirs, il faut bien le dire, tient à leur grande amélioration, qui leur permet aujourd'hui de rivaliser, pour la beauté, avec les noirs cuits, tout en offrant de plus grandes facilités pour la charge, fait capital quand on parle de soie teinte en noir.

On a vu que dans les couleurs souples, généralement l'assouplissage était, comme la cuite, une opération précédant la teinture;

pour les noirs, elle fait partie du procédé suivi, et doit être décrite avec.

Les noirs souples commencent aujourd'hui tous de même et débutent comme les noirs écrus bleutés. L'opération du rouillage et du bleutage a une importance capitale, et c'est pour cela que j'y consacre un paragraphe spécial. Pour terminer celui-ci, disons que la teinture en noir souple doit tendre à conserver à la soie *tout son grès*, tout en lui donnant les qualités d'un noir cuit, comme beauté de nuance et de brillant (voir assouplissage, p. 110); tandis que dans les teintures en couleurs souples, une partie du grès est perdue.

§ 234. — DU ROUILLAGE ET BLEUTAGE DES SOIES ÉCRUES POUR NOIRS SOUPLES.

Ces opérations qui s'effectuent sur les soies écrues ont été déjà décrites chapitre VI, pages 209 et suivantes, et si j'y reviens ici, c'est seulement pour appeler fortement l'attention du lecteur sur elles. D'un bon rouillage suivi d'un bleutage dépend, en effet, la réussite comme poids; il faut employer pour les rouillages, des rouils bien plus neutres que pour les soies cuites, en vertu de la différence qu'il y a entre le mode de prise du fer pour les soies cuites et crues, ainsi qu'on l'a vu page 213, paragr. 75. L'oxyde de fer étant absorbé par voie d'affinité par le grès de la soie, le bain de rouillage tend constamment à devenir acide, surtout en présence des masses de soies qu'on y passe journellement, ce qui n'aurait pas lieu avec les soies cuites, qui s'imbibent uniformément de bain, et malgré l'emploi de rouils aussi basiques que possible, plus riches en fer que ceux répondant à la formule que j'ai donnée page 205, soit : $2\ F^2O^3, 5\ SO^3$, il faut jeter de temps en temps les barques de rouils pour les remonter à neuf.

Les teinturiers pourraient peut-être éviter cette déperdition de bain, qui les expose de plus à des désagréments avec les voisins, en maintenant dans la barque un sachet contenant du sous-carbonate ferrique, qui tiendrait le bain complètement neutralisé, ainsi que le fait le fer métallique pour les pieds.

On ne commence jamais les noirs souples sur la soie rouillée simplement, mais toujours sur la soie rouillée et bleutée.

Pour les noirs souples fins rendant 50 à 60 %, on bleute sur deux rouils, mais pour d'autres on va jusqu'à donner 5 et même 6 rouils, selon les précautions vues au chapitre VI. Les prises de poids correspondent assez régulièrement à 8 % par chaque rouil, et comme la soie ne perd rien de son grès, on voit que les poids iront bien plus vite que pour les noirs cuits.

Sur le bleu de Prusse, la soie est encore écrue, et ce n'est que de cette opération que viennent les changements notables, qui se feront dans l'emploi des tannins, donnés immédiatement sur le fond de bleu tel quel ou ayant reçu un nouveau rouil, sans soudage, comme certains noirs cuits (voir page 551) reçoivent un rouil non savonné, sur le bleu de Prusse.

§ 235. — ASSOUPLISSAGE SUR LE BLEU ; DES DIVERS TANNINS EMPLOYÉS ; ASSOUPLISSAGE AVEC ADDITION DU SEL D'ÉTAIN.

L'assouplissage pour noirs souples s'effectue toujours sur le bleu de Prusse, et non sur soie écrue. La raison en est que cette opération toute moderne, et qui a pris récemment une importance considérable, a bénéficié de tous les progrès accomplis pour les noirs cuits, dont la presque totalité commence par un fond de bleu de Prusse plus ou moins abondant donné à la soie.

L'assouplissage en noir, comme pour les blancs et couleurs, a pour but, en ouvrant le brin, de donner à la soie des qualités se rapprochant de celles des soies cuites ; il est le résultat de l'action des tannins donnés à chaud, et tout en s'assouplissant, la soie prend un poids plus ou moins considérable.

Un bon assouplissage demande de très-grandes précautions, et pour bien réussir, il faut entrer les soies, dressées après le bleu, sur un bain d'un astringent quelconque, titrant 4 à 5° Beaumé, chauffé à 50°. Après les avoir lisées une demi-heure, elles sont relevées sur des grilles ; le bain est réchauffé à 70°, puis, abattues, elles sont lisées de nouveau. On réitère plusieurs fois ces opérations en élevant chaque fois la température qu'on porte jusqu'à 90 ou 95°. Chaque réchauffage s'appelle *donner un feu*, et, selon la nature des soies, l'ouvrier juge s'il est convenable de donner ou non un nouveau feu, de monter la température et de laisser traîner. Il se guide pour cela sur l'ouverture du brin de soie et la manière dont il se défile, lorsqu'il cherche à le casser ; car, ainsi qu'on l'a déjà vu page 111, le brin souple ne casse pas franchement comme le brin cuit.

L'assouplissage peut donc durer un temps très-variable, de deux à cinq heures et même plus, de même se finir à des températures variant de 80 à 95°. Ordinairement on assouplit vers la fin de la journée, et pour compléter l'action de l'astringent, les soies assouplies sont mises en sotte et abandonnées une nuit avant d'être levées et rincées.

Pendant cette opération, le brin gonfle par suite de la prise de poids, et, comme cela a lieu pour les noirs cuits bleutés, devient vert brun, par suite de l'action sur le fond de bleu, de l'astringent employé, quelle que soit d'ailleurs la nature de celui-ci.

Le bain n'étant pas complètement épuisé de son tannin, remonté avec un bain plus concentré, peut servir indéfiniment.

Des divers tannins employés.

Les noirs souples se font indifféremment avec les divers tannins bleus ou verts; mais, tandis que, pour les noirs cuits, la préférence s'est portée sur les tannins verts, tels que le cachou, pour ceux-là on emploie, au contraire, surtout les tannins bleus, tels que la galle fine, la galle de Chine, les myrobolans, le dividivi, etc. La raison en est que les noirs souples ne subissent jamais l'action du savon à des températures supérieures à 50°, comme les noirs cuits modernes, et que dans ces conditions la combinaison des tannins bleus et du fer n'est pas exposée à trop rougir; d'autre part, l'emploi des tannins verts, tel que le cachou, pour la même raison conduit à des noirs qui, finis, sont trop sombres, manquent de ces reflets bleus ou violettés dégagés, qui font la beauté des noirs modernes. En effet, comme on l'a vu en parlant des noirs cuits, cachoutés sur fond de bleu, pour les couvrir convenablement, il faut donner une ou plusieurs teintures au bois d'Inde additionné de savon et à des températures allant à 70° et au-delà. L'emploi des divers tannins sera d'ailleurs indiqué de nouveau en parlant des divers genres de noirs souples.

Assouplissage avec sel d'étain.

De même que pour les noirs cuits cachoutés avec addition de sel d'étain sur le bleu de Prusse, l'addition de ce sel dans le bain d'assouplissage a permis d'étendre les limites de la charge et d'atteindre de plus forts poids.

Cette addition se fait sur le premier réchauffage à 70° et n'offre rien de particulier; mais, comme pour les cuits, elle offre des dangers pour le traitement. Les soies doivent prendre le moins possible le contact de l'air et pour cela être lisées serrées et baigner dans le bain autant que possible.

Comme précédemment, elles peuvent passer la nuit en sotte; elles sortent plus pâles que simplement assouplies sur le tannin, mais la nuance remonte facilement à l'air.

Le bain, complétement tourné et précipité, est perdu et doit être jeté au canal.

La dose de sel d'étain employé varie de 8 à 15 %, et va en augmentant selon le nombre de rouils donnés à la soie, et le poids qu'on désire obtenir.

Sur le bain d'assouplissage, les soies doivent être rincées avec soin, et même battues une fois ou deux.

Sur ce rinçage, elles peuvent recevoir un léger savon à 50° de chaleur, précédant toute autre opération, mais cela n'est pas indispensable.

Ici s'arrêtent les opérations communes à tous les noirs souples; il me reste à décrire les opérations terminant les principaux genres.

§ 236. — NOIRS SOUPLES TERMINÉS A LA GALLE ET AU PIED, DITS SOUPLES GROS NOIRS.

C'est dans ces genres que le teinturier peut donner les poids les plus élevés; de là le nom de *souples gros noirs*. Il peut arriver à donner une charge allant à 180 et même 200 %.

Leur nuance est noire, profonde et sans reflets; ils se rapprochent du noir charbon.

Ces noirs se font en prenant la soie assouplie sur le bleu de Prusse donné sur trois ou quatre rouils, et avec addition ou non de sel d'étain.

L'astringent employé peut être la galle fine, le dividivi, etc.; mais ordinairement on se contente de l'extrait de châtaignier ou gallique, et à partir de l'assouplissage, ces noirs ressemblent aux gros noirs faits à la galle et au pied, et se résument en des passages alternatifs en pied de fer et en bain d'astringent, en ayant soin de finir sur le pied; les précautions sont les mêmes que celles vues pour les noirs sur soie écrue (voir page 510), et si l'on considère l'assouplissage comme un premier engallage, la description donnée à la page 510 peut s'appliquer ici.

Si l'on veut donner un ton bleu à ces noirs une fois finis, sur le dernier pied, on lise les soies dans un bain faible de cyanure jaune, ou de cyanure rouge, ou un mélange des deux, comme il a été vu page 598. Sous l'influence d'une douce température, le bain de cyanure jaune ou rouge réagit sur le tannate de fer déposé en grande abondance sur la fibre, et il se fait du bleu de Prusse, le noir prend alors un ton bleu; mais alors il est rare qu'il ne marbre pas, ou *verge*, selon l'expression technique, et ordinairement, pour couvrir ces marbrures ou *vergeages*, il faut donner un petit engallage à tiède.

Les soies rincées et battues, sur cette dernière opération, reçoivent un adoucissage au savon (voir page 512) et un avivage (voir plus loin page 624).

D'une production facile et d'un rendement pouvant être énorme, ces noirs offrent le grand inconvénient de compromettre les belles qualités de la soie, brillant, toucher, élasticité et ténacité, ne peuvent se faire sur des trames de denier peu élevé, et ne conviennent que pour des articles inférieurs.

§ 237. — NOIRS SOUPLES TERMINÉS AVEC L'AIDE DU BOIS D'INDE.

De même que pour les noirs cuits, il existe plusieurs méthodes pour terminer les soies souples prises sur le paragraphe 236, en noirs, à l'aide du campêche, selon la nuance et les poids désirés.

D'après ces considérations, je divise ces noirs en quatre classes, soit :

1° Les noirs terminés par une teinture au campêche donnée sur l'assouplissage;

2° Les noirs terminés par une teinture au campêche donnée sur une bruniture au pyrolignite après l'assouplissage;

3° Les noirs terminés par une teinture au campêche donnée par la physique violette sur l'assouplissage;

4° Les noirs terminés par une teinture au campêche donnée à l'aide de la physique violette sur une bruniture.

Noirs souples terminés par une teinture au campêche donnée sur l'assouplissage.

Ces noirs sont les premiers qui se soient faits sérieusement; leur ton, finis, répond à une nuance noire profonde à reflets faibles, et ils conviennent peu aujourd'hui.

Généralement ils sont assouplis à l'aide du cachou, avec ou sans l'aide du sel d'étain, et pour les couvrir à l'aide du bois d'Inde, il faut opérer comme pour les noirs minéraux (voir teinture des noirs minéraux, page 556), avec la seule différence que la température ne doit jamais dépasser 50° centigrade, comme dans toutes les actions des bains de savon sur un souple. On supplée à la température élevée, en laissant traîner davantage; les bains se coupent moins que dans les teintures des noirs cuits par suite de l'emploi des eaux douces, dont on se sert généralement; ils peuvent, par des additions de savon et de bois d'Inde, servir plusieurs fois, mais non indéfiniment. Pour la même cause, c'est-à-dire par suite de l'absence des sels de chaux dans les eaux, la couleur du bois d'Inde se développant moins, il faut des bains relativement plus riches en matière colorante que dans la teinture des noirs cuits avec l'aide des eaux calcaires.

Ces noirs ont peu d'éclat et correspondent aux noirs minéraux; ils gagnent en beauté si la teinture se fait sur une soie assouplie avec un tannin bleu et additionné de sel d'étain. Dans ce cas, ils sont plus bleus et plus dégagés que ceux faits avec une teinture donnée sur un assouplissage fait au cachou sans sel d'étain, et qui ont toujours un ton verdâtre.

Ces noirs finis comme ceux qui suivent, et surtout ceux terminés avec une teinture au savon, sont rincés avec soin, et c'est pour ces genres que l'emploi des eaux granitiques de Saint-Chamond, Saint-Etienne, constitue une supériorité réelle sur les eaux calcaires, de Lyon par exemple. Bien rincés, ils suivent aux opérations d'avivage et de chevillage vues plus loin.

Noirs souples terminés par une teinture au bois d'Inde donnée sur une bruniture au pyrolignite après l'assouplissage.

De même que j'ai comparé les noirs précédents aux noirs minéraux, vus page 556, on peut comparer ceux objet de cet alinéa, aux noirs minéraux vus page 557, paragraphe 200.

Les noirs pris sur l'assouplissage ayant reçu un léger savon ou non, reçoivent une bruniture au pyrolignite de fer (voir page 558), puis on couvre cette bruniture par un nouveau passage en bain d'astringent, galle, dividivi ou cachou, donné à tiède (voir page 558), et après rinçage sur ce cachou, on teint comme précédemment.

Si l'assouplissage a été fait avec l'aide du sel d'étain, les noirs souples ressemblent aux noirs cuits vus page 564. Sur l'assouplissage savonné ou non, l'on peut donner un nouvel engallage ou cachoutage à 70° de chaleur, pour la prise de poids ; puis sur ce nouveau bain, on donne la bruniture, et l'on termine comme ci-dessus.

L'emploi du sel d'étain et des tannins bleus, comme précédemment, donnent des nuances plus violettées, plus dégagées, et en même temps une plus grande prise de poids.

Noirs souples terminés par une teinture à l'aide de la physique violette donnée sur l'assouplissage.

Ces noirs sont les plus beaux de tous les genres souples, et passent même, par la beauté de leurs reflets, les noirs cuits.

Quant au poids obtenu, il peut atteindre de 60 à 80 %, en raison du nombre de rouils donnés avant le bleu.

Les soies assouplies à l'aide d'un tannin bleu, galle fine, galle de Chine, dividivi, myrobolan, etc., sur le bleu de Prusse, sur lequel on a donné ou non un rouil, sont, après battage et rinçage, savonnées légèrement.

Si elles ont été assouplies avec l'aide du sel d'étain, elles peuvent recevoir un nouvel engallage ; puis, engallées ou non, bien rincées et dressées avec soin, elles reçoivent un passage en physique violette (voir page 293). Il faut les liser sur le bain de physique à froid et longtemps, peu à peu elles se couvrent, et une fois terminées, elles sont rincées, reçoivent un bain de savon blanc à 50 % de leur poids et à tiède, pour les adoucir et unir la nuance ; rincées sur ce savon, elles sont prêtes à recevoir l'avivage qui, pour ces genres, demande de grandes précautions.

Dans ces conditions, on peut obtenir des tons bleus très-dégagés rappelant ceux des noirs velours, joints à un grand ménagement de la fibre, ce qui n'est pas à dédaigner.

Noirs souples terminés par un passage en physique violette donnée sur la bruniture au pyrolignite.

Si, au lieu de donner le bain de physique violette sur l'assouplissage, on le donne sur une soie ayant reçu une bruniture au pyrolignite, comme il est dit page 621, on obtient un noir plus plein, plus nourri, et en même temps rendant plus de poids.

Par suite de la présence de l'oxyde de fer, apporté par la bruniture, la matière colorante du bain tire plus vite que précédemment, et il faut de plus grandes précautions encore.

Les soies doivent être abattues et lisées vivement dans le bain de physique violette pour les premières lises, et arrivées à hauteur de nuance voulue, elles sont terminées comme précédemment.

§ 238. — NOIRS SOUPLES TERMINÉS AVEC L'AIDE DES VIOLETS D'ANILINE.

Page 509, nous avons déjà vu l'emploi des violets d'aniline pour terminer les noirs fins sur soie fine ; les mêmes considérations développées à cet égard les ont fait employer avec plus de succès encore, pour terminer les noirs souples.

En effet, dans la teinture, pour couvrir le fond à l'aide de la matière colorante du bois d'Inde, le teinturier, ne pouvant opérer à chaud avec l'aide du savon, a moins de ressources que dans les noirs fins sur cuits, mais les couleurs d'aniline viennent lui en offrir une nouvelle qui remplit mieux le but désiré.

Comme pour les noirs sur soie cuite, ce sont les violets rouges, dits *violets marguerite*, dont il s'emploie d'assez fortes quantités à Saint-Chamond et Saint-Etienne, qui conviennent le mieux.

La façon de procéder est la même que pour les noirs sur soies fines, c'est-à-dire que les soies reçoivent en couverture une quantité de violet plus forte que celle nécessaire, et l'on fait tomber l'excédant sur un savon froid, afin d'obtenir des nuances plus unies. Elles sont ensuite rincées sur ce dernier savon, puis avivées et séchées.

§ 239. — AVIVAGE ET CHEVILLAGE DES SOUPLES.

Ces deux opérations, la première surtout, jouent un grand rôle pour terminer les noirs souples. De la première dépend un bon maniement et un brillant convenable ; de la seconde dépend d'achever l'ouverture spéciale du brin soyeux, qui caractérise le genre souple.

L'avivage pour noirs souples rentre dans la classe des avivages pour touchers craquants, et se fait donc en passant les soies sur un bain acidulé, contenant de l'huile émulsionnée et de plus, comme dans les avivages vus page 600, de la colle forte ou gélatine de basse qualité.

L'acide employé varie selon les genres : dans les souples dits souples gros noirs, on acidule le bain à l'aide de l'acide chlorhydrique ; mais dans les souples fins, il convient d'employer l'acide acétique ou encore mieux le jus de citron, de même que pour les noirs fins.

L'huile émulsionnée, comme il a été dit page 533, s'emploie à la dose de 6 à 10 et même 12 %, la quantité augmentant avec la charge donnée en teinture. Quelquefois, mais à tort pour les noirs souples dits *souples gros noirs*, on emploie des huiles tournantes inférieures, qu'on émulsionne à l'aide de la soude caustique.

La gélatine employée, fondue à l'avance et bien passée sur une toile, varie, comme l'huile, de 6 à 10 %, suivant la charge.

Le bain d'avivage étant préparé et tiède, les soies sont abattues et lisées vivement; puis, après absorption de l'huile, elles sont égouttées, diablées modérément et séchées.

Le chevillage est l'opération qui vient en dernier lieu, comme pour les blancs et couleurs souples. Il peut s'opérer à la main ou mécaniquement comme c'est l'habitude générale aujourd'hui (voir page 41).

Il complète l'assouplissage: mais, disons-le, dans les noirs il a bien moins d'importance que dans les couleurs, l'ouverture du brin de la soie se faisant bien mieux dans les bains astringents employés pour noirs, que dans les bains d'eau acidulée employés pour blancs et couleurs. Il se peut même que les soies soient suffisamment assouplies chimiquement pour se passer de cette opération mécanique finale. Dans tous les cas, elle est laissée à la discrétion d'ouvriers habiles, comme l'opération du lustrage pour les noirs sur soies cuites.

DEUXIÈME PARTIE

Sommaire. — Des accidents à redouter dans la teinture des noirs ; leur nature et leur origine : Accidents mécaniques, formation des bouts. — Accidents physiques. — Modifications du toucher, du brillant, de la ténacité et de l'élasticité. — Accidents chimiques. — De quelques accidents spéciaux aux soies teintes en noir ; des taches mordorées ; rancissage des soies ; inflammabilité spontanée ; du cirage des étoffes. — Analyse qualitative et quantitative d'une soie teinte en noir.

240. — DES ACCIDENTS A REDOUTER DANS LA TEINTURE DES NOIRS, LEUR NATURE, LEUR ORIGINE.

Après avoir vu, dans les chapitres XI, XII, XIII et XIV première partie, les nombreux travaux et préparations que subissent les diverses qualités de soies et fantaisies qui lui sont confiées pour être teintes en noirs, il n'est pas étonnant que le teinturier ait de nombreux accidents de toute nature à redouter. Il ne saurait donc apporter trop de soins à suivre la longue filière d'opérations nécessaires pour les noirs modernes, où le résultat final dépend de tout l'ensemble.

Après avoir bien étudié cette question, j'ai classé tous ces accidents en trois classes, dont les noms indiquent assez les origines, pour qu'il me soit inutile de les développer, soit :

Accidents mécaniques ;

Accidents physiques ;

Accidents chimiques.

Ils sont d'ailleurs classés d'après leur ordre d'importance, les premiers en ayant le moins, et les derniers le plus. Une partie des observations qui vont être faites peuvent d'ailleurs s'appliquer aux soies et fantaisies teintes en blanc et en couleurs, quoiqu'elles aient alors infiniment moins de valeur, vu la moindre multiplicité d'opérations.

§ 241. — ACCIDENTS MÉCANIQUES ; FORMATION DES BOUTS.

Ces accidents sont les moindres, comme il est dit plus haut, et les plus faciles à éviter.

Les causes mécaniques qui peuvent les engendrer sont les suivantes : des flottes dites de guindrage inégal ; de mauvais lisages ; de mauvais dressages de la soie, et enfin l'ébullition des bains, les flottes n'étant pas maintenues tendues mécaniquement.

Du guindrage inégal des flottes.

Il se peut que les matteaux confiés au teinturier et composés de petites flottes, le soient par des flottes d'inégales longueurs : dans ce cas, c'est à la metteuse en main de signaler le fait, afin de prévenir le fabricant s'il y a lieu, ou de réassortir les matteaux par flottes de longueurs pareilles. En effet, lorsque l'ouvrier lise un matteau, il doit toujours le faire à fond, et par conséquent les flottes plus longues resteraient non tirantes quand les autres le seraient. De plus, dans les opérations de l'étirage et du lustrage, il arriverait que les flottes courtes subiraient un étirage, quand celles longues n'en subiraient pas. C'est surtout pour les laveuses mécaniques qu'il est indispensable d'avoir des matteaux composés de flottes de même guindrage, pour éviter la formation des bouts.

Du mauvais lisage.

Cette opération faite, soit à la main, soit à la mécanique, est capitale. A la main, elle doit toujours être faite à fond, c'est-à-dire qu'à chaque lisage la partie inférieure, plongée dans le bain, doit devenir la partie supérieure; à la mécanique, ce qui est le cas le plus rare, les soies doivent être bien tendues et étalées sur les cylindres liseurs. On peut dire que d'un mauvais lisage dépend la plus grande formation des bouts, facilitée d'ailleurs par les nœuds des contremarques nécessaires pour distinguer les divers matteaux les uns des autres (voir page 80).

Le chevillage contribue aussi beaucoup, s'il est mal fait, à la formation des bouts; il peut même produire des mouchets ou fragments de flottes entièrement coupés.

C'est pour faciliter un bon lisage, que de temps en temps le dressage des soies, ou arrangement des flottes dans un état convenable est indispensable.

De l'ébullition des bains.

Cette cause est assez rare, car, sauf pour les savonnages des rouils sur soie cuite, on ne laisse jamais traîner les soies suspendues aux bâtons de lises, sur un bain bouillant. On a vu, en effet, dans la cuite, que les soies soumises à l'ébullition dans un bain de savon, l'étaient à l'état voltées et enfermées dans des sacs de toile dits *poches*. Quant au savonnage sur le rouil, le bain est maintenu, comme il a été dit page 212, dans un état d'ébullition, mais aussi faible que possible, suffisant pour maintenir la température de 100°.

Il existe bien encore d'autres actions mécaniques pernicieuses, mais qu'il est facile de prévoir. Exemple : l'emploi de bains provenant de décoction de racines, feuilles, écorces, bois, doit toujours se faire après un tamisage soigné, sinon les débris ligneux s'attacheraient à la soie et entraîneraient la formation de bouts, son feutrage, ou, pour me servir d'une expression technique, son *boustillage*.

§ 242. — ACCIDENTS PHYSIQUES, MODIFICATIONS DU TOUCHER, DU BRILLANT, DE LA TÉNACITÉ ET DE L'ÉLASTICITÉ.

Ces accidents, qui sont très-importants, peuvent provenir de causes physiques, voire même chimiques.

Les causes physiques principales qui peuvent les amener sont :

1° des transitions brusques de chaleur ;

2° de mauvais rinçages sur les diverses opérations ;

3° des charges exagérées.

Des transitions brusques de chaleur.

Malgré ses remarquables propriétés, dans les nombreuses manipulations des noirs, la soie demande à être ménagée au point de vue de la chaleur, et à ne pas être brusquement changée de température. Malheureusement cela ne peut pas toujours avoir lieu, comme, par exemple, pour les savonnages des roulls, où les soies sont brusquement plongées dans un bain de savon bouillant. Cette cause d'altération, assez dédaignée jusqu'à présent, est peut-être une des principales provoquant l'accident dit *cirage des étoffes*, étudié plus loin, et qui est des plus graves.

En dehors des exigences absolues, le teinturier doit donc tout faire pour éviter ces transitions brusques, imitant en cela le teinturier en laine, pour qui la même cause produit des effets très-préjudiciables de *feutrage*.

Du mauvais rinçage sur les diverses opérations.

L'attention a déjà été appelée à plusieurs reprises sur cette question qui est capitale. En effet, si sur un savon on rince mal, il n'y a pas d'inconvénient grave si l'on passe ensuite les soies sur un bain de tannin ou un bain neutre ; mais si on les passe immédiatement sur un bain de sel métallique, tels que les bains de rouil, de pyrolignite, etc., il se forme des dépôts métalliques très-préjudiciables pour le maniement, et qui ne peuvent ensuite être enlevés que difficilement, par des savonnages sur des bains de savon additionnés de cristaux de soude. Le même effet se produit d'ailleurs si l'on savonne des soies incomplétement rincées sur des sels métalliques.

Je ne reviendrai pas sur le rinçage des soies ayant reçu de grandes quantités de combinaisons de tannins et de fer, lesquelles demandent à être bien privées des dépôts non fixés sur la fibre, sinon elles seraient ternes et deviendraient même cassantes.

Il serait à souhaiter que tous les rinçages se fissent dans des eaux de source ou de puits à température constante, malheureusement ce n'est guère possible ; le teinturier devra donc redoubler de vigilance dans les mois d'hiver et les mois d'été ; dans les mois d'hiver, les rinçages des savons seront défectueux, et dans les mois chauds, ceux des sels métalliques seront trop complets. Le limon contenu dans les eaux de rivière, à l'époque des crues, a peu d'importance, les soies étant d'ailleurs presque toujours rincées finalement en barque avec de l'eau de puits ou clarifiée.

Des charges exagérées.

L'effet de la charge, en augmentant le poids de la soie, est aussi, et c'est là le desiderata, d'en gonfler le brin ; mais en même temps que cet effet a lieu, la soie perd de sa ténacité et surtout de son élasticité, elle devient cassante, de plus elle devient mate de brillante qu'elle était. C'est pour cette raison qu'il est indispensable de l'aviver avec l'addition d'une quantité d'huile croissant avec la charge.

Les charges métalliques rendent les soies lourdes, mates ; les charges organiques les gonflent davantage. Dans tous les cas, je crois que c'est à la charge exagérée des soies employées pour le tissage, qu'il faut encore attribuer une large part dans l'effet du cirage des étoffes (voir page 637).

§ 243. — ACCIDENTS CHIMIQUES.

Ces accidents, qui portent sur la constitution de la soie, sont les plus graves, mais, grâce aux connaissances actuelles, les plus faciles à éviter. Ils peuvent provenir : de l'emploi des liqueurs trop alcalines, trop acides, ou encore de certains sels.

Emploi des liqueurs alcalines.

Hors l'emploi du savon de bonne fabrication (voir page 104) toutes les liqueurs alcalines, soude caustique, silicate de soude, cristaux de soude, etc., offrent du danger, surtout à chaud ; elles peuvent attaquer la soie et lui enlever de ses propriétés, élasticité, toucher, brillant. Il est bien entendu que dans les liqueurs alcalines je ne comprends ni l'ammoniaque, ni ses sels alcalins, qui sont inapplicables.

L'emploi des liqueurs alcalines autres que le savon demande donc de très-grandes précautions, surtout dans l'application de la chaleur.

Emploi des liquides acides.

La soie supporte mieux les liqueurs acides que les liqueurs alcalines, et dans les conditions où le teinturier se place généralement, elle ne craint rien. Il en est de même pour les sels acides, tels que le sel d'étain, et si longtemps il y a eu pour les noirs faits avec l'aide du sel d'étain des plaintes pour le traitement, cela venait de l'action de l'air sur la partie des matteaux en dehors du bain, et, comme il a été dit page 224, pour remédier à cet inconvénient, il faut liser serré et sur des barques pleines.

Emploi de certains sels.

En se reportant à la page 114, on a vu que divers composés métalliques, tels que le chlorure de zinc, l'oxyde cupro-ammoniacal, pouvaient dissoudre la soie, et si j'en parle ici, c'est qu'ayant constaté par moi-même que, dans les essais proposés par les *chercheurs de procédés*, tous les sels métalliques sont employés à tort ou à raison, il se pourrait fort bien que de graves mécomptes se produisissent.

En dehors de ces sels, le teinturier en noir doit toujours se rappeler que l'oxyde ferrique et le bleu de Prusse ne doivent pas dominer dans la charge, sinon ils affaibliraient la force de la soie, et si leur action n'est pas contrebalancée par une charge convenable de matière astringente, ils opéreraient peu à peu la combustion lente de celle-là.

Dans une soie chargée convenablement, il doit donc y avoir un certain équilibre entre la quantité de sel de fer et d'astringent employés.

§ 244. — DE QUELQUES ACCIDENTS SPÉCIAUX AUX SOIES TEINTES EN NOIR ; DES TACHES MORDORÉES ; RANCISSAGE DES ÉTOFFES, DÉSINFECTION DES PIÈCES ; INFLAMMABILITÉ SPONTANÉE ; DU CIRAGE DES ÉTOFFES FABRIQUÉES.

En dehors des accidents généraux que nous venons de voir, il en est quelques-uns qui méritent une mention toute spéciale par leur importance et leur fréquence, on peut même dire qu'ils sont d'origine toute moderne et ont pris naissance avec les progrès de la teinture en noir.

Taches mordorées.

Elles sont le résultat de la combinaison trop abondante et *à places*, de la matière colorante du bois d'Inde avec les oxydes métalliques fixés sur la soie. Elles ne se présentent donc que sur les noirs ayant reçu une couverture au bois d'Inde et peuvent affecter, selon l'origine, des aspects particuliers.

Dans tous les cas, la soie, au lieu de présenter une teinte bien unie, présente à places des taches *mordorées*, transparentes ou mates ; ces dernières sont les plus graves : en effet, elles offrent un ton *cuivre jaune* tranchant sur le fond, et il est indispensable de les faire partir. Les premières peuvent à la rigueur passer, si elles sont faibles, surtout s'il s'agit de soies pour organsin.

Il est difficile de s'expliquer comment se produisent ces taches, qui se forment malgré les plus grandes précautions, tout en étant néanmoins plus à redouter dans les noirs à plusieurs teintures, que dans ceux à une seule teinture. Ces taches ne sont d'ailleurs ni le résultat d'une oxydation, ni d'une réduction de la matière colorante, car les réducteurs ou oxydants sont sans action sur elles.

Les *taches transparentes*, on l'a vu à diverses reprises, cèdent ordinairement à la teinture sur un bain de savon un peu gras et en élevant la température ; on peut encore les atténuer par un avivage sur un bain un peu acide, qui prend alors le nom de *touchage* : l'acide sulfureux très-dilué est l'acide qui convient le mieux. Ces taches peuvent provenir indifféremment des mordants d'alumine de cuivre ou de fer combinés à l'hématéine.

Les *taches mates* sont les plus graves et ne peuvent jamais passer ; elles proviennent toujours du pyrolignite de fer, et il est bien difficile de s'expliquer leur formation.

Elles arrivent brusquement dans le courant du travail et disparaissent de même, sans qu'on sache le pourquoi. Elles ne tombent jamais sur le bain de teinture, ni ne s'atténuent pas. La partie étant finie, peut être choisie pour séparer les flottes tachées, qui sont soumises à un léger cachou avec sel d'étain, puis finies à nouveau, comme à la page 559.

Ce moyen est le seul rationnel pour les faire disparaître complètement, malheureusement il donne du poids, ce qui est un inconvénient dont le fabricant s'aperçoit ; il convient donc pour cette raison de donner les bains de cachou aussi faibles que possible.

Rancissage des soies ; désinfection des pièces.

Cet accident est très-grave ; il est, comme son nom l'indique sans peine, le résultat du rancissage de l'huile employée sur la soie pour l'avivage, ou provient encore de mauvais savons qui auraient pu servir en teinture.

Si le rancissage a lieu sur les soies en flottes, il est facile d'y remédier en les passant sur un bain tiède de savon blanc, puis après on les rince soigneusement et on les réavive.

Mais, et c'est le cas le plus fréquent, si le rancissage a lieu dans les placards, sur les pièces finies, il faut les laver par une huile essentielle très-volatile, comme l'a indiqué, il y a quelque quinze ans, M. le docteur Lembert.

Pour opérer économiquement, il faut employer l'essence de pétrole, dite éther de pétrole, qui est très-volatile, ne laisse aucune odeur, en ayant soin de se placer bien à l'abri du feu.

Les pièces roulées comme elles le sont, en cylindres aplatis, sont posées verticalement dans un vase de cuivre, espèce de fourreau les enveloppant, muni d'un robinet à la partie inférieure, et d'un couvercle à la partie supérieure.

On immerge successivement et complétement à trois reprises les pièces. Sur chaque immersion, on laisse reposer une demi-heure. Le premier soutirage est noirâtre sale et odorant; le deuxième l'est moins, et enfin le troisième sort clair et peut servir pour un premier lavage, si l'on a plusieurs pièces à traiter.

Les lavages, recueillis et distillés, donnent de l'essence bonne pour de nouveaux traitements, et un résidu huileux, poisseux et très-odorant.

Les pièces sortant de l'appareil sont développées et aérées quelque peu; la dessiccation est très-rapide; elles peuvent être immédiatement pliées à nouveau. Le coût de cette opération est très-minime; de plus, les pièce n'ont presque pas changées d'aspect.

Pour parer à l'inconvénient du rancissage, quelques essais ont été faits pour remplacer l'huile d'olive dans l'avivage par des huiles de paraffine et autres corps analogues, mais sans le moindre succès. Le moyen le plus rationnel est, sans contredit, un bon choix des huiles employées et une émulsion aussi parfaite que possible, pour éviter le dépôt de grandes quantités d'huile à places; le teinturier ne saurait être trop sévère également sur la qualité des savons de teinture.

Inflammabilité spontanée des soies.

Cet accident, un des plus redoutables, a, comme on l'a déjà vu, pour causes : 1° la fermentation des soies humides ; 2° l'action des grandes quantités de sels de fer fixés dans les opérations de la charge, et 3° l'action de l'huile de l'avivage.

La fermentation des soies humides est connue des teinturiers, et si elle ne va pas toujours à l'inflammation, elle peut altérer fortement le brin, surtout si elles sont rouillées, bleutées ou chargées d'un sel de fer. C'est pour cette raison qu'il convient de ne jamais accumuler des masses de soies humides, surtout les veilles de fête ; le teinturier pourrait bien retrouver, en rentrant, ses soies carbonisées et un commencement d'incendie ; c'est d'ailleurs ce qui se passe pour les foins entassés humides.

Il convient donc de diviser les soies par parties, les matteaux étant voltés, et de les enfermer dans des couvertures de laine.

L'inflammabilité par suite des sels de fer et de l'huile est surtout une cause redoutable pour les soies finies et chez le fabricant. De nombreux accidents, arrivés surtout pour les soies vues au chapitre XIII, ont rendu prudent, et celles-ci doivent être divisées par petites masses pour éviter l'échauffement, qui est quelquefois très-rapide. Les transports doivent se faire par paquets de 5 kilog. au plus, séparés par des planchettes de bois.

Du cirage des étoffes noires.

Le cirage des étoffes noires n'est autre chose qu'un aspect gras, ciré, que prennent les étoffes à l'emploi, quelquefois même avant.

Cet accident fait le désespoir de la fabrique lyonnaise, et ses causes sont totalement inconnues. On l'a d'abord attribué à la présence de corps gras provenant des savons et de l'avivage, mais à tort, car des étoffes fabriquées avec des soies teintes, en prenant des précautions inouïes pour écarter l'emploi de tout corps gras, même à la cuite où l'on a remplacé le savon par de l'acide arsénique (voir cuite aux acides, page 109), en se servant d'ustensiles neufs, se sont cirées comme si de rien n'était.

Il faut, selon nous, voir les causes du cirage des étoffes dans une action purement physique. La soie est une matière éminemment poreuse, comme l'indique son aptitude à absorber les couleurs et charges vues dans cet ouvrage. Cette porosité est modifiée par la charge et surtout les transitions brusques de température, comme nous l'avons dit page 630, peut-être encore par les températures élevées et prolongées auxquelles elle est soumise, et nous pensons que c'est en tenant compte de ces faits que le teinturier arrivera à combattre les effets du cirage des étoffes fabriquées.

§ 245. — ANALYSE QUALITATIVE ET QUANTITATIVE D'UNE SOIE TEINTE EN NOIR.

Je joins dans un même paragraphe, comme je l'ai fait pour les couleurs, les analyses qualitatives et quantitatives d'une soie teinte en noir, et je suis la même marche.

Les soies teintes en noir sont donc soumises aux essais suivants :

1° Dosage de l'humidité ;

2° Action de l'eau distillée ;

3° Action de l'éther ou de la benzine ;

4° Action de l'acide chlorhydrique étendu ;

5° Action des liqueurs alcalines étendues ;

6° Incinération et recherches sur les cendres ;

7° Essais particuliers.

1° Dosage de l'humidité.

Le dosage de l'humidité des soies teintes en noir s'effectue, comme pour celles teintes en couleurs.

Si la perte passe 10 à 15 %, cela indiquera, comme il est dit page 508, qu'elles contiennent une substance hygroscopique, ou qu'elles ont été tenues à dessein dans un endroit humide, et ici plus que pour les couleurs, cela a de l'importance, car la présence d'une humidité en dehors de celle normale à la soie, peut faire naître des accidents vus précédemment, tels que rancissage, inflammabilité, etc.

2° Action de l'eau distillée.

Généralement cette action est nulle ou à peu près, car, pour la charge, l'emploi des matières solubles, tels que le sucre, le sulfate de soude, est sans importance.

Cependant le lavage des soies teintes en noir peut donner des indications utiles ; s'il est pratiqué sur la flotte, il pourra indiquer la présence de certains corps hygroscopiques, tels que la glycérine, le chlorure de magnésium. qui se retrouveront dans le résidu de l'évaporation de l'eau.

Si les soies contiennent de la glycérine, donnée dans un passage spécial après l'avivage, le résidu aura une saveur douceâtre ; de plus, si ce résidu contient des sels de magnésie, il sera facile de le reconnaître d'après les méthodes ordinaires d'analyse.

Généralement l'eau ayant servi à laver des soies noires ne contient rien, si ce n'est après l'apprêt donné aux étoffes ; dans ce cas, elle peut contenir des substances gommeuses, faciles à reconnaître dans le résidu de l'évaporation, par l'alcool qui les coagule.

Extraction par l'éther ou de la benzine.

Dans cette analyse, les soies perdent tous leurs principes gras. En lavant un poids connu de soies et évaporant les liqueurs, il sera facile, par le poids du résidu, de connaître la quantité de corps gras qu'elles contiennent. Ce poids sera toujours plus important que pour les couleurs.

Si l'on a à essayer des étoffes apprêtées, l'examen du résidu offrira beaucoup d'intérêt, et fera connaître, d'après la nature des corps gras, si l'on est en présence de certains genres d'apprêts dits *imperméabilisation des étoffes*, obtenus par l'emploi de solutions dans la benzine ou l'éther de pétrole, de paraffine ou de principes cireux déposés sur les étoffes, d'après la méthode de M. Claude Garnier, de Lyon, qui a rendu un très-grand service en employant un apprêt neutre et incapable de réagir sur la nuance ou sur le traitement.

4° Action de l'acide chlorhydrique étendu.

Pour cette étude, il faut opérer, comme il a été dit à la page 530, avec de l'acide chlorhydrique pur, étendu de deux fois son poids d'eau distillée; dans ces conditions, le brin soyeux n'est nullement altéré, et les noirs soumis à cet essai sont immédiatement rangés en quatre catégories, qui sont :

1° Les noirs se démontant presque complètement, la soie gardant une légère teinte fauve, le bain ne prenant qu'une nuance ombrée et ne violettant pas lorsqu'on l'étend d'eau calcaire;

2° Les noirs se démontant comme précédemment, le bain prenant une teinte rose et violettant fortement lorsqu'on l'étend d'eau calcaire.

3° Les noirs se démontant bien, mais gardant une teinte prononcée vert sombre, le bain ne prenant qu'une teinte fauve et ne violettant pas lorsqu'on l'étend d'eau calcaire;

4° Les noirs se démontant comme ceux de la classe précédente, mais le bain se comportant comme pour ceux de la deuxième classe.

Dans la première catégorie, l'on est en présence de noirs faits simplement par des passages alternés de tannins et de sels de fer. La combinaison de tannins et de fer est complètement détruite par le bain d'acide, et la soie ne garde qu'une partie du tannin, celle qui lui est combinée.

Dans la deuxième catégorie, la liqueur chlorhydrique rose, violettant par l'addition d'eau, indique la présence du campêche, et l'on sera en présence de noirs, dans le genre des noirs anglais et velours non chargés.

Dans la troisième catégorie, le fond vert sombre, laissé à la soie, indique la présence du bleu de Prusse donné au début en quantité plus ou moins forte.

Dans les genres vus page 598, où le bleu de Prusse est donné à la fin des opérations, on le reconnaîtra facilement au démontage à l'acide chlorhydrique, en effet, comme ce bleu est inaltéré, il tombera dans le bain et sera facile à recueillir sur un petit filtre.

Le bain de démontage n'étant pas rose, ni ne violettant pas par l'action de l'eau calcaire, cela indique, comme pour la première catégorie, que les noirs ont été finis par des passages successifs, en tannins et fer, sans le concours du campêche, qui sera au contraire indiqué dans les noirs de la quatrième catégorie.

Comme remarque particulière à ces essais, il conviendra de faire l'analyse qualitative des métaux qui sont entraînés dans le bain chlorhydrique, et rechercher surtout la présence du plomb, qui s'y dissout assez bien, à l'aide des réactifs usuels, afin d'éclairer pour l'incinération. Le plomb est caractérisé par son précipité jaune abondant avec l'iodure de potassium, et blanc avec l'acide sulfurique.

Dans la même liqueur on pourra doser le fer et les autres oxydes métalliques; mais il vaudra mieux réserver ces dosages pour l'examen des cendres.

5° *Action des liqueurs alcalines étendues.*

En aucun cas, sauf celui des noirs anglais et velours, sans charge, les acides ne démontent complètement un noir. Il faut compléter cette action par l'action des alcalis caustiques étendus et à tiède, et pour les résultats obtenus, il faudra tenir compte de ce que, si la soie essayée est crue ou souple, elle sera décreusée en même temps.

Un seul passage en acide et en soude ne suffisant pas ordinairement, il faudra réitérer ces deux opérations au moins deux et même trois fois, et dans ce cas la soie sera pour ainsi dire rendue à l'état de fibroïne légèrement teintée, sauf le cas où elle aura été cachoutée et fixée au chromate de potasse, cas d'ailleurs très-rare et qui ne se présente que pour des soies marrons reteintes.

Sous l'influence des alcalis caustiques étendus et tièdes, le tannin fixé sur la soie se démonte complètement, et le bleu de Prusse, qui avait résisté à l'action de l'acide chlorhydrique, est détruit. L'alcali s'empare de l'acide ferrocyanhydrique, et laisse sur la soie du peroxyde de fer, qui s'en va dans un passage suivant à l'acide chlorhydrique.

En effet, il est facile de démontrer la présence de l'acide ferrocyanhydrique dans le bain alcalin, en saturant celui-ci par l'acide chlorhydrique; si on ajoute alors quelques gouttes d'un sel ferrique, on fera naître immédiatement un précipité de bleu de Prusse.

Les soies, bien dépouillées par des passages réitérés, sont rincées et séchées à 100 ou 110° de chaleur, puis pesées.

Pour faire le calcul de la charge qu'elles possèdent, il se présente deux cas :

1° On a affaire à des soies cuites ;

2° On a affaire à des soies crues ou souples.

Dans le premier cas, supposé qu'on ait trouvé, comme à la page 508, à l'exemple soie cuite :

humidité, 10 %,

charge perdue, 20 %,

soie restante, 70 %,

il faut tenir le même raisonnement, et l'on arrivera à un poids de 109 gr. de soie mise en teinture, rendant seulement 100 gr., ne rattrappant pas encore le poids perdu à la cuite. Il faut appliquer également la même remarque (voir page 508) faite pour les couleurs aux soies teintes en noir, c'est-à-dire que la charge ne se compte réellement qu'au-dessus du poids mis en teinture.

Dans les blancs et couleurs chargés, nous avons séparé les soies écrues des soies souples, dans l'établissement des calculs pour les rendements, les soies souples perdant toujours plus ou moins à l'assouplissage ; mais, pour les noirs, il est inutile de le faire, le grès n'étant pas enlevé par l'assouplissage, et d'autre part par les passages alternés en bain acide et bain alcalin, la soie est toujours ramenée à l'état cuit, qu'elle provienne de noirs souples ou crus.

Les calculs sont des plus faciles et se rapportent à ceux vus précédemment, avec la différence qu'il ne saurait y avoir manque de poids.

Supposons qu'on ait trouvé :

humidité, 10 %,

charge ou perte, 30 %,

soie lavée, 60 %,

aux 60 %. restant, il faut ajouter l'humidité admise, et le grès variant selon la qualité de soies, il est d'ailleurs difficile de le préciser. Admettons 25 %, on a donc pour une soie écrue normale 36 %. d'humidité et de grès, d'où 64 %. de soie décreusée, d'où

$$64 : 100 :: 60 : x = \text{environ } 94 \text{ grammes.}$$

Les 60 grammes de soie lavée représentent donc environ 94 gr. de soie écrue normale pour 100 de soie chargée, d'où on a pour la charge :

$$94 : 100 :: 100 : x = \text{environ } 106 = \text{environ } 6\ \%.$$

Ces essais conduisent à de très-bonnes aproximations, mais sans offrir rien d'absolu, par l'incertitude même où l'on est des qualités de soies employées, et par conséquent des pertes qu'elles subissent à la cuite.

6° *Incinération et recherche des cendres d'une soie teinte en noir.*

Il convient, sauf le cas où les soies contiennent du plomb, d'incinérer la soie telle quelle. Dans le cas où l'analyse aura démontré la présence en quantités notables d'un sel de plomb, l'incinération pourra se faire également dès le début, mais si l'on opère dans une capsule d'argent ou de platine, il faudra la conduire avec beaucoup de soins, pour éviter la réduction du plomb à l'état métallique, ce métal attaquant fortement et perçant même les vases précités.

L'incinération, conduite d'ailleurs comme il a été dit page 512 pour les soies teintes en blanc et en couleur, donnera un résidu plus ou moins abondant, et, comme pour celui des blancs et couleurs, si son poids est de moins de 1 %. du poids de la soie écrue, on aura les cendres normales de celle-ci. S'il passe 1 %. sans dépasser quelques centièmes, on sera en présence de noirs où les charges métalliques jouent un faible rôle, mais si l'on passe soit 10 %, on aura au contraire des noirs où la charge métallique joue un grand rôle.

L'examen du résidu offre beaucoup d'intérêt et se réduit d'ailleurs à quelques métaux seulement. Quoiqu'il soit du domaine de l'analyse, je vais donner une marche, suivie dans le temps par M. Lembert, pour la recherche des métaux usuels dans la teinture en général et spécialement dans celle en noir.

Les composés à rechercher sont ceux d'alumine, de fer, d'étain, de cuivre et de plomb.

Le poids du résidu sec étant connu, on le calcine dans un creuset de porcelaine avec de la soude caustique en plaque, environ cinq fois son poids, puis on laisse refroidir et on dissout dans l'eau ; on obtient ainsi une partie insoluble A et une partie soluble B, on lave soigneusement à l'eau distillée le résidu A, et on ajoute les eaux au liquide B. Le résidu A, bien lavé et séché, pesé, donne le poids des oxydes de fer et de cuivre pouvant être contenus sur la soie.

Pour examiner ce résidu A, on le dissout dans l'acide chlorhydrique concentré à une douce chaleur, on a alors un mélange de chlorure ferrique et de cuivre. Dans la liqueur acide, on fait passer un courant d'hydrogène sulfuré qui précipite le cuivre, *s'il y en a*, sous forme de sulfure. Ce sulfure, lavé soigneusement, recueilli sur un filtre, donnera la quantité de cuivre, par le grillage, sous forme de bioxyde de cuivre. Le lavage du sulfure doit être fait avec une eau contenant de l'acide sulfhydrique pour éviter la formation, par le contact de l'air, de sulfate de cuivre soluble qui passerait dans les eaux de lavage. On dosera le fer dans la liqueur filtrée en chassant l'hydrogène sulfuré par l'ébullition, puis en précipitant par un léger excès d'ammoniaque, le dépôt recueilli sur un filtre bien lavé, puis séché et calciné donnera du peroxyde de fer pur.

Si, dans la dissolution à l'acide chlorhydrique, tout ne se dissolvait pas, et qu'il restât un dépôt blanc insoluble en quantité notable, on pourrait avoir à faire à du sulfate de baryte, dont il faudrait vérifier la nature par une analyse complète. Ce cas peut se présenter, mais il est très-rare ; comme je l'ai dit, la charge à la baryte est peu pratiquée.

Il reste à examiner la liqueur B, qui contiendrait les oxydes de plomb, d'étain et d'aluminium. Pour les rechercher et les séparer, il faudra aciduler la liqueur par l'acide chlorhydrique étendu et faire passer un courant d'hydrogène sulfuré, qui précipitera l'étain et le plomb, le premier sous forme de sulfure jaune s'il est pur, et noirâtre s'il est mélangé de plomb. La liqueur retiendra l'alumine.

Il sera facile de séparer les sulfures d'étain et de plomb, lavés et recueillis à part, en les traitant par un excès de sulfhydrate d'ammoniaque, qui dissoudra le sulfure d'étain. Le sulfure de plomb restera insoluble ; en le lavant avec de l'eau chargée de sulfhydrate, on aura, d'une part, le sulfure d'étain dans les eaux du lavage, et le sulfure de plomb sur le filtre. En évaporant celles-là et les calcinant au rouge, l'étain restera sous forme d'acide stannique, et en grillant le sulfure de plomb à une chaleur modérée avec addition d'acide nitrique, on aura le plomb sous forme de sulfate.

Dans la liqueur qui retient l'alumine, on précipitera celle-ci par l'ammoniaque caustique ; le précipité lavé et recueilli sur un filtre donnera, après dessication et calcination, l'alumine pure.

J'ai indiqué ici une marche convenable, sans vouloir entrer dans trop de détails, pour lesquels je renvois aux nombreux et bons ouvrages traitant de l'analyse qualitative et quantitative : le but de cet ouvrage n'étant pas de faire un cours de chimie.

7° Essais particuliers.

La marche suivie précédemment a montré la possibilité de rechercher les divers constituants d'un noir, et dans une certaine mesure la manière dont ces constituants ont été employés. Pour arriver à une plus grande précision, il faut s'aider d'une longue pratique et faire intervenir les probabilités. Ainsi, il est évident que le bleu de Prusse en masse se donne toujours en tête des opérations pour les noirs bleutés, sauf les cas très rares des noirs bleutés sur les pieds et faciles à reconnaître, comme il est dit page 641, alinéa 7.

Les tannins employés seront bleus ou verts, selon les genres de noirs, et il sera facile de voir s'ils ont été donnés par des passages alternatifs de tannins et de galle, ou selon la marche des noirs fins (voir page 557), s'ils sont terminés avec du campêche donné en couverture.

Une grande quantité d'oxyde d'étain indiquera s'ils ont été cachoutés ou engallés avec sel d'étain. Quant au pyrolignite, son emploi sera indiqué par le ton des noirs essayés, toujours plus bleus et plus violettés que ceux faits sans son concours, sauf pour les souples cependant.

Quant à l'emploi du campêche, généralement il se fait avec le savon ; il sera toujours difficile de savoir s'il a été donné sous forme de physique violette ; l'expérience seule pourra éclairer à cet égard.

Pour les noirs sans fond de bleu de Prusse, si l'on trouve beaucoup de fer pour des noirs légers, ils auront été évidemment rouillés ; mais, pour des noirs à grands rendements, il sera plus difficile de préciser s'ils ont été rouillés plusieurs fois avant les passages successifs en galle et en pied, la quantité de fer par rapport au tannin fixé n'ayant rien de régulier.

Les essais terminés, il faudra donc tâtonner pour arriver à reconstituer le noir essayé; mais les expériences seront néanmoins circonscrites dans un champ limité.

Enfin, pour terminer, il restera à savoir si le noir contient un violet d'aniline, recherche qui se fera à part. Sur une flotte démontée soigneusement par plusieurs passages successifs dans l'acide chlorhydrique étendu pour entraîner tout le bois d'Inde, s'il y en avait, on fera agir un bain ammoniacal tiède; la couleur d'aniline qui aura résisté complètement aux lavages acides, se dissoudra sous forme de base incolore, dans le bain ammoniacal. En évaporant, l'ammoniaque sera chassé, puis, dans le bain résidu, l'acidulation fera apparaître la couleur d'aniline, qu'il sera facile de transporter comme preuve sur une flotte de soie blanche.

CHAPITRE XV

Sommaire. — Teinture des soies en pièces; cuite et blanchiment des pièces, soie pure, soie et fantaisie, soie et coton, soie et laine. — Mordançage des pièces. — Teinture en blanc. — Teinture en couleurs claires. — Teinture en couleurs rabattues. — Teinture en noir. — Avivage des pièces teintes.

§ 245. — TEINTURE DES SOIES EN PIÈCES

La teinture des soies en pièces constitue une branche des plus intéressantes de la teinture. Ainsi qu'on le voit par l'exposé du sommaire, elle peut se faire sur des pièces de diverses natures, soit : chaîne et trame soie, chaîne soie et trame fantaisie, genres foulards; chaîne soie et trame coton, ou encore chaîne soie et trame laine. La soie forme, pour ainsi dire, presque toujours la chaîne dans les étoffes mixtes.

La teinture des soies en pièces a pour but généralement de permettre l'emploi de matières premières inférieures, et conséquemment l'obtention de tissus à des prix relativement bas. En effet, tel brin qui ne supporterait pas les efforts du tissage après les opérations réitérées de la teinture, peut, une fois tissé, supporter impunément les opérations tinctoriales.

Il y a cependant des cas spéciaux où la teinture, même avec les plus belles matières, ne peut se faire qu'en pièces, comme pour les tissus dits crêpes et crêpes de chine.

Le teinturier n'a donc pas à se préoccuper, dans les diverses manipulations, de ménager le traitement des fibres employées; mais en place il a d'autres inconvénients non moins redoutables. Il doit se préoccuper surtout d'obtenir un bon unisson de la teinture, qu'elle ne soit pas foncée par places et claire à d'autres, c'est-à-dire marbrée ou vergée; de plus, dans les étoffes mixtes, il a de grandes difficultés à vaincre pour obtenir une teinture égale pour les deux fibres tissées ensemble.

Généralement, les étoffes qui lui sont confiées sont à armures simples et bien liées, comme les genres taffetas, serges, etc., mais il y a aussi des étoffes moins bien liées, telles que les genres satins, ou des armures ayant des effets de lancés de trames ou de flottés de chaîne, pour imiter des effets de relief; il faut alors qu'il prenne de grandes précautions dans les diverses manipulations pour éviter d'érailler le tissu.

Incidemment, tous les teinturiers peuvent teindre en pièces; mais généralement cette branche de teinture nécessite, ainsi qu'on le verra plus loin, de grands outillages spéciaux, ce qui fait que quelques maisons ont monopolisé cette teinture et l'ont portée à son maximum de perfection et d'importance.

Les imprimeurs sur foulards font également beaucoup de ces genres, qui ont d'ailleurs, pour eux, du rapport avec la teinture des garancés; la différence consistant seulement en ce qu'elle se fait sur fond uni, au lieu de présenter des effets de dessin, par suite de l'emploi de mordants plaqués à place, tandis que dans la teinture en pièces, les mordants, s'il en est besoin, se donnent uniformément.

Pour terminer ces généralités, disons que la charge ne joue aucun rôle dans la teinture en pièces, de plus que celle-ci se fait toujours après la cuite, ou décreusage complet, et jamais sur des pièces en écru; l'assouplissage ne joue également aucun rôle.

La cuite, le blanchiment et les opérations de mordançage, s'il y a lieu, doivent donc toujours précéder les opérations tinctoriales.

§ 246. — CUITE ET BLANCHIMENT DES PIÈCES.

Ces deux opérations ont pour but, la première, comme son nom l'indique, de priver la soie de son grès et dans le cas des étoffes mixtes, de débarrasser également le coton ou la laine de leurs impuretés naturelles. La seconde, d'amener les pièces dans le plus grand degré de blancheur, surtout s'il s'agit de faire sur elles des blancs ou des couleurs très-claires.

Je divise ce paragraphe en trois parties, soit :

1° Cuite et blanchiment des pièces toute soie ou fantaisie ;

2° Cuite et blanchiment des pièces soie et coton ;

3° Cuite et blanchiment des pièces soie et laine.

Cuite et blanchiment des pièces toute soie ou fantaisie.

Je joins ensemble les pièces toute soie et celles soie et fantaisie qui se cuisent de même, et n'offrent d'autre différence que dans la perte à la cuite, qui est moindre lorsqu'il y a de la fantaisie, qui, ainsi qu'on l'a vu à diverses reprises, ne perd que 10 à 12 % de grès, en ayant déjà perdu une quantité notable dans le travail préliminaire du filage (voir page 69).

Les pièces soie et fantaisie doivent, avant d'être mises en teinture, subir l'opération du grillage ou gazage, pour brûler le duvet, lorsqu'il s'agit de faire des couleurs très-claires ou des blancs. Cette opération, analogue à celle décrite pour les fils page 71, peut se faire après la teinture lorsqu'on fait des couleurs très-foncées et des noirs ; mais il est de règle à peu près générale de la faire précéder toute opération.

Les pièces peuvent être manœuvrées à la main ; mais dans les ateliers bien montés, on les passe sur les bains, en les étalant sur des cylindres situés au-dessus des barques, et on ajoute une série de pièces bout à bout.

Le cylindre, formé par huit traverses reliées à un axe central, tournant au-dessus de la barque, et placé en travers de celle-ci, prend le nom de *trinquet;* sa longueur dépasse un peu celle des pièces les plus larges. Il est animé par une manivelle mue à bras d'homme, d'un mouvement tantôt dans un sens, tantôt dans un autre, et les pièces sont entraînées d'un côté ou de l'autre par la simple adhérence, et ce n'est qu'à la fin d'une opération qu'on fixe un des bouts à l'une des traverses et qu'on les enroule autour du trinquet pour les laisser égoutter.

Pendant qu'un ouvrier manœuvre le trinquet pour dérouler les pièces, un autre, avec des bâtons de lise, maintient les pièces, soigneusement étalées dans le bain de cuite. Ces précautions mécaniques sont d'ailleurs toujours les mêmes dans toutes les opérations, et c'est d'ailleurs d'elles que dépend surtout l'unisson.

Ceci dit, j'arrive à la cuite, qui s'effectue en deux passages: le premier dit dégommage, et le second qui est la cuite proprement dite. Ces deux opérations ont la plus grande analogie avec le dégommage et la cuite des soies en flottes.

Pour le dégommage, le bain, qui n'est autre chose qu'un bain de cuite de la veille, étant porté à l'ébullition, les soies, enroulées en paquet autour d'un trinquet, sont immergées dans ce bain et, après le déroulement complet, sont soumises durant une heure à un mouvement de va et vient, puis enroulées de nouveau autour du trinquet où on les laisse égoutter de leur bain de dégommage. Ce dernier, qui s'est chargé de la majeure partie du grès et des impuretés de la soie, complètement altéré, est jeté au canal; puis dans la même barque, on remonte un bain de cuite en faisant dissoudre 30 à 40 % de savon blanc et l'on porte à l'ébullition. Le bain étant prêt et maintenu comme précédemment à une faible ébullition, les soies sont de nouveau manœuvrées durant deux heures environ pour achever de les cuire; elles sont alors prêtes à être blanchies, s'il s'agit de faire des couleurs très-claires ou des blancs, ou à être rincées si elles sont destinées à des couleurs foncées ou à des noirs.

Pour les rincer, après un égouttage convenable d'une demi-heure pour recueillir le bain de cuite sur la barque, le trinquet avec la pièce enroulée est porté sur une autre barque contenant une dissolution étendue et tiède de cristaux de soude, où l'on manœuvre les pièces durant un quart d'heure; puis, après ce lavage, elles sont exposées dans des lavoirs à eau courante, en ayant même la précaution de les battre sur un plancher en bois, avec une planche en bois mise au bout d'un bâton, pour bien les dégorger. Elles sont alors bonnes à être diablées et à suivre les opérations de teinture.

On peut également cuire les pièces en les mettant, comme les soies en flottes, dans des poches, et dans ce cas on peut les cuire plus rapidement, l'ébullition pouvant être plus vive.

Si les pièces sont destinées à des couleurs très-claires ou à des blancs, il faut, sur le bain de cuite, leur donner un petit bain de savon neuf à 50° de chaleur, puis, après les avoir laissé égoutter sur ce bain, les soumettre à l'action de l'acide sulfureux gazeux, comme les soies en flottes. Selon le degré de blancheur demandé, on réitère plusieurs fois le soufrage, en ayant soin de donner un léger savon sur chaque passage.

Pour accélérer ces opérations toujours fort longues, un soufrage demandant de six à douze heures, on a essayé comme pour les soies en flottes, mais avec le même insuccès, l'action de bains d'acide sulfureux ou de bisulfite de soude étendus.

Cuite et blanchiment des pièces soie et coton.

La cuite n'offre rien de particulier sur celle des étoffes toute soie, le coton se décreuse sous l'influence du savon bouillant, aussi bien que la soie, mais il n'en est pas de même pour le blanchiment. Le coton, pour arriver à son plus grand degré de blancheur, demande à être chloré, action qui attaque profondément la soie; en place, il craint l'action de l'acide sulfureux, surtout gazeux. Pour les pièces mixtes soie et coton, les bains d'acide sulfureux et de bisulfite de soude conviennent assez bien.

On est arrivé à obtenir d'assez beaux blancs en blanchissant à l'aide de la méthode de M. Tessié de Mottay (voir page 429), donnée en parlant de la soie tussah, c'est-à-dire en passant les pièces dans des bains successifs de permanganate de potasse et d'acide sulfureux. Pour obtenir ce résultat, il faut manœuvrer les pièces rincées sur la cuite avec le plus grand soin dans un bain étendu et froid de permanganate, jusqu'à ce que celui-ci soit décoloré, et que les pièces aient pris une teinte bistre foncée due au peroxyde de manganèse deposé sur les fibres ; sans les rincer, elles sont alors passées sur une solution étendue et froide d'acide sulfureux, où elles acquièrent un blanc parfait ; rincées sur ce bain et diablées, elles sont alors prêtes à suivre les opérations de teinture.

Cuite et blanchiment des pièces soie et laine.

La cuite de ces pièces offre les plus grandes difficultés, car la soie exige, pour bien se cuire, l'emploi des liqueurs alcalines, qui attaquent la laine, même sous forme de savon, surtout à l'ébullition.

Pour bien ménager la laine, il faut opérer avec des bains de savon très-gras, de manière à pouvoir cuire à une température voisine de l'ébullition sans y arriver, et dans le moins de temps possible.

La cuite aux acides, dont j'ai parlé page 109, pourrait donner de bons résultats. Je ne sais pas si elle a été appliquée en grand dans nos genres; mais il est évident que c'est celle qui conviendrait le mieux, car la soie se cuirait dans un bain sans action sur la laine.

Néanmoins, comme les pièces mises en teinture peuvent être plus ou moins grasses, il conviendrait de faire précéder cette opération d'un dégraissage, à l'aide d'un bain faible de cristaux de soude et à tiède.

Quant au blanchiment de cette variété de pièces, il n'offre rien de particulier sur celui des étoffes toute soie, la laine ne craignant pas l'action de l'acide sulfureux gazeux.

§ 247. — MORDANÇAGE DES PIÈCES.

Cette opération préliminaire, indispensable dans quelques cas, présente beaucoup d'analogie avec celle des soies en flottes.

Pour les pièces toute soie ou soie et fantaisie, elle comprend l'alunage et le rouillage principalement; les autres mordants, comme on l'a vu dans le courant de la teinture, se donnant généralemenl avec les matières colorantes.

Pour aluner les pièces, il faut, après les avoir bien essorées sur le rinçage qui suit la cuite ou le blanchiment, les manœuvrer au trinquet, sur un bain d'alun, de même force que pour les soies en flotte, puis on peut, après une demi-heure, les abandonner en sotte dans le bain, en évitant qu'aucune partie ne veille. Après quelques heures d'immersion, on les enroule autour du trinquet, puis on les laisse égoutter, et on leur donne un rinçage à grande eau.

Pour les rouiller, comme la charge n'a aucune importance, on se contente de les manœuvrer demi-heure à une heure sur un bain faible de rouil; au bout de ce temps, on les enroule sur le trinquet, puis on les laisse égoutter, on les rince à grande eau et on fixe le rouil, en les passant sur un bain de savon bouillant, additionné d'un peu de cristaux de soude. On se contente ordinairement d'un seul rouil.

Pour transformer ce rouil fixé en un fond de bleu de Prusse, on passe les pièces sur un bain faible de prussiate jaune acidulé et chauffé de 45° à 50° centigrades.

Les pièces soie et coton mélangés s'alunent, se rouillent et se bleutent comme ci-dessus, mais par suite du peu d'affinité du coton pour certaines couleurs, telles que celles d'aniline, on peut leur faire subir certaines préparations pour rendre le coton apte à tirer ces couleurs.

Le plus praticable consiste à passer les pièces dans un bain d'un astringent, galle fine, sumac, ou même acide tannique, ce dernier lorsqu'il s'agit de couleurs très-délicates.

On peut encore les passer dans un bain concentré d'acétate d'alumine pour les charger d'alumine, qui fait tirer les produits d'aniline sur le coton. Le stannate de soude a été également employé avec quelque succès.

On a aussi proposé d'animaliser le coton par des passages en albumine, ou encore mieux, pour l'économie, dans un bain de caséine dissoute dans l'ammoniaque.

On prépare actuellement, sous forme d'émulsion, une composition à base d'acides sulfoconjugués, acides sulfo-oléique et sulfo-margarique, émulsionnés à l'aide de l'ammoniaque. Les pièces sont pour ainsi dire malaxées dans cette composition, puis une bien imprégnées uniformément, elles sont abandonnées quelques jours au séchage à air libre ; le coton est alors devenu apte à se teindre convenablement. La préparation d'acides sulfoconjugués n'est autre chose que le résultat de l'action de l'acide sulfurique concentré sur l'huile d'olive (voir avivage aux deux huiles). Au bout de quelques heures, l'action étant complète, on ajoute un peu d'eau, puis avec ménagement de l'ammoniaque, en remuant soigneusement, on forme ainsi un magma blanc laiteux.

Dans ce travail dit huilage des pièces, il faut éviter l'entassement de celles-ci, car par la fermentation, elles pourraient s'échauffer jusqu'à prendre feu.

L'alunage, le rouillage et le bleutage des pièces soie et laine n'offrent rien de particulier. Il n'y a pas à se préoccuper ici de l'aptitude de la laine à tirer les couleurs, car généralement elle les tire aussi bien que la soie étant également de nature animale; mais il y a à se préoccuper de l'action de certains mordants qui, tels que la crême de tartre, le muriate d'étain, sont indispensables pour faire donner sur la laine tout l'éclat de certaines couleurs telles que la cochenille. La teinture sur ces étoffes peut donc dans certains cas être précédée d'un passage à chaud dans un bain de crême de tartre, additionné ou non de muriate d'étain. Par économie, on peut remplacer une partie de la crêmede tartre par du bi-sulfate de soude.

§ 248. — TEINTURE DES PIÈCES EN BLANC.

Cette teinture, qui demande les plus grands soins de propreté, est en place la plus simple, et se fait de même sur les pièces de toute nature.

Je renvoie pour ce paragraphe à ce qui a été dit chapitre VIII, en parlant de la teinture en blanc sur flottes ; les tons de blanc demandés sont les mêmes, et les matières colorantes également.

La seule différence consiste à manœuvrer rapidement des pièces sur les bains colorants, au lieu de liser des flottes. Il faut avoir soin de bien étaler les pièces dans le bain pour éviter les marbrures, et le blanc étant obtenu, il faut les rincer à grande eau, les essorer, les aviver, s'il y a lieu, puis les sécher à une chaleur ménagée et à l'ombre, en les laissant pendre bien étalées sur des perches.

§ 249. — TEINTURE DES PIÈCES EN COULEURS CLAIRES.

Comme pour la teinture des pièces en blanc, celle en couleurs claires a les plus grandes analogies avec la teinture des soies en flottes, décrite au chapitre IX.

Plus encore que pour la teinture en blanc, il faut manœuvrer rapidement les pièces pour éviter les marbrures, et opérer avec des bains faibles, additionnés fréquemment de matières colorantes, jusqu'à obtention du ton voulu. A chaque addition de matière colorante les pièces sont enroulées sur le trinquet, et déroulées ensuite rapidement.

C'est pour la teinture en pièces, que les bleus Nicholson ont été créés (voir page 346) ; ils unissent bien mieux que les bleus ordinaires, et pour s'en servir il faut verser leur solution dans un bain rendu alcalin, par le borax ou le carbonate de soude. Les pièces sont manœuvrées dans ce bain, à tiède ; elles y prennent une teinte grise, devenant bleue dans un deuxième bain acidulé. L'habitude conduit à arrêter la teinte sur le bain alcalin, ou encore, l'ouvrier touche de temps en temps un morceau de la pièce dans un bain acide.

Mon intention étant de publier incessamment une suite à cet ouvrage, traitant de la laine et du coton, en dehors des généralités données sur les pièces soie et coton et soie et laine, je m'en tiens là dans cette première partie pour les pièces mixtes. Les détails concernant ces genres d'étoffes seront donc vus dans la deuxième partie.

Comme pour les teintures en blanc, les pièces finies sont lavées, puis avivées s'il y a lieu, essorées et séchées à l'ombre.

§ 250. — TEINTURE DES PIÈCES EN COULEURS FONCÉES.

Elle offre, comme les précédentes, les plus grandes analogies avec la teinture en flottes, et comme pour elles il n'y a pas à se préoccuper de la charge, tout consiste dans un bon unisson. Dans l'emploi des brunitures, donnant des bains boueux, telles que les brunitures au bois d'Inde et au bois jaune, avec addition de verdet et de couperosé, il faut soigneusement dégorger les pièces; pour faciliter le rinçage, le wash-wheel ou roue à laver des Anglais peut rendre de grands services.

§ 251. — TEINTURE DES PIÈCES EN NOIR.

Il y a une différence profonde entre la teinture en noir des soies en pièces et celles en flottes.

La charge ne jouant aucun rôle, le noir à obtenir est une véritable couleur. L'on peut faire des noirs anglais (voir page 542), ou des noirs ayant reçu un fond de bleu de Prusse et terminés en noir fin (voir page 551), si l'on veut des noirs plus profonds; dans tous les cas, sur les opérations, il faut rincer soigneusement pour éviter les marbrures. Les bains d'astringents employés le sont simplement pour donner du fond et non du poids.

Les pièces finies sont rincées soigneusement et avivées, s'il y a lieu, puis séchées.

§ 252. — AVIVAGE DES PIÈCES.

Généralement, on se contente de passer les pièces finies sur un bain légèrement acidulé, pour leur donner du craquant, si ce toucher est exigé. Plus rarement, pour les noirs, on peut donner un peu d'huile émulsionnée pour donner du brillant.

Quelquefois, si les pièces doivent être moirées, on leur donne un avivage aux deux huiles (voir page 114).

Pour terminer ce qui a rapport à ce genre de teinture, je répéterai encore une fois que la différence avec la teinture en flottes consiste dans l'outillage et non dans les procédés; le lisage est remplacé par des manœuvrages sur des cylindres, et les pièces, entraînées plus ou moins rapidement dans les bains, ne sauraient être trop étalées, pour éviter les marbrures. De même, les bains doivent être encore mieux gradués, et les lavages doivent appeler une très-grande attention. Les séchages doivent se faire en tenant les pièces étalées sur des perches situées au haut de pièces vastes, élevées et peu éclairées, pour éviter des destructions dans les couleurs fines et à places.

CHAPITRE XVI

Sommaire. — Considérations générales, état actuel et avenir de la teinture. — Rapport entre les divers manipulateurs de la soie. — Des taches graisseuses sur les étoffes fabriquées, des taches dites *mousse* sur les étoffes noires. — Notes et Errata.

§ 250. — CONSIDÉRATIONS GÉNÉRALES, ÉTAT ACTUEL ET AVENIR DE LA TEINTURE.

Dans le cours de cet ouvrage, j'ai fait mon possible pour tenir le programme indiqué dans mon introduction, et j'espère y être arrivé. J'ai montré la soie, donnée par le fabricant, suivant chez le teinturier une foule de manipulations pour arriver à lui être rendue teinte, en conservant autant que possible ses belles propriétés.

Depuis le chapitre Ier, où j'ai donné l'historique rapide des travaux chimiques sur la soie, et l'histoire de la teinture de la soie, j'ai montré celle-ci, quittant le genre de petite industrie pour devenir l'objet de grandes et puissantes manufactures pouvant rivaliser comme importance avec les plus grandes industries modernes.

Pour s'en convaincre, sans sortir de Lyon et de sa banlieue industrielle, Saint-Étienne, Saint-Chamond, Roanne, etc., on n'a qu'à jeter les yeux sur ces grandes maisons créées par les Gillet, les Michel et Piaton, les Drevon, les Rammel, les Vindry, les

Puteaux, les Martin, les Grosbon, les Guinon, les Corron, les Renard, etc., où des flots d'ouvriers se pressent au travail.

Ce n'est pas chose rare de voir un atelier occuper directement pour la teinture des centaines de personnes, quelquefois sept ou huit cents, et même, cela s'est vu, jusqu'à quinze cents. J'ai dit : directement occupées pour la teinture ; en effet, à côté de ce nombreux personnel, il en est un autre non moins important, réparti pour une foule d'industries qui se sont développées avec elle, et entre autres la mécanique et la chaudronnerie. Si nous regardons à Lyon, nous verrons que nos beaux et magnifiques ateliers de constructions créés par les Buffaud, Febvre, Schall, Barbier, Perrin, Rollin, etc., travaillent en grande partie pour les ateliers de teintures, d'apprêts, etc.

J'ai déjà dit dans l'introduction la grande part qu'avait prise la teinture de la soie pour les progrès des produits chimiques et matières colorantes, et l'on peut dire que, grâce à elle, Lyon a pu devenir une des principales villes de produits tinctoriaux.

Aujourd'hui, les maisons fondées par les Ribollet, les Guinon aîné, les Guinon jeune, les Laroche-Ruegg, Martin et Eigmann, les Rubsamenn, etc., voient leurs produits exportés dans le monde entier. Je n'ai qu'un regret à cet égard, c'est de voir que les produits dérivés de l'aniline aient quitté Lyon, leur berceau industriel, et heureusement pour l'honneur français, que la maison Poirrier les a attirés à Paris, quand une mauvaise législation des brevets tendait à les rejeter à l'étranger.

Voilà donc quel est l'état actuel de la teinture dans notre belle cité : puissante par elle-même et faisant vivre à son ombre de nombreuses industries, dont le concours lui est utile ; teignant des soies non-seulement pour la fabrique lyonnaise, mais encore pour l'Europe entière. En effet, Moscou, Vienne, Londres, Barcelone, etc., envoient teindre à Lyon; je ne cite pas les villes françaises.

Toutes ces grandes maisons, dont quelques-unes ont, pour ainsi dire, commencé avec le siècle, ont débuté modestement; c'est d'ailleurs une règle presque générale en industrie. C'est ici le lieu de citer l'école la Martinière, pour le concours qu'elle leur a fourni par les nombreux élèves qu'elle forme chaque année pour les besoins de l'industrie lyonnaise. Parmi ses professeurs les plus sympathiques et les plus connus du monde tinctorial et chimique, je citerai feu Dupasquier et le docteur L. Lembert qui, trop tôt a quitté le professorat et l'industrie.

J'ai dit que toutes ces maisons ont commencé modestement, et à une époque où la petite industrie était possible; elles ont dû en grande partie leur succès à des procédés particuliers, qui ont fait leur fortune et favorisé leur agrandissement. C'est à cette cause qu'il faut attribuer cet esprit spécial à la teinture lyonnaise, qui consiste à s'envelopper de précautions, à faire de la teinture une espèce d'alchimie, où des opérations inutiles viennent s'ajouter aux autres, où des préparations anodines, connues sous le nom de *bastringues*, doivent dérouter les ouvriers. De plus, des termes spéciaux ont remplacé les véritables et créé un vrai jargon.

Par cet exposé, on voit donc que si la teinture est grande industrie, elle n'en a pas les allures; mais, fatalement, comme sa sœur aînée en progrès, l'impression des étoffes, elle sera entraînée à se dégager de ces mesquineries.

Tout consiste actuellement dans, la puissance des capitaux, une bonne administration, un personnel éclairé et dévoué, et un outillage perfectionné, et certes à tous ces points de vue, nos maisons ne sont pas en retard. Ce serait d'ailleurs se leurrer que de vouloir arriver jamais à monopoliser la teinture dans nos parages; Lyon doit en faire une grande part, mais, à ses côtés, il y a place pour d'autres villes.

Quel est l'avenir de la teinture de la soie ? Actuellement elle est arrivée à une espèce d'apogée, et son avenir se lie d'ailleurs à celui des étoffes de soie.

Jadis le fabricant achetait de la soie et calculait ses bénéfices d'après la fabrication. C'est ainsi que se sont fondées les grandes maisons de soierie de Lyon et de Saint-Etienne ; mais aujourd'hui il n'en est plus de même, et la spéculation sur l'achat de la matière première joue un grand rôle, la fabrication n'étant souvent considérée que comme secondaire, pour ce qui est de la question de doit et d'avoir. De là, par suite des récoltes plus ou moins favorables de cocons, des perturbations bien plus grandes qu'autrefois ; des accélérations ou des chômages se répercutant dans tout ce qui touche à la soie ; joignons-y les caprices de la mode, et nous aurons l'explication de crises plus ou moins graves sévissant de temps en temps, et atteignant quelquefois toute une population.

Mais, à côté de ces crises passagères, il faut faire attention à une question plus redoutable ; j'ai voulu parler de la charge exagérée des soies, qui est appelée à faire un tort considérable à la soierie. Comme je l'ai dit plusieurs fois, une charge convenable est utile, mais une charge exagérée est toujours nuisible ; il ne faut pas que le but de faire concurrence par le bas prix des étoffes, puisse faire produire des étoffes n'ayant nulle durée, à force de surcharger les matières premières ; il arrive cependant que la nécessité d'obtenir de certains effets de tissage force quelquefois à surcharger la soie.

Beaucoup de gens non au courant de ce qui se passe rejettent sur le teinturier les défauts de la charge, quelques-uns même les mettent spécialement sur le compte des teinturiers lyonnais. Il n'en est rien. Le teinturier ne fait que se conformer à la volonté du fabricant, et ce serait une grande erreur de croire que celui-ci bénéficie de la charge appliquée, au prix de la soie. Il ne s'en sert que pour pouvoir faire une concurrence utile, et la faute première en est à la soie et à sa propriété, vraiment merveilleuse, de pouvoir s'assimiler tant de matières, ce qu'avaient déjà reconnu les anciens teinturiers.

Il en est d'ailleurs, pour la soie, comme pour beaucoup d'autres articles : on veut d'abord du bon marché, sans se préoccuper si celui-ci n'est pas le plus cher ; de plus, les habitudes de luxe et le changement des modes à chaque saison ont un peu aidé à cet état de choses.

Plus d'une fois, j'ai entendu dire : qu'importe la bonne qualité des étoffes ! elles dureront bien autant que la mode. Tout ce que peut le teinturier dans l'intérêt de son art, c'est de chercher à simplifier les modes d'opérer, dans les noirs chargés principalement, et d'employer de préférence les charges organiques, sauf certains cas très-spéciaux (voir page 593) où les charges métalliques et pesantes sont utiles. C'est au fabricant qu'il appartient surtout de sauvegarder l'honorabilité de la fabrication de l'étoffe de soie ; c'est ce qu'ont d'ailleurs compris plusieurs maisons de Lyon, qui ne veulent pas sortir des charges modérées dans les étoffes noires et qui signent leurs étoffes. Malgré le haut prix de leurs produits, ces maisons n'en ont pas moins des débouchés importants.

Si les pays originaires de la soie continuent à inonder nos marchés soyeux, le bas prix arrivera forcément, et la charge perdra de plus en plus de son importance, pour revenir aux charges modérées, nécessaires pour garnir le brin soyeux. Les pays séricicoles du midi de la France et de l'Europe souffriront de ce nouvel état de choses, mais l'intérêt général s'en trouvera mieux ; comme compensation c'est à ces contrées de faire des efforts pour attirer chez elles la fabrication des étoffes de soie, au lieu de la laisser aller s'implanter à Moscou et autres lieux.

Enfin, pour terminer, ainsi que je l'ai dit précédemment, je crois que la teinture est arrivée à son apogée, comme l'impression des étoffes, à l'époque où Persoz a écrit son ouvrage, et les ateliers de noirs principalement subiront une transformation devant les plaintes générales. Au lieu de teindre de mille à quinze cents kilog. par jour, en noirs très-chargés, ils teindront de deux à trois mille kilog. en noirs moins chargés, car, j'en ai la conviction, l'emploi de la soie se répandra de plus en plus.

§ 251. — RAPPORTS ENTRE LES DIVERS MANIPULATEURS DE LA SOIE.

Je ne saurais trop appeler l'attention des divers manipulateurs de la soie sur la nécessité d'avoir de bons rapports entre eux, non pas au point de vue commercial seulement, mais au point de vue de la connaissance des opérations qui se pratiquent chez les uns et les autres.

En effet, comme je l'ai dit dans l'introduction, le teinturier aura beau faire de belles teintures, cela ne servira de rien, si elles sont compromises ensuite, par de mauvais procédés d'apprêtage, par exemple.

Les manipulations que subit la soie destinée aux étoffes, après le teinturier, sont : le devidage, l'ourdissage ou le canetage, selon qu'il s'agit d'organsin ou de trame, le tissage et enfin l'apprêtage.

Les premières, y compris le tissage, sont purement mécaniques et sans influence sur les teintures ; il peut cependant arriver qu'avec des soies altérées, et surtout par des temps très-secs, pour parer aux inconvénients de la casse des fils, l'ouvrier se serve de préparations humides dites *encollages* (voir page 86), pour faciliter son travail ; dans ce cas il vaut mieux, surtout lorsque tout vient de la grande sécheresse de l'air, qu'il maintienne une certaine humidité dans la pièce du travail. Les parements qui rendent aux ouvriers tisserands de si grands services, dits encollages chez les ouvriers tisseurs, ne peuvent être adoptés sans dangers et lorsque l'emploi, par suite de soies fortement énervées, ne peut être évité, il doit se faire avec l'assentiment du fabricant (voir page 86).

L'appréteur est celui de tous les manipulateurs de la soie, qui peut le plus compromettre les effets de la teinture. Les effets demandés aux apprêts sont très-variables : tantôt il s'agit d'un simple cylindrage à froid, alors tout à fait sans action sur les teintures ; mais souvent, les pièces sont soumises à des températures très-élevées en passant sur des cylindres chauffés à 120° et au-delà ; il est évident que dans ce cas, des nuances délicates peuvent varier. Le fabricant, pour éviter de s'exposer à des mécomptes très-graves, en remettant au teinturier l'échantillon en pièces à imiter, devra donc le prévenir si elles sont cylindrées à froid ou à chaud.

Quelquefois les apprêts ne consistent pas en un cylindrage simple, mais en plus, les pièces sont humectées avec des solutions gommeuses ou gélatineuses, destinées à leur donner de la carte. L'appréteur devra être très-sévère dans le choix des gommes employées, surtout lorsqu'il aura à faire des apprêts sur des couleurs tendres d'aniline. En effet, certaines gommes font varier sensiblement les couleurs d'aniline, tel que le rouge de rosaniline.

Récemment des genres d'apprêts dits d'*imperméabilisation* ont pris une grande extension ; ils sont de deux natures : ceux obtenus par un dépôt de savon d'alumine, et ceux par un dépôt d'un corps gras cireux naturel ou artificiel.

Les premiers, qui s'obtiennent en passant les pièces sur des cylindres en molleton, qui les mouillent avec une solution de gélatine tenant en suspension un savon d'alumine, puis après sur des cylindres sécheurs, peuvent avoir, par la présence de l'alumine, une certaine action sur les couleurs naturelles, et lorsqu'il s'agit de couleurs délicates, l'apprêteur, pour faire ces savons d'alumine, devra employer des aluns bien épurés de fer. Quelquefois le savon d'alumine est remplacé par une solution aussi neutre que possible d'acétate d'alumine : par le séchage, l'acide acétique de l'acétate part et il reste de l'alumine. Les étoffes ainsi traitées, comme celles par le procédé qui suit, sont imperméabilisées, c'est-à-dire ne se laissent plus mouiller.

En passant, comme il est dit page 640, les étoffes dans une dissolution de paraffine, de cire, d'acide stéarique, etc., dans l'éther de pétrole, puis les desséchant, on obtient un dépôt de corps gras qui donne les mêmes propriétés que précédemment, avec moins de dangers pour les nuances.

Outre la nuance, l'apprêt, tout en donnant de la *carte* ou fermeté à l'étoffe, peut profondément en modifier le toucher. En résumé, les apprêteurs dont les ateliers ont subi, comme ceux des teinturiers, de grands progrès, et sont devenus considérables comme ceux de MM. Gantillon, Vignet, Garnier, etc., à Lyon, les apprêteurs, dis-je, sont ceux qui ont les rapports les plus directs avec le teinturier, et de même que la teinture doit être terminée, d'une manière spéciale dans certains cas, pour le moirage ou le calendrage, par exemple (voir page 115), de même l'apprêt doit être donné de manière à ne pas compromettre certaines teintures délicates.

Les pièces rendues au fabricant ou livrées au commissionnaire exigent encore des soins : elles ne doivent être tenues ni dans des endroits trop humides, ni dans des endroits trop chauds ; s'il s'agit de pièces de couleurs claires, elles doivent être tenues à l'obscurité, et à l'abri des produits de la combustion de la houille et du gaz.

Sous l'action de la lumière solaire, les couleurs sont détruites assez rapidement; il arrive même que les pièces voient se former des raies décolorées, même à l'obscurité, et sans qu'on s'explique la cause de ce phénomène.

Sous l'influence de la chaleur et de l'humidité, il peut se produire des phénomènes déjà vus, soit : l'inflammation spontanée dans les noirs et le rancissage dans les pièces ayant reçu de l'huile; il peut se produire encore deux autres phénomènes : les *taches graisseuses* dans les blancs et couleurs claires, et les *mousses* dans les étoffes noires.

Taches graisseuses dans les étoffes blanches et claires.

Ce phénomène, étudié jadis par M. Guinon aîné, est dû à la formation d'un savon calcaire, et pour enlever les taches, il faut d'abord passer les pièces dans un bain d'acide chlorhydrique étendu, puis dans un savon faible, ou, après dessication, dans la benzine, selon la couleur employée. Ces taches sont d'ailleurs très-graves, d'autant plus qu'elles se produisent sur des étoffes blanches ou claires et sont alors très-apparentes. Elles nécessitent même, quelquefois, une nouvelle teinture en pièce.

Mousse des étoffes noires.

Parfois il arrive que les étoffes noires prennent en placard, sous l'influence de l'humidité et de la chaleur, un aspect blanchâtre très-apparent et à places. D'après des observations de M. Lembert, ce phénomène est dû à une végétation cryptogamique et non, comme on l'a cru longtemps, à la formation d'un savon calcaire. Le meilleur moyen de détruire cet effet et d'en prévenir le retour, consiste à passer lentement les pièces déroulées au-dessus d'une bâche en plomb, contenant de l'acide chlorydrique légèrement chauffé ; sous l'influence du gaz chlorhydrique concentré, ces mousses disparaissent, et dans ces conditions le tissu et la nuance ne sont nullement altérés.

NOTES ET ERRATA

Page 17, ligne deux.

Au lieu de : qu'ils sont, lisez : qu'ils soient.

Page 28, dernière ligne.

Au lieu de : publié par ordre de Colbert en 1716, etc., c'est d'une réédition de l'ouvrage intitulé : *Teinturier parfait*, que j'ai voulu parler, car Colbert est mort en 1683.

Page 35, dernier alinéa.

Il faut remplacer cet alinéa, extrait des travaux de Mulder, et assez obscur, par :

Les eaux de lavage sont réunies et évaporées pour les priver de l'acide acétique qu'elles contiennent ; par l'évaporation, les matières grasses et cireuses qui ont été dissoutes à l'aide de l'acide acétique, en même temps que l'albumine, deviennent insolubles, et peuvent être séparées du résidu par un lavage à l'alcool, et séparées de celui-ci par la distillation.

Page 36, avant-dernier alinéa.

Au lieu de : Un fait remarquable, c'est que nul parmi, etc., lisez : Un fait remarquable, c'est que nul, parmi les auteurs que je viens de citer et qui se sont occupés de l'étude des soies écrues, ne se soit préoccupé, etc.

Page 49, dernier alinéa.

C'est de la safranine seule que j'ai voulu parler, en disant qu'elle fut longtemps délaissée, et non de la safranine et de la fuchsine ensemble, comme semblerait le faire dire l'alinéa.

Page 57, premier alinéa.

Contrairement à ce que j'avance, la pourpre des anciens aurait été employée sur soie, où elle donne des teintes solides. Divers tissus anciens paraissent avoir été teints avec cette riche matière : il m'a été d'ailleurs impossible de contrôler cette assertion de divers auteurs, qui paraissent s'en être rapportés à des dit-on.

Page 64, dernier alinéa.

Outre les emplois indiqués du *poil*, il s'emploie marié à une chaîne de laine, dans le tissage des châles riches.

Page 69, dernier alinéa, ligne sept.

Au lieu de : Avant les opérations de cordage, etc., lisez : Avant les opérations de cardage.

Page 72, deuxième alinéa, ligne deux.

Au lieu de : question du tordage, etc., lisez : question du chevillage, etc.

Page 99, fin du paragraphe dix-sept.

Schlossberger, en soumettant à la dyalise la dissolution de la soie dans le chlorure de zinc, a obtenu un liquide jaune d'or, devenant brillant et cassant par la dessication.

Page 115, alinéa trois, dernière ligne.

Au lieu de : soies pour noirs, lisez soies pour moire.

Page 133, ligne six.

Au lieu de KO,SO^2 + etc., lisez : KO,SO^3 + etc.

Page 136, ligne vingt-trois.

Au lieu de : $Al^2 O^3$, $C^4 H^3 O^3$ + etc , lisez : $Al^2 O^3$, 3 $C^4 H^3 O^3$.

Page 196.

A propos de la fabrication du pyrolignite de fer, je dirai que le pyrolignite de fer, fabriqué par double décomposition et pauvre en matières organiques, convient surtout pour les pieds, dans les noirs destinés à de grands rendements, et obtenus par des passages alterués en astringents et en sel de fer; tandis que celui obtenu directement par l'action de l'acide pyroligneux sur de vieilles ferrailles, convient mieux lorsqu'il s'agit d'obtenir la beauté de la nuance dans les noirs fins terminés au campêche.

Page 205, dernier alinéa, première ligne.

Au lieu de : mêmes cristaux, etc., lisez : menus cristaux.

Page 215, ligne deux.

Au lieu de : l'énumération, lisez : l'in inération

Page 217, ligne huit.

Au lieu de : sur une barque contenant un bain à 30 ou 35° de prussiate jaune,etc., lisez : sur une barque contenant un bain de prussiate jaune acidulé à l'acide chlorhydrique, et chauffé ou 30 à 35°

Page 280.

Depuis l'impression de cet ouvrage, j'ai lu dans Girardin, tome IV, page 327, 5ᵉ édition, qu'un bon moyen de purifier l'indigo de ses impuretés organiques, consistait à le laver avec de l'aniline et à chaud. Celle-ci se charge des impuretés, et le résidu, après dessication pour chasser l'aniline, représente de l'indigotine et les matières terreuses.

Page 289.

Pour terminer ce qui a rapport au carmin d'indigo, je dirai qu'un moyen très-simple pour constater sa pureté consiste à faire, avec le carmin à essayer, une tache sur un papier blanc à filtrer. Au bout d'un instant, il se fait une auréole, qui doit être blanche ou bleu pur, si le carmin essayé est pur ; dans le cas contraire, si le carmin retient du vert, l'auréole est verte avec des franges jaunes.

Contrairement à ce qu'ont écrit divers auteurs, entre autres MM. Girardin et Schutzenberger, la matière verte se fixe sur la laine, et même mieux que la matière bleue, puisque c'est un moyen de les séparer. En effet, des laines teintes avec de la composition d'indigo épuisent le bain, et lorsqu'on les démonte par des cristaux de soude pour faire lâcher le bleu, le vert reste fixé ; peu à peu les laines qui servent dans les ateliers de carmin d'indigo, se saturent de cette matière verte et doivent être jetées.

L'affinité pour la matière verte est telle, que la laine la tire même dans des bains alcalins, ce qui n'a pas lieu pour le bleu.

Page 392.

Depuis l'impression de l'ouvrage, il m'est tombé sous les yeux un traité de couleurs, intitulé : *The theory of color in its relations to art and industry by. W. Von Bezold of Munich; translated by Koehler, With introduction by b. c. Pukering — Printed by. L. Prang — Boston, 1876.*

— En feuilletant cet ouvrage, j'ai vu que l'auteur, sur certains points, est d'accord avec M. Lembert. Ainsi, pour lui, le rose n'est pas du rouge éclairci, le bleu et le rouge ne donnent pas du violet ; le pourpre et non le rouge est la complémentaire du vert, etc.

Page 469.

En parlant de l'aurification de la soie, je fais remonter les essais de M. Gonin à quelque vingt ans ; d'après un de mes lecteurs, ils seraient beaucoup plus vieux, et, lors d'une visite à Lyon, de la duchesse de Berry, sous Charles X, soit antérieurement à 1830, il lui fut fait cadeau d'une paire de bas de soie dorée par ce système.

Page 600.

En parlant de l'avivage des soies et fantaisies fortement montées, j'ai oublié de dire que pour faciliter l'unisson de l'avivage et éviter le graissage, il fallait sécher les parties avant cette opération ; de plus, le séchage est encore indispensable pour savoir si l'on est réellement arrivé au poids voulu, résultat capricieux à obtenir, malgré la bonne conduite des diverses opérations.

NOTE

Depuis la publication de cet ouvrage, diverses observations m'ont été faites pour l'orthographe du mot *rouil*. Je persiste à écrire ce mot, *rouil* et non *rouille*, pour éviter toute confusion avec la rouille. L'usage a d'ailleurs consacré le masculin pour ce mot ; on dit donner *un rouil*, acheter *du rouil* et non donner *une rouille*, acheter *de la rouille*.

De même, pour l'expression *bleuter*, au lieu de *bleuir*, ce mot est aussi consacré par l'usage et est devenu technique.

NOTE DERNIÈRE

Arrivé à la fin de cet ouvrage, dont les premières pages, ont été adressées, il y a un an, des bords de la fontaine de Vaucluse, à M. le docteur Lembert, qu'il me soit permis ici de le remercier pour le concours qu'il m'a prêté durant sa publication, ainsi que M. Storck, mon imprimeur, d'avoir eu confiance dans son succès.

Je remercie également mes premiers lecteurs et souscripteurs de leur bienveillance. Si j'ai quelque peu changé le cours de cet ouvrage, publié par livraisons, au fur et à mesure de sa publication, je l'ai fait sur les observations qui m'ont été adressées par des spécialistes, et maintenant je ne dis pas adieu à mes lecteurs, mais bien au revoir, car j'espère publier une suite, écrite dans le même ordre d'idées, traitant de la laine et du coton.

20 Décembre 1877.

MARIUS MOYRET,

rue Ste-Pauline, 12, Lyon (Guillotière),

Chimiste chez M. Termier Fils et Ce,

ancienne maison Ribollet Frères, à Lyon, rue Ste-Anne-de-Baraban.

TABLE DES MATIÈRES

CHAPITRE IV.

CHAPITRE V.

CHAPITRE VI

CHAPITRE VII

Première partie

MATIÈRES COLORANTES NATURELLES

CHAPITRE IX.

CHAPITRE X.

CHAPITRE XI

CHAPITRE XII

NOIRS SUR SOIE CUITE

CHAPITRE XIII.

CHAPITRE XIV.

Première partie.

FIN DE LA TABLE

RECHERCHE des Matières colorantes sur une soie teinte en couleur. (Voir page 512.)

		Action de l'Acide chlorhydrique étendu	Action du Savon bouillant
Teintures violettes	**Violets** au bois d'Inde.	Rougissent, le bain se colore en rose et violette par l'ammoniaque.	Sans action.
	Violets à l'orseille.	Rougissent, le bain reste incolore.	La soie se décolore, le bain devient violet.
	Violets bleu de cuve et cochenille.	Pas d'action sensible.	Le violet bleuit en perdant du rouge, le bain devient violacé.
	Violets à l'orcanette.	Pas d'action sensible. Un acide plus concentré les détruit.	Pas d'action sensible.
	Violets à la pourpre française.	Pas d'action sensible. Un acide plus concentré les rougit.	La soie se décolore, le bain devient violet.
	Violets à l'harmaline.	Pas d'action sensible. Un acide plus concentré les bleuit.	La soie se décolore, le bain reste incolore ou peu violacé.
	Violets de phénylrosaniline.	Pas d'action sensible. Un acide plus concentré les fait tourner au jaune.	La soie se décolore, le bain reste incolore ou peu violacé.
	Violets d'éthyl et de méthylrosaniline.	Pas d'action sensible. Un acide plus concentré les fait tourner au vert-jaune.	La soie se décolore, le bain reste incolore ou peu violacé.
ntures bleues	**Bleus** au bois d'Inde.	Rougissent, le bain se colore en rose et violette par l'ammoniaque.	Sans action.
	Bleus de cuve.	Sans action. Un acide concentré est également sans action.	Sans action.
	Bleus au carmin d'indigo.	Sans action. Un acide concentré est également sans action.	Se démontent complètement, le bain devient bleu.
	Bleus Raymond.	Sans action. Un acide concentré est également sans action.	Se démontent, en laissant à la soie une teinte rouillée, le bain est incolore.
	Bleus d'azuline.	Sans action. Un acide concentré est également sans action.	Se démontent complètement, la soie et le bain restent incolores.
	Bleus d'aniline.	Sans action, Un acide concentré est également sans action.	Se démontent complètement, la soie et le bain restent incolores.
ntures vertes	**Verts** à fond de bleu de cuve.	Bleuissent un peu.	Sans action, si ce n'est qu'ils brunissent un peu.
	Verts à fond de bleu au bois d'Inde.	Deviennent orangé sale, le bain devient rose.	Sans action, si ce n'est qu'ils brunissent un peu.
	Verts à fond de carmin d'indigo.	Sans action sensible.	Se démontent complètement, le bain devenant vert, à moins que le jaune ne soit à la gaude ; dans ce cas la soie reste jaune.
	Verts à fond de bleu d'aniline.	Sans action sensible.	Se démontent, la soie reste blanche, le bain devient jaune par l'acide picrique employé ordinairement.
	Verts d'aldéhyde.	Sans action sensible.	Se décolorent, le bain reste incolore.
	Verts d'aniline.	Se décolorent sensiblement, un acide concentré les jaunit.	Se décolorent, le bain reste incolore.
ntures jaunes	**Jaunes** à l'épine-vinette.	Tous les jaunes pâlissent par l'action de l'acide chlorhydrique, surtout concentré, sauf les jaunes à l'acide picrique.	Foncent d'abord et sont ensuite démontés, le bain devient brun.
	Jaunes au curcuma.		Foncent d'abord et sont ensuite démontés, le bain devient brun.
	Jaunes à la gaude.		Foncent d'abord et résistent assez bien à l'action du savon bouillant.
	Jaunes à la graine.		La nuance, pour ces trois jaunes, comme pour les deux précédents, fournit les indications les plus utiles.
	Jaunes au quercitron et dérivés.		
	Jaunes à l'acide picrique.		Se décolorent, le bain devient jaune, les soies ont une saveur amère.
	Jaunes à la coralline jaune.		Se décolorent, le bain devient d'un beau rose.
	Jaunes au jaune de Martius.		Se décolorent. Les soies, soumises à l'action de la chaleur sèche, se décolorent.
tures oranges	**Oranges** à base de rocou.	Rougissent.	Se démontent, le bain devient orangé.
	Oranges à base de coralline rouge.	Pas d'action sensible. Un acide concentré les fait jaunir.	Se décolorent, le bain devient rose.
	Oranges à la phosphine.	Pas d'action sensible.	Brunissent, puis pâlissent un peu. Les acides ramènent la [illegible]
Teintures ses, rouges t pourpres	**Rouges** au Brésil.	Se démontent, le bain devient rose.	Pas d'action sensible
	Rouges au safranum.	Brunissent.	Se démontent complètement, le bain devient rose, puis brunit.
	Rouges à la garance.	Pas d'action sensible.	Pas d'action sensible.
	Rouges à la cochenille.	Pas d'action sensible.	Violettent et brunissent.
	Rouges à la fuchsine.	Pas d'action sensible. Ils tournent au fauve par un acide plus concentré.	Se décolorent, le bain reste incolore.
	Rouges à la coralline rouge.	Pas d'action sensible.	Se décolorent, le bain devient rose.
	Rouges d'éosine.	Deviennent jaunes.	Se décolorent, le bain devient rose avec des reflets verts.
	Roses de Magdala.	Sans action.	Se décolorent, le bain devient violet-rose.
	Roses à la safranine.	Deviennent plus roses. Par un acide concentré, tournent au bleu.	La soie se décolore, le bain devient rose.

TRAITÉ

DE

TEINTURE DES SOIES

PRÉCÉDÉ DE

L'HISTOIRE CHIMIQUE DE LA SOIE

ET DE

L'HISTOIRE DE LA TEINTURE DE LA SOIE

PAR

Marius MOYRET

ÉLÈVE DE M. LE DOCTEUR LOUIS-LÉOPOLD LEMBERT
PROFESSEUR DE CHIMIE A LYON

LYON
IMPRIMERIE H. STORCK
RUE DE L'HOTEL-DE-VILLE, 78

1877

TRAITÉ

DE

TEINTURE DES SOIES

PRÉCÉDÉ DE

L'HISTOIRE CHIMIQUE DE LA SOIE

ET DE

L'HISTOIRE DE LA TEINTURE DE LA SOIE

PAR

Marius MOYRET

ÉLÈVE DE M. LE DOCTEUR LOUIS-LÉOPOLD LEMBERT
PROFESSEUR DE CHIMIE A LYON

LYON
IMPRIMERIE H. STORCK
RUE DE L'HOTEL-DE-VILLE, 78

1877

N° 4.

TRAITÉ

DE

TEINTURE DES SOIES

PRÉCÉDÉ DE

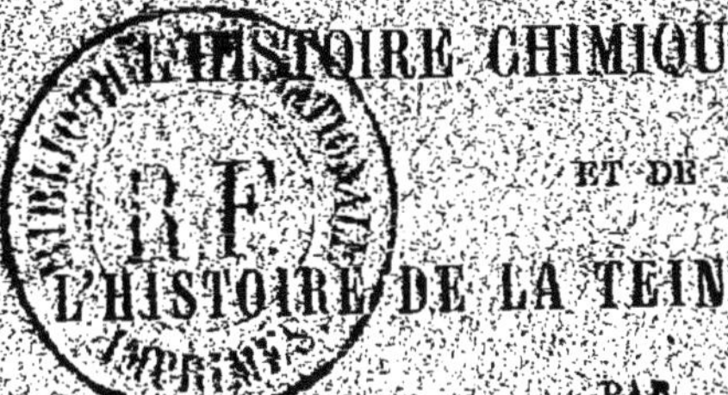

L'HISTOIRE CHIMIQUE DE LA SOIE

ET DE

L'HISTOIRE DE LA TEINTURE DE LA SOIE

PAR

Marius MOYRET

ÉLÈVE DE M. LE DOCTEUR LOUIS-LÉOPOLD LEMBERT
PROFESSEUR DE CHIMIE A LYON

LYON
IMPRIMERIE H. STORCK
RUE DE L'HÔTEL-DE-VILLE, 78

1877

N° 5.

TRAITÉ

DE

PRÉCÉDÉ DE

L'HISTOIRE CHIMIQUE DE LA SOIE

ET DE

L'HISTOIRE DE LA TEINTURE DE LA SOIE

PAR

Marius MOYRET

ÉLÈVE DE M. LE DOCTEUR LOUIS-LÉOPOLD LEMBERT
PROFESSEUR DE CHIMIE A LYON

LYON
IMPRIMERIE H. STORCK
RUE DE L'HOTEL-DE-VILLE, 78

1877

TRAITÉ

DE

TEINTURE DES SOIES

PRÉCÉDÉ DE

L'HISTOIRE CHIMIQUE DE LA SOIE

ET DE

L'HISTOIRE DE LA TEINTURE DE LA SOIE

PAR

Marius MOYRET

ÉLÈVE DE M. LE DOCTEUR LOUIS-LÉOPOLD LEMBERT
PROFESSEUR DE CHIMIE A LYON

LYON
IMPRIMERIE H. STORCK
RUE DE L'HOTEL-DE-VILLE, 78

1877

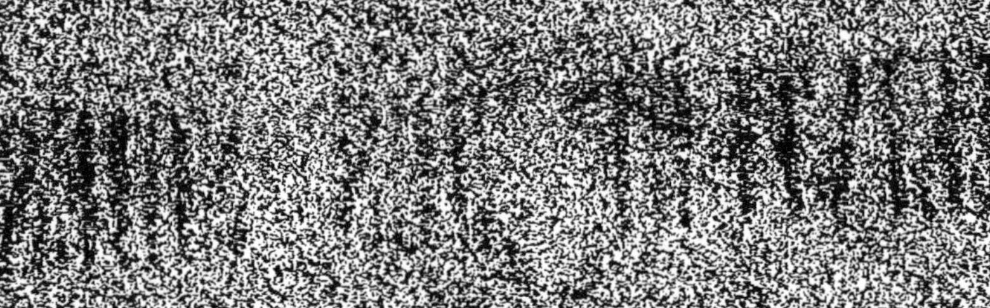

TRAITÉ

DE

TEINTURE DES SOIES

PRÉCÉDÉ DE

L'HISTOIRE CHIMIQUE DE LA SOIE

ET DE

L'HISTOIRE DE LA TEINTURE DE LA SOIE

PAR

Marius MOYRET

ÉLÈVE DE M. LE DOCTEUR LOUIS-LÉOPOLD LEMBERT
(PROFESSEUR DE CHIMIE A LYON)

LYON
IMPRIMERIE H. STORCK
RUE DE L'HOTEL-DE-VILLE, 78

187[illegible]

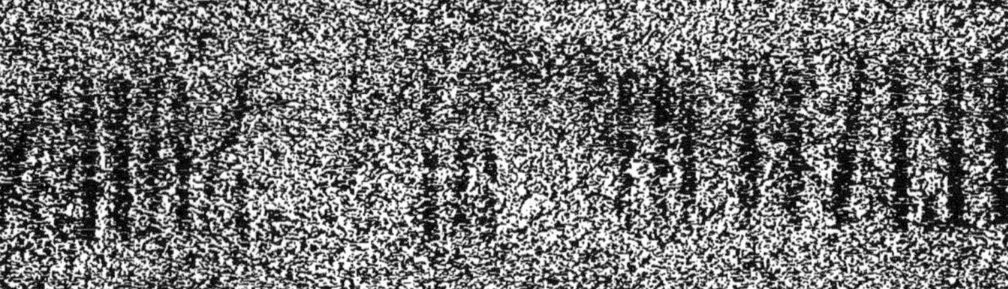

TRAITÉ
DE
TEINTURE DES SOIES

PRÉCÉDÉ DE

L'HISTOIRE CHIMIQUE DE LA SOIE

ET DE

L'HISTOIRE DE LA TEINTURE DE LA SOIE

PAR

Marius MOYRET

ÉLÈVE DE M. LE DOCTEUR LOUIS-LÉOPOLD LEMBERT
PROFESSEUR DE CHIMIE A LYON

LYON
IMPRIMERIE H. STORCK
RUE DE L'HOTEL-DE-VILLE, 78

1877

N° 9.

TRAITÉ
DE
TEINTURE DES SOIES

PRÉCÉDÉ DE

L'HISTOIRE CHIMIQUE DE LA SOIE

ET DE

L'HISTOIRE DE LA TEINTURE DE LA SOIE

PAR

Marius MOYRET

ÉLÈVE DE M. LE DOCTEUR LOUIS-LÉOPOLD LEMBERT
PROFESSEUR DE CHIMIE A LYON

LYON
IMPRIMERIE H. STORCK
RUE DE L'HÔTEL-DE-VILLE, 78

1877

www.ingramcontent.com/pod-product-compliance
Ingram Content Group UK Ltd.
Pitfield, Milton Keynes, MK11 3LW, UK
UKHW020148250726
13967UKWH00002B/941